U0318949

国家出版基金资助项目

"新闻出版改革发展项目库"入库项目

"十三五"国家重点出版物出版规划项目

国家出版基金项目
NATIONAL PUBLICATION FOUNDATION

钢铁工业绿色制造
节能减排先进技术丛书

主　编　干　勇
副主编　王天义　洪及鄙
　　　　赵　沛　王新江

焦化过程
节能减排先进技术

Advanced Technology of Energy Conservation and
Emission Reduction in Coking Process

汪　琦　梁英华　徐　列　崔　平　吕艳丽　著

北　京
冶金工业出版社
2020

内 容 提 要

本书全面、系统地介绍了国内外焦化过程节能减排先进技术，覆盖了高炉炼铁、焦化生产及环境污染治理等方面的内容，涉及高炉对焦炭的质量要求及评价、配煤原理和方法、捣固炼焦、节能减排型焦炉、焦化废水处理和焦化过程烟气净化处理等新理论和新技术，并且对代表和反映中国现代高炉炼铁与区域配煤炼焦、新型炼焦炉、焦化废水处理和焦化过程烟气净化处理工程案例进行了介绍，力求将国内外炼焦煤和焦炭性质的新认识与生产实际相结合、焦化节能减排新理念和方法与国内先进技术相结合。本书对焦化工业解决优质炼焦煤资源严重短缺和高标准的环境污染治理具有实用性和指导性。

本书可供煤炭、焦化、高炉炼铁和环境保护等行业的科研设计人员、工程技术人员和管理人员阅读，也可供高校有关专业师生参考。

图书在版编目(CIP)数据

焦化过程节能减排先进技术/汪琦等著 . —北京：冶金工业出版社，2020.12

（钢铁工业绿色制造节能减排先进技术丛书）

ISBN 978-7-5024-8675-4

Ⅰ.①焦… Ⅱ.①汪… Ⅲ.①焦化—节能减排—研究 Ⅳ.①TQ031.3

中国版本图书馆 CIP 数据核字（2020）第 266176 号

出 版 人　苏长永

地　　址　北京市东城区嵩祝院北巷 39 号　邮编　100009　电话　（010）64027926

网　　址　www.cnmip.com.cn　电子信箱　yjcbs@cnmip.com.cn

策划编辑　任静波

责任编辑　杜婷婷　任静波　美术编辑　彭子赫　版式设计　孙跃红　郑小利

责任校对　郑　娟　责任印制　李玉山

ISBN 978-7-5024-8675-4

冶金工业出版社出版发行；各地新华书店经销；三河市双峰印刷装订有限公司印刷

2020 年 12 月第 1 版，2020 年 12 月第 1 次印刷

710mm×1000mm　1/16；20.25 印张；389 千字；299 页

88.00 元

冶金工业出版社　投稿电话　（010）64027932　投稿信箱　tougao@cnmip.com.cn

冶金工业出版社营销中心　电话　（010）64044283　传真　（010）64027893

冶金工业出版社天猫旗舰店　yjgycbs.tmall.com

（本书如有印装质量问题，本社营销中心负责退换）

丛书出版说明

随着我国工业化、城镇化进程的加快和消费结构持续升级，能源需求刚性增长，资源环境问题日趋严峻，节能减排已成为国家发展战略的重中之重。钢铁行业是能源消费大户和碳排放大户，节能减排效果对我国相关战略目标的实现及环境治理至关重要，已成为人们普遍关注的热点。在全球低碳发展的背景下，走节能减排低碳绿色发展之路已成为中国钢铁工业的必然选择。

近年来，我国钢铁行业在降低能源消耗、减少污染物排放、发展绿色制造方面取得了显著成效，但还存在很多难题。而解决这些难题，迫切需要有先进技术的支撑，需要科学的方向性指引，需要从技术层面加以推动。鉴于此，中国金属学会和冶金工业出版社共同组织编写了"钢铁工业绿色制造节能减排先进技术丛书"（以下简称丛书），旨在系统地展现我国钢铁工业绿色制造和节能减排先进技术最新进展和发展方向，为钢铁工业全流程节能减排、绿色制造、低碳发展提供技术方向和成功范例，助力钢铁行业健康可持续发展。

丛书策划始于 2016 年 7 月，同年年底正式启动；2017 年 8 月被列入"十三五"国家重点出版物出版规划项目；2018 年 4 月入选"新闻出版改革发展项目库"入库项目；2019 年 2 月入选国家出版基金资助项目。

丛书由国家新材料产业发展专家咨询委员会主任、中国工程院原副院长、中国金属学会理事长干勇院士担任主编；中国金属学会专家委员会主任王天义、专家委员会副主任洪及鄙、常务副理事长赵沛、副理事长兼秘书长王新江担任副主编；7 位中国科学院、中国工程院院士组成顾问团队。第十届全国政协副主席、中国工程院主席团名誉主席、中国工程院原院长徐匡迪院士为丛书作序。近百位专家、学者参加了丛书的编写工作。

针对钢铁产业在资源、环境压力下如何解决高能耗、高排放的难题，以及此前国内尚无系统完整的钢铁工业绿色制造节能减排先进技术图书的现状，丛书从基础研究到工程化技术及实用案例，从原辅料、焦化、烧结、炼铁、炼钢、轧钢等各主要生产工序的过程减排到能源资源的高效综合利用，包括碳素流运行与碳减排途径、热轧板带近终形制造，系统地阐述了国内外钢铁工业绿色制造节能减排的现状、问题和发展趋势，节能减排先进技术与成果及其在实际生产中的应用，以及今后的技术发展方向，介绍了国内外低碳发展现状、钢铁工业低碳技术路径和相关技术。既是对我国现阶段钢铁行业节能减排绿色制造先进技术及创新性成果的总结，也体现了最新技术进展的趋势和方向。

丛书共分 10 册，分别为：《钢铁工业绿色制造节能减排技术进展》《焦化过程节能减排先进技术》《烧结球团节能减排先进技术》《炼铁过程节能减排先进技术》《炼钢过程节能减排先进技术》《轧钢过程节能减排先进技术》《钢铁原辅料生产节能减排先进技术》《钢铁制造流程能源高效转化与利用》《钢铁制造流程中碳素流运行与碳减排途径》《热轧板带近终形制造技术》。

中国金属学会和冶金工业出版社对丛书的编写和出版给予高度重视。在丛书编写期间，多次召集丛书主创团队进行编写研讨，各分册也多次召开各自的编写研讨会。丛书初稿完成后，2019 年 2 月召开了《钢铁工业绿色制造节能减排技术进展》分册的专家审稿会；2019 年 9 月至 10 月，陆续组织召开 10 个分册的专家审稿会。根据专家们的意见和建议，各分册编写人员进一步修改、完善，严格把关，最终成稿。

　　丛书瞄准钢铁行业的热点和难点，内容力求突出先进性、实用性、系统性，将为钢铁行业绿色制造节能减排技术水平的提升、先进技术成果的推广应用，以及绿色制造人才的培养提供有力支持和有益的参考。

中国金属学会
冶金工业出版社

2020 年 10 月

总　　序

党的十九大报告指出，中国特色社会主义进入了新时代，"我国社会主要矛盾已经转化为人民日益增长的美好生活需要和不平衡不充分的发展之间的矛盾"。为更好地满足人民日益增长的美好生活需要，就要大力提升发展质量和效益。发展绿色产业、绿色制造是推动我国经济结构调整，实现以效率、和谐、健康、持续为目标的经济增长和社会发展的重要举措。

当今世界，绿色发展已经成为一个重要趋势。中国钢铁工业经过改革开放 40 多年来的发展，在产能提升方面取得了巨大成绩，但还存在着不少问题。其中之一就是在钢铁工业发展过程中对生态环境重视不够，以至于走上了发达国家工业化进程中先污染后治理的老路。今天，我国钢铁工业的转型升级，就是要着力解决发展不平衡不充分的问题，要大力提升绿色制造节能减排水平，把绿色制造、节能环保、提高发展质量作为重点来抓，以更好地满足国民经济高质量发展对优质高性能材料的需求和对生态环境质量日益改善的新需求。

钢铁行业是国民经济的基础性产业，也是高资源消耗、高能耗、高排放产业。进入 21 世纪以来，我国粗钢产量长期保持世界第一，品种质量不断提高，能耗逐年降低，支撑了国民经济建设的需求。但是，我国钢铁工业绿色制造节能减排的总体水平与世界先进水平之间还存在差距，与世界钢铁第一大国的地位不相适应。钢铁企业的水、焦煤等资源消耗及液、固、气污染物排放总量还很大，使所在地域环境承载能力不足。而二次资源的深度利用和消纳社会废弃物的技术与应用能力不足是制约钢铁工业绿色发展的一个重要因素。尽管钢铁工业的绿色制造和节能减排技术在过去几年里取得了显著的进步，但是发展仍十分不平衡。国内少数先进钢铁企业的绿色制造已基本达到国际先进水平，但大多数钢铁企业环保装备落后，工艺技术水平低，能源消耗高，对排放物的处理不充分，对所在城市和周边地域的生态环境形成了严峻的挑战。这是我国钢铁行业在未来发展中亟须解决的问题。

国家"十三五"规划中指出，"十三五"期间，我国单位 GDP 二氧化碳排放下降 18%，用水量下降 23%，能源消耗下降 15%，二氧化硫、氮氧化物排放总量分别下降 15%，同时提出到 2020 年，能源消费总量控制在 50 亿吨标准煤以内，用水总量控制在 6700 亿立方米以内。钢铁工业节能减排形势严峻，任务艰巨。钢铁工业的绿色制造可以通过工艺结构调整、绿色技术的应用等措施来解决；也可以通过适度鼓励钢铁短流程工艺发展，发挥其低碳绿色优势；通过加大环保技术升级力度、强化污染物排放控制等措施，尽早全面实现钢铁企业清洁生产、绿色制造；通过开发更高强度、更好性能、更长寿命的高效绿色钢材产品，充分发挥钢铁制造能源转化、社会资源消纳功能作用，钢厂可从依托城市向服务城市方向发展转变，努力使钢厂与城市共存、与社会共融，体现钢铁企业的低碳绿色价值。相信通过全行业的努力，争取到 2025 年，钢铁工业全面实现能源消耗总量、污染物排放总量在现有基础上又有一个大幅下降，初步实现循环经济、低碳经济、绿色经济，而这些都离不开绿色制造节能减排技术的广泛推广与应用。

中国金属学会和冶金工业出版社共同策划组织出版"钢铁工业绿色制造节能减排先进技术丛书"非常及时，也十分必要。这套丛书瞄准了钢铁行业的热点和难点，对推动全行业的绿色制造和节能减排具有重大意义。组织一大批国内知名的钢铁冶金专家和学者，来撰写全流程的、能完整地反映我国钢铁工业绿色制造节能减排技术最新发展的丛书，既可以反映近几年钢铁节能减排技术的前沿进展，促进钢铁工业绿色制造节能减排先进技术的推广和应用，帮助企业正确选择、高效决策、快速掌握绿色制造和节能减排技术，推进钢铁全流程、全行业的绿色发展，又可以为绿色制造人才的培养，全行业绿色制造技术水平的全面提升，乃至为上下游相关产业绿色制造和节能减排提供技术支持发挥重要作用，意义十分重大。

当前，我国正处于转变发展方式、优化经济结构、转换增长动力的关键期。绿色发展是我国经济发展的首要前提，也是钢铁工业转型升级的准则。可以预见，绿色制造节能减排技术的研发和广泛推广应用将成为行业新的经济增长点。也正因为如此，编写"钢铁工业绿色制造节能减排先进技术丛书"，得到了业内人士的关注，也得到了包括院士在内的众多权威专家的积极参与和支持。钢铁工业绿色制造节能减排先进技术涉及钢铁制造的全流程，这套丛书的编写和出版，既是对我国钢铁行业节能环保技术的阶段性总结和下一步技术发展趋势的展望，也是填补了我国系统性全流程绿色制造节能减排先进技术图书缺失的空白，为我国钢铁企业进一步调整结构和转型升级提供参考和科学性的指引，必将促进钢铁工业绿色转型发展和企业降本增效，为推进我国生态文明建设做出贡献。

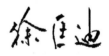

2020 年 10 月

前　言

　　中国是钢铁大国，也是焦化大国，主要以生产高炉用焦炭为目的的煤焦化工业，是钢铁工业必不可少的环节，在整个钢铁工业能源消耗、节能减排中占有举足轻重的地位。焦化是煤炭资源消耗型行业，为了保证焦炭质量，装炉煤中必须配入相当比例的稀缺中变质程度强黏结性炼焦煤。传统的焦化过程具有高能耗、高排放和高污染的特点。焦化工业的地位和特点，决定了焦化过程节能减排必须向少用优质炼焦煤、减少能源消耗、减少废弃物和环境有害物排放的方向发展。

　　煤焦化已经历了一个世纪的发展，相关学者在基础理论方面进行了大量研究，煤岩配煤、焦炉大型化、捣固炼焦和干熄焦等技术不断进步和发展。但是随着社会发展与技术进步，焦化工业面临着新的挑战：一是，高炉炼铁技术的进步对焦炭质量要求不断提高，而优质炼焦煤资源严重短缺；二是，对焦化过程粉尘、煤气泄漏，水质污染，SO_2、NO_x 对周围大气污染等治理要求越来越高。因此，满足焦炭质量的优质炼焦煤资源储量、焦化过程的环境承载能力是煤焦化发展的主要制约因素。

　　高炉大型化和强化冶炼对焦炭质量提出越来越高的要求，炼焦配煤时优质炼焦煤配比不断升高。然而，目前世界各国高炉用焦炭质量指标，尤其是热性能 CRI 和 CSR 指标并不统一，按煤分类指标和煤岩分析配煤炼焦，时常发现两种或几种炼焦煤性质相近但所生产焦炭性能存在较大差异的"性质异常煤"，使焦炭质量波动频繁，对捣固焦炭质量的评价褒贬不一等，这些因素制约了少用优质炼焦煤的炼焦技术发展。焦化过程排放的大量废水成分复杂、难降解，泄漏和焦炉煤气燃烧产生的 SO_2、NO_x 等，要采用几种方法组合成的处理工艺，才能达到预期处理效果，技术难且成本高。《炼焦化学工业污染物排放标准》（GB 16171—2012）更是提出了焦化行业产生的污染物"零排放"的要求。

　　少用优质炼焦煤、极限工序能耗和"零排放"是现代煤焦化唯一可接受的可持续发展道路，为此，编写了本书。该书系统归纳和介绍了国内外在炼焦煤和焦炭性质认识与质量评价方面的一些新进展，焦化过程节能、环保技术的创新和正在开发的一些新工艺等。

　　焦化过程节能减排的实现是焦化和高炉炼铁与环境等交叉领域融合的一次技术革命。为此，在本书的编写过程中，组织了焦化、高炉炼铁和环境等领域的研究和技术人员，尝试从不同领域和视角论述焦化过程节能减排技术。因此，书中介绍的新思想和新技术信息量较大，内容涉及不同学科。在焦化技术快速发展的今天，本书的出版将会有助于焦化过程节能减排技术的创新和进一步发展。

　　本书的编写分工如下（各章第一作者为该章的编写工作负责人）：第1章由汪琦、梁英华编写；第2章由汪琦、张琢、李静编写；第3章由汪琦、赵雪飞、孟庆波编写；第4章由徐列、毛旸编写；第5章由崔平、陈吉编写；第6章由吕艳丽编写。研究生郭瑞、程欢、胡文佳、黄浚宸、铁维博等参加了资料收集和书稿编辑校稿等工作，在此表示衷心的感谢。

　　由于编者水平所限，书中不妥之处，敬请读者批评指正。

汪琦
2020 年 10 月

目　　录

1　概论 ……………………………………………………………………………… 1

　1.1　高炉炼铁工业的发展与炼焦质量要求 ………………………………………… 1

　　1.1.1　高炉炼铁工业与焦炭生产 ……………………………………………… 1

　　1.1.2　焦炭质量 ………………………………………………………………… 3

　1.2　焦炭的结构性质 ……………………………………………………………… 4

　　1.2.1　气孔结构 ………………………………………………………………… 5

　　1.2.2　光学组织 ………………………………………………………………… 5

　　1.2.3　微晶结构 ………………………………………………………………… 5

　　1.2.4　精细结构 ………………………………………………………………… 5

　1.3　炼焦工业的历史及工艺技术发展概况 ………………………………………… 5

　1.4　配煤炼焦技术的进步 ………………………………………………………… 6

　　1.4.1　煤质评价 ………………………………………………………………… 6

　　1.4.2　配煤炼焦 ………………………………………………………………… 7

　1.5　炼焦技术的进步 ……………………………………………………………… 8

　　1.5.1　大容积焦炉 ……………………………………………………………… 8

　　1.5.2　捣固炼焦技术 …………………………………………………………… 9

　　1.5.3　干法熄焦 ………………………………………………………………… 9

　　1.5.4　煤调湿 …………………………………………………………………… 10

　1.6　焦化生产过程节能技术进步 ………………………………………………… 10

　1.7　污染物防治和治理的技术进步 ……………………………………………… 11

　　1.7.1　炼焦过程的烟尘治理 …………………………………………………… 11

　　1.7.2　焦化废水处理 …………………………………………………………… 11

　　1.7.3　焦炉烟气脱硫脱硝 ……………………………………………………… 12

　1.8　焦化工业节能减排面临的新挑战 …………………………………………… 12

　　1.8.1　炼焦煤质量与优质炼焦煤资源 ………………………………………… 13

　　1.8.2　炼焦煤性质与精准配煤炼焦 …………………………………………… 15

　　1.8.3　装炉煤预处理技术与焦炭质量 ………………………………………… 15

　　1.8.4　焦化行业污染物"零排放" …………………………………………… 16

　　1.8.5　节能减排新型焦炉 ……………………………………………………… 17

参考文献 ……………………………………………………………… 19

2　焦炭的性能 ………………………………………………………… 22

2.1　焦炭的显微气孔结构 …………………………………………… 23

2.1.1　焦炭气孔的产生及划分 ……………………………… 23

2.1.2　气孔结构测定方法 …………………………………… 23

2.1.3　显微气孔结构 ………………………………………… 24

2.1.4　显微气孔结构测定与表征 …………………………… 25

2.1.5　显微气孔的性质 ……………………………………… 26

2.2　焦炭光学组织 …………………………………………………… 27

2.2.1　光学组织各向异性指数 ……………………………… 27

2.2.2　光学组织的性质 ……………………………………… 28

2.2.3　显微结构的协同作用 ………………………………… 29

2.2.4　显微结构的不足 ……………………………………… 30

2.3　焦炭的微晶结构 ………………………………………………… 31

2.3.1　XRD 法研究焦炭微晶结构的方法 …………………… 32

2.3.2　焦炭微晶结构及性质 ………………………………… 35

2.4　焦炭的碳片层及其堆垛结构 …………………………………… 37

2.4.1　焦炭的碳片层结构 …………………………………… 37

2.4.2　焦炭的碳片层堆垛结晶指数 ………………………… 40

2.4.3　焦炭碳片层堆垛的性质 ……………………………… 41

2.5　高炉炼铁与焦炭质量 …………………………………………… 44

2.5.1　焦炭在高炉中的状态 ………………………………… 44

2.5.2　焦炭溶损反应的作用 ………………………………… 45

2.5.3　燃烧带内的溶损反应 ………………………………… 46

2.5.4　直接还原中的溶损反应 ……………………………… 46

2.6　焦炭反应性与高炉还原 ………………………………………… 47

2.6.1　焦炭反应性与间接还原 ……………………………… 47

2.6.2　焦炭反应性与直接还原 ……………………………… 50

2.7　焦炭反应性与高炉下部热交换 ………………………………… 54

2.8　焦炭的 CRI 和 CSR 指标 ……………………………………… 57

2.8.1　CRI 和 CSR 试验的提出 ……………………………… 57

2.8.2　焦炭 CRI 和 CSR 指标的不确定性 …………………… 59

2.9　高炉内焦炭溶损率与焦炭 CRI 指标 …………………………… 60

2.9.1　高炉还原与焦炭溶损率 ……………………………… 60

2.9.2 焦炭溶损率的里斯特操作线描述 …………………………… 61
2.10 高炉内焦炭溶损劣化行为与 *CSR* 指标 …………………… 63
2.10.1 焦炭溶损劣化机理 …………………………………… 64
2.10.2 非等摩尔扩散的焦炭溶损劣化模型 …………………… 65
2.10.3 焦炭溶损劣化特征 …………………………………… 69
2.11 焦炭综合热性质 ………………………………………… 70
2.11.1 焦炭综合热性质的提出 ……………………………… 70
2.11.2 试验方法 ……………………………………………… 71
2.11.3 焦炭综合热性能 ……………………………………… 73
参考文献 ……………………………………………………… 78

3 配煤炼焦 …………………………………………………… 81
3.1 配煤的意义、目的和方法 ………………………………… 81
3.2 煤质的化学性质评价 …………………………………… 81
3.2.1 挥发分 ………………………………………………… 82
3.2.2 灰分成分 ……………………………………………… 82
3.3 煤质的显微组分评价 …………………………………… 83
3.3.1 煤的显微组分 ………………………………………… 83
3.3.2 煤质的显微组分评价 ………………………………… 84
3.3.3 显微组分指导配煤 …………………………………… 84
3.3.4 镜质组的成孔性 ……………………………………… 85
3.4 煤质的镜质组反射率评价 ……………………………… 85
3.4.1 平均最大反射率 ……………………………………… 85
3.4.2 平均最大镜质组反射率确定煤化度 ………………… 85
3.4.3 煤质的反射率评价 …………………………………… 86
3.5 煤的炼焦性质评价 ……………………………………… 89
3.5.1 煤的塑性评价 ………………………………………… 89
3.5.2 煤的黏结性评价 ……………………………………… 90
3.5.3 煤的结焦性评价 ……………………………………… 90
3.5.4 炼焦煤性质指标间的关系 …………………………… 90
3.6 煤质指标间的关系 ……………………………………… 91
3.6.1 塑性成焦机理 ………………………………………… 91
3.6.2 塑性（黏结性）指标与煤化度的关系 ……………… 93
3.6.3 黏结指数与塑性指标间的关系 ……………………… 94
3.6.4 焦炭质量指标与煤炼焦性指标的关系 ……………… 95

3.7 煤性质的新认识 ………………………………… 96
　3.7.1 荧光性质 ………………………………… 97
　3.7.2 容惰能力 ………………………………… 97
3.8 炼焦配煤 ………………………………………… 98
　3.8.1 配煤原理 ………………………………… 99
　3.8.2 按煤分类指标配煤 ……………………… 100
　3.8.3 煤岩学配煤 ……………………………… 102
　3.8.4 试验焦炉与炼焦配煤规范 ……………… 103
　3.8.5 固化温度的性质与煤分类 ……………… 104
3.9 成层黏结结焦与煤质评价 …………………… 108
　3.9.1 成层结焦 ………………………………… 108
　3.9.2 胶质层现象 ……………………………… 108
　3.9.3 成焦过程中关联现象的研究现状 ……… 109
　3.9.4 关联性试验新方法 ……………………… 110
　3.9.5 煤化度对煤炭化关联性的影响 ………… 112
　3.9.6 配合煤的炭化关联性 …………………… 118
　3.9.7 胶质层的性质 …………………………… 121
3.10 配煤技术面临的问题和发展趋势 ………… 128
　3.10.1 配合煤的性质改质 …………………… 129
　3.10.2 存在"性质异常煤" …………………… 129
　3.10.3 煤质评价体系不适应焦炭热性能 …… 130
　3.10.4 缺少成层黏结成焦过程模拟方法 …… 130
　3.10.5 配煤实验模拟性不足 ………………… 131
参考文献 ………………………………………………… 131

4 节能减排炼焦工艺技术 ……………………………… 133
4.1 捣固炼焦 ……………………………………… 133
　4.1.1 捣固炼焦技术原理和发展现状 ………… 133
　4.1.2 捣固炼焦配煤 …………………………… 134
　4.1.3 捣固焦炭的质量 ………………………… 137
　4.1.4 捣固炼焦的环境治理 …………………… 139
4.2 煤调湿技术 …………………………………… 139
　4.2.1 煤调湿原理 ……………………………… 140
　4.2.2 煤调湿技术发展现状 …………………… 140
　4.2.3 煤调湿技术的效果 ……………………… 142

4.3 干熄焦 ·············· 144
4.3.1 干熄焦的工艺原理 ·············· 144
4.3.2 干法熄焦技术的发展现状 ·············· 144
4.3.3 干法熄焦的节能环保效果 ·············· 145
4.3.4 干熄焦的焦炭质量 ·············· 146
4.3.5 干法熄焦环境保护与除尘 ·············· 146
4.4 上升管余热利用技术 ·············· 147
4.4.1 焦炉上升管换热器余热回收技术 ·············· 147
4.4.2 荒煤气直接热裂解技术 ·············· 148
4.5 热回收焦炉 ·············· 148
4.5.1 开发热回收焦炉的意义 ·············· 148
4.5.2 国外热回收焦炉技术 ·············· 150
4.5.3 中国热回收焦炉技术 ·············· 152
4.5.4 热回收捣固焦炉发展方向 ·············· 157
4.6 换热式两段焦炉 ·············· 158
4.6.1 结构设计 ·············· 159
4.6.2 炉体结构 ·············· 159
4.6.3 工艺流程 ·············· 161
4.6.4 换热式两段焦炉的优势 ·············· 161
4.6.5 换热式两段焦炉实施的可行性 ·············· 163
4.7 节能环保新型焦炉 ·············· 164
参考文献 ·············· 165

5 炼焦过程大气污染物治理 ·············· 167
5.1 炼焦过程大气污染物的产生 ·············· 167
5.1.1 备煤工序 ·············· 168
5.1.2 炼焦工序 ·············· 169
5.1.3 化学产品回收工序 ·············· 171
5.1.4 焦油精制工序 ·············· 172
5.2 炼焦过程大气污染物的危害 ·············· 173
5.2.1 粉尘 ·············· 174
5.2.2 硫氧化物 ·············· 175
5.2.3 氮氧化物 ·············· 177
5.2.4 挥发性有机化合物 ·············· 177
5.3 炼焦过程粉尘处理技术 ·············· 178
5.3.1 机械除尘技术 ·············· 179

5.3.2 布袋除尘技术 ……………………………… 181
5.3.3 电除尘技术 ……………………………… 182
5.3.4 湿式除尘技术 ……………………………… 184
5.3.5 电袋除尘技术 ……………………………… 185
5.3.6 高频高压电除尘技术 ……………………… 187
5.4 炼焦过程烟尘处理技术 ………………………… 187
5.4.1 装煤烟尘处理技术 ………………………… 187
5.4.2 出焦烟尘处理技术 ………………………… 192
5.4.3 熄焦烟尘处理技术 ………………………… 193
5.4.4 焦炉连续性烟尘处理技术 ………………… 196
5.5 炼焦过程 SO_2 处理技术 ……………………… 196
5.5.1 钙法烟气脱硫技术 ………………………… 197
5.5.2 海水法烟气脱硫技术 ……………………… 199
5.5.3 氨法烟气脱硫技术 ………………………… 202
5.5.4 镁法烟气脱硫技术 ………………………… 205
5.5.5 双碱法烟气脱硫技术 ……………………… 207
5.5.6 半干法烟气脱硫技术 ……………………… 209
5.5.7 干法烟气脱硫技术 ………………………… 211
5.5.8 新型催化法烟气脱硫技术 ………………… 214
5.6 炼焦过程 NO_x 处理技术 ……………………… 216
5.6.1 选择性催化还原法烟气脱硝技术 ………… 218
5.6.2 选择性非催化还原法烟气脱硝技术 ……… 220
5.6.3 混合 SNCR-SCR 法烟气脱硝技术 ………… 221
5.6.4 吸附法烟气脱硝技术 ……………………… 222
5.6.5 吸收法烟气脱硝技术 ……………………… 223
5.6.6 微生物法烟气脱硝技术 …………………… 225
5.6.7 脱硫脱硝一体化烟气脱硝技术 …………… 225
5.6.8 焦炉低氮燃烧技术 ………………………… 232
5.7 其他污染物治理技术 …………………………… 236
5.7.1 VOCs 的治理技术 ………………………… 236
5.7.2 多环芳烃的治理技术 ……………………… 237
5.7.3 重金属的治理技术 ………………………… 237
5.7.4 CO_2 的治理技术 ………………………… 238
参考文献 ………………………………………………… 241

6 焦化废水处理技术 …………………………………… 243
6.1 炼焦节水减排技术 ……………………………… 243

6.1.1　炼焦过程中的节水减排技术 ·············· 243

6.1.2　煤气净化及化学产品精制过程中的节水减排技术 ·········· 244

6.2　焦化废水处理 ············· 245

6.2.1　焦化废水的来源及特性 ············· 245

6.2.2　焦化污水的危害及排放限值 ············· 247

6.3　焦化废水的预处理 ············· 250

6.3.1　稀释法 ············· 250

6.3.2　蒸氨法 ············· 250

6.3.3　混凝沉淀法 ············· 251

6.3.4　吸附法 ············· 251

6.3.5　厌氧酸化水解 ············· 252

6.3.6　气浮法 ············· 252

6.4　焦化废水生化处理技术 ············· 252

6.4.1　活性污泥法 ············· 253

6.4.2　传统生物脱氮技术 ············· 257

6.4.3　HSB 高效生物菌种处理焦化废水技术 ············· 263

6.4.4　其他生物脱氮技术 ············· 266

6.5　焦化废水深度处理系统 ············· 268

6.5.1　工艺简介 ············· 268

6.5.2　装置功能 ············· 270

6.6　焦化废水处理工艺集成及工程应用 ············· 278

6.6.1　AOAO+电催化氧化+超滤反渗透 ············· 278

6.6.2　MBBR 移动床生物膜+A/O+芬顿/活性炭+超滤/反渗透 ············· 279

6.6.3　A^2O^2+微电解催化+生物强化+混凝沉淀+超滤/反渗透 ············· 280

6.6.4　蒸氨+A/OA/O+氰化物处理+氟化物处理+沉淀+过滤+人工湿地 ············· 281

6.6.5　AAO(OAO)+高级氧化+脱盐+超滤+反渗透 ············· 282

6.6.6　A^2O+Fenton ············· 283

6.6.7　预处理+生化（SSND+DBMP）+Fenton+超滤/反渗透 ············· 283

6.6.8　气浮+隔油+A^2O+臭氧氧化技术/Fenton ············· 285

6.6.9　"机械澄清池+多介质过滤器+超滤+反渗透"循环排污水回用技术 ············· 286

6.7　焦化废水处理产生剩余污泥的处理 ············· 288

6.8　焦化废水处理的思考与建议 ············· 291

参考文献 ············· 293

索引 ············· 297

1 概　　论

　　高炉炼铁是应用焦炭、喷吹燃料、含铁矿石（天然富块矿、烧结矿和球团矿）和熔剂（石灰石、白云石）在高炉内连续生产液态铁水的方法。在钢铁工业中，高炉炼铁工艺在今后相当长的时期内仍然占主导地位。焦炭在高炉中起着供热、还原剂、骨架和渗碳作用，焦炭生产作为整个钢铁长流程工艺链条中不可缺少的重要环节之一，在钢铁工业资源综合利用和节能减排具有举足轻重的地位。我国焦炭消费量中高炉用焦炭占总消费量的85%左右，高炉炼铁技术的发展和对焦炭质量要求的不断提高直接影响焦化技术的发展。高炉炼铁工业的发展与煤焦化工业的发展密不可分，两者联系紧密、相互促进、共同发展。

　　焦化工业是煤炭资源消耗型行业，为了保证焦炭质量，装炉煤中必须配入相当比例的稀缺强黏结性焦煤，另外，传统的煤焦化工业具有高能耗、高排放和高污染的特点。焦化工业的地位和特点决定了焦化过程节能减排必须向少用强黏结性煤、减少能源消耗、减少废弃物和环境有害物超低排放方向发展。

　　本章首先介绍了目前高炉炼铁对焦炭质量的要求和对焦炭结构性质的认识，焦化工业在煤质评价、配煤炼焦技术、节能减排、污染物防治等方面的技术发展。然后，针对目前焦炭质量、煤质评价和配煤炼焦方法在使用中存在的问题，国家对焦化工业节能、污染物排放提出的标准，分析了煤焦化工业在进一步节能减排中所面临的挑战。

1.1　高炉炼铁工业的发展与炼焦质量要求

1.1.1　高炉炼铁工业与焦炭生产

　　煤炼焦是为了满足高炉炼铁对燃料的需求。高炉炼铁最早是以木炭为燃料，但这样对森林破坏严重，因此用煤代替木炭在高炉中炼铁。原煤挥发物过多，在高炉内容易结焦和产生粉末等，给冶炼带来了很大困难而未成功。1709 年开始，英国的 Darby 父子经 10 多年努力，选择低硫煤炼焦，同时改善高炉操作，于1718 年左右用焦炭在高炉中炼出合格生铁[1]。

　　高炉用焦炭、蒸汽鼓风机鼓风以及此后的预热鼓风（1828 年）、封闭炉顶（1832 年），为高炉逐渐大型化和趋于完善奠定了基础。高炉最大容积由 1860年前的 $100\sim300m^3$ 增加到 19 世纪末的 $500\sim700m^3$，在此阶段世界生铁年产量也由 1850 年的 500 万吨增加到 1900 年的 4100 万吨[2]。

历史上焦炭产量一直高于生铁产量的现象自 1964 年后才开始改变,形成生铁产量高于焦炭产量的状况[3]。进入 20 世纪,高炉炉容不断扩大到 1000~3000m³,到 20 世纪后期炉容增加到 4000~5000m³,最大的达到 6000m³。20 世纪 50 年代开始,高炉技术取得了显著进步,普遍采用了高风温、大风量、精料、风口喷吹、高压炉顶、低硅冶炼等一系列技术措施,使技术指标不断得到改善,焦比大幅度降低。60 年代后,随着喷吹燃料技术在高炉炼铁中的不断普及,焦比继续大幅度降低。1966 年首都钢铁公司的高炉平均喷煤量达到 159kg/t,焦比降到 476kg/t。到 70 年代末,世界先进高炉的焦比已降到 550 kg 左右,高炉利用系数近 2.0 t/(m³·d)。80 年代起,由于油价高涨、焦炉老化、炼焦煤和焦炭短缺及环保对焦炉的限制等因素,世界高炉迅速转向喷煤,到 90 年代喷煤量最多已达到 200kg/t 以上,焦比降到 300kg/t 以下[2]。

新中国成立前我国钢铁产业的基础十分薄弱,技术落后。新中国成立后,炼铁工业经历了 20 世纪 50 年代的恢复建设、60 年代的三线建设、80 年代改革开放后的迅猛发展三个阶段。到 1993 年中国生铁产量达到 8730 万吨,从这一年开始中国成为世界生产铁最多的国家。2001~2006 年期间,炼铁工业超高速发展,生铁年平均产量增长率为 30.4%,2006 年突破 4.0 亿吨大关。此后,生铁年平均产量以大约 10% 的速率增长,2013 年突破 7.0 亿吨[4,5];2019 年,全国生铁产量达 8.09 亿吨。

在我国炼铁工业超高速发展阶段,炼铁技术有了长足进步,高炉操作指标不断改善,高炉容积不断扩大,现代化水平不断提高,焦比大幅度下降。由表 1-1 可见,中国的焦钢比高于 1000kg/t 的现象一直持续到 1998 年,1999~2006 年期间焦钢比大幅度下降,到 2007 年降低到 700kg/t。此后,焦钢比逐年下降,到 2015 年已下降到了 557kg/t。

表 1-1   我国焦钢比演进历史

年　份	焦钢比/kg·t⁻¹
1949~1978 年	1654
1978 年	1476
1978~1998 年	1000 左右
1999~2006 年	>700
2007 年	680
2008 年	638
2009 年	615
2010 年	618
2011 年	626

年 份	焦钢比/kg·t^{-1}
2012 年	619
2013 年	611
2014 年	582
2015 年	557
2016 年（取缔地条钢前）	556
2017 年（取缔地条钢进行中）	519
2018 年（取缔地条钢后）	472

1.1.2 焦炭质量

焦炭在高炉中可作为发热剂、还原剂和高炉料柱骨架。高炉炼铁所消耗的热量中，70%~80%来自焦炭和喷吹燃料；所需的还原剂主要是焦炭和喷吹燃料所提供的 CO 和 C；焦炭在料柱中占 1/3~1/2 的体积，它的粒度比矿石大，自身气孔率高，在高温下不软化也不熔化，所以它对改善料柱透气性和透液性有重要作用，特别是在高炉下部高温区，矿石已软化、熔化的情况下的作用更大。因此，对焦炭的质量要求除了化学成分外，重点关注物理性能和热态物理化学性质两个方面。

1.1.2.1 物理性能

焦炭物理性能主要是指机械强度和粒度。焦炭代替木炭炼铁后，由于焦炭远比木炭坚固，对焦炭强度并不重视。20 世纪 20 年代，800m^3 以上的高炉大量新建，人们开始重视焦炭强度和与强度有关的块度、筛分组成。为此，提出的焦炭转鼓强度试验，如米库姆（Micum）转鼓（1913~1927 年）和 ASTM 转鼓（1928 年）。在这个时期，高炉一些技术指标远远落后于现在，焦比在 1000kg/t 以上，容积利用系数在 1t/(m^3·d) 左右，转鼓指数 M_{40} 值只有 70% 左右，这一情况一直持续到 20 世纪 40 年代[3]。

经过长期生产实践验证，焦炭转鼓指标具有良好的分辨能力和重现性，与高炉炉况基本对应，已被国内外高炉工作者接受作为焦炭质量评价指标。但是，焦炭转鼓强度检测方法还不能确切地预示焦炭强度与高炉操作之间的定量关系，因为这些方法不能反映焦炭在高炉内受化学和高温作用而引起的破碎。

1.1.2.2 物理化学性能

焦炭物理化学性能是指焦炭在热状态下受各种物理化学作用后所产生的性能变化。高炉取样和解剖研究结果表明，焦炭入炉后，由于受到加热和各种物理化学作用，它的粒度、强度、气孔率、真密度、含碱金属量、灰分和反应性等都有很大变化，不同于入炉前测定的结果。因此，除了冷态性能外，对于焦炭的热态物理化学性能必须加以研究并提出要求。

长期以来，焦炭的热态物理化学性能主要指标是焦炭的反应性、可燃性、反应后强度等。焦炭代替木炭炼铁后，因焦炭比木炭灰分含量高得多，而且化学活性又很低，从那个时代起就关注焦炭化学组成、反应性和气孔率等。早在 1885 年 Bell 就提出了高炉中焦炭的碳溶损失（coke solution loss）这一术语概念，至今仍在炼铁和炼焦广泛应用[6]。

20 世纪 60 年代高炉解剖研究使人们对焦炭质量的认识、研究方法、改善焦炭质量措施上都有很大进展。高炉解剖及随后的研究确认了焦炭在高炉内强度和粒度下降的主要原因是其在高温下被 CO_2 的溶损[7,8]。为此，对焦炭的质量要求，除了传统的质量指标继续改善（灰分、硫含量越低越好，焦炭块度要更加均匀、机械强度要更高），还要求焦炭具有更高热强度，不但能承受热应力作用，而且能在 CO_2 的溶损后仍能保持足够的强度，使进入风口区前和炉缸死料堆的焦炭碎裂和粉化尽可能少。

焦炭强度指标 M_{10}、M_{40} 可以模拟高炉块状带焦炭降解，但随人们对高炉中焦炭研究的不断深入，发现 M_{10}、M_{40} 不能模拟焦炭经块状带进入软熔带后，要经历碳溶反应和高温作用劣化。为了模拟高炉内焦炭溶损劣化，评价焦炭质量，世界各国先后研究出了高炉用焦的块焦或粒焦反应性及反应后强度检测技术和标准，其中使用最广泛的是 20 世纪 70 年代起源于日本新日铁的 NSC 方法，即焦炭反应性 CRI 及反应后强度 CSR 试验方法[9]。

然而，经过 50 多年的使用，发现 CRI 和 CSR 对焦炭在高炉中的模拟性也并不理想，在高炉炼铁工作者不断追求低 CRI 和高 CSR 指标焦炭的同时，世界各国高炉用焦炭的 CRI 和 CSR 指标并不统一[10]，相反，高 CRI 和低 CSR 指标的焦炭仍然在某些高炉上使用[11]。因此，不像人们对焦炭转鼓强度认识那样统一，关于焦炭 CRI 及 CSR 指标是否很好地模拟了高炉内焦炭溶损劣化一直存在争议。

1.2　焦炭的结构性质

高炉用的焦炭是从炼焦炉炭化室推出的具有明显纵横裂纹的焦饼，经熄焦、转运沿粗大的纵、横裂纹破碎成仍含有某些纵、横裂纹的块焦。将块焦沿微裂纹分开，即得焦炭多孔体（焦体）。焦体由气孔和主要由碳、矿物质组成的气孔壁（焦质）构成。焦体的性质取决于这些结构的各个部分，且彼此间具有一定联系，因此，对焦炭性质的全面评价，必须建立在对焦体不同层次结构性质的研究基础上，并以此作为指导炼焦生产过程、认识焦体在高炉内的行为和作用、评价焦体质量等的依据。

为了揭示块焦性质的本质，指导配煤炼焦和炼焦工艺技术发展，目前重点研究的是焦体的气孔结构性质，气孔壁的光学组织、微晶结构和精细结构等[3,12]。

1.2.1 气孔结构

20世纪初就有学者开始研究焦炭气孔结构，如气孔率和切面气孔形貌。现代高炉对焦炭质量有更多和更高的要求，焦炭的气孔结构研究多侧重于各类气孔的形成、大气孔与焦炭强度的关系、微细气孔的表面性质和反应性等。

1.2.2 光学组织

焦炭光学组织是用光学显微镜对焦炭中碳分子结构的定向程度所做的定性和定量描述。焦炭光学组织的命名与分类，焦炭的光学组织的形成及其与煤的性质和焦炭性能的关系揭示，使这项技术不断与炼焦生产工艺相结合，为现今广泛采用光学显微镜研究焦炭组织奠定了基础。

1.2.3 微晶结构

采用 XRD 技术可以获得焦炭的微晶结构和石墨化度，有助于分析焦炭的某些宏观性质。但因焦炭中的碳在较大范围内是无序的，已经石墨化的碳也不像石墨那样是平面的网结构，其平面集结是很有限的，晶格层面堆积不过几层。因此，焦炭微晶的结构参数不能准确判断焦炭性能，即使得到一些焦炭性能与微晶结构参数的关系，但不能合理地解释这些因果的必然关系。

1.2.4 精细结构

焦炭的精细结构是用电子显微镜和透射电子显微镜对焦炭中碳分子结构的定向程度所做的定性和定量描述。20世纪80年代以来开始用电子显微镜研究焦炭组织，并得出类似光学组织的结构分类。光学显微镜放大倍数最大为1500倍，当观察极细镶嵌结构时约300nm，而电子显微镜具有更大的分辨率，它对定向碳的分子束可测到小于1nm以下。电子显微镜下测定的一些光学组织参数与某些焦炭性能的相关性很好。因此，电子显微镜下对焦炭组织进行观察，更能显示出碳的结构形态，对认识焦炭性能具有更好的参考价值。

1.3 炼焦工业的历史及工艺技术发展概况

炼焦是各种结焦性能不同的炼焦煤按生产工艺和产品要求配合后，装入隔绝空气的密闭炼焦炉内，经1000℃左右干馏转化为焦炭、焦炉煤气和化学产品的工艺过程。

最早的炼焦方法（19世纪60年代以前）是将煤成堆干馏，后来发展成为砖砌的窑和此后的倒焰炉。同时出现了简单的原料煤处理，如为了降低焦炭灰分和硫分用水冲洗煤料、提高焦炭强度的原料煤破碎技术，以及扩大炼焦煤源的配煤技术。

19世纪60年代至20世纪20年代，炼焦出现了一系列的重要技术变革，且沿用至今，是现代炼焦工艺技术的基础。这些技术有炭化室与燃烧室分开（1868年）、炼焦副产品回收（1881年）、配置蓄热室（1884年），到20世纪初复式加热、硅砖砌筑、炭化室高4m的蓄热式焦炉已大批兴建[1]。

从21世纪初到现在，炼焦工艺有不少新进展，形成了现代煤焦化工艺。目前，煤焦化普遍采用由炭化室、燃烧室、蓄热室等组成的多室蓄热式焦炉，并设有煤气净化、化学产品回收利用等生产装置，焦化废水处理、废气除尘、烟气脱硫和脱硝等装置。

现代炼焦生产过程分为选煤、配煤、备煤、炼焦、产品处理、污染物防治和治理等工序。

（1）选煤。保证焦炭质量，选择炼焦用煤的最基本要求是挥发分、黏结性和结焦性，尽可能低的灰分、硫分和磷含量。

（2）配煤。将各种结焦性能不同的煤按一定比例配合炼焦，在保证焦炭质量的前提下，扩大炼焦用煤的使用范围，合理地利用资源，并尽可能多得到一些化工产品。同时，还必须注意煤在炼焦过程中的膨胀压力对焦炉砌体造成损害。

（3）备煤。装炉煤的粉碎、干燥、调湿和预热，使炼焦煤的炼焦性质充分发挥，达到最佳状态。

（4）炼焦。焦炉的装煤、配合煤的干馏、推焦、熄焦和筛焦。近年来开发的炼焦新工艺有配入部分型煤炼焦的配型煤工艺、煤预热工艺、用捣固法装煤的煤捣固工艺、在干熄炉内用惰性气体循环回收焦炭的物理热的干法熄焦工艺等。

＋（5）污染物防治和治理。焦炉生产过程备煤、炼焦、煤气净化、炼焦化学产品回收和热能利用等工序产生的水污染物和大气污染物的治理。

1.4　配煤炼焦技术的进步

配煤就是将两种以上的单种煤按适当比例配合，其根本目的既要保证焦炭质量符合要求，又要合理利用煤炭资源，同时增加炼焦化学产品的产量，降低炼焦成本。从煤的黏结与成焦机理来分析，备煤和炼焦工艺条件定型后，焦炭质量主要取决于炼焦用煤性质的准确评价选择和合理配合。

1.4.1　煤质评价

研究和选择炼焦用煤的理论基础是煤化学和煤岩学。它们研究的如煤的形成、煤的化学组成、煤的化学结构、煤的岩相组成、煤的热解和成焦机理及煤的分类等内容，可以揭示煤的本质和它们在炼焦中的作用，为合理选择炼焦煤、保证焦炭质量提供依据。

为了保证焦炭质量，选择炼焦煤的最基本要求是考察它的变质程度，塑性、黏结性和结焦性等炼焦性能，同时，还必须考虑煤在炼焦过程中膨胀压力对焦炉砌体造成的危害。

煤的性质取决于煤本质作用范围和强度。煤化作用的深浅等级，即煤化度，是煤质评价和分类必不可少的一个指标。当代各国煤分类中，普遍采用干燥无灰基挥发分、镜质组反射率表征煤化度，并作为主要分类指标。

基于煤的成焦机理，煤的塑性对煤在炼焦过程中黏结成焦起重要作用，是影响煤的结焦性和焦炭质量的重要因素。因此，煤的塑性指标常被选作炼焦用煤选择和分类时表征煤的炼焦性质的质量评价和分类指标，也是指导配煤和焦炭性能预测的主要依据。然而，影响煤的塑性因素比较多，要了解煤的塑性，既要测定胶质体的数量，又要掌握胶质体的质量，而目前煤的塑性指标一般包括煤的流动性、黏结性、膨胀性、透气性和塑性温度范围等。至今为止还没有一个能全面反映胶质体性质的指标，必须用多种检测方法相互补充，才能比较全面地反映煤的塑性本质[13]。为此，在煤分类时，一般同时采用一个或几个煤的塑性指标作为辅助分类指标[14]。

炼焦用煤的准确选择取决于对煤性质的认识和分类方法的科学性。20 世纪以来，各国一直在进行炼焦用煤的分类研究，并不断补充完善，其目的是希望能够按照标准规范评价煤质，预测炼焦质量，指导配煤炼焦。但是，至今为止，各国选择的分类指标，尤其是塑性指标并不统一，没有形成一个共识的标准。

1.4.2 配煤炼焦

配煤原理是建立在煤的热解和成焦机理、炭化室内结焦过程及特点基础上的。

1.4.2.1 热解和成焦机理[14]

胶质体的形成是煤结成焦机理的核心，围绕煤成焦过程中胶质体的形成、组成和结构演变及其影响因素，不同研究者提出了相应的成焦机理，如胶质体理论、中间相成焦机理和传氢理论。

塑性成焦机理认为，黏结性煤经加热后，煤中的镜质组发生热解形成胶质体，胶质体的塑性阶段发生黏结作用，随温度的升高，胶质体经裂解缩聚反应转化为半焦，半焦经进一步缩聚、产生收缩、形成裂纹而转化为焦炭。中间相成焦机理认为，煤成焦过程类似于相变，随温度升高，煤首先生成光学各向同性的胶质体，然后在其中出现液晶（又称中间相），这种液相经核晶化、长大、融并、固化的过程，生成光学各向异性的焦炭。传氢理论认为，煤在成焦过程中，塑性的发展是一个供氢液化过程，而传氢媒介物是由煤本身提供的，任何改变传氢媒介物的量和质量的因素都会改变煤受热时的塑性。

1.4.2.2　炭化室内结焦过程及特点[12]

炭化室内结焦过程有两个特点：一是单向加热，成层结焦；二是结焦过程中传热随炉料状态和温度而变化。成层结焦过程中塑性层的性质和温度场的不均匀程度影响焦炭的裂纹、气孔结构、各向异性程度和微晶程度，这些与装炉煤水分、煤化度、堆密度、结焦速度等密切相关。将煤结焦过程一般规律与室式炼焦工艺结合，研究炭化室内煤料结焦行为及其影响因素，是配煤炼焦、确定炼焦条件和研究备煤技术的基础。但是，在实验室，塑性层的行为用胶质层指数测定仪能够检测到，但目前测得胶质层的性质还是很困难的。

基于煤的热解和成焦机理、炭化室内结焦过程及特点，目前已有一些公认的基本配煤原理。但由于煤的性质千差万别，长期以来，配煤试验一直是选定配煤方案、验证焦炭质量的不可缺少的配煤技术程序。煤的塑性和黏结性指标均缺乏加和性，配合煤炭化时煤的改质，对焦炭质量要求既有机械强度这样的物理性质，又有反应性及反应后强度这样的化学-物理性质等，用煤分类指标配煤和煤岩学方法配煤，均无法确切地反映焦炭质量。为此，选定一个配煤方案，必须通过半工业的试验焦炉所得的焦炭结焦性指标，甚至工业焦炉所得的焦炭质量指标验证。实际上，目前按焦炭质量指标进行配煤炼焦仍然是经验的，必须通过试验验证才能确定。

1.5　炼焦技术的进步

为了满足高炉对焦炭数量和质量要求，降低优质炼焦煤消耗和焦化行业节能减排，现代炼焦工艺采用的新工艺技术主要包括大容积焦炉、煤调湿、捣固法装煤和干熄焦等[15,16]。

1.5.1　大容积焦炉

进入 20 世纪 60 年代，焦炉容积大型化取得了惊人的进展。一些技术发达的国家（如德国、苏联、日本）大量建设了炭化室高度为 6m 以上的大容积焦炉。80 年代初，德国曼内曼斯公司一组炭化室高为 7.85m 的焦炉投产。

1970 年攀枝花钢铁公司建成的炭化室高 5.5m 焦炉，是我国向大容积方向发展的开端。1985 年宝钢焦化一期工程引进炭化室高 6m 的新日铁 M 式焦炉，1987 年鞍山焦耐院自主设计开发的炭化室高 6m 的 JN60 型焦炉在北京炼焦化学厂建成投产，标志我国开启大容积焦炉时代。2008 年中冶焦耐公司开发的炭化室高 7m JNX70 在邯钢和鞍山鲅鱼圈成功投产，2006 山东兖矿引进的 7.63m 超大型焦炉投产，引领我国焦炉开始向型超大容积发展。目前，根据 2014 年进行修订的《焦化行业准入条件》和《产业结构调整指导目录（2019 年本）》规定，新建顶装焦炉炭化室高度必须不小于 6.0m，捣固焦炉炭化室高度必须不小于 5.5m。

大型化焦炉提高了我国焦化行业的技术装备水平，大幅度改善了焦化生产环境，加快了焦化产业结构的优化升级。

1.5.2　捣固炼焦技术

捣固炼焦是先将煤料在与炭化室尺寸相近的铁箱中进行捣固致密后，然后通过打开的炉门送入炭化室进行。煤捣固工艺是 20 世纪初由德国首先开发的一种降低焦炭气孔率和改善焦炉耐磨强度的技术，但因当时捣固煤饼高度受到限制，捣固机械作业效率低，加上装炉时炉门冒烟冒火、环境污染严重等原因，这项技术没有得到大规模推广。直到 70 年代，德国在这些捣固技术问题上取得重大突破，这一工艺才引起各国重视。

生产实践证明，采用捣固炼焦技术，捣固后的煤料堆积密度由顶装煤料的 $0.7 \sim 0.75t/m^3$ 提高到 $0.95 \sim 1.15t/m^3$，使所需填充煤粒间空隙的胶质体液相数量减少、同时热解产生的气体逸出遇到的阻力增大，导致胶质体不透气性和膨胀压力增加等，这些都有利于煤料的黏结性能提高，改善焦炭质量，多用高挥发分弱黏结煤。

捣固炼焦技术是一项适合于我国这样缺乏优质炼焦煤而高挥发分弱黏结煤焦丰富的国家和地区采用的炼焦技术。最初捣固焦炉最高炭化室高度为 3.8m，2003 年我国自行设计研究的炭化室高度 4.3m 捣固焦炉定型，加快了我国捣固炼焦技术的发展。2006 年 5.5m 捣固焦炉相继在一些焦化厂等企业建成投产，标志我国进入大型焦炉的煤捣固工艺时代。2008 年，当时世界最大的炭化室高 6.25m 捣固焦炉投产，标志着我国大型捣固焦炉技术达到了国际先进水平。

捣固焦炭产量已占我国焦炭总产量的一半，广泛用于中小高炉。但对捣固焦炭的质量认识不统一，制约了捣固焦炭在大高炉中的应用。

1.5.3　干法熄焦

干熄焦工艺过程是利用惰性气体作为循环气体在干熄炉中与炽热红焦炭换热从而熄灭红焦，热气体则进入余热锅炉产生水蒸气，或通过换热器用于预热煤、空气、煤气和水等。

干法熄焦除了可回收大量余热外，还有提高焦炭强度、改善焦炭反应性的效果。工业性生产测定和实验室的检测分析证实，与湿熄焦比较，干熄焦炭机械强度 M_{40} 提高 3% ~ 6%，M_{10} 改善 0.3% ~ 0.7%，热性能的反应性 CRI 平均降低 3.38%，反应后强度 CSR 平均提高 5.79%。

1960 年，苏联成功开发干法熄焦工艺后在焦化厂迅速推广。1985 年，宝钢焦炉开始采用干熄焦技术，是我国向采用干熄焦方向发展的开端。2004 年以来，随着我国焦化行业的快速发展，干熄焦技术在提高焦炭质量、节能降耗、环境保护等方面的作用开始得到高度重视，再加上大型干熄焦装置（140~260t/h）开发成功，我国干熄焦技术得到较快发展。至 2017 年年底，我国已累计建设投产了 200 多套干熄焦装置，干熄焦总处理能力达到 2.6 万吨/小时。这些干熄焦装置的投产，为我国焦化行业提高产品质量，促进炼铁生产中节约焦炭消耗，提高高炉生产效率，焦化行业节能减排等发挥了重要作用。目前，我国已经发展成为世界上系列最齐全、处理焦炭能力最大的干熄焦应用大国。

1.5.4　煤调湿

"煤调湿"是"焦炉煤水分控制工艺"的简称，是充分利用炼焦工艺预热作为热源，将装炉煤水分调整、稳定在相对低的水平（6%左右），然后装炉炼焦的一种工艺。生产实践证明，采用煤调湿技术，在提高焦炉生产能力、降低炼焦耗热量、减少外排废水量、增加效益的同时，不会因水分过低而引起焦炉和回收系统操作困难。

煤调湿工艺始于 20 世纪 80~90 年代，已在法国、中国、日本等几个炼焦厂长期使用。目前，我国应用煤调湿技术的企业已有 21 家，建成煤调湿设施 26 套，主要有宝钢、太钢、昆钢师宗、云南大为焦化、柳钢等企业，实际使用效果较好、运行较稳定。2016 年 6 月 16 日和 17 日，中国炼焦行业协会与中国金属学会在柳钢焦化厂共同组织召开了煤调湿技术研讨会，进一步总结、分析了煤调湿技术近年来所取得的进步与存在的问题，提出了今后从设计、制造、建设和运行管理，应加强规范和标准制定等问题。

1.6　焦化生产过程节能技术进步

焦炉是能量转换装置中高效率的热工设备，净效率高达 87%~89%。但是，从炼焦生产过程的物质流和能量流可以看出，炼焦系统节能潜力仍然巨大，高温红焦带出的热量、荒煤气和焦炉烟道气带出显热，三者是最有回收热量的潜力[16]。

采用干熄焦回收温度为 1000℃ 的红焦显热（约 1.6mJ/kg），可回收焦炭带走热量的 85%~90%。平均每熄 1t 红焦可生产温度为 300℃、压力为 1.49MPa 的蒸汽 0.4~0.5t，相当于 1kg 入炉煤回收余热 95kJ 以上。产生的蒸汽可直接送入蒸汽管网，也可发电。

在上升管处利用换热装置吸收 650~700℃ 荒煤气的余热，降低荒煤气温度，同时减少后续初冷器循环冷却水用量，以此达到节约能源、降低成本的目的。国内外许多企业研究了上升管余热利用技术、水夹套换热技术、热管式换热技术、导热油夹套技术回收荒煤气余热。

焦炉烟道气余热利用技术就是将焦炉产生的高温烟道气（250~280℃），用于煤调湿技术、余热生产副产物蒸汽等领域，部分热量回收，温度降至170~180℃后排出。

1.7 污染物防治和治理的技术进步

环境保护技术的发展是现代炼焦技术完善的重要标志。20世纪60年代以来，各国都对炼焦工业污染问题进行了积极的研究，开发了各种防治措施，包括炼焦过程的烟尘治理、焦化废水处理、焦炉烟气脱硫脱硝和VOCs治理等[16~19]。

1.7.1 炼焦过程的烟尘治理

焦炉是一个开放的污染源，装煤、推焦、熄焦粉尘和焦炉炉顶、炉门等产生大量烟尘。污染的特点是间歇式排放、烟尘温度高、产生点沿焦炉纵向频繁移动等。这些挥发分无组织地排放烟尘，对周围环境造成巨大污染，严重危害岗位工人及所在地区居民的身体健康，焦炉烟气治理和污染控制是焦化行业中极为重要的课题。

烟尘治理的最根本、最有效的措施是加强对污染物散发设施的密封，以减少污染物向周围环境的散发量，在此基础上，利用成熟可靠的烟尘处理系统对散发的污染物进行治理。

随着焦炉的大型化，减少装煤、推焦和熄焦次数，减少炉门、上升管和装煤孔数量，缩短密封面的总长度，已明显降低了焦炉外排的烟尘量。通过采用污染物散发设施密封技术，如弹簧门栓、弹性刀边、悬挂式炉门、高压氨水喷射、导入相邻炭化室等，使密封性能大为提高，使炉门基本不冒烟。在烟气治理方面，装煤和出焦除尘地面站的应用、低水分熄焦和稳定法熄焦技术的开发与应用等，这些措施使现代焦炉环保越来越完善。但是，对装煤和推焦、熄焦等某些无组织排放烟尘点，逸散物的控制措施仍需加大力度改进。

1.7.2 焦化废水处理

炼焦、煤气净化及化工产品的生产与精制等过程，都会排放大量焦化废水。该废水成分复杂，有毒、有害、难降解的有机物多，可生化性差。因此，焦化工业节水减排、废水处理回用与"零排"已成为当今焦化工业和环境保护领域共同研究与解决的难题。焦化废水生物处理包括废水预处理、生物处理、后处理、污泥处理、系统检测与控制及分析化验等。现代废水处理技术，就是采用各种方法将污水中所含有的污染物分离出来，或将其转化为无害和稳定的物质，从而使污水得到净化。近年来，随着环保要求的提高，不管处理后的废水是否它用，焦化废水处理已全部采用生物脱氮处理工艺，以避免污染物转移。生物脱酚氰处理主要以去除废水中的酚、氰及 COD 等污染物质，生物脱氮处理除兼有前者功能外，还可去除废水中的氨氮。多项新的处理工艺和技术相继投入使用，焦化污水深度处理及回用技术取得创新性突破，不仅实现了废水的近零排放，而且节约了宝贵的水资源。

1.7.3   焦炉烟气脱硫脱硝

焦炉烟尘治理的另一个重要方面是焦炉排放的废气，其中的主要有害成分是 SO_2 和 NO_x。为了使 SO_2 和 NO_x 排放值达标，一是减少 SO_2 和 NO_x 生成量，二是脱除排放废气中的 SO_2 和 NO_x。废气中的 SO_2 含量取决于加热用煤气中的硫含量，NO_x 的生成量与煤气燃烧方式和温度有关。测试证明，用混合煤气加热时，当废气循环量超过 50%，废气中 NO_x 的含量一般不会大于 $500mg/m^3$，但用焦炉煤气加热时，只使用废气循环措施一般不能达到小于 $500mg/m^3$。另外，降低燃烧区域的氧含量和多段加热，火道温度小于 1300℃，降低加热煤气中氮化合物含量和炉内脱硝技术，均能减少 NO_x 的生成。

随着环保要求的不断提高，我国对焦化企业大气污染物排放的控制指标提出了更严格的要求，焦炉烟囱排放二氧化硫小于 $50mg/m^3$，氮氧化物小于 $500mg/m^3$，特殊排放地区二氧化硫小于 $30mg/m^3$，氮氧化物小于 $150mg/m^3$。为了达到排放的控制指标，焦化企业需建设脱硫脱硝装置。

2015 年 11 月 6 日中冶焦耐设计/供货的宝钢湛江焦炉烟气净化设施于正式投入使用，标志着世界首套焦炉烟气低温脱硫脱硝工业化示范装置的正式诞生。之后，国内多家环保科研单位相继研发出焦炉烟气脱硫脱硝技术并在焦化企业建成投入运行，如"焦炉烟囱烟气低温 SCR 脱硝催化剂及应用技术""焦炉低氮燃烧降低氮氧化物技术""脱硫脱硝一体化工艺技术"等，为我国焦化企业实现 SO_2、NO_x 达标排放做出了开创性贡献。截至 2017 年年底，我国焦化生产企业已经建成 100 多套焦炉烟气脱硫脱硝装置，尚未建设脱硫脱硝装置的企业正在开展方案优选或筹建工作。

1.8   焦化工业节能减排面临的新挑战

对于炼焦工业，优质炼焦煤短缺、炼焦对环境污染严重、焦炭成本升高是全球问题。从炼焦工业发展历程来看，炼焦就是在满足高炉对焦炭消耗需求的同时，提高焦炭质量来减少高炉焦炭使用量，通过合理配煤和炼焦工艺技术改进降低炼焦配合煤中优质炼焦煤配比，通过技术创新降低炼焦能耗和减少炼焦对环境的污染。

焦化已经历了一个世纪的发展，尽管在基础理论方面进行了大量研究，技术方面进行了多次改革，似乎已经完备，但是随着社会发展与技术进步，焦化工业面临着新的挑战：

（1）随高炉炼铁技术的进步，高炉对焦炭质量的要求不断提高，优质炼焦煤资源严重短缺；

（2）粉尘、焦油煤气泄漏，水质污染，SO_2、NO_x 对周围大气污染的治理要求越来越高。

中国是钢铁大国，也是焦化大国，焦化工业面临的挑战尤为突出。由于高炉炼铁对焦炭的高度依赖，焦化工业必不可少，而焦化工业要战胜挑战，必须在炼铁和炼焦基础理论和技术方面解决如下问题：

（1）在焦炭和炼焦煤性质和质量评价方面取得突破，根据高炉对焦炭质量的真实需求，结合我国并兼顾国外炼焦煤资源的具体情况，通过煤质科学评价和精准配煤炼焦、"以劣代优"扩大优质炼焦煤资源，从根本上解决煤炭资源合理经济利用问题。

（2）焦化工业节能、环保技术创新，提高目前煤焦化工艺的能源效率和生产效率，煤焦化与环保新技术结合，在当前国家大力加强环保执法政策和法律压力下实现高效节能和"零排放"的先进绿色焦化工业。

（3）焦炉炉体结构创新，研发新型焦炉，提高焦炉"本质"节能减排水平，从焦炉炉体根本上解决能耗、污染等末端治理、余热利用难以企及的"根源"问题，实现"源头治理、本质节能"。

1.8.1　炼焦煤质量与优质炼焦煤资源

炼焦煤质量评价和配煤炼焦的首要目的就是要满足高炉要求的焦炭质量指标。高炉中焦炭骨架作用的好坏取决于它的降解程度，与强度密切相关。

为了充分发挥焦炭的骨架作用使高炉冶炼经济技术指标达到最佳，各国对焦炭质量均提出一些要求，并已形成了相应的标准。由表 1-2 所示的国家标准《高炉炼铁工艺设计规范》（GB 50427—2015）可见，随高炉容积扩大，对焦炭 M_{40} 和 M_{10}、CRI 和 CSR 指标的要求越来越高。

表 1-2　焦炭质量的要求

炉容级别/m³	1000	2000	3000	4000	5000
焦炭灰分/%	≤13	≤13	≤12.5	≤12	≤12
焦炭含硫/%	≤0.7	≤0.7	≤0.7	≤0.6	≤0.6
M_{40}/%	≥78	≥82	≥84	≥85	≥86
M_{10}/%	≤8.0	≤7.5	≤7.0	≤6.5	≤6.0
反应后强度 CSR/%	≥58	≥60	≥62	≥64	≥65

炉容级别/m³	1000	2000	3000	4000	5000
反应性指数 CRI/%	≤28	≤26	≤25	≤25	≤25
粒度范围/mm	75~25	75~25	75~25	75~25	75~30
大于上限/%	≤10	≤10	≤10	≤10	≤10
小于下限/%	≤8	≤8	≤8	≤8	≤8

炼焦工艺一定时，焦炭质量主要取决于所用煤的性质。长期实践证明，生产高 M_{40} 和低 M_{10} 指标焦炭，配煤炼焦时必须配入一定比例的中变质程度黏结性炼焦煤，在此基础上，如果又要保证焦炭有低 CRI 和高 CSR 指标，配煤中不得不配入相当比例的中变质程度强黏结性优质主焦煤，如焦煤和肥煤，其结果导致可使用的炼焦煤变质程度范围缩小。由表 1-3 所示的 2018 年中国炼焦行业协会 90 家会员企业炼焦配煤比可见，炼焦配煤中，焦煤为 37.74%，肥煤为 15.39%，两者之和达到 53.13%。对于我国一些新建的 5000m³ 大型高炉，为了满足所要求的焦炭质量指标，一些炼焦企业的配煤中的主焦煤配比高达 80% 以上。

表 1-3　2018 年中国炼焦行业协会 90 家会员企业炼焦配煤比　（%）

焦煤	肥煤	瘦煤	气煤	气肥煤	1/3 焦煤	其他煤
37.74	15.36	11.72	8.57	1.69	20.74	4.19

我国炼焦煤资源与焦炭生产实际需求很不匹配，气煤和 1/3 焦煤储量大，而肥煤和焦煤储量少，且在地域方面过于集中，长期造成西煤东运、北煤南运的困难局面。随着我国高炉不断超大型化和一些钢铁企业片面追求焦炭质量，炼焦煤资源匮乏且分布不均衡的问题越显突出。随着高质量焦炭需求量的快速增长，国内炼焦煤资源常出现阶段性偏紧、价格攀升、供需矛盾升级，为此，焦化企业面向国际市场，利用国际资源，从澳大利亚、蒙古、俄罗斯、加拿大、美国等国家进口炼焦煤。2013 年进口炼焦煤最多时达到 7556 万吨，2019 年进口炼焦煤为 7466 万吨。

然而，经过 50 多年的使用，发现 CRI 和 CSR 对焦炭在高炉中的模拟性也并不理想，在高炉炼铁工作者不断追求低 CRI 和高 CSR 指标焦炭的同时，世界各国高炉用焦炭的 CRI 和 CSR 指标并不统一[10,20]，相反，高 CRI 和低 CSR 指标的焦炭仍然在某些高炉上使用[11]。关于焦炭 CRI 及 CSR 指标是否可以很好地模拟高炉内焦炭溶损劣化一直存在争议，包括反应温度、CO_2 来源和浓度[21,22]、加热速率和气体组成[23]、溶损率[24] 等。

我国焦化企业已采用了一些多配气煤或弱黏结性煤的优化配煤炼焦技术和炼焦工艺技术，如捣固炼焦、配型煤技术、装炉煤调湿等。然而，受追求焦炭高质量指标的约束，这些技术能力未得到充分发挥。解决这一症结的关键是，重新从基础理论和实践两个方面进一步认识焦炭在高炉中的溶损劣化行为及其对骨架的影响，揭示不同 *CRI* 和 *CSR* 指标的焦炭均能够在高炉使用的原因。焦炭热性能认识的深入必然涉及配煤技术的更新，只有这样才能从根本上解决优质炼焦煤资源严重短缺的问题。

1.8.2 炼焦煤性质与精准配煤炼焦

配煤炼焦是将多种具有不同自身特性和作用的煤，如不同牌号的煤，按比例配合在一起作为炼焦煤料，其目的主要是合理利用各地区炼焦煤的资源，低成本生产出质量指标达到规定要求的焦炭。

炼焦煤性质的认识主要来源于变质程度、塑性、黏结性和结焦性等。目前，虽然煤炭和炼焦工作者已掌握了大量煤质各方面的数据，提出了煤分类方法，建立了多种基于煤化度、炼焦性质和工艺操作参数的焦炭质量预测模型和专家系统，但是，迄今为止，配煤炼焦仍然是凭经验的，煤质的优劣和配合煤的质量仍要通过配煤试验工具（试验焦炉）验证，才能最后确定。其原因是：

（1）成煤因素十分复杂，使得煤的性质千差万别，只用煤岩组分含量和镜质组反射率这两个煤变质程度指标，不能确定煤的炼焦性能[25]。

（2）煤成焦是一个非常复杂的化学反应和物理变化过程，针对复杂过程中表现出的各种特性，如热解、塑性和黏结性等，采用不同的方法检测，不能真实地揭示各种现象之间的相互作用对性质的影响。

（3）煤的黏结与成焦理论虽然阐明了配合煤中不同性质煤的作用，但因配合煤料中煤的炼焦性质会发生改质现象（如传氢引起的塑性和黏结性变化），导致煤的炼焦性质加和性差，使配合煤的质量无法用各单种煤性质进行预判。

炼焦煤的性质评价方法均来源于 20 世纪 20~60 年代，现行配煤技术很少吸取近代焦化基础理论方面所获得的成果，这是配煤炼焦始终停留在定性、经验的根本原因。另外，随着炼焦煤资源的不断扩大，按照目前煤分类划分的同类煤，其炼焦性能相差越来越大，这对已形成的经验配煤方法是一个致命的打击，已成为目前精准配煤遇到的症结，导致焦炭质量波动频繁。因此，只有正确认识炼焦煤性质和创新质量评价方法，才能在真正意义上实现精准配煤炼焦。

1.8.3 装炉煤预处理技术与焦炭质量

现有的装炉煤预处理技术主要包括风选粉碎、配型煤炼焦、装炉煤调湿和捣固炼焦等。实践证明，采用风选粉碎，可使焦炭 M_{40} 提高 1~2 个百分点，M_{10} 改善 0.5 个百分点。采用配型煤炼焦，可使焦炭 M_{40} 提高 2~3 个百分点，M_{10} 改善 0.5~1 个百分点，如果维持原来焦炭质量水平，可多用 10%~15% 的弱黏结煤。但采用配型煤炼焦，装炉煤中 25%~30% 的型煤需要添加 6%~7% 的黏结剂、并要压制成型煤后混合到装炉煤中，这项技术虽然在宝钢应用，但没有在国内得到推广，日本自20世纪80年代采用煤调湿技术后也没有再发展配型煤炼焦技术。装炉煤调湿，可使焦炭的 DI_{15}^{150} 和 CSR 分别提高1~1.5个百分点和1~3个百分点，如果维持原来焦炭质量水平，可多用8%~10%的弱黏结煤[15]。装炉煤调湿技术在我国起步较晚，2007年10月大型煤调湿装置在济钢焦化厂成功投产以来，目前，应用煤调湿技术的企业只有21家，要大量推广煤调湿技术，还有许多工作要做[16]。

我国捣固炼焦技术迅速发展，为节约使用优质炼焦煤、降低生产成本做出了突出贡献。采用捣固炼焦技术，焦炭机械强度提高明显，M_{40} 可提高1~6个百分点，M_{10} 改善1个百分点左右。在焦炭强度相同的情况下，可多配15%~20%的弱黏结煤[15]。但是，随着高挥发分弱黏结性煤的用量增加，往往焦炭的反应性 CRI 升高及反应后强度 CSR 降低。一些捣固炼焦企业为了满足焦炭的低 CRI 及高 CSR 指标要求，不得不通过提高捣固压力和调整配煤结构来改善焦炭的 CRI 及 CSR 指标，导致焦炭内出现大的横向闭气孔、镶嵌结构含量与顶装焦炭相比较少、石墨化度低等问题[26,27]。高炉使用这种表观质量指标似乎也很好的捣固焦炭后，导致焦比上升、产量降低。由此认为，捣固焦炭指标的使用相对于顶装焦炭要打85%的折扣，捣固焦炭往往是在小高炉能正常使用并且指标较好，但在大高炉使用有时较差[28,29]。

捣固焦炭在高炉上使用效果的不确定表明，目前对捣固炼焦时焦炉内的成焦过程和配煤技术掌握的不如顶装炼焦工艺完善，对于捣固焦炭的结构性质、质量评价及其与高炉操作指标之间的关系也没有顶装焦炭那样清晰。因此，研究捣固条件下煤的黏结成焦机理、配煤原理，捣固焦炭的结构性质与焦炭质量指标和高炉冶炼指标的关系，使捣固炼焦用弱黏结煤的作用达到最佳化，是捣固炼焦企业赖以生存和发展的基础。研究成果对我国发展其他多使用弱黏结煤的装炉煤预处理技术同样具有参考价值。

1.8.4　焦化行业污染物"零排放"

"零排放"，一方面是要控制生产过程中不得已产生的废弃物排放，将其减少到零；另一方面是充分利用不得已排放的废弃物。

1.8.4.1　焦化废水"零排放"

为了杜绝焦化废水的危害性和对环境的严重影响，工业和信息化部发布的《焦化行业准入条件（2014年修订）》中明确规定"焦化废水经处理后做到内部循环使用"，"不得外排"。目前，采用多种工艺联合处理后的焦化废水能够达到特别排放或间接排放限值要求，可以在焦化和冶金企业回用。焦化污水处理过程中必然有剩余污泥（总处理水量的0.3%~0.6%）产生，包括从废水中直接分离出来和废水处理过程中形成的。污泥中含有大量污染物，其中苯并（α）芘约达 87mg/kg。目前，焦化厂对剩余污泥的处理的主要方式：一是将焦化污泥与炼焦煤料配煤，通过焦炉处置；二是将污泥进入炼铁混匀料场等工序，通过烧结处理。

1.8.4.2 大气污染物"零排放"

传统焦炉设备和机械均露天布置、操作和生产，焦炉设置了除尘系统，对生产过程产生的大量烟尘进行了有效除尘，但除尘系统工作的前期、末期，其捕集率达不到100%，仍有少量烟尘逸散到大气中。另外，在焦炉其他部位（如炉头、小炉门、装煤孔等处）仍可能有连续或非连续的少量烟尘外逸，由于外逸点多，无法将其统一有效收集。

为了实现大气污染物"零排放"，提出了焦炉加罩密闭方法，实现焦炉生产过程中存在的大气污染物从无组织排放变为有组织排放。但是，焦炉加罩密闭还存在一定的风险因素，如加罩对焦炉炉体负荷的影响甚至可能导致焦炉结构的重新设计，对焦炉区域防火防爆设计、设备的选型、煤气放散方式和焦炉区域的操作环境等均有影响。另外在沿海地区台风也会对焦炉大罩的结构甚至炉体本身造成巨大破坏，这一自然风险也必须考虑在内。只有将这些问题进行详细论证后方可实施焦炉加罩方案。

根据能量守恒定律和物质不灭定律，焦化行业污染物的"零排放"只是一种理论的、理想的状态。我国焦化行业的环保工作起步较晚，以现有的技术、经济条件，真正做到将不得已排放的废弃物减少到零，可谓是难上加难。目前实现了所谓的"零排放"，也只是改变了污染物排放的方式、渠道和节点。如目前焦化废水处理后产生的污泥处理方法对环境的污染、产品质量的影响，烟气脱硫脱硝下来的废料处理等研究还不充分。

目前国家大力扶植环保技术、危废处理等行业，多个危险废物、污泥处置专门单位和技术中心已经形成，未来焦化废水剩余污泥和烟气脱硫脱硝下来的废料可以转入这些单位进行专门处置和综合利用。

1.8.5 节能减排新型焦炉

目前，我国对炼焦工业的粉尘、焦油煤气漏失、水质污染、SO_2、NO_x 对周围大气的污染等治理要求越来越严格。传统的水平室式焦炉尽管进行了多次改进，目前实现了大型化，炼焦工艺技术似乎已完备，环境治理技术也得到高速发展，但没有从根本上解决焦化工业的环境污染问题。

为了从炼焦工艺根源上消除其对环境的危害，而不是为了消除危害而采取投资措施减少污染物，国内外炼焦界一直在探索新型节能减排或"零排放"焦炉，如美国开发的热回收焦炉、德国开发的巨型炼焦反应器、日本开发的快速加热焦炉和我国正在开发的换热式两段焦炉等。

1.8.5.1 无回收焦炉（热回收焦炉）[30]

常规的卧式无回收焦炉是较为古老的炉型，煤的炭化及提供炭化所需要的热量均在同一炉室内进行，炭化过程中产生的荒煤气在煤层上面直接燃烧，为煤层炭化提供热量。现代热回收焦炭因回收燃烧废气中的热量用来发电或其他用途，故无回收焦炉又称热回收焦炉。

无回收焦炉具有独特的炉体结构和工艺技术，在炼焦过程中炭化室负压操作，不外泄烟尘，也不回收化学产品和净化焦炉煤气，很少产生污染物。无回收焦炉解决了炼焦过程中主要污染物的产生，基本上实现了清洁生产和保护环境。1998 年美国 Inland 钢铁公司印第安纳 Harbor 焦化厂投产的实际年产量为 133 万吨/年的热回收焦炉，因可以满足美国净化空气法的特定要求，越来越受到炼焦界的广泛关注和高度重视。热回收焦炉炼焦煤种适用广、焦炭块度大、质量高，在我国的应用已显示出了其独特的优越性。

带有（换热室）空气预热的立式热回收焦炉，综合了现有卧式热回收焦炉和常规机焦炉的优点，煤的干馏和煤气的燃烧分别在炭化室和燃烧室完成，避免了卧式热回收焦炉烧损大、成焦率低的弊端；炼焦过程中炭化室负压操作，炉体无组织排放很少，同时不回收焦炉煤气和化学产品，没有酚氰废水等污染，实现了传统卧式热回收焦炉和常规机焦炉的有机结合、优势互补，其与卧式热回收焦炉相比具有显著的优势，如工业化后将引领热回收焦炉的发展。

1.8.5.2 巨型炼焦反应器[15,30]

20 世纪 80 年代后期，德国提出并进行了两次工业试验的巨型炼焦反应器（Jumbo Coking Reactor, JCR）是为了提高生产效率、减轻环境污染、减少能耗、扩大炼焦用煤资源和提高焦炭质量。JCR 将炭化室长（10m，工业规模长度的 1/2）、宽（850mm）、高（10m）三向尺寸增加到设计的极限值，来增加单孔炭化室的装煤量、产焦量，并减少出焦次数；结合预热煤炼焦，扩大炼焦用煤源，提高焦炭质量，降低能耗；火道采用分段（三段）供应空气燃烧方式和程序加热控制，保证焦饼温度均匀，降低烟气中 NO_x、CO 的排放量等。

欧洲炼焦技术中心和当时的一些公司专家一致认为 JCR 工艺是可行的，但因正式用于工业生产，还需要做大量工作，并要投入大量资金，国际上焦炉工程公司对 JCR 的商业化仍持谨慎态度。

1.8.5.3 21 世纪高产无污染大型焦炉工艺[15,30]

从 1994 年至 2003 年，为了解决日本焦炭供给，适应 21 世纪社会发展，日本煤炭协会利用中心与日本钢铁联盟历时 10 年共同开发了 21 世纪高产无污染大型焦炉工艺（Supper Coke Oven for Productivity and Environment Enhancement toward 21st Century, SCOPE21）。SCOPE21 是有效利用煤炭资源、提高生产效率以及实现环保和节能的炼焦新工艺。该工艺采用原料煤流化床干燥、预热（250℃）、气流塔快速加热（330~380℃）、细粒煤（小于 3mm）机压成型、成型煤与已预热粗粒煤（大于 0.3mm）相混合热装炉，预热煤料先在类似常规焦炭的炭化室中低温干馏（800~900℃），然后推入干熄焦装置内利用高温燃烧气体热风加热，使中温干馏后的红焦炭提温至 1000℃，并保温 0.5~1h。这样就可以得到所需的焦炭质量，达到提高生产率、改善环境的目的。

通过一系列关键技术的研究与开发，包括实验室试验、中试、节能效果评估、工业设备设计与经济分析等，认为项目基本实现了预期目标。新日铁公司于 2006 年在大分厂开工建设第一套工业装置，2008 年完成建设，焦炉首次完成推焦，此后又开始包括煤预处理和干熄焦设备的综合试车。目前，世界炼焦界都在关注着 SCOPE21。

1.8.5.4　换热式两段焦炉 [31,32]

华泰永创（北京）科技股份有限公司正在研发的换热式两段焦炉 HT，换热式是指利用换热室取代传统焦炉的蓄热室来预热入炉的贫煤气和空气，两段是指焦炉炼焦时煤的干燥预热和干馏过程分别在干燥预热室和炭化室内分两段完成，煤在干燥预热室内脱水、干燥、预热后进入炭化室进行干馏。

与现有炼焦技术相比，换热式两段焦炉实现了预热煤炼焦，其突出特点为：入炉煤干燥预热，煤的含水量可降至 0，改善焦炭质量或增加弱黏煤（气煤等）的用量；减少环境污染，经计算剩余氨水量可减少 85%，酚氰污水可减少 2/3，既降低投资又减少运行成本，燃烧室燃烧温度降低约 100℃，NO_x 排放量减少；炼焦耗热量降低，节约能源；提高焦炉生产能力或减少焦炉孔数。

换热式两段焦炉技术已被列入国家发展改革委、科技部、工业和信息化部及环境保护部 2016 年 12 月发布的《"十三五"节能环保产业发展规划》中，同时被列入国家"钢铁工业绿色发展工程科技战略及对策"的关键技术清单中。但是作为一种新的生产工艺，需要在今后通过进一步的试验及改进、设计、建造和生产运行过程中不断完善，并需要做大量的工作以发挥其高效节能、清洁环保、资源节约的优势。

参 考 文 献

[1] 中国冶金百科全书总编辑委员会《炼焦化工》卷编辑委员会. 中国冶金百科全书（炼焦化工）[M]. 北京：冶金工业出版社，1992.

[2] 中国冶金百科全书总编辑委员会《钢铁冶金》卷编辑委员会. 中国冶金百科全书（钢铁冶金）[M]. 北京：冶金工业出版社，2001.

［3］ 傅永宁．高炉焦炭［M］．北京：冶金工业出版社，1995.

［4］ 王筱留．钢铁冶金学（炼铁部分）［M］．北京：冶金工业出版社，2016.

［5］ 杨天钧，张建良，刘征建，等．改革开放40年来中国炼铁工业成就及未来发展建议［N］．
中国冶金报，2018-11-14.

［6］ Biswas A K. 高炉炼铁原理—理论与实践［M］．齐宝铭，王筱留，等译．北京：冶金工业
出版社，1989.

［7］ Ida S, Nishi T, Nakama H. Behaviour of coke in the Higashida No. 5 blast-furnace［J］. Fuel
Society of Japan, 1971, 50（8）：645-654.

［8］ 神原键二郎，等．高炉解剖研究［M］．刘晓桢，译．北京：冶金工业出版社，1980.

［9］ Menéndez J A, Alvarez R, Pis J J. Determination of metallurgical coke reactivity at INCAR：
NSC and ECE-INCAR reactivity tests［J］. Ironmaking and Steelmaking, 1999, 26（2）：
117-121.

［10］ Dez M A, Alvarez R, Barriocanal C. Coal for metallurgical coke production：predictions of coke
quality and future requirements for coke making［J］. International Journal of Coal Geology,
2002, 50（1）：389-412.

［11］ Wang Q, Guo R, Zhao X F, et al. A new testing and evaluating method of cokes with greatly
varied CRI and CSR［J］. Fuel, 2016, 182：879-885.

［12］ 姚昭章，郑明东，等．炼焦学［M］．北京：冶金工业出版社，2005.

［13］ 何选明．煤化学［M］．北京：冶金工业出版社，2017.

［14］ 陈鹏．中国煤炭性质、分类和利用［M］．北京：化学工业出版社，2007.

［15］ 于振东，郑文华．现代焦化生产技术手册［M］．北京：冶金工业出版社，2010.

［16］ 中国炼焦行业协会．中国焦化工业改革开放四十年的发展［EB/OL］．http：//huan-
bao. bjx. com. cn/news/20181220/950827. shtml.

［17］ 何秋生，闫雨龙，姚孟伟，等．煤焦化过程污染排放及控制［M］．北京：化学工业出版
社，2014.

［18］ 高晋生，鲁军，王杰．煤化工过程中的污染与控制［M］．北京：化学工业出版
社，2010.

［19］ 王绍文，王海东，张兴昕．焦化工业节水减排与废水回收利用［M］．北京：化学工业出
版社，2017.

［20］ 项钟庸，王筱留，等．高炉设计：炼铁工艺设计理论与实践［M］．北京：冶金工业出版
社，2009.

［21］ Shen F, Gupta S, Liu Y, et al. Effect of reaction conditions on coke tumbling strength, carbon
structure and mineralogy［J］. Fuel, 2013, 111：223-228.

［22］ Sakurovs R, Burke L. Influence of gas composition on the reactivity of cokes［J］. Fuel Pro-
cessing Technology, 2011, 92（6）：1220-1224.

［23］ Zhao H, Bai Y, Cheng S. Effect of coke reaction index on reduction and permeability of ore
layer in blast furnace lumpy zone under non-isothermal condition［J］. Journal of Iron and steel
research international, 2012, 20（4）：6-10.

［24］ Seiji N, Masaaki N, Kouichi Y. Post-reaction strength of catalyst-added highly reactive coke

[J]. ISIJ International，2007，47（6）：831-839.

［25］周师庸，赵俊国. 炼焦煤性质与高炉焦炭质量［M］. 北京：冶金工业出版社，2005.

［26］周师庸. 用煤岩学评述捣固焦炉成焦过程和焦炭质量［J］. 燃料与化工，2008，39（4）：
8-13.

［27］马超，晁伟，李东涛，等. 首秦焦炭碳素溶蚀能力与显微结构的相关性［J］. 钢铁，
2014，49（12）：33-37.

［28］王维兴. 高炉炼铁对焦炭质量的要求及对捣固焦的评价［C］. 中国金属学会，中国炼焦
协会. 2011 年捣固炼焦技术 捣固焦炭质量与高炉冶炼关系学术研讨会论文集. 2011：
1-4.

［29］王筱留，祁成林. 当前影响低碳低成本炼铁若干问题的辨析［C］. 中国金属学会. 2014
年全国炼铁生产技术会暨炼铁学术年会文集（上）. 2014：177-188.

［30］潘立慧，魏松波. 炼焦新技术［M］. 北京：冶金工业出版社，2006.

［31］徐列，张欣欣，张安强，等. 换热式两段焦炉及其炼焦工艺［J］. 中国冶金，2013，
23（7）：53-55.

［32］张安强，张欣欣，徐列，等. 换热式两段焦炉热工预测［J］. 中国冶金，2013，23（6）：
40-42.

2 焦炭的性能

焦炭是焦化工业为高炉生产的一种多孔碳质固体块状材料，其性能涉及焦炭在高炉内的功能和质量两个方面。焦炭的功能是指其在高炉内起发热剂、还原剂和料柱骨架作用时应该具有的属性，如化学组成、机械强度、粒度性质、物理化学性质和热性质等。焦炭质量是指焦炭在高炉内发挥作用的程度和持久性的度量，通过参数化和赋值判断焦炭性能变化对高炉冶炼的主要技术经济指标的影响程度。

焦炭的性能取决于其不同层次结构的性质及其相互联系。随着科学技术的发展，对焦炭结构的认识在不断充实、完善和深化，包括块焦或焦块、焦炭多孔体的气孔结构、光学显微组织、微晶组织和精细结构等。

焦炭的性能认识来源于焦炭性能变化对高炉冶炼过程影响的理论和实践。对焦炭性能的认识经历了一个不断发展和深化的历史过程，除了化学成分和物理性能外，重点关注热态物理化学性能。为了应对高炉容积、喷煤比、炼铁成本等因素变化的影响，提出不同的焦炭质量要求。由此可见，焦炭质量不是一个固定不变的概念，它是动态的、变化的、发展的，它随着时间、地点、高炉操作条件的不同而不同，随着高炉炼铁技术的进步而不断更新和丰富。

长期以来，高炉炼铁工作者对焦炭质量提出越来越高的要求，导致配煤炼焦时主焦煤用量不断攀升。与此同时，在一些缺少主焦煤的国家和地区，CRI 和 CSR 相差很大的焦炭却在一些高炉上使用[1,2]。事实上，焦炭质量是一个综合的概念，在进行焦炭质量评价时，应该综合考虑如性能、资源、成本等因素的最佳组合，而不是单纯追求 CRI、CSR 等评价指标越高越好。这也反映出目前对焦炭热性能的认识并不清晰。

本章首先介绍了一些焦炭显微结构和微观结构的研究方法，揭示焦炭质量指标与结构参数的关系；在充分认识焦炭性质的基础上，从焦炭在高炉中供热、还原剂、骨架作用等需求出发，综合考虑焦炭溶损反应对高炉还原、热工制度和料柱支撑作用的影响，并结合高炉冶炼实践，分析了目前采用的焦炭热性能评价指标 CRI 和 CSR 存在的问题；并介绍了一种新的焦炭综合热性能评价方法，作为焦炭热性能评价指标 CRI 和 CSR 试验的补充，用于评价高 CRI 和低 CSR 指标的焦炭性能，指导高炉冶炼和焦煤资源合理利用。

2.1　焦炭的显微气孔结构

2.1.1　焦炭气孔的产生及划分

焦炭气孔来源于煤黏结成焦过程中不熔融颗粒间的孔隙，气体析出受阻或形成半焦后继续热解所生成的气孔等。气孔既是焦炭强度破坏的应力集中点，也是反应气体向焦炭内部扩散的通道，气孔壁面又是反应的界面，对机械强度和热性质有显著影响。

按炼焦过程中气孔产生的机制及其对焦炭性能的影响，通常按孔径将焦炭气孔划分成三类或四类[3]：

（1）孔径大于 $10\mu m$ 或 $20\mu m$ 的大孔，煤软熔部分在结焦过程中因气体析出受阻生成的气孔，主要影响焦炭的机械强度和密度。

（2）孔径在 $0.1\sim10\mu m$ 或 $20\mu m$ 之间的细孔，煤软熔部分在结焦过程中因气体析出受阻生成的气孔和结焦过程中未发生明显变化的丝质体内孔隙，影响焦炭溶损反应动力学。

（3）孔径小于 $100nm$ 为微孔（纳米孔）和小于 $1nm$ 的超微孔，形成半焦后继续热解所形成的气孔及微裂隙，影响焦炭气孔壁的反应性。

2.1.2　气孔结构测定方法

焦炭的气孔结构可用气孔率、气孔平均直径、气孔分布、气孔比表面积、气孔形貌特征、气孔壁厚度等参数来描述。对于焦炭内不同孔径和孔型，气孔结构参数的测定方法不同。

焦炭气孔分为开气孔和闭气孔，气孔率分为显气孔率和总气孔率。总气孔率可由焦炭的真密度和视密度计算，显气孔率可用排水法测量。对于焦炭内的不同孔径和孔型，通常采用压汞法、N_2 吸附法、显微图像分析法等测定气孔结构参数[4~6]。

压汞法可检测焦炭的孔径范围约为 $4\sim30\mu m$ 的细微孔径分布。压汞法只能给出焦炭孔径分布，但不能给出复杂的焦炭孔结构特征，压汞法的测试结果与焦炭质量指标的相关性并不高。N_2 吸附法可测定焦炭比表面积和细孔经分布。

N_2 吸附法测定焦炭比表面积，因较大的气孔吸附气体难以达到平衡，得到的主要是孔径小于 $150nm$ 的微气孔比表面积。从 N_2 吸附曲线，还能够获得焦炭细孔的孔径分布，计算方法主要是以圆筒形气孔作为理想模型的 BJH 法和以狭缝孔形作为理想模型的 DB 法。

对于焦炭溶损反应，关注的是 CO_2 在焦炭气孔壁上的吸附特性。一些研究发现，用 N_2 介质时测得的焦炭比表面积明显小于用 CO_2 介质时测得的焦炭比表面积，且二者之间没有相关性。这种差异的原因，认为是 N_2 分子的扩散能力有限，测量气孔尺寸主要集中在 $1.5 \sim 150nm$，CO_2 能穿透小于 $0.6 \sim 0.7nm$ 的狭缝状微孔。因此，采用常规的 N_2 吸附测试焦炭气孔结构并不能满足要求，需要 N_2 和 CO_2 相互补充，才可以提供较完整的焦炭微孔结构及其性质信息[7]。

显微图像分析法是 20 世纪 60 年代出现的一种用显微镜测定焦炭孔结构的方法，可以多参数综合描述焦炭的气孔结构。因此，这里将显微图像分析法测定的焦炭结构称为焦炭的显微气孔结构。近年来，由于高性能图像分析仪器的出现，为焦炭孔结构图像的采取、分析及处理提供了有力的支撑，使焦炭的孔型结构参数测定分析技术取得了实质性进展。

2.1.3 显微气孔结构

显微图像分析法研究焦炭气孔结构的理论依据是体视学，是借助计算机及数据处理系统和显微镜及显微成像系统，通过焦炭二维截面成像及计算机分析处理，进行焦炭气孔结构定量及形态结构分析。

图像处理用于显微气孔结构的定量分析，主要有两大步骤：第一步是对原始显微图像的处理，使得其易于被分析计算；第二步是对预处理过的图像借助计算机强大运算能力，计算出有关孔型结构的参数。就焦炭而言，就是首先确定气孔与基质，使两者有明确的划分，然后根据特定的算法程序，计算出气孔各项结构参数，如气孔率、孔径大小、孔壁厚度以及有关孔的分布和形状等一系列参数。

在图像的处理中，对气孔和气孔壁进行分离，典型的方法就是通过阈值分离将成像转化为黑白二值图。焦炭是多种组成的多相物质，其反射率各不相同，其中以惰性矿物组分的反射率最低，在显微镜下最暗，其灰度值较接近于背景气孔的灰度，这给图像分割带来了困难。如果为了把惰性组分划分到焦炭基质一边而把阈值调得很低的话，成像中大量微小孔都将被白色所掩盖，失去大量小气孔信息。采用黑白二值图修补方法，既保证了阈值的可统一程度，同时又保证不会丢失大量微观结构信息。

焦炭气孔结构的两个重要参数是孔径和孔壁厚度。传统的方法是用测试线测量的方法，通过分析在截面上测试线和气孔截面相截的长度和数量来确定气孔的平均孔径，通过测试线和气孔壁相截的长度和数量来确定气孔壁的平均厚度。早期用人工方法分析时，由于测试线间距不可能做得很小，因此大量直径小于该间距值的气孔有可能被遗漏。在有限次数的测量中，小气孔经常不能在截面上反映出来，使得测量的气孔数量偏低。如考虑测量大气孔，通常把测试线间距定义为 $300\mu m$。但是对于测试线的间距与被忽略的孔或者粒子的大小有何关系，还未见有报道，这意味着研究对象的尺寸下限是不可预计的。ImageJ 可以对研究对象尺寸进行限定，受可见光波长的限制，显微图像分析法研究焦炭气孔，孔径下限可限定为 $1 \sim 10\mu m$。

2.1.4 显微气孔结构测定与表征

显微图像分析法研究焦炭气孔，先用光学显微镜上的图像采集系统捕捉焦炭结构成像［见图 2-1（a）］，然后通过采用图像转化、降噪和灰度阈值识别分割方法将焦炭结构图像转化为适用于气孔结构计算的图像［见图 2-1（b）］，对图像中断裂的气孔和图像分割效果不理想的状况进行修补［见图 2-1（c）］，通过 ImageJ 的图像处理，得到适用于气孔结构参数计算的椭圆气孔形貌［见图 2-1（d）］。

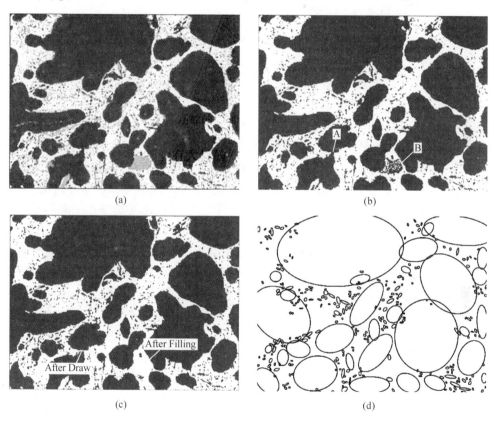

(a) (b) (c) (d)

图 2-1 图像分析得到的焦炭气孔结构

（a）焦炭二维截面成像；（b）黑白二值图；（c）修补后图像；（d）ImageJ 分析后的气孔形貌

根据 ImageJ 图形软件测量得到的基本参数，结合体视学与几何学公式可以得到焦炭孔型结构参数，如：

等周长圆直径

$$D_C = P/\pi \tag{2-1}$$

等面积圆直径

$$Dea = 2\sqrt{A/\pi} \tag{2-2}$$

孔壁厚度

$$LD = \pi \times (A_{总} - A)/P_{\Sigma} \tag{2-3}$$

气孔形变度

$$F = D_{max}/D_{min} \tag{2-4}$$

气孔圆度

$$C = 4\pi A/P^2 \tag{2-5}$$

气孔粗糙度

$$C_1 = C/C_0 \tag{2-6}$$

式中 P——气孔周长；

P_{Σ}——总周长；

A——气孔总面积；

$A_{总}$——视域总面积；

D_{max}——气孔的最大直径；

D_{min}——气孔的最小直径；

C_0——当量椭圆孔圆度（气孔所拟合的椭圆长短轴相等的椭圆圆度）。

形变度 F 值表征焦炭气孔的形状， F 值越大表示气孔越呈扁平状；圆度 C 值表征焦炭气孔接近圆形的程度， C 值越接近 1 表明气孔越接近圆形；粗糙度 C_1 表征焦炭气孔壁基质的光滑程度， C_1 值越接近 1 表明焦炭基质气孔壁越光滑。

诸多研究表明，在各种焦炭孔结构的测试方法中，显微图像分析法得到的焦炭气孔结构参数与焦炭的机械强度和热性能最为密切。该方法可从气孔和孔型两个方面分析配合煤性质与焦炭性能的关系，为精细化配煤开辟新的途径。

2.1.5 显微气孔的性质

26 种不同变质程度的单种炼焦煤炼制的焦炭显微气孔结构参数为：平均气孔率 P 范围为 55% ~ 72%，Feret 直径 DF 为 66 ~ 173 μm，等周长圆直径 DC 为 68 ~ 170 μm，等面积圆直径 Dea 为 42 ~ 120 μm，孔壁厚度 LD 为 29 ~ 83 μm，气孔形变度 F 为 1.77 ~ 2.24，气孔圆度 C 为 0.58 ~ 0.66，气孔粗糙度 C_1 为 0.58 ~ 0.75。

焦炭机械强度与气孔和气孔壁结构密切相关。焦炭机械强度主要取决于裂纹、大气孔的孔径和气孔壁的显微强度，显微气孔的孔径为微米级，显微气孔参数没有反映裂纹结构信息，气孔壁厚度不能直接反映焦质的力学性能等，导致焦炭机械强度指标与显微气孔结构参数之间的关系都比较离散，没有反映出显微气孔结构对焦炭机械强度的影响。

焦炭气孔是反应气体向焦炭内部扩散的通道，气孔壁又是反应的界面，对焦炭热性能有显著影响。焦炭的 *CRI/CSR* 指标随显微平均气孔率的增加、显微气孔直径增大和气孔壁粗糙度的增加，均呈现升高/降低趋势，但相关性都不好。由此可见，焦炭微米级的显微气孔结构在一定程度上能够影响焦炭的热性能，但不起主导作用。

2.2 焦炭光学组织

焦炭的碳质组成包括工业分析和元素分析，结构包括光学显微组织和微晶组织。碳是构成焦炭碳质的主要元素，工业分析得到的固定炭是煤干馏后残留的固态可燃性物质，只能近似地反映焦炭的碳含量。不同煤化度的煤制成的焦炭，碳含量基本相同，但光学显微组织和微晶组织则有差异，它们的机械强度、与 CO_2 等的反应能力也不同。

焦炭光学显微组分，或称光学组织，是用反光偏光显微镜观察到的焦炭气孔壁不同结构形态和等色区尺寸区分的不同组分，包括光学各向同性组织、各向异性组织及其镶嵌状、纤维状和片状组织[8]。

2.2.1 光学组织各向异性指数

焦炭的机械强度和热性能与焦炭的光学组织密切相关。通常认为，焦炭光学组织反应能力的大小顺序为：片状<纤维结构<镶嵌结构<类丝炭及破片<各向同性。将焦炭各向光学组织结构赋予不同的光学各向异性数值，并根据其含量加权可得到焦炭光学组织各向异性指数 OTI（Optical Tissue Anisotropy Index）：

$$OTI = \sum f_i (OTI)_i \tag{2-7}$$

式中　f_i——各向光学组织的含量，%；

　　　$(OTI)_i$——各向光学组织的赋值，见表 2-1。

表 2-1　焦炭光学组织的 OTI 赋值

光学组织	简写	结构尺寸	*OTI* 赋值
各向同性	I	无光学活性	0
细粒镶嵌	Mf	粒径≤1μm	1
中粒镶嵌	Mn	1μm<粒径≤5μm	2
粗粒镶嵌	Mc	5μm<粒径≤10μm	3
不完全纤维	IFD	宽小于 10.0μm，长 10.0~30.0μm	3
完全纤维	AFD	宽小于 10.0μm，长不小于 10.0~30.0μm	4
片状	D	各向异性单元尺寸长及宽均不小于 10.0μm	4
丝质破片	F	惰性组分	0
热解炭	PC	气相沉积多呈镶边状亦见有镶嵌状	4
基础各向异性	BA	组织等色区尺寸与颗粒尺寸接近	0

2.2.2   光学组织的性质

焦炭光学各向异性组织是镜质组炭化后的衍生物，各向异性程度与镜质组的性质密切相关。图 2-2 表明，OTI 与 R_{max} 呈现抛物线关系（$R^2 = 0.67$），焦炭各向异性程度随变质程度的增加先是增大，当 $\overline{R}_{max}$ 超过 1.25 左右后，煤化度进一步提高，对焦炭各向异性程度的作用已不明显。

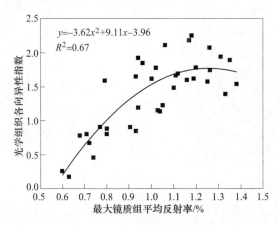

图 2-2   焦炭的 OTI 与煤变质程度 $\overline{R}_{max}$ 的关系

焦炭的机械强度与各向异性程度密切相关。图 2-3 表明，DI_{15}^{150} 与 OTI 呈现指数关系：

$$DI_{15}^{150} = -42.43\exp(-3.45OTI) + 83.00(R^2 = 0.78) \qquad (2-8)$$

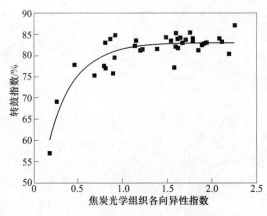

图 2-3   焦炭的 DI_{15}^{150} 与 OTI 的关系

焦炭机械强度随各向异性程度的增加先是增大，当 OTI 超过 1.0 左右后，各向异性程度的提高对焦炭机械强度的影响已不明显。

焦炭的热性能与各向异性程度密切相关。图 2-4 表明，CRI 或 CSR 与 OTI 呈现上开口或下开口抛物线关系：

$$CRI = 14.10OTI^2 - 50.02OTI + 63.82(R^2 = 0.75) \tag{2-9}$$

$$CSR = -16.90OTI^2 + 61.27OTI + 12.29(R^2 = 0.75) \tag{2-10}$$

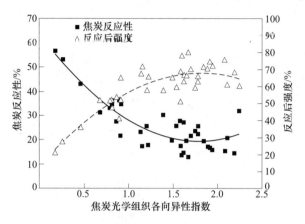

图 2-4　焦炭的 CRI/CSR 与 OTI 的关系

CRI 或 CSR 指标随各向异性程度的增加先是升高或降低，当 OTI 超过 1.8 左右后，随各向异性程度的增加，CRI 或 CSR 指标开始下降。

光学各向异性发展程度对焦炭机械强度和热性能影响规律的不同，在满足焦炭机械强度的基础上，要提高焦炭的 CRI/CSR 指标，配煤炼焦时不得不提高变质程度较高的优质焦煤配比来保证焦炭具有高的光学各向异性程度。

2.2.3　显微结构的协同作用

焦炭的性质除了与各向异性程度密切相关外，还受显微气孔结构的影响。焦炭的光学各向异性指数 OTI 为自变量、气孔率 P、等圆周长 Dc、等面积圆直径 Dea、气孔壁厚度 LD、气孔形变度 F、气孔圆度 C 和气孔粗糙度 C_1，焦炭 DI_{15}^{150} 指标或 CRI/CSR 指标为因变量，用 SPSS 软件进行多元线性回归分析和著性检验结果示出：

（1）影响焦炭 DI_{15}^{150} 指标的显微结构参数主要为 C、OTI 和 C_1，可表示成

$$Y(DI_{15}^{150}) = 17.013 + 129.226X_C + 7.167X_{OTI} - 34.769X_{C_1} \tag{2-11}$$

预测结果如图 2-5 所示。从标准系数判断，对焦炭 DI_{15}^{150} 指标影响显著的是 C 和 OTI，C_1 影响较小，即显微气孔结构越规则光滑、光学各向异性程度越发展，机械强度越大。

（2）影响焦炭 CRI 指标的显微结构参数主要为 OTI 指数，孔径为 $10\mu m$ 以上

气孔对焦炭的化学反应活性影响比较小。

（3）影响焦炭 CSR 指标的显微结构参数主要为 OTI、C、C_1 和 Dea，可表示成

$$Y_{CSR} = -7.24 + 19.127X_{OTI} + 187.551X_C - 82.476X_{C_1} - 0.237X_{Dea} \quad (2\text{-}12)$$

预测结果如图 2-6 所示。从标准系数判断，对焦炭 CSR 指标影响显著的是 OTI，其次为 C 值，C_1 和 Dea 的影响比较小，即光学各向异性越发展、显微气孔结构越规则光滑，抵抗溶损劣化的能力越大，反应后强度越高。

焦炭的性质不仅取决于光学各向异性程度，还受显微气孔结构影响。配煤炼焦时应注意通过合理的配煤调整这些焦炭显微结构参数，并采取相应的工艺条件，优化焦炭的质量。

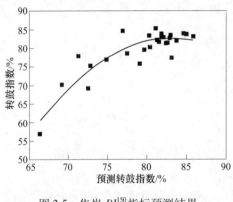

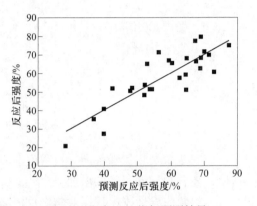

图 2-5　焦炭 DI_{15}^{150} 指标预测结果　　　　图 2-6　焦炭 CSR 指标预测结果

2.2.4　显微结构的不足

显微图像分析法研究焦炭气孔结构的任务就是用严格的数学方法，根据从焦炭二维截面的光学显微镜成像及计算机分析处理结果，准确地对气孔进行定量及形态结构分析。显而易见，通过焦炭显微成像观察分析推断气孔结构的真实情况是困难的，例如，图像分析得到气孔的断面轮廓是一个圆，但不能断定空间中的气孔究竟是球、是圆柱还是椭圆；又例如，球形气孔的断面虽然是一个圆，但是，在绝大多数情况下，断面圆的直径小于真实球的直径，很难简单地判定气孔的直径有多大。另外，由于制片过程中气孔结构破坏、相连气孔的互相重叠等原因，问题会更为复杂化。为了弥补显微图像分析法的不足，目前主要是对焦炭截面作一定数量的随机显微镜成像。但是，采用显微图像分析法研究焦炭气孔结构，还有许多工作要做。一个最基本问题是：通过这些显微图像分析所得的信息进行统计分析，解决从二维到三维重建的问题。

通常情况下，焦炭光学各向同性结构的反应性要高于各向异性结构。但在用

浸碱金属后的焦炭模拟高炉中碱金属对焦炭 *CRI/CSR* 指标影响时，焦炭中各向异性组织对碱金属有较强吸附作用，并且碱金属在其内部有较强的渗透能力，容易生成更多的层间化合物，各向异性结构的抗高温碱侵蚀的能力比各向同性结构差。因此，应该关注碱金属对焦炭显微组分性能影响的研究。

在 500 倍显微镜下观察到的焦炭光学组织结构是由大量取向相近的碳微晶聚集形成的。焦炭的各向同性光学组织结构的微晶取向随机，远程有序程度低；镶嵌型显微组织结构的微晶取向相近，远程有序程度较高，但是各单元的定向排列不同，故而呈镶嵌型；纤维状显微组织结构中大量碳微晶取向相近的排列在一起，构成一维的纤维状结构；片状显微结构的单元更多的是由微晶平面排列而成的，呈现很强的二维有序。

在扫描电子显微镜（SEM）下观察焦炭显微结构，各向同性光学组织结构表面光滑，在 2400 倍镜下多为不定形球状集合而成，各方位无明显结晶状态；镶嵌状结构的各向异性呈大小不等粒状体，在 2150 倍镜下观察的结晶体多为完整晶聚集体，且聚集体的各晶粒堆积方位不一致，集合体之间有一定的空隙；纤维状结构呈流动态的各向异性，1360 倍镜下观察发现其是由一定结晶形的粉状体堆移聚合而成，外表具有一定的棱角。因此，需要从微观层次进一步认识焦炭性质。

2.3 焦炭的微晶结构

在纳米尺度，焦质由芳香片层分子域和纳米气孔构成，分子域由近似有序排列的 1nm 左右石墨微晶组成，如图 2-7 所示。石墨微晶具有三维有序结构，它由若干个芳香环片层以不同的平行程度堆砌而成，晶体的结构参数包括碳层面尺寸 L_a、堆垛高度 L_c 和层面间距 d_{002} 进行描述，如图 2-8 所示。

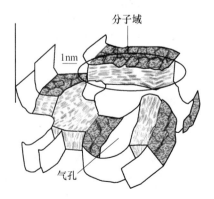

图 2-7 焦炭微观结构模型图

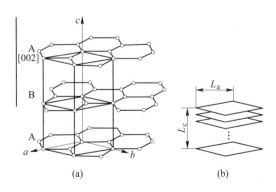

图 2-8 石墨晶体结构图

（a）石墨晶体单胞；（b）晶体和 L_a、L_c 之间的相互关系

　　石墨晶体结构参数可用 XRD 图谱的（002）衍射峰和（100）衍射峰的峰位角 θ 和衍射峰半高宽 β 计算确定。焦炭的 XRD 图谱的衍射峰虽然不如石墨的精细，峰强度也不及石墨，但仍可看出与石墨晶体类似的（002）衍射峰和（100）衍射峰。因此，目前普遍采用 XRD 方法研究焦炭的微晶结构，并与石墨结构进行比对，分析焦炭微晶结构的有序度。

2.3.1　XRD 法研究焦炭微晶结构的方法

2.3.1.1　焦炭的 XRD 图谱分峰

　　在焦炭的 XRD 图谱中，（100）峰归因于芳香环碳网片层（简称为碳片层）的大小；（002）峰归因于即片层堆砌高度。Bragg 方程和 Scherrer 方程表明，X 射线的波长 λ 给定后，微晶结构参数值与衍射角 θ 密切相关，结构参数值测定精确程度取决于衍射角 θ 和衍射峰半高宽 β。测定方法一定时，θ 和 β 的测定与 XRD 衍射峰形有关。

　　由图 2-9 可见，标准石墨晶体的（002）衍射峰的峰尖明锐，峰形对称，基本无展宽。在焦炭 XRD 图谱中，（002）衍射峰的峰顶在约 24°~26° 范围弥散展开，峰形倾斜且左右非对称，在 42°~44° 处有宽展（100）衍射峰。这种峰顶弥散展开、倾斜且非对称的焦炭 XRD（002）的衍射峰，很难直接确定峰尖位置和峰形半高宽，为求解微晶结构参数带来一定困难。

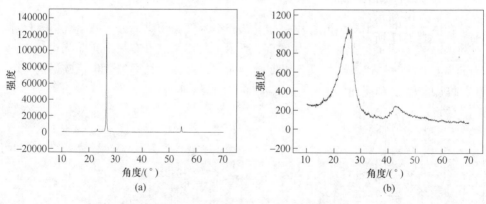

图 2-9　标准石墨和焦炭的 XRD 衍射峰
（a）石墨；（b）焦炭

　　一般认为，XRD 每个对称的衍射峰对应的是单一的相。对于由大量非晶和微晶组成的混合物，XRD 非对称衍射峰可分解为多个对称的峰。通常将石墨化下不对称的 002 衍射峰形分解为两个对称的峰。在 26° 附近的右峰为石墨化峰（简称为 G 峰），在 22° 附近左峰，考虑焦炭（002）的左峰与乱层结构有关，为此称其为类乱层峰（简称 T 峰）。

目前，XRD 衍射仪自带的衍射数据分析 Jade 软件是用高斯（Gaussian）正态分布函数进行分峰。

$$f(x,\mu,\sigma) = \frac{1}{\sigma\sqrt{2\pi}}\exp\left(-\frac{(x-\mu)^2}{2\sigma^2}\right) \tag{2-13}$$

式中　x——随机变量；

　　　μ——数学期望；

　　　σ——方差。

对于排列比较规整有序的碳材料晶体衍射峰，可用高斯函数进行分峰。实践证实，对于峰顶弥散展开、峰形倾斜且非对称的焦炭 XRD（002）的衍射峰，用高斯函数进行分峰，所得结果差强人意。用 Jade 软件对焦炭（002）非对称衍射峰进行分峰，发现所得峰位角向峰顶位置右侧偏离，使 θ_{002} 增大，以此峰位计算出的 d_{002} 明显偏小。因此，改进焦炭的 XRD（002）衍射峰的分峰方法，是测定焦炭微晶结构参数的基础。

柯西（Cauchy）函数也是对称分布函数：

$$f(x°,x_0,\gamma) = \frac{1}{\pi}\left[\frac{\gamma}{(x-x_0)^2+\gamma^2}\right] \tag{2-14}$$

式中　x_0——分布峰位置的位置参数；

　　　γ——最大值位置的半高宽。

如图 2-10 所示，与高斯函数比较，柯西函数是那种比较扁、宽的正态分布曲线。如图 2-11 所示，用柯西函数对焦炭的（002）非对称衍射峰进行分峰拟合效果良好。

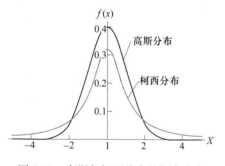

图 2-10　高斯与柯西分布的概率密度
函数比较

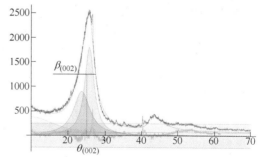

图 2-11　焦炭 XRD 衍射峰的柯西函数
分峰及拟合

2.3.1.2　微晶平均结构参数的确定

由拟合峰曲线确定峰位角 $\theta_{(002)}$ 和峰半高宽 $\beta_{(002)}$，按下列方程可以计算出微晶平均结构参数 d_{002}、L_a、L_c。

Bragg 方程计算 d_{002}：

$$d_{002} = \lambda / 2\sin\theta_{(002)} \tag{2-15}$$

Scherrer 方程计算 L_c 和 L_a：

$$L_c = K_2\lambda / \beta_{(002)}\cos\theta_{(002)} \tag{2-16}$$

$$L_a = K_1\lambda / \beta_{(100)}\cos\theta_{(100)} \tag{2-17}$$

式中　λ——X 射线的波长；

　　　　θ——峰对应的布拉格角；

K_1，K_2——晶体现状因子，$K_1 = 1.84$，$K_2 = 0.94$。

2.3.1.3　焦炭的石墨化度

碳素材料炭化过程中，随温度升高，晶粒生长，畸变及缺陷消失，总的趋势为 d_{002} 减小、L_c 和 L_a 增大及 β 降低，微晶结构向有序化发展，即焦炭石墨化程度。焦炭的石墨化度与原料煤的性质有关，微晶层间距离的大小对炼焦用煤的变质程度比较敏感，由此，d_{002} 是表征焦炭微晶结构有序化程度的重要参数，常用来计算焦炭的石墨化程度。

计算石墨化度方法很多，最常用的是假设石墨化度与层面间距 d_{002} 呈线性关系，计算式[9]如下：

$$g = \frac{0.344 - d_{002}}{0.3440 - 0.3354} \tag{2-18}$$

或

$$d_{002} = 0.344 - 0.0086g \tag{2-19}$$

式中　　　　g——石墨化度；

　　0.344——未石墨化的可石墨化碳层间距，nm；

　　　d_{002}——试样品层间距 d_{002}，nm；

　　0.3354——石墨化碳层间距，nm。

碳素材料研究表明，在生产中石墨化度 g 作为同类产品石墨化度的相对值来比较，还是有一定意义的。但是，SRD 测得的焦炭 d_{002} 值接近或大于 0.344nm，导致计算的石墨化度偏高甚至为负值。

Franklin（1951 年）[9]指出，石墨化是随热处理温度的提高，物料中未定向层面族（$d_{002} > 0.3354$nm）逐渐向定向层面族（$d_{002} = 0.3354$nm）转变的过程。在这个过程中未定向层面族的几率或乱层结构分数 p 与 d_{002} 之间的关系为：

$$p^2 = \frac{d_{002} - 0.3354}{0.3440 - 0.3354} \tag{2-20}$$

或

$$d_{002} = 0.3440 - 0.0086(1 - p^2) \tag{2-21}$$

将式（2-19）代入式（2-21），得 g 与 p 之间的关系为：

$$p^2 + g = 1 \tag{2-22}$$

邹德余等[10]认为：未石墨化或半石墨化的层面上残留着非结构性的碳、氢、氧、氮、硫等原子，这些不纯物的存在使层间距离增大，而经过高温处理，除去这些不纯物之后，层间距才能变小，即要到每一层面都转变为六角网格结构后才能有序排列。他们给出的 d_{002} 与纯粹未石墨化的状态几率（$1-g$）的关系式为：

$$d_{002} = 0.3354 + 0.0086(1 - g) \tag{2-23}$$

考虑焦炭微晶中不纯物脱出后转变为六角网格结构，未定向层转变为定向层和层间距的减小，d_{002} 与乱层结构分数 p 之间的关系可表示为：

$$d_{002} = 0.3440 - 0.0086(1 - p) - 0.0064p(1 - p) - 0.003p^2(1 - p)$$

$$\tag{2-24}$$

2.3.2 焦炭微晶结构及性质

2.3.2.1 焦炭微晶的 d_{002} 值

采用不同正态分布函数分峰拟合，对于同一焦炭得到的 d_{002} 值不同。如图 2-12 所示，柯西函数分峰拟合得到的 $d_{002}(\mathrm{K})$（0.3506~0.3741nm）大于高斯函数分峰得到的 $d_{002}(\mathrm{G})$（0.3436~0.3594nm），二者呈现线性相关。

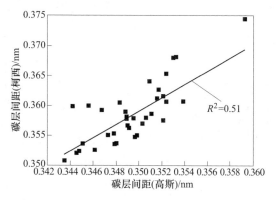

图 2-12 焦炭 d_{002}（K）与 d_{002}（G）的关系

由图 2-13 可见，焦炭的 d_{002} 受煤化度影响，随 $\overline{R}_{\max}$ 增加呈现降低趋势。由图 2-14 可见，焦炭的 d_{002} 随 OTI 的增加呈现降低趋势，示出 d_{002} 在一定程度上反映了微晶排列的有序程度，微晶排列越有规则，各向异性程度越高。$d_{002}(\mathrm{K})$ 与 $\overline{R}_{\max}$ 和 OTI 的相关性好于 d_{002}（G）与 $\overline{R}_{\max}$ 和 OTI 的相关性，可见用柯西函数代替高斯函数分峰拟合得到的焦炭 d_{002} 相对可靠。

焦炭性能与 OTI 之间具有良好的相关性，而 $d_{002}(\mathrm{K})$ 与 OTI 之间的相关性并不好（见图 2-14），因此，焦炭的 $d_{002}(\mathrm{K})$ 不能很好地反映焦炭微晶结构对焦炭性质的影响。

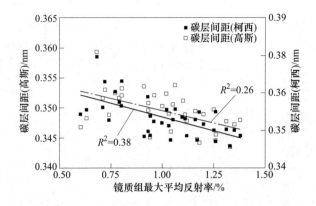

图 2-13　焦炭 $d_{002}(\mathrm{G})$、$d_{002}(\mathrm{K})$ 与煤化度 $\overline{R}_{\max}$ 的关系

随煤化度加深，d_{002}（K）逐渐减小到 0.3506nm，但仍然大于无定形碳的碳层间距 0.344nm，离理想石墨的层间距 0.3354nm 还相差甚远，说明焦炭的微晶结构很不完善，处于向无定形碳转变阶段。

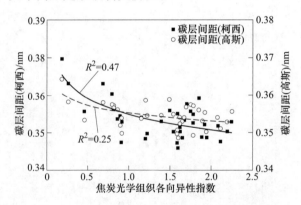

图 2-14　焦炭 $d_{002}(\mathrm{G})$、$d_{002}(\mathrm{K})$ 与 OTI 的关系

2.3.2.2　焦炭的石墨化度

从石墨化原理讲，乱层结构分数 p 可以反映出焦炭微晶的有序度。但是，XRD 测得的焦炭 d_{002} 值接近甚至大于无定形碳的碳层间距 0.344nm，导致计算乱层结构分数 p 的公式均不能使用。为了评定焦炭的石墨化度，一些研究者[10]提出用修正后的未石墨化的碳层间距计算焦炭的石墨化度 g 或乱层结构分数 p，但实践证明，修正后石墨化度 g 或乱层结构分数 p 也不能很好地反映焦炭微晶有序度对各向异性程度和焦炭性能的影响。

煤焦化温度为 1100℃左右、未充分炭化的焦炭内不仅存在未定向层面族微晶，而且氢、氧、氮、硫等原子的存在导致片层六角网格结构存在缺陷。采用现有的 XRD 图谱解析方法，得到的焦炭微晶结构参数不能确切地反映出碳片层缺陷对有序度的影响。由于 XRD 技术研究焦炭微晶组织的理论和方法还不完善，目前对焦炭微晶组织的力学性能、物理化学性能及其与焦炭显微组织、煤的性质之间的关系等认识不清晰，至今缺少焦炭微晶结构直接作为炼焦配煤决策和焦炭性能预测的依据。

2.4　焦炭的碳片层及其堆垛结构

分子动力学模拟示出（见图 2-15）[11]，焦炭的单个分子并非简单的平面芳香层片，而是曲折的三维立体骨架，在局部表现出平面石墨微晶的特征，分子内部具有大小为 0.8~1.8nm 不等的纳米孔。

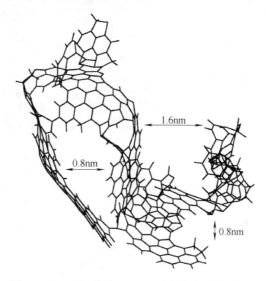

图 2-15　1050℃热处理 1.0s 时焦炭分子结构模型

高分辨透射电镜（HRTEM）作为一种晶格成像技术，其线分辨率可达0.14nm，可以直接观察焦炭碳层结构、排列和取向等信息，为在原子水平上研究炭结构提供最直接的证据。HRTEM 联合图像分析已被用于其他炭素材料的微结构研究中，包括活性炭纤维、无定形炭膜、炭黑等炭材料中石墨微晶参数的量化，获取有关片层大小、层面间距和堆积层数等参数和对应的统计学结果。同样，对 HRTEM 获得的二维焦炭照片进行一定的图像处理和分析则可获得碳片层及其堆垛结构参数，使焦炭碳片层结构从定性解释向定量表征迈进了一步。

2.4.1　焦炭的碳片层结构

由图 2-16 可见，焦炭的 HRTEM 图像呈现长度不等且弯曲的纳米尺度条纹。

相邻几个条纹取向呈现有序，而远程无序。对于低变质程度的气煤（$\overline{R}_{\max}=$ 0.72%）焦炭，条纹较短且排列无序 ［见图 2-16（a）］；随煤化度提高，肥煤（$\overline{R}_{\max}=0.94\%$）焦炭的条纹较长且排列有序 ［见图 2-16（b）］，焦煤（$\overline{R}_{\max}=$ 1.27%）焦炭的条纹交错且显现出明显的近似平行的条纹"堆积"域 ［见图 2-16（c）］。每个条纹为类石墨的碳片层一维视图，每个平行的条纹微元区视为一个类石墨微晶单元，这些为研究焦炭碳片层及其堆垛结构提高了比较清晰的信息。

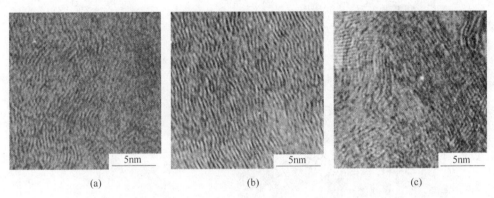

(a)   (b)   (c)

图 2-16   焦炭的 HRTEM 图像（放大 500k×倍）

（a）气煤（$\overline{R}_{\max}=0.72\%$）焦炭；（b）肥煤（$\overline{R}_{\max}=0.94\%$）焦炭；（c）焦煤（$\overline{R}_{\max}=1.27\%$）焦炭

图 2-17 示出的是焦炭 HRTEM 图像经过降噪与傅里叶转换后的碳片层条纹图。借助 ImageJ 软件中颗粒分析功能对碳片层条纹图进行计算分析，可以得到条纹曲度、长度、倾角 θ 和间距，作为碳片层结构参数。

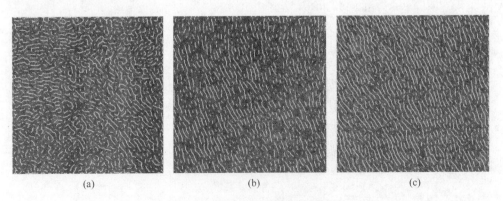

(a)   (b)   (c)

图 2-17   焦炭的碳片层条纹图像

（a）气煤（$\overline{R}_{\max}=0.72\%$）焦炭；（b）肥煤（$\overline{R}_{\max}=0.94\%$）焦炭；（c）焦煤（$\overline{R}_{\max}=1.27\%$）焦炭

2.4.1.1 条纹曲度

条纹曲度 S 是表征条纹弯曲程度的参数，其计算公式为：

$$S = \frac{L - L_p}{L_p} \times 100\% \qquad (2-25)$$

式中　L——条纹的实际长度，nm；

　　　L_p——条纹的 Feret 直径长度，nm。

条纹曲度 S 反映是碳层片偏离理想石墨层片的程度，即碳片层有序度。S 越小，碳层内原子排列越规则，有序度越高。由图 2-18 可见，条纹曲率呈正偏态分布，S 为 0.5% 的比例最高。低变质程度气煤焦炭的条纹曲率分布的峰值低，分布范围宽泛，碳片层有序度低；随煤化度提高，条纹曲率分布的峰值升高，分布范围明显变窄，碳片层有序度升高。

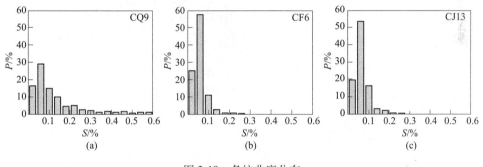

图 2-18　条纹曲度分布

（a）气煤（$\overline{R}_{max} = 0.72\%$）焦炭；（b）肥煤（$\overline{R}_{max} = 0.94\%$）焦炭；（c）焦煤（$\overline{R}_{max} = 1.27\%$）焦炭

2.4.1.2 条纹长度

条纹长度 L 反映的是碳片层结晶程度，L 越大，碳片层结晶程度越好。由图 2-19 可见，条纹长度呈递减分布，L 为 0.5nm 的比例最高，其次为 1nm，大于 1nm 比例很低。低变质程度气煤焦炭的条纹长度为 0.5nm 的比例高，分布递减快，碳片层结晶程度差；随煤变质程度的提高，L 小于 0.5nm 的比例降低，递减减缓，结晶程度提高。

2.4.1.3 条纹倾角

条纹倾角 θ 反映的是碳片层取向，它的分布反映的是三维空间碳片层排列的有序度，θ 分布范围窄，碳片层排列序度好，反之，θ 角分布越宽，碳片层排列无序。由图 2-20 可见，低变质程度气煤焦炭的条纹倾角分布宽且随机，碳片层排列无序；随煤化度增加，倾角分布呈现正态分布且峰值升高，焦炭碳片层排列有序度升高。

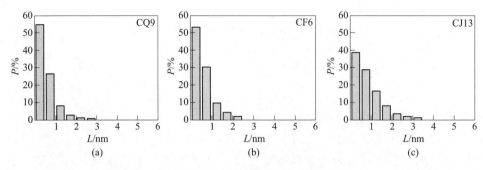

图 2-19　焦炭的条纹长度分布

（a）气煤（$\overline{R}_{max} = 0.72\%$）焦炭；（b）肥煤（$\overline{R}_{max} = 0.94\%$）焦炭；（c）焦煤（$\overline{R}_{max} = 1.27\%$）焦炭

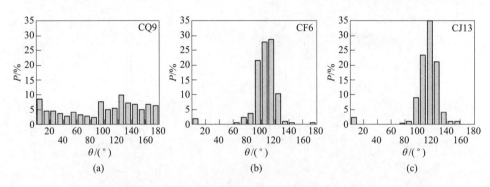

图 2-20　焦炭的条纹倾角分布

（a）气煤（$\overline{R}_{max} = 0.72\%$）焦炭；（b）肥煤（$\overline{R}_{max} = 0.94\%$）焦炭；（c）焦煤（$\overline{R}_{max} = 1.27\%$）焦炭

2.4.2　焦炭的碳片层堆垛结晶指数

焦炭的碳片层结构参数及其分布示出，焦炭分子域可视为小于 1.0nm 弯曲碳片层随机或正态分布的堆垛，随煤的变质程度增加，碳片层的曲度变小、尺寸增大，间距变小、排列取向有序程度增加，结晶度提高。

焦炭的碳片层堆垛有序度取决于碳片层曲度、尺寸、间距、排列取向及其分布。为了评价焦炭的碳片层堆垛的结晶度，定义 HRTEM 条纹图像中两个倾角 $\theta < 10°$ 的条纹为平行，两个及两个以上平行条纹可视为一个微元。基于 HRTEM 条纹图像提取的不同微元的条纹长度、间距和比例，定义焦炭的碳片层堆垛结晶指数 CI 如下：

$$CI = \sum_{i=2}^{n} CI_i \cdot m_i \tag{2-26}$$

式中　CI_i——条纹数为 i 的微元有序度指数；

i——微元中含有的条纹数；

n——微元中含有的最多条纹数；

m_i——条纹数为 i 的微元数占总微元数的百分比。

CI_i 为条纹数为 i 的微元结晶指数，定义为：

$$CI_i = \frac{i(l_i)^2}{2(l_2)^2} \Big/ \frac{d_i}{0.3345} \tag{2-27}$$

式中　l_i——条纹数为 i 的微元中条纹的平均长度，nm；

l_2——条纹数为 2 的微元中条纹的平均长度，nm；

d_i——条纹数为 i 的微元中条纹的平均间距，nm；

0.3345——标准石墨层间距，nm。

式（2-27）中，$i(l_i)^2/2(l_2)^2$ 是条纹数为 i 的微元与条纹数为 2 的微元体积比，表示微元尺度对结晶度的贡献；$d_i/0.3354$ 是条纹数为 i 的微元的平均条纹间距与标准石墨层间距比，表示微元内碳片层紧凑度对结晶度的贡献。CI_i 越大，表示微元内碳片层数越多、尺寸越大、微元体积越大、层间距越小，微元结晶程度越好。

在焦炭的碳片层堆垛结晶指数 CI 中，$CI_i \cdot m_i$ 反映的是含有 i 层碳片层微元的结晶度和该微元在堆垛中所占比例对堆垛结晶度的综合贡献，该微元结晶度越高且所占比例越大，对堆垛结晶度的贡献越大。$CI = \Sigma CI_i \cdot m_i$ 反映的是含有不同碳片层微元的结晶度的加和作用对堆垛结晶度的影响。

2.4.3　焦炭碳片层堆垛的性质

2.4.3.1　结晶程度与煤变质程度

焦炭的晶胞结构来源于炼焦煤的初始晶胞结构，由于炼焦炭化温度不高，焦炭的晶胞结构尺寸未见明显长大，只是部分不规则的晶胞结构有序化了，因此，焦炭的结晶程度应该与炼焦煤最初的晶胞结构密切相关。由图 2-21 可见，CI 与 $\overline{R}_{max}$ 之间呈现下开口抛物线关系（$R^2 = 0.73$），表明 $\overline{R}_{max}$ 反映了镜质组中晶胞结构和性质，焦炭的 CI 随 $\overline{R}_{max}$ 增加先提高，当 $\overline{R}_{max}$ 增加到 1.14% 左右时，CI 值达到最大，然后随 $\overline{R}_{max}$ 的进一步增加而略有降低。

2.4.3.2　结晶程度与各向异性

焦炭光学各向异性源于微晶炭排列有序。由图 2-22 可见，焦炭的 CI 随 OTI 增大呈线性增大（$R^2 = 0.73$），表明碳片层堆垛结晶指数与各向异性指数一样，反映了碳片层排列有序度。

2.4.3.3　结晶程度与焦炭性能

焦炭机械强度与碳组织结构密切相关。如图 2-23 所示，焦炭的 DI_{15}^{150} 随 CI 增

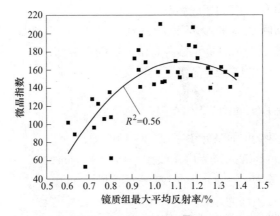

图 2-21　焦炭的 CI 与煤的 $\overline{R}_{\max}$ 的关系

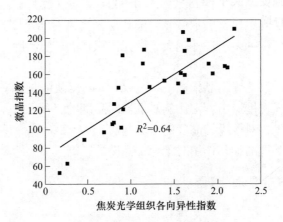

图 2-22　焦炭 CI 与 OTI 的关系

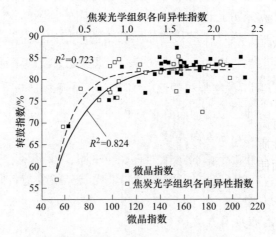

图 2-23　焦炭 DI^{150}_{15} 与 CI 或 OTI 的关系

大先快速增加，当 CI 增加到大约 120 后，随着 CI 的进一步增加，DI_{15}^{150} 增速显著减缓，表明焦炭的碳片层堆垛结晶程度达到一定程度后，结晶程度进一步提高对改善焦炭机械强度的作用已不大。焦炭 DI_{15}^{150} 与 CI 的相关性（$R^2 = 0.82$）明显好于与 OTI 的相关性（$R^2 = 0.72$），表明碳片层堆垛结构比光学各向异性能更好地反映碳组织对焦炭机械强度的影响。

一般认为，碳材料的反应性随各向异性的增加和石墨化程度的提高而降低，接近非晶态碳时，反应性最强。如图 2-24 所示，焦炭的 CRI 随 CI 的增加呈指数降低（$R^2 = 0.82$），表明碳片层堆垛结晶程度是影响焦炭反应性的首要因素。与 CRI 与 OTI 之间呈现的下开口抛物线相关（$R^2 = 0.80$）不同，CRI 随 CI 增加不断下降，反映出随碳片层堆垛结晶指数增加、碳片层微元体积增大、片层间堆积紧凑、与 CO_2 反应的活性点少、反应性降低的微观特性。

焦炭溶损后强度取决于溶损率和溶损后的气孔壁强度。如图 2-25 所示，焦炭的 CSR 随 CI 的增加不断升高（$R^2 = 0.80$），要好于与 OTI 的相关性（$R^2 = 0.75$），表明碳片层堆垛比光学组织能更好地表征溶损后的孔壁强度。

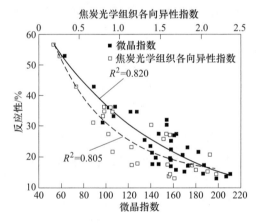

图 2-24　焦炭 CRI 与 CI 或 OTI 的关系

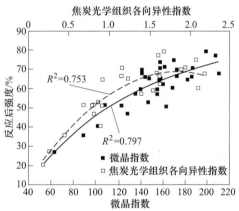

图 2-25　焦炭 CSR 与 CI 或 OTI 的关系

焦炭的碳片层堆垛组织是镜质组炭化后的衍生物，焦炭光学各向异性和石墨化度均源于碳片层堆垛结构。因此，焦炭的碳片层堆垛结晶指数 CI 作为一个反映孔壁分子域内有微晶晶胞发育情况和有序程度的综合指标，从微观层面揭示了焦炭的碳组织的性质。但是，采用 HRTEM 研究焦炭的碳组织结构方法复杂，只是在基础研究方面使用，在煤焦化工业中实际应用还不现实。

HRTEM 研究的焦炭的碳组织结构的结果示出，从微观层面认识焦炭的碳组织性质要比光学组织更加深入。长期以来，XRD 一直被认为是研究焦炭微晶组织的最佳方法，但因焦炭的微晶结构的不完善，实际中并没有得到应用。因此，如何从焦炭的 XRD 图谱中获得焦炭微晶组织的结构信息，是从微观层面认识焦炭性质需要解决的关键基础问题。

2.5 高炉炼铁与焦炭质量

按焦炭在高炉中供热、还原剂、骨架作用需求，综合考虑焦炭溶损反应对高炉还原、热工制度和料柱支撑作用的影响，是正确认识焦炭热性能、构建焦炭热性能质量评定的基础。了解焦炭在高炉中的行为是研究焦炭热性质以及其他性质的前提。

2.5.1 焦炭在高炉中的状态

20 世纪 60 年代末的高炉解剖实验为了解高炉内部情况提供了翔实的资料[12]。解剖结果表明，根据炉料存在的不同形态，可将高炉划分为五个区域，分别为块状带、软熔带、焦炭活动区、风口区和焦炭停滞区（死料柱）。

焦炭在各区域内进行的主要反应及特征如下：

（1）块状带是指炉腰以上温度低于 1000℃ 的部位，铁矿石和焦炭为层状分布，矿石处于固态，没有发生软化黏着现象。在块状带中，炉料的温度逐渐升至 1000℃ 左右。这一过程有利于炉料进入软熔带并参与直接还原且蓄积了热量。由于此时焦炭的温度基本停留在炼焦终温以下（炼焦终温为 950~1050℃），焦炭承受的热作用很小，焦炭强度下降很少，强度的下降基本上是由于焦炭在下降途中受到一些机械作用的结果。

（2）软熔带处于炉腰、炉腹处，温度约为 1150~1450℃，矿石在此区域内逐渐软化并熔化。此区域内主要进行直接还原并形成初渣。焦炭与黏着、半熔化的铁矿石呈交替的层状分布以保持气流畅通。焦炭由于碳素溶解损失而遭到严重破坏，强度急剧下降，块度显著降低，并产生较多的碎焦和焦粉，不利于气流畅通。同时，这一区域为碱富集区，焦炭溶损反应会因为碱的存在而加剧[13]。因此，保持焦炭块度均匀和提高焦炭溶损后强度对改善高炉软熔带状况有重要作用。

（3）焦炭活动区在软熔带的下方，温度约为 1500~1600℃，由大量松散的焦炭组成，是回旋区燃烧焦炭的主要来源，同时也是液态渣铁滴落的通道。此处的溶损反应已经减弱，焦炭的破坏主要是高温热作用和渣铁冲刷的结果。在此区域内，焦炭是炉料中唯一的固态物质。因此，焦炭在此区域内仍保持一定的强度与块度是高炉保持透气性和透液性的必要条件。在滴落过程中，焦炭对液铁有渗碳作用。软熔带中半熔化的液铁中的碳含量（质量分数）不到 1%，而滴落带的渗碳作用使液铁中的碳含量（质量分数）增加到 2%以上，当液铁进入炉缸时碳含量（质量分数）达到 4%左右。

（4）风口回旋区是炉缸外围焦炭燃烧的空腔。焦炭燃烧可产生 1800~2000℃

的高温。焦炭进入此区域便迅速粉化。因鼓风动能和炉料移动，焦炭在空腔外围以不同的状态分布在整个风口区域。回旋区的上方是块度较大的焦炭，来自焦炭活动区，其块度的完整度和承受热力作用的强弱对风口区的状态有重要影响。它已受到一定程度的碳溶反应和磨损，这部分焦炭称为炉腹焦。燃烧过的焦炭不断在回旋区内循环，称为回旋区焦炭，其表面受高温影响而有较高的石墨化度。整个回旋区焦炭下方是一个很密实的结构，有破碎的焦粒，同时夹杂着因重力而流下的液态渣铁，称雀巢焦。使用高强度焦炭，雀巢焦数量并不多，但使用易碎的焦炭，雀巢焦量大而且容易往中部偏移，致碎料柱空隙被碎焦充满，影响液态渣铁向下的渗透。雀巢焦下方是大块焦炭区，它是由于中心死料柱进入回旋区并浮在液渣上而形成的。

（5）死料柱是焦炭活动区中心下方的一堆焦炭。它受到炉料的重力以及液态渣铁的浮力和四周鼓风的压力，形成一种平衡状态。此处的焦炭相对静止且更新速度极为缓慢，直到碳素完全耗尽，灰分进入渣中为止。死料柱除了对煤气和液态渣铁起到渗透作用外，还会影响炉缸的活跃程度和出铁出渣时渣、铁的流动状态[14]。

综上所述，焦炭从进入高炉开始，直至风口前会经历各种机械破坏、高温作用和化学侵蚀等劣化作用。为了保证高炉有良好的透气性和透液性并保证回旋区的正常工作，焦炭需要保持一定的强度。

焦炭在高炉内的溶损反应不仅只是引起焦炭劣化，而且还影响高炉还原和热工制度。因此，综合考虑焦炭反应性对高炉还原、热交换和焦炭劣化的影响，是正确建立焦炭热性能质量评价指标的基础。

2.5.2 焦炭溶损反应的作用

早在 1872 年 Bell 在对高炉冶炼过程作碳、氧和氮平衡计算时，证明加入的碳有一部分被 CO_2 所消耗，并提出了溶解损失（solution loss）一词。溶损反应（solution loss reaction）实际上是高炉内焦炭中的碳在吸收热能的条件下被 CO_2（和少量的 H_2O）气化（气化反应）。

在炼铁原理中，认为焦炭碳质是石墨细微晶组成的无定形碳，高温下这种无定形碳自动转变为石墨的焓值减小与溶损反应吸热比较可以忽略。因此，焦炭溶损反应热力学一直采用 1905 年波多（Boudouard）给出的 CO-CO_2 混合物与石墨的氧化还原反应（Boudouard 反应）热力学数据：

$$C_{(石)} + CO_2 = 2CO \quad \Delta_r G_m^{\ominus} = 166550 - 171T(J/mol) \quad (2-28)$$

高炉内焦炭溶损反应，一是发生在风口区的燃烧，二是发生在高炉的炉腰、炉腹处的直接还原区。

2.5.3 燃烧带内的溶损反应

焦炭在风口前回旋区的燃烧过程是块焦燃烧与高速循环气流叠加的结果。由沿风口中心线在燃烧带气相成分的变化特点可知，焦炭在燃烧带内的燃烧有两种情况：

（1）在燃烧带氧化区，有 O_2 的存在，主要发生完全燃烧反应：

$$C_{(石)} + O_2 = CO_2 \quad \Delta_r G_m^{\ominus} = -395350 - 0.54T(J/mol) \tag{2-29}$$

（2）在燃烧带还原区，O_2 消失，主要发生溶损反应：

$$C_{(石)} + CO_2 = 2CO \quad \Delta_r G_m^{\ominus} = 166550 - 171T(J/mol) \tag{2-30}$$

最终的燃烧反应为不完全燃烧：

$$2C_{(石)} + O_2 = 2CO \quad \Delta_r G_m^{\ominus} = -228800 - 171.54T(J/mol) \tag{2-31}$$

燃烧带内焦炭燃烧的最终产物为 CO，燃烧热为不完全燃烧热。

燃烧带对冶炼过程起着重要作用。决定燃烧带大小的主要因素除了鼓风动能、燃烧带上方料柱透气性外，燃料燃烧反应速率也有一定影响。在燃烧带，基于高温条件下碳燃烧双膜反应机理，焦炭反应界面主要发生碳溶损反应生成 CO，这些 CO 向外扩散，与气相中扩散来的 O_2 反应，一部分生成 CO_2，另一部分最终产物仍然为 CO。因此，焦炭高温反应性在一定程度上会影响燃烧带的大小。焦炭反应性提高，燃烧反应速度加快，反应能在较短时间及较小的空间内完成，燃烧带区域可能缩小；反之，燃烧带区域可能扩大。但是，目前关于焦炭反应性对燃烧带的影响研究并不多。

2.5.4 直接还原中的溶损反应

溶损反应发生在高炉的炉腰、炉腹处，即温度为 900~1300℃ 左右的软熔带部位。间接还原利用燃料燃烧和直接还原产生的 CO 来还原铁矿石，使铁氧化物逐步地从高价还原成低价，直到金属铁，同时产生 CO_2：

$$FeO_{(s)} + CO = Fe_{(s)} + CO_2 \quad \Delta_r G_m^{\ominus} = -22800 + 24.26T(J/mol) \tag{2-32}$$

当达到焦炭溶损反应开始温度后，高温间接还原产生的 CO_2 又与焦炭反应生成 CO：

$$C_{(石)} + CO_2 = 2CO \quad \Delta_r G_m^{\ominus} = 166550 - 171T(J/mol) \tag{2-33}$$

还原通过碳溶损反应完成，焦炭中的 C 直接参与了整个还原过程，最终实现直接还原：

$$FeO_{(s)} + C_{(石)} = Fe_{(s)} + CO \quad \Delta_r G_m^{\ominus} = -143750 - 146.64T(J/mol) \tag{2-34}$$

从这些方面来看，焦炭溶损反应对高炉冶炼的利弊作用为：

（1）溶损反应开始温度将高炉分为上部间接还原区，提高 CO 还原能力，加速还原速率，影响高炉还原。

（2）反应吸收热能起到冷却从燃烧带上升煤气的作用，影响高炉热交换。

（3）使焦炭粒度降低，焦炭气孔增多变大，孔壁变薄，导致了焦炭结构破坏和强度急剧下降，耐磨性显著降低。

在低温的固体料区未来得及充分还原的矿石落入高温区将发生软化和熔融，形成 FeO 含量（质量分数）在 5%~30% 较大范围内波动的初渣。初渣沿焦炭空隙向下流动时与焦炭表面接触良好，在高温下将发生速度较快的熔融直接还原：

$$(FeO) + C_{(石)} = Fe_{(s)} + CO \quad \Delta_r G_m^{\ominus} = -143750 - 146.64T(J/mol) \quad (2-35)$$

2.6 焦炭反应性与高炉还原

焦炭的反应性是指焦炭与所接触气体的化学反应能力，高炉中的焦炭主要与煤气中的 CO_2 反应，因此焦炭的反应性一般指焦炭与 CO_2 的反应能力。焦炭反应性的完整概念应当包括焦炭的溶损反应开始温度和一定温度下的溶损反应速率。焦炭的溶损反应开始温度决定了高炉热储备区的温度，即影响了铁矿石间接还原热力学和动力学条件。直接还原包括耦合直接还原和熔融直接还原，焦炭溶损反应速率影响耦合直接还原速率，从而影响直接还原行为，并影响高炉下部热交换。

2.6.1 焦炭反应性与间接还原

焦炭反应性对高炉间接还原的影响可用图 2-26 所示的热储备区温度和 Rist 操作线进行分析。对于焦炭反应性对高炉间接还原发展程度的影响有不同的观点。

一种观点是，低反应性焦炭有利于发展间接还原。低反应性焦炭具有高的反应开始温度，高炉用低反应性焦炭，热储备区温度升高，使间接还原区扩大，如图 2-26（a）所示。从铁矿石还原动力学角度来考虑，间接还原区扩大和热储备区温度升高，焦炭在较低温度下与 CO_2 的反应速度越小，炉顶煤气中 CO 利用率增加，导致焦比降低，如图 2-26（b）所示。

20 世纪 60 年代末，新日铁公司对三座高炉解剖实验以及随后的研究确认了焦炭在高炉内强度和粒度下降等劣化的主要原因是其在高温下被 CO_2 的溶损[15]。此后，炼铁工作者们多年来一直认为经过这个部位的焦炭劣化破坏程度不仅影响高炉上部透气性和炉况顺行，而且对高炉下部和死料堆的透液性及炉缸工作状况的影响更大。

20 世纪 70 年代初，Echterhoff 等[16]对高炉燃料比与焦炭 *CRI* 指数的关系进行分析，得到了回归方程，结果显示，焦炭的反应性增加 1%，燃料比增加 0.6kg。此后，一些文献报道了 *CSR* 与高炉操作的关系。1982 年，鞍山热能院与鞍钢炼铁厂进行了为期一年的分析研究[17]。3 号和 4 号高炉的生产数据显示，使

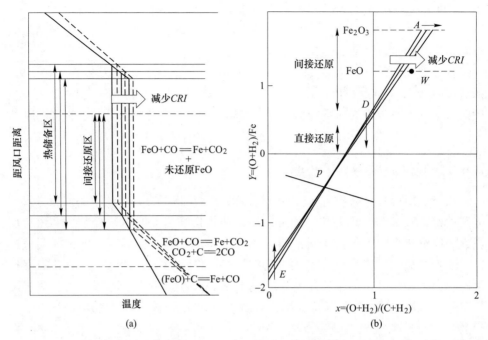

图 2-26 焦炭反应开始温度 T_i 对高炉热储备区温度和 Rist 操作线的影响

（a）T_i 对高炉热储备区温度的影响；（b）对 Rist 操作线的影响

用反应性指数为 30% 以上的焦炭时，反应性指数每增加 1%，焦比约增加 20kg，如图 2-27 所示。

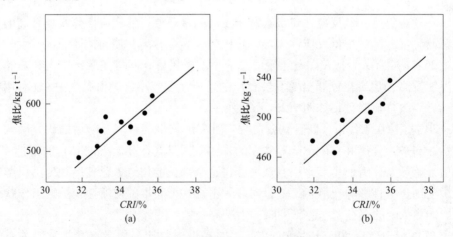

图 2-27 焦比与焦炭 CRI 指标关系（鞍钢，1982 年）

（a）3 号高炉；（b）4 号高炉

另一种观点认为，低反应性焦炭是否能够改善高炉间接还原取决于冶炼条件。低反应性焦炭有利于发展间接还原，较早时期就有不同看法。路瓦松等[18]认为由于焦比的不断降低，不必担心炉顶 CO 过剩，虽然从理论上说，使用某些很难还原的矿石操作时，用反应性很强的焦炭所建立的高炉热工制度的效率可能很低，但在实践中很难见到实例。

Kundrat 基于热力学第一和第二定律，以氧平衡、化学计量法、铁氧化物与还原气体的化学平衡以及焦炭溶损和矿石还原的动力学为依据，半定量地推导了高炉还原过程模型，结果表明，工作理想的炉身对于直接还原度有自调节能力，在一定条件下，提高焦炭反应性并不会提高铁的直接还原度，同时指出，高反应性焦炭可以配合高还原性矿石来使用。

2001 年，内藤诚章等[19]基于当代先进高炉的炉身效率处于 90%以上高水平的实际情况，提出了使用高反应性焦炭降低热储备区温度以改变 Rist 图中 W 点的位置来提高浮氏体还原驱动力进而提高反应效率的技术。野村诚治等[20]报道了 2002 年在日本北海制铁所的两座工业焦炉上采用添加富 CaO 煤的方法生产出高反应性焦炭，将这些高反应性焦炭装入室兰 2 号高炉进行进了 4 个月的冶炼试验，高炉吨铁碳素消耗减少了 10kg。

某些现代高炉实践证明，随焦炭 CRI 指标的改善，炉顶煤气利用率并没有提高（见图 2-28），反映出焦炭的反应性 CRI 指标的变化对高炉间接还原影响不大。

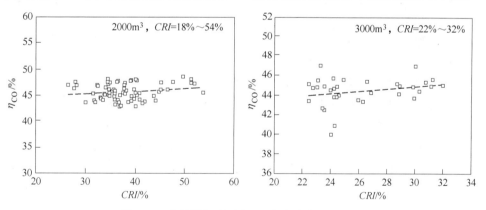

图 2-28　高炉煤气利用率 η_{CO} 与焦炭的 CRI 指标

由此可见，高炉间接还原度受原料、燃料和操作条件等诸多因素的影响。焦炭反应性会不会影响间接还原需要考虑高炉冶炼水平，即高炉煤气的利用是否完善。热储备区的存在说明高炉的热交换是完善的，如果高炉的化学交换（煤气利用率）也比较完善，在热储备区会存在化学储备区。化学储备区是温度达到了 FeO 还原的活跃温度，但由于煤气中 CO 的浓度与 FeO 还原的热力学条件接近，还原速率很慢的区域。因此，只有当高炉煤气利用率不尽完善时（与矿石还原性、冶炼周期等因素有关），降低焦炭反应性对改善间接还原才有作用。相反，对现代高炉，煤气利用率比较完善，焦炭反应性变化对直接还原的作用已不明显，在这种情况下，即使焦炭反应性发生较大变化也不会影响间接还原。

2.6.2 焦炭反应性与直接还原

高炉的直接还原分两种方式进行，一部分 FeO 的还原是通过焦炭溶损和铁矿石还原的耦合现象完成，称为耦合直接还原（Coupling Direct Reduction，CDR），另一部分 FeO 则在更高的温度上通过熔渣中的直接还原进行，称为熔融直接还原（Melt Direct Reduction，MDR）。铁的直接还原度可表示为：

$$r_d = r_{d(CDR)} + r_{d(MDR)} \tag{2-36}$$

式中 r_d——铁的直接还原度；

$r_{d(CDR)}$——耦合直接还原度；

$r_{d(MDR)}$——软熔直接还原度。

耦合直接反应的特点是，其中任意一个反应的气体生成物是另一个反应的气体反应物，其中一个反应将影响另一个反应的平衡和速率。因为：直接还原反应的活化能为 $E_a = 140 \sim 400 kJ/mol$，比较接近溶损反应的活化能 $E_a = 170 \sim 200 kJ/mol$，而远高于间接还原反应的活化能 $E_a = 60 \sim 80 kJ/mol$；另外，反应过程中气相成分的 CO_2 的浓度比较接近于间接还原反应的平衡气相成分，而高于溶损反应的平衡气相成分，间接还原 CO_2 出现的速率却比溶损反应的 CO_2 消失的速率快。因此，认为焦炭溶损反应是耦合直接还原的限制性环节，此外，提高焦炭反应性就能加快耦合直接还原反应的速率。

高炉内随炉料的下降，耦合直接还原和熔融还原依次发生。当 r_d 一定时，$r_{d(CDR)}$ 将随焦炭反应性的提高而增加，$r_{d(MDR)}$ 则降低。因此，只有了解高炉内耦合直接还原特性，才能对焦炭溶损和劣化有充分的认识。从这个观点来看，焦炭溶损速率应该作为一个评价焦炭反应性对高炉直接还原作用的质量指标。

耦合直接还原实际上是铁矿石中的氧原子通过 CO 转化为 CO_2，碳原子将 CO_2 转化为 CO 的过程。根据氧原子转移的关系，定义高炉内单位时间铁矿石还原转移氧原子的能力与焦炭气化转移氧原子能力的比值，即耦合因子 η，表示焦炭溶损与铁矿石还原的耦合竞争能力：

$$\eta = \frac{n_{O(矿)}}{n_{C(焦)}} = \frac{\dfrac{dR_O}{dt} \times 950 \times DRR \times \dfrac{1}{56}}{\dfrac{dR_C}{dt} \times CR \times FC \times \dfrac{1}{12}} \tag{2-37}$$

式中 $n_{O(矿)}$——生产 1t 生铁单位时间直接还原从铁矿石转移氧原子量，mol/(tFe·min)；

R_O——铁矿石高温还原率，%；

R_C——焦炭的溶损率，%；

t——时间，min；

950——1t 生铁中含铁量，kg；

DRR——直接还原度；

CR——焦比，kg/tFe；

FC——焦炭中固定碳的含量（质量分数），%。

由 η 的大小可以判断耦合直接还原的限制性环节。当 $\eta>1$ 时，矿石还原转移氧原子的能力强于焦炭气化转移氧原子的能力，焦炭溶损为限制环节；当 $\eta<1$ 时，焦炭气化转移氧原子的能力强于矿石还原转移氧原子的能力，矿石还原为限制环节。

如图 2-29 所示，对于预还原（$DRR=0.45$）后高碱度烧结矿，还原温度由 1100℃升高到 1250℃后，还原速率迅速降低，预还原（$DRR=0.45$）后的球团矿在 1200℃出现还原停滞现象。如图 2-30 所示，焦炭的反应速率随温度的升高明显加快，反应性越好的焦炭越明显。

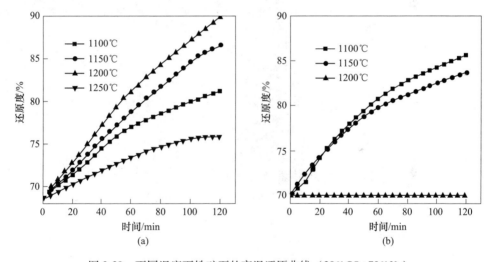

图 2-29 不同温度下铁矿石的高温还原曲线（30%CO+70%N$_2$）

（a）烧结矿 [w(Fe)= 56.36%，CaO/SiO$_2$ = 2.11]；（b）球团矿 [w(TFe)= 65.34%，w(SiO$_2$) = 6.08%]

用图 2-29 和图 2-30 的数据，取焦比 $CR=300$kg/tFe，按式（2-37）计算得到的烧结矿、球团矿与不同反应性焦炭的耦合因子，如图 2-31 和图 2-32 所示。耦合因子的大小与矿石的还原能力成正比，与焦炭气化能力成反比，因不同矿石的高温还原性不同和焦炭反应性不同，它们之间耦合时的 η 值随反应进程和温度的变化会有所差异。例如，对于高碱度烧结矿，还原温度到达 1250℃时的 $\eta<1$，耦合直接还原速率限制就由溶损反应转变为还原反应，而对于球团矿，还原温度到达 1200℃时的 $\eta<1$，耦合直接还原速率限制转变温度比高碱度烧结矿要低。

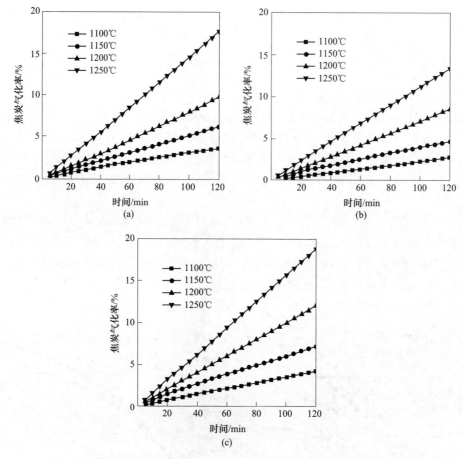

图 2-30　焦炭溶损曲线（30%CO+10%CO$_2$+60%N$_2$）

（a）CRI=26.4%；（b）CRI=19.2%；（c）CRI=48.5%

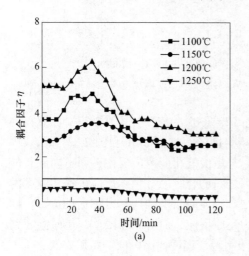

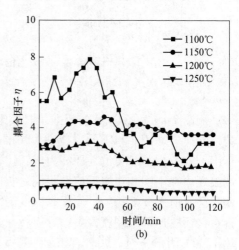

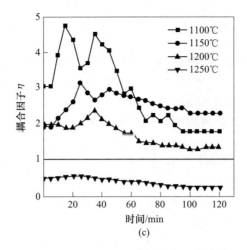

(c)

图 2-31　烧结矿-焦炭耦合因子曲线

（a）CRI = 26.4%；（b）CRI = 19.2%；（c）CRI = 48.5%

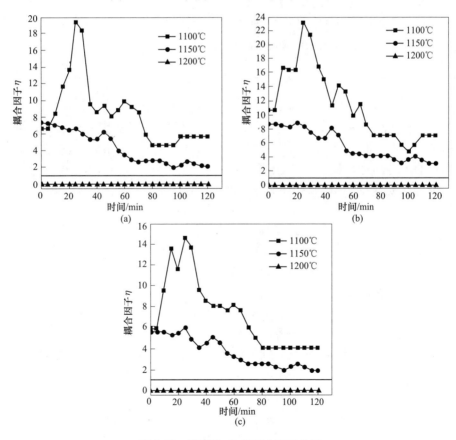

图 2-32　球团矿-焦炭耦合因子曲线

（a）CRI = 26.4%；（b）CRI = 19.2%；（c）CRI = 48.5%

2.7 焦炭反应性与高炉下部热交换

溶损反应吸热起到冷却从燃烧带上升的煤气的作用[21]，因此，焦炭反应性将影响高炉热交换。

高炉内的热交换可用 Kinaiev 提出的水当量（热流）进行分析。水当量定义为单位时间煤气或炉料通过高炉某一界面的热流。炉料水当量可定义为：

$$W_b = G_b C_b \tag{2-38}$$

式中 W_b——炉料的水当量，kJ/(s·℃)；

$\quad\quad G_b$——炉料质量流，kg/s；

$\quad\quad C_b$——炉料的热容，包括化学反应和物理变化的热，kJ/(kg·℃)。

煤气的水当量可定义为：

$$W_g = G_g C_g \tag{2-39}$$

式中 W_g——煤气的水当量，kJ/(s·℃)；

$\quad\quad G_g$——煤气质量流，kg/s；

$\quad\quad C_g$——煤气的热容，kJ/(kg·℃)。

炉料和煤气的热流比可定义为：

$$\eta = \frac{W_b}{W_g} = \frac{G_b C_b}{G_g C_g} \tag{2-40}$$

式中 η——炉料和煤气的热流比。

当燃料比和鼓风组成一定时，煤气水当量在高炉纵向几乎不变。在热储备区，炉料的水当量与煤气的水当量基本相等（$\eta=1$），在高温区，炉料的水当量比煤气的水当量大得多（$\eta>1$）。

耦合直接还原和熔融直接还原分别发生在软熔带上方和滴落带，炉料的热容可表示成：

$$C_b = Cp_b + \frac{\Delta H_{CDR}}{\beta}\frac{dR_C}{dt} + \frac{\Delta H_{MR}}{\beta}\frac{dR_{MR}}{dt} + \frac{\Delta H_M}{\beta}\frac{dR_M}{dt} \tag{2-41}$$

式中 Cp_b——炉料的热容，kJ/(kg·℃)；

ΔH_{CDR}，ΔH_{MR}，ΔH_M——分别为耦合直接还原、熔融直接还原和渣铁熔化的焓变化，kJ/kg；

β——升温速率，℃/s；

dR_C/dt，dR_{MR}/dt，dR_M/dt——分别为焦炭溶损速率（耦合直接还原速率）、熔融直接还原速率和渣铁熔化速率，min^{-1}。

将式（2-41）带入式（2-40），得

$$\eta = \frac{G_b\left(Cp_b + \dfrac{\Delta H_{CDR}}{\beta}\dfrac{dR_C}{dt} + \dfrac{\Delta H_{MR}}{\beta}\dfrac{dR_{MR}}{dt} + \dfrac{\Delta H_M}{\beta}\dfrac{dR_M}{dt}\right)}{G_g C_g} \tag{2-42}$$

忽略 G_b 和 Cp_b 变化对 C_b 的影响，式（2-42）可以写成：

$$\eta = \eta_{CDR} + \eta_{MR,M} = \frac{G_b\left(Cp_b + \dfrac{\Delta H_{CDR}}{\beta}\dfrac{dR_C}{dt}\right)}{G_g C_g} + \frac{G_b\left(Cp_b + \dfrac{\Delta H_{MR}}{\beta}\dfrac{dR_{MR}}{dt} + \dfrac{\Delta H_M}{\beta}\dfrac{dR_M}{dt}\right)}{G_g C_g}$$

$$(2-43)$$

式中 η_{CDR}——耦合直接还原区热流比，$\eta_{CDR} = \dfrac{G_L\left(Cp_L + \dfrac{\Delta H_{CDR}}{\beta}\dfrac{dR_C}{dt}\right)}{G_g C_g}$；

η_{MR}——熔融还原区热流比，$\eta_{MR,M} = \dfrac{G_b\left(Cp_b + \dfrac{\Delta H_{MR}}{\beta}\dfrac{dR_{MR}}{dt} + \dfrac{\Delta H_M}{\beta}\dfrac{dR_M}{dt}\right)}{G_g C_g}$。

由式（2-43）可知，耦合直接还原区热流比 η_{CDR} 随焦炭反应性（dR_C/dt）的增加而增大，在热流比 η 一定的条件下，熔融还原区热流比 $\eta_{MR,M}$ 随 η_{CDR} 增加而降低；反之，焦炭反应性降低，$\eta_{MR,M}$ 随 η_{CDR} 降低而升高。图 2-33 示出了焦炭反应性变化对炉料水当量的影响。

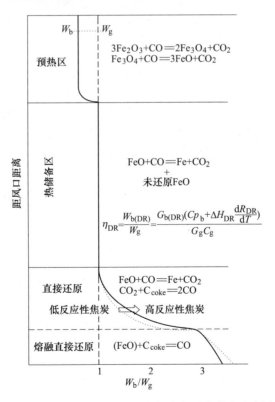

图 2-33 焦炭反应性变化对炉料水当量的影响示意图

耦合直接还原区热交换满足如下平衡关系：

$$W_{b(CDR)}(T_{b(CDR)} - T_{b(HR)}) = W_g(T_{g(CDR)} - T_{g(HR)}) \tag{2-44}$$

式中　　$W_{b(CDR)}$——耦合直接还原区炉料的水当量，$kJ/(s \cdot ℃)$；

$T_{b(CDR)}$，$T_{g(CDR)}$——分别为耦合直接还原区结束所对应的炉料温度和煤气温度，$℃^{-1}$；

$T_{b(HR)}$，$T_{g(HR)}$——分别为热储备区的炉料温度和煤气温度，$℃^{-1}$。

由于 $W_{b(CDR)}T_{b(HR)} \approx W_g T_{g(HR)}$，因此式（2-44）可以写成：

$$T_{b(CDR)} = \frac{W_g T_{g(CDR)}}{W_{b(CDR)}} = \frac{1}{\eta_{g(CDR)}} T_{g(CDR)} \tag{2-45}$$

熔融还原区热交换满足如下平衡关系：

$$W_{b(MR,M)}(T_{b(H)} - T_{b(CDR)}) = W_g(T_{g(H)} - T_{g(CDR)}) \tag{2-46}$$

或

$$T_{b(H)} = T_{b(CDR)} + \frac{1}{\eta_{(MR,M)}}(T_{g(H)} - T_{g(CDR)}) \tag{2-47}$$

式中　　$W_{b(MR,M)}$——熔融还原炉料的水当量，$kJ/(s \cdot ℃)$；

$T_{b(H)}$，$T_{g(H)}$——分别为炉缸中炉料和煤气温度，$℃$。

式（2-45）带入式（2-47），整理得：

$$T_{b(H)} = \left(\frac{\eta_{(MR,M)} - \eta_{CDR}}{\eta_{CDR}\eta_{(MR,M)}}\right) T_{g(CDR)} + \frac{1}{\eta_{(MR,M)}} T_{g(H)} \tag{2-48}$$

由式（2-48）可知，炉缸煤气温度 $T_{g(H)}$ 一定时，焦炭反应性的变化将使 η_{CDR}、$\eta_{(MR,M)}$ 和 $T_{g(CDR)}$ 均发生变化，导致高炉下部热交换规律和炉缸温度（渣铁温度）$T_{b(H)}$ 也发生变化。

高炉内各种过程的进行取决于这些过程进行温度下所吸收的"有效"热量。"有效"热量与有效热量载热体的温度及反应必须与最低"临界"温度成正比，即同样的热量在不同的温度区有着不同的价值。燃料比并不是由全炉热平衡的变化决定的，而是由关键温度水平上的有效热决定的。由图 2-34 示出的赖卡特图可以直观地看出各温度段内热量消耗的情况。AB 表示煤气从燃烧温度冷却到炉顶煤气温度所能供给的全部热量。从 C 点到 F 点表示炉料从入炉到冶炼过程结束所需的热量。CD 段表示 0~1050℃ 区间内炉料所需的热量，包括炉料的加热和水分的去除等。DE 线表示 1050~1250℃ 温度区间内炉料需要的热量，消耗于炉料加热、耦合气-固直接还原等。EF 线表示大于 1250℃ 温度区间内炉料需要的热量，消耗于炉料加热、熔化、熔渣中铁和其他元素的直接还原以及脱硫等。耦合直接还原减少时，θ 角增大，但因渣中直接还原需要的热量更多，使 φ 角会相应增大，需要煤气供给的热量增多。

高炉是气-固逆流反应器，温度越高热量越宝贵。直接还原度一定时，如果

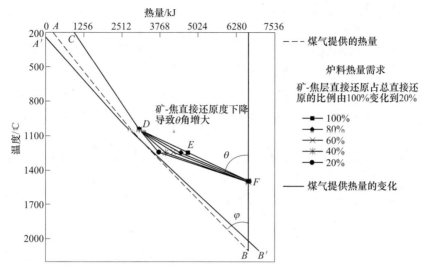

图 2-34　熔融直接还原的增加引起高温区热量需求变化的示意图

耦合直接还原程度较低，会有大量的 FeO 随炉渣进入滴落带，这对高炉下部炉况是不利的。因此，对于使用高温还原性不好的矿石进行冶炼的高炉，用反应性较好的焦炭也许是有利的。此外，保持焦炭反应性稳定也十分重要，因为焦炭反应性的波动会造成炉缸热状态的波动。

2.8　焦炭的 *CRI* 和 *CSR* 指标

2.8.1　*CRI* 和 *CSR* 试验的提出

　　焦炭代替木炭成为主要的高炉燃料以后，其强度起初并不受关注，因为焦炭的强度远高于木炭。高炉逐渐大型化之后，产生了常温下检测焦炭强度的方法。焦炭的机械强度成为一项公认的重要指标，至今仍然作为一种常规的检测手段。落下试验和转鼓试验是最常用的焦炭机械强度的检测方法，转鼓试验结果尤其得到重视。米库姆转鼓得到的焦炭机械强度指标几乎成为公认的焦炭冷态强度指标，因为它具备良好的分辨本领和重现性，国际标准化组织将其定为国际标准[22]。此外半米库姆和延伸米库姆转鼓试验、美国材料与试验协会标准 ASTM D3402 和日本工业标准的 JIS K2151 转鼓试验结果也可作为国际间交流的常用指标[23]。这些试验都是通过规定一定粒径的焦炭在一定尺寸的转鼓内以一定的转速和转数来完成的。试验指标反映了焦炭的抗裂和耐磨的性能，对高炉块状带焦炭的劣化具有模拟性。

　　20 世纪 60 年代末，新日铁公司对三座高炉进行了解剖，结果显示，越接近高炉下部的高温高压区域，焦炭反应得越快，焦炭的强度和粒度下降得越多，尤其以风口上方 3~5m 处的焦炭溶损最严重。

70 年代初，新日铁公司基于高炉解剖结果，就焦炭降解原因及其对高炉冶炼的影响进行了详细研究。当时，焦炭反应性的检测采用的是日本工业标准 JIS K2151，试样为 10g 粒度 0.85~1.7mm 焦粒，在 950℃ 与流量为 0.05L/min 的 CO_2 进行反应，用每分钟 CO 的生成量作为反应性指数。此后，炼铁工作者认识到，焦炭的反应性会影响高炉下部的操作条件，进而影响了高炉的整体运行。

高炉解剖以及随后的研究确认了焦炭在高炉内强度和粒度下降的主要原因是其在高温下被 CO_2 溶损。为了模拟高炉内焦炭溶损劣化行为，评价焦炭质量，世界各国先后研究出了高炉用焦的块焦或粒焦反应性及反应后强度检测技术和标准[24,25]，其中使用最广泛的是起源于日本新日铁的 NSC 方法。NSC 方法逐渐被世界各组织接受，英国碳化研究所在 1980 年将该方法写成了报道并出版发行[26]；中国国家标准化管理委员会在 1983 年将其做适当修改后定为《焦炭反应性及反应后强度试验方法》（GB/T 4000—1983）；美国材料与试验协会将该方法修订为 ASTM D5341—99（2010）e1[27]；国际标准化组织也将其定为国际标准 ISO 18894：2006[28]。NSC 方法为：称取一定粒度（20mm 左右）的焦炭约 200g，置于反应器中，在 1100℃ 与 CO_2（5L/min）反应 2h 后，用焦炭质量损失的百分率作为焦炭反应性指数 CRI（Coke Reactivity Index,%）；溶损后的焦炭在 I 型转筒以 20 r/min 的转速转 600 r 后再进行筛分，以大于 10mm 粒级焦炭占溶损反应后焦炭质量的百分数作为焦炭反应后强度指数 CSR（Coke Strength after Reaction,%）。

许多研究证实，不同变质程度单种煤所得焦炭的 CSR 指标与 CRI 指标呈现良好的负相关性（见图 2-35），为此，形成了"高热强度的焦炭应该有低反应性"的理念。目前，炼铁工作者似乎已习惯用这种理念作为分析和判断料柱透气性、透液性和炉况顺行的重要依据，炼焦工作者也依据这种理念来改进炼焦技术。

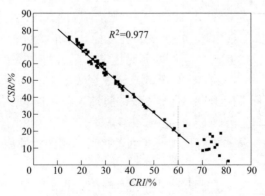

图 2-35   焦炭的 CSR 与 CRI 的关系

2.8.2 焦炭 *CRI* 和 *CSR* 指标的不确定性

20 世纪 90 年代初，我国一些钢铁企业高炉用焦炭的 *CSR* 指标见表 2-2。值得注意的是，当时我国高炉用焦炭的 *CSR* 为 40%~56%，宝钢和梅山高炉用焦炭的 *CSR* 分别为 50.33% 和 50.42%，在我国处于中等水平，但是，高炉仍能稳定运行，而且经济技术指标良好。因此，这方面有很多经验值得总结。

表 2-2　20 世纪 90 年代初我国一些高炉用焦炭的 *CSR* 指标　　　　　（%）

企业	*CSR*	企业	*CSR*
Tisco	64.26	梅钢	50.42
Wisco	61.44	宝钢	50.33
本钢	58.43	鞍钢	49.52
首钢	56.13	湘钢	48.81
重钢	53.36	昆钢	48.28
马钢	53.09	柳钢	40.00
包钢	51.09	攀钢	39.89

从表 2-3 可见，在追求低 *CRI* 及高 *CSR* 焦炭的同时，各国、各企业规定的范围并不统一，有的互相差别较大，指标规定也未见报道确凿根据。从表 2-4 可见，同样是喷煤量为 200kg 左右的大高炉，使用焦炭的 *CRI* 和 *CSR* 指标却相差很多。从表 2-5 可见，*CRI* 和 *CSR* 相差很大的焦炭仍然在国内不同的大中型高炉上使用。

表 2-3　世界各地高炉焦炭的热性质指标　　　　　（%）

指标	欧洲	澳大利亚	美国	日本
CSR	>60	74.1	61	50~65
CRI	20~30	17.7	23	

表 2-4　几座喷煤量为 200 kg 左右的高炉用焦炭的 *CRI* 和 *CSR* 指标

企业高炉	PCI/kg·t^{-1}	操作时间/年	*CRI* 和 *CSR*/%
蒂森·克虏佰·旋韦尔格恩 No.1 （4416m^3）	173	1999	*CRI*=22.6 *CSR*=67.2
福山 No.2 （2828m^3）	192	1999	*CRI*=29.3 *CSR*=55.9
福山 No.4 （4288m^3）	218	Oct. 1994	*CRI*=29.1
新日铁 No.3 （4063m^3）	200	Nov. 1993	*CSR*=60.8

表 2-5   我国某些企业的高炉（2000m³以上）使用焦炭的 *CRI* 及 *CSR* 指标   （%）

指标	A	B	C	D	E	F	G
CRI	24.7	29.7	26.4	19.2	21.5	24.5	38.6
CSR	63.6	61.9	60.1	74.1	66.0	65.1	38.8

焦炭作为高炉燃料已有 300 年的历史，但对焦炭在高炉中劣化行为的认识较晚。相对于焦炭冷态强度和铁矿石还原性等试验方法，*CRI* 和 *CSR* 试验方法出现的时间较晚，广泛使用也只有 30~40 年。几十年来，焦炭的 *CRI* 和 *CSR* 备受炼铁工作者关注，认为其是对高炉生产意义重大的指标。但是，迄今为止还没确凿证据能够证明"好的高炉冶炼指标必须依赖低 *CRI* 和高 *CSR* 指标焦炭"。

CRI 和 *CSR* 的实验条件有效性一直受到怀疑。在高炉内焦炭溶损是在温度和煤气组成变化的条件下发生的，同时伴随其铁矿石还原等其他化学反应。Cheng[29] 和 Negro[30] 等认为高炉中焦炭的溶损量主要由 CO_2 的浓度决定，即由铁氧化物提供的氧量决定。Goleczka[31] 和 Barnaba[32] 分别认为焦炭在高炉中的溶损量应为 20%~30% 和 25% 左右。Nomura 等[33] 认为用 *CSR* 不适合用于评价高反应性焦炭的反应后强度，溶损反应应该在质量损失为 20% 时停止，反应温度也应该进行效应的调整。因此，有必要深入了解 *CRI* 和 *CSR* 这两项指标的模拟性和局限性。

2.9   高炉内焦炭溶损率与焦炭 *CRI* 指标

2.9.1   高炉还原与焦炭溶损率

在高炉温度为 900~1300℃ 的部位，碳损失主要消耗于铁和非铁（Si、Mn、P 等）元素的直接还原。高炉生产 1t 生铁还原消耗的碳量为：

$$w(C) = w(C)_{dFe} + w(C)_{d(Si, Mn, \cdots)} = \frac{12}{56}w(Fe)r_d + w(C)_{d(Si, Mn, \cdots)}$$

$$= 0.216w(Fe)(r_{d(CDR)} + r_{d(MDR)}) + w(C)_{d(Si, Mn, \cdots)} \qquad (2\text{-}49)$$

式中 $w(C)$ ——直接还原消耗的碳量，kg/t 铁水；

$w(C)_{dFe}$ ——铁直接还原消耗的碳量，kg/t 铁水；

$w(C)_{d(Si, Mn, \cdots)}$ ——非铁元素 Si、Mn 等直接还原消耗的碳量，kg/t 铁水；

$w(Fe)$ ——还原的铁量，kg/t 铁水；

r_d ——铁的直接还原度；

$r_{d(CDR)}$ ——耦合直接还原度；

$r_{d(MDR)}$ ——熔融直接还原度。

还原主要消耗的是焦炭中的碳。将焦比 CR 代入式（2-49），得还原引起焦炭损失率为：

$$L_{C(R)} = \frac{w(C)}{CR} \times 100 = L_{C(CDR)} + L_{C(MDR,Si,Mn,\cdots)}$$

$$= \frac{0.216w(Fe)r_{d(CDR)}}{CR} \times 100 + \frac{0.216w(Fe)r_{d(MDR)} + w(C)_{d(Si,Mn,\cdots)}}{CR} \times 100$$

$$(2\text{-}50)$$

式中　　$L_{C(R)}$——还原引起焦炭中的碳损率,%;

　　　　CR——焦比, kg/t 铁水;

　　$L_{C(CDR)}$——耦合直接还原引起的焦炭损失率, 即焦炭溶损率 L_{CSL},%;

$L_{C(MDR,Si,Mn,\cdots)}$——熔融直接还原、非铁元素还原 Si、Mn 等直接还原引起的焦炭损失率,%。

其中焦炭溶损率 L_{CSL} 为:

$$L_{CSL} = L_{C(CDR)} = \frac{0.216w(Fe)r_{d(CDR)}}{CR} \times 100 \qquad (2\text{-}51)$$

熔融直接还原、非铁元素还原 Si、Mn 等直接还原引起的焦炭损失率 $L_{C(MDR,Si,Mn,\cdots)}$ 为:

$$L_{C(MDR,Si,Mn,\cdots)} = \frac{0.216w(Fe)r_{d(MDR)} + w(C)_{d(Si,Mn,\cdots)}}{CR} \times 100 \qquad (2\text{-}52)$$

将 $r_d = r_{d(CDR)} + r_{d(MDR)}$ 代入式 (2-25), 得:

$$L_{CSL} = \frac{0.216w(Fe)r_{d(CDR)}}{CR} \times 100 = \frac{0.216w(Fe)(r_d - r_{d(MDR)})}{CR} \times 100 \quad (2\text{-}53)$$

由式 (2-53) 可知, 高炉内焦炭溶损率 L_{CSL} 与耦合直接还原度 $r_{d(CDR)}$ 成正比, 与焦比 CR 成反比, $r_{d(CDR)}$ 增加、CR 降低, 则 L_{CSL} 增加; 铁的直接还原度一定时, 熔融直接还原度 $r_{d(MDR)}$ 增加, L_{CSL} 降低。由此可见, 高炉内的焦炭溶损率与高炉炉况 (如间接还原和耦合直接还原发展程度) 和条件 (焦比) 密切相关。高炉冶炼条件一定时, 焦炭溶损率还要取决于高炉炉况, 反之, 如果因焦炭反应性变化导致焦炭溶损率发生变化, 也将引起炉况发生变化。

在现代高炉冶炼条件下, r_d 常在 0.2~0.3 之间, 焦比常在 300~350kg/t 铁水范围内。在这个高炉冶炼条件下, 生铁中的铁量 $w(Fe)$ 为 940kg/t 铁水, 由式 (2-45) 计算得到的焦炭溶损率:

(1) $r_d = 0.2 \sim 0.3$, 焦比为 300kg/t 铁水, $L_{CSL} = 13.54\% \sim 20.30\%$;

(2) $r_d = 0.2 \sim 0.3$, 焦比为 350kg/t 铁水, $L_{CSL} = 11.60\% \sim 17.40\%$。

铁的直接还原不可能全部通过耦合直接还原完成, 必然有一部分熔融直接还原, 因此, 高炉内的焦炭溶损率要低于上面的计算值。

2.9.2　焦炭溶损率的里斯特操作线描述

高炉内焦炭溶损率及其影响因素可用里斯特操作线图描述, 如图 2-36 所示。

在操作线 AE 中，BC 段铁氧化物直接还原，CD 段描述的是非铁元素的还原，DE 段描述的是鼓风燃烧焦炭和喷吹燃料的 C。操作线的斜率 $\mu = n(\mathrm{C})/n(\mathrm{Fe})$ 表示冶炼一个 Fe 所消耗的 C 原子数，它与生产中的燃料比具有类似的含义。

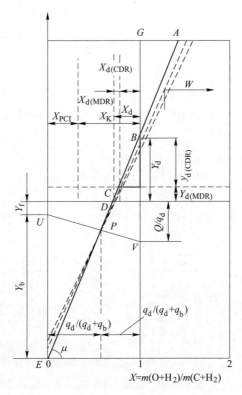

图 2-36   焦炭溶损的里斯特操作线图

BE 段对应的横坐标 $X = 0 \sim 1$ 范围，表示 C 转化为 CO 的 O 或 C 来源，其中，X_{PCI} 表示来源于喷吹燃料的 C，X_{K} 表示来源于焦炭的 C。BC 段对应的横坐标，$X_{\mathrm{d}} = X_{\mathrm{d(CDR)}} + X_{\mathrm{d(MDR)}}$，其中 X_{d} 表示铁氧化物直接还原消耗的焦炭中的 C，$X_{\mathrm{d(CDR)}}$ 表示耦合直接还原消耗的焦炭中的 C，$X_{\mathrm{d(MDR)}}$ 表示熔融直接还原消耗的焦炭中的 C。在 $X = X_{\mathrm{K}} \sim 1$ 范围内，得耦合直接还原消耗的焦炭中的 C 元素占来源于焦炭的 C 元素比率，即焦炭中 C 的溶损率 l_{CSR} 可表示为：

$$l_{\mathrm{CSL}} = \frac{X_{\mathrm{d(CDR)}}}{X_{\mathrm{K}}} \times 100 \tag{2-54}$$

在 BC 段对应的纵横坐 $Y = 0 \sim Y_{\mathrm{d}}$ 范围，B 点为直接和间接还原的分界点，$Y_{\mathrm{d}} = Y_{\mathrm{d(CDR)}} + Y_{\mathrm{d(MDR)}}$，其中 Y_{d} 表示铁氧化物直接还原度 r_{d}，$Y_{\mathrm{d(CDR)}}$ 表示耦合直接还原度 $r_{\mathrm{d(CDR)}}$；$Y_{\mathrm{d(MDR)}}$ 表示熔融直接还原度 $r_{\mathrm{d(MDR)}}$。

BC 段的斜率可表示为：

$$\mu = \frac{Y_\mathrm{d}}{X_\mathrm{d}} = \frac{Y_\mathrm{d(CDR)}}{X_\mathrm{d(CDR)}} \tag{2-55}$$

将式（2-55）代入式（2-54），得：

$$l_\mathrm{CSL} = \frac{Y_\mathrm{d(CDR)}}{\mu X_\mathrm{K}} \times 100 = \frac{Y_\mathrm{d} - Y_\mathrm{d(MDR)}}{\mu X_\mathrm{K}} = \frac{r_\mathrm{d} - r_\mathrm{d(MDR)}}{\mu X_\mathrm{K}} \tag{2-56}$$

式中，μX_K 表示冶炼一个 Fe 所消耗的焦炭中 C 原子数，它与生产中的焦比具有类似的含义。

高炉操作线受到化学平衡点 $W(X_\mathrm{W} = 1.29 \sim 1.32，Y_\mathrm{W} = 1.05)$ 和热平衡点 P 的限制，对一个操作条件和炉况变化不大的高炉，操作线斜率不会发生太大变化，直接还原度 r_d 也不会发生太大变化。因此，焦炭的最大溶损率（$Y_\mathrm{d(MDR)} = 0$）也受到化学平衡点和热平衡点的限制，对一个操作条件和炉况变化不大的高炉，也不会发生太大变化。

由式（2-56）可见，在高炉炉况稳定时，因 r_d 变化不大，焦炭的溶损率只能在 $Y_\mathrm{d} - Y_\mathrm{d(MDR)}$ 限制的范围内发生变化。而 $Y_\mathrm{d} - Y_\mathrm{d(MDR)}$ 的变化不仅与焦炭反应性有关，还与铁矿石的高温还原性有关。

由此可见，虽然焦炭反应性 CRI 指标和高炉内焦炭溶损率 L_CSR 二者量纲（%）相同，但彼此之间仅在有限的范围内存在依赖关系，从而揭示了 CRI 试验模拟性的不足。因此，基于 CRI 和 CSR 试验结果形成的高炉用低 CRI 和高 CSR 指标的焦炭可以降低炉内焦炭的溶损劣化程度的观念，是值得商榷的。

2.10　高炉内焦炭溶损劣化行为与 CSR 指标

焦炭从炉顶加入，在高炉中发生一系列物理、化学作用，这些复杂的物理和化学作用构成焦炭降解破坏了自身强度。高炉解剖研究使人们对焦炭在高炉内的降解过程有了深入的认识。一般认为，焦炭的降解主要是机械作用、热作用和化学作用的结果。20 世纪 60 年代，日本高炉解剖证明焦炭在高炉内的劣化主要发生在高炉的炉腰、炉腹处，即温度为 900 ~ 1300℃ 左右的软熔带部位。在软熔带，由于焦炭溶损反应剧烈，溶损率增加，气孔增多变大，孔壁变薄，导致了焦炭结构破坏和强度急剧下降，耐磨性显著降低。此后，炼铁工作者们多年来一直认为经过这个部位的焦炭溶损劣化的程度不仅影响高炉上部透气性和炉况顺行，而且对高炉下部和死料堆的透液性及炉缸工作状况的影响更大。

CSR 的高低由焦炭物理性质（基质强度、气孔结构等）、溶损失重率和溶损反应动力学行为决定。不同种类的焦炭，由于本身性质的不同，测得 CSR 的高低很难说清楚是由焦炭的物理性质、溶损失重率还是溶损反应动力学行为的差异引起的。

高炉内焦炭的溶损劣化过程是不可避免的，了解焦炭溶损及其劣化原因，科学地评价焦炭抗溶损劣化能力，是焦炭质量评价的基础。为此，有必要从焦炭溶损反应动力学揭示焦炭劣化行为，弥补 CSR 指标模拟性的不足。

2.10.1 焦炭溶损劣化机理

早在 1955 年 Von Fredersdorff[34] 就提出碳气化是气体吸附而发生的化学反应，其速率可用 Langmuir-Hinshelwood 吸附速率方程表示。1956 年，Ergun[35] 提出了碳气化的两步机理：首先，CO_2 在碳表面活性位 C_f 上化学吸附，在 CO_2 被还原成 CO 的同时形成复合物 $C_f(O)$，然后，$C_f(O)$ 分解形成 CO；1993 年，Chen 等[36] 提出了碳气化四步机理：CO_2 除了在 C_f 上吸附外，还可在 $C_f(O)$ 上吸附，形成新的复合物 $C(O)C_f(O)$。因此，焦炭反应性与碳质结构及其吸附性密切相关。

对于块焦，反应面积和气孔构造对焦炭溶损反应动力学产生影响。焦炭气化动力学的模型通常采用两种假定，反应表面积与总表面积之比随着反应进程是常量或变量。Anthony 等[37] 指出，随着科学技术的发展，第二种模型逐渐显现出来。随着气孔率和平均气孔直径的增加[38]，焦炭反应性增加，当气孔率大于一定数值后，因气孔贯通，反应比表面积减少，反应性随气孔率增加而降低[39]。金慧军等[40] 采用压汞法对 900℃ 溶损反应前后焦炭孔径分布进行了测量，结果表明，溶损反应使焦炭 30nm~1μm 的微孔孔容减少，说明该温度下的溶损反应主要集中在这部分孔隙内。J. W. Patrick 等[41] 采用压汞法对 1000℃ 溶损反应前后焦炭的孔径分布进行了测量，结果表明，溶损反应使 10nm~10μm 的微孔孔容减少，说明该温度下的溶损反应主要集中在这部分孔隙内。柏谷锐章等[42] 认为压汞法无法获得高炉焦炭准确的气孔分布，他们采用单向荧光树脂渗透法[43] 对 10μm 以下开气孔存在的位置及其反应性的影响进行了研究，结果表明，10μm 以下的气孔与焦炭的反应性无关。

由于焦炭的多孔性，在焦炭溶损过程中，CO_2 在向焦炭内部扩散的同时，也与焦炭发生反应，于是，沿焦块径向存在着 CO_2 浓度梯度。如果界面反应速率与扩散速率相比很慢，焦炭内部各处的 CO_2 浓度比较均匀，那么，焦炭各处的碳均以大致相同的速率溶损。在这种情况下，焦炭内外溶损情况基本相同。相反，如果界面反应速率与 CO_2 扩散速率相比很快，CO_2 在向焦炭内部扩散的过程中，还没有深入焦炭内部与 C 发生反应，这样，在焦炭中形成一界面。在界面内部是完全没有溶损的焦炭，而界面外侧，溶损达到一定程度后，则被劣化。根据焦炭这两种极端溶损情况，Nishi 等[44] 提出了两种焦炭溶损劣化结构模型，即未反应核模型（高反应性碳素结构，低气孔率）和均匀反应模型（低反应性碳素结构，高气孔率和薄的孔壁结构）。事实上，焦炭溶损介于上述两种极端情况之间，反应发生在具有一定厚度的区域中，溶损劣化的结构模型可以借鉴 Mantri 等提出的气-固反应三区域反应模型描述。

2.10.2 非等摩尔扩散的焦炭溶损劣化模型

2.10.2.1 焦炭溶损劣化过程

焦炭溶损劣化的非等摩尔扩散模型。焦炭是多孔的块状固体燃料，通常认为溶损反应的基本步骤是：

（1）CO_2 从气流主体扩散到焦炭颗粒的外表面；

（2）CO_2 从焦炭外表面向内部孔道扩散；

（3）CO_2 在焦炭的内表面进行化学反应；

（4）CO 通过焦炭内部孔道扩散到外表面；

（5）CO 从焦炭外表面扩散到气流主体。

焦炭溶损劣化具有如下特征：

（1）焦炭溶损反应为非等摩尔反应，一个 CO_2 分子与一个 C 原子生成两个 CO 分子，阻碍 CO_2 的扩散，即 CO_2 的外扩散和内扩散均为非等摩尔扩散；

（2）溶损反应导致孔隙率不断增加，焦炭不断劣化。

2.10.2.2 数学模型

考虑焦炭溶损劣化的非等摩尔扩散和气孔率不断增加特性，结合 Stefan-Maxwell 多组分气体传质方程[45]、随机孔模型[46,47]、平行孔模型[48] 及微元法，可建立焦炭溶损劣化的非等摩尔扩散模型。

A 模型假设

模型假设：焦炭为球体；反应过程中焦炭的假体积、真密度不变；焦炭内部气孔为球形且均匀分布；CO_2 在气孔中均匀分布；发生在气孔壁表面的化学反应为一级不可逆。

B 非等摩尔传质系数

根据 Stefan-Maxwell 多组分气体传质方程[45]，焦炭外表面气体边界层中 CO_2 与 CO 的非等摩尔扩散系数 $D_{CO_2,CO,n}$ 可以表示为：

$$D_{CO_2,CO,n} = \left[\frac{Y_{CO,s} - Y_{CO_2,s}(N_{CO}/N_{CO_2})}{D_{CO_2,CO}} \right]^{-1} \tag{2-57}$$

式中 $Y_{CO_2,s}$，$Y_{CO,s}$——分别为 CO_2 和 CO 在焦炭外表面的摩尔百分数；

N_{CO_2}，N_{CO}——分别为 CO_2 和 CO 的扩散通量；

$D_{CO_2,CO}$——CO_2 与 CO 分子的互扩散系数。

根据 Chapman-Enskog 公式[48]，$D_{CO_2,CO}$ 的表达式为：

$$D_{CO_2,CO} = 1.858 \times 10^{-3} T^{\frac{3}{2}} \frac{\left(\frac{1}{M_{CO_2}} + \frac{1}{M_{CO}} \right)^{\frac{1}{2}}}{P\sigma_{CO_2,CO}^2 \Omega_{CO_2,CO}} \tag{2-58}$$

式中 $\sigma_{CO_2,CO}$——碰撞直径；

$\quad\quad \Omega_{CO_2,CO}$——碰撞积分；

M_{CO_2}，M_{CO}——分别为 CO_2 和 CO 的相对分子质量。

当焦炭位于 CO_2 流动的环境时，非等摩尔扩散系数 $D_{CO_2,CO,n}$ 需要转换成非等摩尔传质系数 h_{Dn}，其表达式为：

$$h_{Dn} = \frac{ShD_{CO_2,CO,n}}{d_P} \tag{2-59}$$

式中 Sh——舍伍德数；

$\quad d_P$——焦炭颗粒的直径。

球状颗粒的舍伍德数公式为：

$$Sh = 2.0 + 0.6Re^{\frac{1}{2}}Sc^{\frac{1}{3}} \tag{2-60}$$

式中 Re——雷诺数；

$\quad Sc$——施密特数。

它们可分别表示成：

$$Re = \frac{d_P\rho_A u}{\mu} \tag{2-61}$$

$$Sc = \frac{\mu}{\rho_A D_{CO_2,CO,n}} \tag{2-62}$$

式中 ρ_A——CO_2 的密度；

$\quad u$——CO_2 的气流速度；

$\quad \mu$——CO_2 的气体黏度。

将式（2-60）~式（2-62）代入式（2-59），得 h_{Dn} 的最终表达式为：

$$h_{Dn} = \frac{\left[2.0 + 0.6 \times \left(\dfrac{d_P\rho_A u}{\mu}\right)^{\frac{1}{2}}\left(\dfrac{\mu}{\rho_A D_{CO_2,CO,n}}\right)^{\frac{1}{3}}\right]D_{CO_2,CO,n}}{d_P} \tag{2-63}$$

C CO_2 在的焦炭内部浓度分布

焦炭孔隙内部的扩散既有分子扩散，也有 Knudsen 扩散。分子扩散认为是非等摩尔扩散过程，CO_2 在焦炭内部的有效扩散系数 D_{effn,CO_2} 可表示为：

$$D_{effn,CO_2} = \frac{\varepsilon}{\tau}\left(\frac{1 + Y_{CO_2}}{D_{CO_2,CO}} + \frac{1}{D_{k,CO_2}}\right)^{-1} \tag{2-64}$$

式中 Y_{CO_2}——CO_2 在焦炭内部的浓度百分数；

$\quad \varepsilon$——焦炭的孔隙率；

$\quad \tau$——曲折因子；

D_{k,CO_2}——努特孙扩散系数，其定义式为：

$$D_{\text{k,CO}_2} = \frac{2}{3} r_\text{a} \sqrt{\frac{8RT}{\pi M_{\text{CO}_2}}} \tag{2-65}$$

式中，r_a 为焦炭的平均孔半径。

在焦炭球体中距中心 r 处取一厚度为 $\mathrm{d}r$ 的微元球壳，在定态下单位时间内通过内扩散进入该微元球壳内 CO_2 的量与单位时间内通过内扩散离开微元球壳的 CO_2 的量之差，等于单位时间内在球壳中进行化学反应所消耗的 CO_2 的量，对 CO_2 进行质量平衡计算如下.

$$D_{\text{effn,CO}_2}[4\pi(r+\mathrm{d}r)^2]\rho_\text{M} \frac{\mathrm{d}}{\mathrm{d}r}\left(Y_{\text{CO}_2} + \frac{\mathrm{d}Y_{\text{CO}_2}}{\mathrm{d}r}\mathrm{d}r\right) - D_{\text{effn,CO}_2}4\pi r^2 \rho_\text{M} \frac{\mathrm{d}Y_{CO_2}}{\mathrm{d}r} = 4\pi r^2 \mathrm{d}r(r_{\text{AY}}) \tag{2-66}$$

式中　ρ_M——焦炭内部 CO_2 与 CO 的混合密度；

　　　r_{AY}——按 CO_2 与焦炭内部摩尔分数梯度计算的反应速率，其表达式为：

$$r_{\text{AY}} = k\rho_\text{M} Y_{\text{CO}_2} \tag{2-67}$$

式中，k 为焦炭与 CO_2 化学反应的本征反应速率常数。

令 $z = \dfrac{r}{r_\text{P}}$，其中 r_P 为焦炭颗粒半径，将式（2-66）和式（2-67）代入式（2-64），并且忽略式中高阶无穷小 $\mathrm{d}r^2$，整理得：

$$\frac{\mathrm{d}^2 Y_{\text{CO}_2}}{\mathrm{d}z^2} + \frac{2}{z}\frac{\mathrm{d}Y_{\text{CO}_2}}{\mathrm{d}z} = \frac{r_\text{P}^2}{D_{\text{effn,CO}_2}}(kY_{\text{CO}_2}) \tag{2-68}$$

将式（2-68）积分，边界条件为：

$$r = 0, \quad z = 0, \quad \frac{\mathrm{d}Y_{\text{CO}_2}}{\mathrm{d}z} = 0 \tag{2-69a}$$

$$r = r_\text{P}, \quad z = 1, \quad Y_{\text{CO}_2} = Y_{\text{CO}_2,\text{S}} \tag{2-69b}$$

式（2-68）为高阶非线性微分方程，无解析解，只能得到 Y_{CO_2} 在不同 z 值下的数值解。相应 z 值所对应的焦炭内部 CO_2 的浓度 C_A 为：

$$C_\text{A} = Y_{\text{CO}_2}[Y_{\text{CO}_2}M_{\text{CO}_2} + (1 - Y_{\text{CO}_2})M_{\text{CO}}]\frac{P}{RTM_{\text{CO}_2}} \tag{2-70}$$

D　气孔率变化

在焦炭内任意 r 处取一个孔微元，假设反应进行 1s 时孔微元内的 CO_2 的摩尔分数为 $Y_{\text{CO}_2\text{r1}}$。此时孔微元的反应速率 r_{AYr1} 可由式（2-67）计算：

$$r_{\text{AYr1}} = k\rho_{\text{Mr1}} Y_{\text{CO}_2\text{r1}} \tag{2-71}$$

式中，ρ_{Mr1} 为孔微元第 1s 内 CO_2 与 CO 的气体混合密度。

在这 1s 内孔微元反应消耗的碳质量 m_{C1} 为：

$$m_{\text{C1}} = \frac{k\rho_{\text{Mr1}} Y_{\text{CO}_2\text{r1}} V_\text{S} M_\text{C}}{M_{\text{CO}_2}} \tag{2-72}$$

式中　M_C——焦炭的相对分子质量；

　　　V_S——孔微元的总体积。

在这 1s 内孔微元消耗 m_{C1} 碳后的孔体积 V_{P1} 可表示为：

$$V_{P1} = V_{P0} + V_{C1} = V_{P0} + \frac{m_{C1}}{\rho_{t0}} = V_{P0} + \frac{k\rho_{Mr1}Y_{CO_2r1}V_S M_C}{M_{CO_2}\rho_{t0}} \quad (2\text{-}73)$$

式中　V_{P0}——孔微元中孔的原始体积；

　　　V_{C1}——1s 内消耗掉的碳基质的体积；

　　　ρ_{t0}——焦炭的初始真密度。

因 $V_S = V_{P0}/\varepsilon_0$，$\rho_{t0} = \rho_{b0}/(1-\varepsilon_0)$，其中 ρ_{b0} 为焦炭的初始假密度，ε_0 为焦炭的初始孔隙率，结合式（2-48），可得反应 1s 后孔微元的孔隙率 ε_{r1} 的表达式为：

$$\varepsilon_{r1} = \frac{V_{P1}}{V_S} = \varepsilon_0 \frac{V_{P1}}{V_{P0}} = \varepsilon_0\left[1 + \frac{k\rho_{Mr1}Y_{CO_2r1}M_C(1-\varepsilon_0)}{M_{CO_2}\rho_{b0}\varepsilon_0}\right] \quad (2\text{-}74)$$

同理，可得在焦炭内部任意 r 处，反应 t 时刻后的孔隙率 ε_{rt} 可表示为：

$$\varepsilon_{rt} = \varepsilon_0\left[1 + \sum_{i=1}^{t} \rho_{Mri}Y_{CO_2ri}\frac{KM_C(1-\varepsilon_0)}{M_{CO_2}\rho_{b0}\varepsilon_0}\right] \quad (2\text{-}75)$$

2.10.2.3　模型验证

图 2-37 示出的是不同反应温度下焦炭内气孔率分布实测值与模型预测值。焦炭试样的粒度为 30mm，反应性 CRI 为 24%，反应后强度 CSR 为 68%。反应气体为纯 CO_2，恒温反应温度从 1100℃ 到 1300℃，温度间隔为 50℃，焦炭溶损 25% 后在 N_2 保护下冷却室温。用煤岩显微分析仪检测焦炭样品孔隙结构。

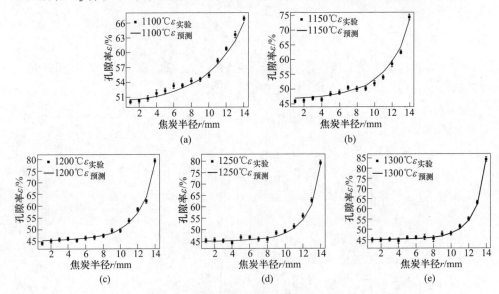

图 2-37　不同反应温度下焦炭内气孔率分布实测值和模型预测值

由图 2-37 可见，模拟结果与实测结果有较好的吻合，证明非等摩尔扩散的焦炭溶损劣化模型可以用于焦炭溶损劣化行为分析。

2.10.3 焦炭溶损劣化特征

由图 2-38 示出的不同反应温度下焦炭内 CO_2 浓度分布 3D 图可见，解析得到的 CO_2 浓度分布曲面 S_{CO_2} 为随失重率 WLR 和焦炭半径 r 而变化的向下弯曲的曲面，$S_{CO_2}=f(WLR, r)$。S_{CO_2} 的弯曲程度由大变小，内部存在 CO_2 浓度接近于 0 的区域。由此可见，焦炭溶损反应具有明显的区域反应特征，从焦炭表面至中心依次为快速反应区域、慢速反应区域和未反应区域，反应区域随反应进程发展不断扩大。

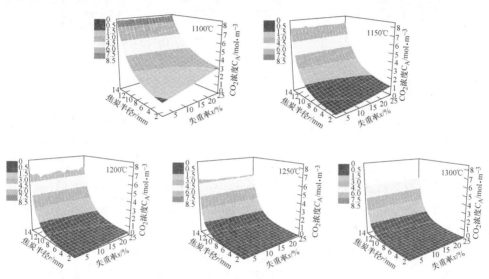

图 2-38　不同反应温度下焦炭内 CO_2 浓度分布 3D 图

值得注意的是，随温度升高，S_{CO_2} 的弯曲程度增加明显，反应区域明显缩小，意味着随温度升高，焦炭溶损逐渐从区域反应向界面反应过渡。其原因是，随温度升高，碳质反应速率逐渐升高，溶损反应会由化学反应控制逐渐转变为扩散控制，这种转变因溶损反应的非等摩尔扩散更显突出。

由图 2-39 示出的不同反应温度下焦炭内孔隙率分布 3D 图可见，解析得到的气孔率分布曲面 S_p 与 S_{CO_2} 类似，也为随失重率 WLR 和焦炭半径 r 而变化的向下弯曲的曲面，$S_p=f(WLR, r)$。S_p 的弯曲程度由大变小，内部存在气孔率几乎不变的区域，尤其是，随温度升高，S_p 的弯曲程度增加明显，气孔率变化区域明显缩小，意味着随温度升高，溶损反应会由化学反应控制逐渐转变为扩散控制，焦炭劣化也由外部区域逐渐向表层转移。

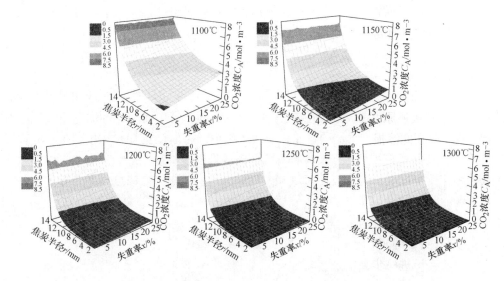

图 2-39   不同反应温度下焦炭内气孔率分布 3D 图

实际上，高炉内焦炭溶损劣化行为的真实反映是风口焦结构和性能变化。美国内陆钢铁公司分别进行不同转速的风口焦的米库转鼓试验，发现 300r 以上转后的焦粉显微结构组成与入炉焦的基本相同，说明高炉内焦炭溶损劣化仅发生在表面，而没有进入焦块内部[49]。4063m³ 高炉不同喷煤比（75~118kg/t）时风口取样发现，除了块度外，各批、沿风口横截面各点的风口焦内部的其他各项指标均无明显变化，说明焦炭下行至风口断面时，焦炭内部质量无显著变化，焦炭溶损劣化主要发生在焦块表面或表层[50]。按实验测定和模型预测，风口焦的表层劣化特征只有在反应温度较高时才明显，用反应温度为 1100℃ 时得到的外部区域劣化无法合理解释。由此可见，CRI 试验在 1100℃ 下模拟焦炭溶损劣化，没有很好地模拟在高炉 900~1300℃ 范围焦炭的溶损劣化行为。

2.11 焦炭综合热性质

2.11.1 焦炭综合热性质的提出

焦炭 CRI 和 CSR 试验提出的目的是模拟焦炭在高炉 900~1300℃ 范围的软熔带部位溶损劣化程度，用焦炭 CRI 和 CSR 指标的高低分析判断焦炭经过这个部位的破坏程度对高炉上部透气性和炉况顺行、下部和死料堆的透液性及炉缸工作状况的影响。不同 CRI 和 CSR 指标的焦炭能够在高炉使用证明，意味着焦炭 CRI 和 CSR 试验模拟性存在一定问题。主要表现在：

（1）*CRI* 模拟性。焦炭与 CO_2 的反应性可用反应的快慢（反应速率，时间[-1]）或多少（规定反应时间内溶损率，%）表征。焦炭的 *CRI* 作为反应性指标反映的是在1100℃下块焦与 CO_2 反应2h后的多少，不能真实反映高炉内焦炭溶损行为和程度。例如，高炉内焦炭溶损反应不只是发生在1100℃，而是发生在温度为900~1300℃范围；焦炭溶损率受所能提供的 CO_2 量限制，依赖于高炉的冶炼条件（直接还原度和焦比），不同的高炉条件会有一定的差别，大约在20%~30%，只要在此溶损率范围内才与 *CRI* 指标有一定的依赖关系。

（2）*CSR* 的模拟性。焦炭 *CSR* 指标的高低除了与 *CRI* 呈负相关外，还受焦炭物理性质（基质强度、气孔结构）影响，但焦炭的 *CSR* 指标不能分辨出 *CRI* 和物理性质的贡献。

（3）*CSR* 与高温强度的不一致性。高炉炉缸温度高达1500℃以上，比炼焦温度1000~1100℃和 *CSR* 试验温度1100℃高出400~500℃。在高出的温度区间内，焦炭经历进一步高温受热，热性质不断发生变化。例如，残留挥发分进一步析出，灰分中的硫化物和氧化物与焦炭中碳的反应等，导致其进一步失重4%~5%左右，焦炭的晶格高和长度发生变化，表面和中心的温度梯度产生巨大的热应力，使焦炭产生较多的微裂纹等，焦炭热强度可能会有所下降[50]。因此，*CSR* 指标并不完全适合推测风口前和炉缸焦炭的高温强度。

为了弥补 *CRI* 和 *CSR* 模拟性的不足，并考虑焦炭反应性对高炉还原和热工制定的影响，提出了焦炭综合热性质观念及其模拟试验方法。

2.11.2 试验方法

为了评价焦炭溶损反应对高炉还原、热交换和焦炭劣化程度的影响，提出了焦炭综合热性质及其质量评价指标，包括溶损反应开始温度、溶损速率和等溶损率后强度、热处理性及热处理后强度。

2.11.2.1 试验装置

基于目前国内外焦炭反应性及反应后强度检测方法和焦炭高温转鼓强度检测方法，在国家标准《焦炭反应性及反应后强度试验方法》（GB/T 4000—2017）基础上，借助于热天平的连续计量特性，研制出使用温度达到1600℃的焦炭综合热性质试验装置，如图2-40所示。试验装置主要由电子天平（1）、反应管支架（2）、反应管（14）、电炉（19）、加热炉升降机构（22）、气体供给系统、温度和加热炉升降控制器组成。加热电炉为炉膛上下口敞开的加热电炉。反应管为内径80mm的耐高温高铝管。电子天平：量程20kg，感量0.01g。

2.11.2.2 试验方法

A　试样

根据国家标准 GB/T 4000—2008 的规定选取、加工试样的方法，将焦炭加工

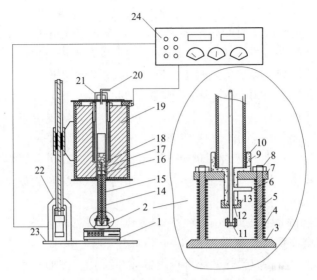

图 2-40   焦炭综合热性质试验装置

1—电子天平；2—反应管支架；3—支架底板；4—支撑弹簧；5—支架柱；6—气体入口；
7—反应管底座；8—调节螺帽；9—耐火填料；10—反应管密封套管；11—热电偶；12—热电偶入口；
13—密封套管密封帽；14—反应管；15—透气砖；16—高铝球；17—焦炭试样；18—热电偶；
19—加热炉；20—出气孔；21—出气口密封帽；22—升降结构；23—底板；24—综合控制柜

成粒度为 23~25mm 的近似球形小块，每次试验使用（200±0.5）g。

B　焦炭反应性及溶损后强度试验

（1）试样在流量为 5L/min 的 N_2 保护下，以 5℃/min 的升温速率从室温升至 400℃，改通流量为 5L/min 的 CO_2 气体，以 5℃/min 的升温速率升至 1100℃，恒温至失重率为 25%；或以 5℃/min 的升温速率从室温升至反应温度，恒温 10min 后改通流量为 5L/min 的 CO_2 气体，至失重率为 25%。

（2）停止加热，改通流量为 5L/min 的 N_2，试样随炉冷却到 100℃以下，停止通 N_2。

（3）冷却后的试样在 I 型转鼓中以 20r/min 的速度转 30min，共 600r，然后用圆孔筛逐级筛分，以大于 10mm 粒级焦炭占反应后焦炭的质量分数作为评价焦炭溶损后强度的指标。

C　焦炭的热处理性及热处理后强度试验

重复焦炭反应性试验的步骤（1）。

当焦炭溶损失重达到 25% 时，改通流量为 5L/min 的 N_2，以 5℃/min 升至 1500℃并恒温 30min；停止加热，试样在流量为 5L/min 的 N_2 保护下随炉冷却到 100℃以下，停止通 N_2。

重复焦炭反应后强度试验步骤（3）。

2.11.2.3 表征指标

A 溶损反应开始温度

溶损反应开始温度 T_s（Temperature of Start Reaction, ℃）用焦炭试样失重速率达到 0.1%/min 时对应的温度表示。

B 溶损速率及等溶损率后强度

溶损速率 CRR_{25}（Coke Reaction Rate at 25% Mass Loss, %/min）为溶损率为25%的平均溶损速率，计算式为：

$$CRR_{25} = \frac{25}{t_{25} - t_0} \tag{2-76}$$

式中，t_0、t_{25}分别为反应开始和溶损率达到25%的时间。

等溶损率后强度 CSR_{25}（Coke Strength after Reaction at 25% Mass Loss, %）为焦炭试样溶损25%后残余焦炭转鼓后大于10mm粒级焦炭的质量分数，计算式为：

$$CSR_{25} = \frac{m_{CRR_{25}}^{10}}{m_{CRR_{25}}} \times 100 \tag{2-77}$$

式中　$m_{CRR_{25}}$——溶损率为25%时残余焦炭质量，g；

　　　$m_{CRR_{25}}^{10}$——反应后焦炭转鼓后大于10mm粒级焦炭质量，g。

C 热处理性及热处理后强度

焦炭热处理性为热处理期间焦炭的质量损失率 $CPHTI$（Coke Post-heat Treatment Index, %），计算式为：

$$CPHTI = \frac{\Delta m_H}{m_0} \times 100 \tag{2-78}$$

式中　Δm_H——热处理期间焦炭的质量损失，g；

　　　m_0——焦炭试样原始质量，g。

焦炭热处理后强度 $CPHTS$（Coke Post-heat Treatment Strength, %）为热处理后残余焦炭转鼓后大于10mm粒级焦炭的质量分数，计算式为：

$$CPHTS = \frac{m_{CPHTS}^{10}}{m_{CPHTS}} \times 100 \tag{2-79}$$

式中　m_{CPHTS}——热处理后残余焦炭质量，g；

　　　m_{CPHTS}^{10}——热处理后焦炭转鼓后大于10mm粒级焦炭质量，g。

2.11.3 焦炭综合热性能

2.11.3.1 焦炭反应性

由图2-41可见，焦炭的 CSR 随 CRI 增加而降低，有良好的线性关系（$CSR = 99.38 - 1.45CRI$），表明这些焦炭试样可以用于揭示高炉为什么可以用 CRI 和 CSR 变化很大的焦炭。

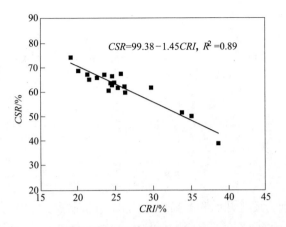

图 2-41 焦炭试样的 *CRI* 和 *CSR*

如图 2-42 可见，焦炭反应开始温度 T_i 的变化范围为 890~1065℃，随 *CRI* 或 CRR_{25} 的增加而降低的相关性并不好，一些焦炭的 T_i 明显偏离了 T_i 与 *CRI* 或 CRR_{25} 的线性关系。因此，在焦炭反应性指标中检验焦炭反应开始温度指标是有必要的。

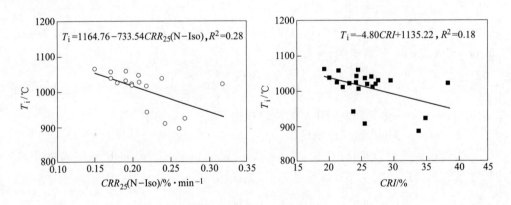

图 2-42 焦炭的 *CRI*、CRR_{25} 与 T_i

由图 2-43 可见，CRR_{25} 随 *CRI* 的升高具有一定的相关性，表面 CRR_{25} 与 *CRI* 类似，均可用于评价焦炭的反应性。

2.11.3.2 焦炭反应后强度

焦炭的 CSR_{25}(N-Iso) 与 *CSR* 的偏差 $\delta_{CSR}(\%)$，可表示为：

$$\delta_{CSR} = \frac{CSR_{25}(\text{N}-\text{Iso}) - CSR}{CSR} \times 100 \tag{2-80}$$

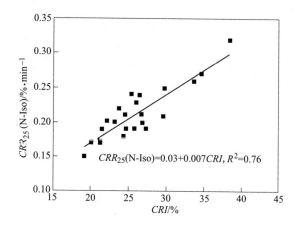

图 2-43　CRR_{25} 与 CRI 的关系

由图 2-44 可见，δ_{CSR} 随 CRI 的增加近似线性关系（$\delta_{CSR} = -59.43 + 2.35CRI$）反映了不同 CRI 和 CSR 焦炭的实际溶损劣化程度的偏差。高炉内焦炭溶损程度是 $20\% \sim 30\%$。对 $CRI < 20\%$ 的焦炭，CRI 和 CSR 试验低估了焦炭的实际劣化；相反，对 $CRI > 30\%$ 的焦炭，夸大了焦炭的实际劣化。

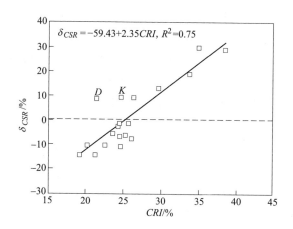

图 2-44　焦炭的 δ_{CSR} 与 CRI 的关系

由图 2-45 可见，焦炭 CSR_{25}（Iso）与温度的关系 $[CSR_{25}(\text{Iso}) - T]$ 为上开口抛物线。对有较低 CRI 和较高 CSR 指标的常规焦炭 A、B、D、G，$CSR_{25}(\text{Iso}) - T$ 抛物线依赖不很明显，意味着在一个固定温度下的反应性试验是可行的，能够用来预测高炉内焦炭反应后强度。对有较高 CRI 和较低 CSR 焦炭 R 和 S，$CSR_{25}(\text{Iso}) - T$ 抛物线依赖就很明显，焦炭 R 的 $CSR_{25}(\text{Iso})$ 在 $1050\,^{\circ}\!C$ 是低的，温

度高于1050℃，CSR_{25}（Iso）随温度的升高迅速升高，1150℃时达到甚至超过常规焦炭，焦炭 S 的 CSR_{25}（Iso）在1100℃是非常低的，温度升高到逐渐靠近常规焦炭。有高 CRI 和低 CSR 指标的"豆腐渣"焦炭，CSR_{25}（Iso）随温度升高特性意味高炉内这种"豆腐渣"焦炭并没有像想象得那样严重的溶损劣化，解释了为什么高 CRI 和低 CSR 指标的焦炭能够在高炉上使用的原因。

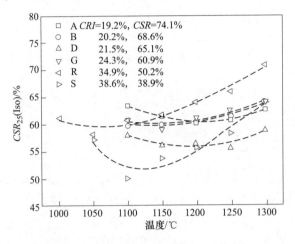

图 2-45　焦炭的 CSR_{25}（Iso）-T 关系

2.11.3.3　焦炭的热处理性和热处理后强度

焦炭反应性及反应后热处理性曲线如图 2-46 所示。焦炭的热处理性 CPHTI 为 5.9%~7.7%，表明反应后的焦炭在热处理过程中发生一定的质量损失。由图 2-47 示出的焦炭热处理后强度 CPHTS 与 CSR_{25} 的关系可见，反应后的焦炭经高温热处理后强度进一步降低，除焦炭 A 外，其他焦炭的 CPHTS 相比 CSR_{25}，降低幅

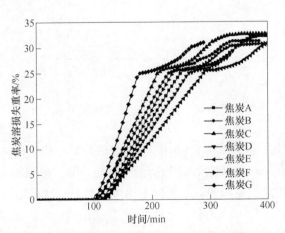

图 2-46　焦炭反应性和反应后热处理性曲线

度并不大，只有 0.73% ~ 3.5%，因此，对于大多数焦炭，可以用 CSR_{25} 间接地表示焦炭的高温热处理后强度。但是，焦炭 A 的 $CPHTS$ 与 CSR_{25} 相比，降低幅度达到了 7.1%，如果用 CSR_{25} 推测焦炭的高温热处理后强度，可能会产生较大的偏差。

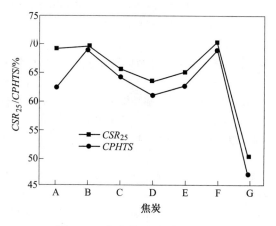

图 2-47　焦炭的 CSR_{25} 和 $CPHTS$

由图 2-48 示出的焦炭热处理后强度降低幅度（CSR_{25}-$CPHTS$）与热处理性 $CPHTI$ 的关系可见，（CSR_{25}-$CPHTS$）与 $CPHTI$ 之间并没有明显的相关性，表明了影响焦炭 $CPHTS$ 因素的复杂性，检测焦炭的热处理后强度是十分必要的。

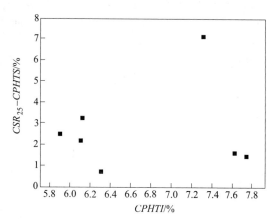

图 2-48　焦炭的（CSR_{25}-$CPHTS$）与 $CPHTI$

参 考 文 献

[1] Diez M A, Alvarez R, Barriocanal C. Coal for metallurgical coke production: predictions of coke quality and future requirements for coke making [J]. International Journal of Coal Geology, 2002, 50 (1): 389-412.

[2] Wang Q, Guo R, Zhao X F, et al. A new testing and evaluating method of cokes with greatly varied CRI and CSR [J]. Fuel, 2016, 182: 879-885.

[3] 姚昭章, 郑明东, 等. 炼焦学 [M]. 北京: 冶金工业出版社, 2005.

[4] 张代林. 利用图像分析法测定焦炭气孔结构的研究 [J]. 燃料与化工, 2003, 20 (1): 66-68.

[5] GB/T 21650.2—2008, 压汞法和气体吸附法测定固体材料孔径分布和孔隙度 [S].

[6] 陈聿恕. 用汞压法分析多孔体的结构 [J]. 粉末冶金技术, 1987, 6 (4): 215-220.

[7] 王杰平, 谢全安, 闫立强, 等. 焦炭结构表征方法研究进展 [J]. 煤质技术, 2013, 5: 1-6.

[8] 陈洪博, 白向飞, 王大力, 等. 焦炭光学组织与煤、焦质量关系研究 [J]. 洁净煤技术, 2009, 15 (6): 78-81.

[9] Franklin R E. Crystallite growth in graphitizing and non-graphitizing carbons [J]. Proceedings of the Royal Society A: Mathematical, Physical and Engineering Sciences, 1951, 209 (1097): 196-218.

[10] 邹德余, 张丙怀, 廖伯纲, 等. X 射线衍射法测定焦炭石墨化程度的研究 [J]. 重庆大学学报 (自然科学版), 1988, 6: 83-93.

[11] Jones J M, Pourkashanian M, Rena C D, et al. Modeling the relationship of coal structure to char porosity [J]. Fuel, 1999, 78: 1737-1744.

[12] 鞍山钢铁公司钢铁研究所. 高炉内现象及其解析 [M]. 北京: 冶金工业出版社, 1985.

[13] Chow C K, Lu W K. Degradation of coke in the blast furnace due to alkali vapours [C]. Ironmaking Conference Proceedings, 1979, 38: 201-205.

[14] 陈辉, 吴胜利, 余晓波. 高炉炉缸活跃性评价的新认识 [J]. 钢铁, 2007, 42 (10): 12-16.

[15] 傅永宁. 高炉焦炭 [M]. 北京: 冶金工业出版社, 1995.

[16] Echterhoff H, Bech K G, Peters W. Size distribution strength and reactivity of coke and how they are affected by the coking process [C]. AIME Blast Furnace, Coke Oven and Raw Materials Proceedings, 1961, 20: 403-415.

[17] Biswas A K. 高炉炼铁原理—理论与实践 [M]. 齐宝铭, 王筱留, 等译. 北京: 冶金工业出版社, 1989.

[18] 洛杰 路瓦松, 彼埃尔 福熙. 焦炭 [M]. 北京: 冶金工业出版社, 1983.

[19] Naito M, Okamoto A, Yamaguchi K. Improvement of blast furnace reaction efficiency by use of high reactivity coke [J]. Tetsu-to-Hagané, 2001, 87 (5): 357-364.

[20] Nomura S, Ayukawa H, Kitaguchi H, et al. Improvement in blast furnace reaction efficiency through the use of highly reactive calcium rich coke [J]. ISIJ International, 2005, 45:

316-324.

[21] 比斯瓦斯 A K. 高炉炼铁原理—理论与实践［M］. 北京：冶金工业出版社，1989.

[22] ISO 556：1980, Coke（greater than 20mm in size）-Determination of mechanical strength ［S］.

[23] Loison R, Foch P, Boyer A. Coke quality and production ［M］. London：Butterworth，1989.

[24] Hara Y, Mikuni O, Yamamoto H, et al. The assessment of coke quality with particular emphasis on sampling technique ［M］. Hamilton：McMaster University，1980.

[25] Collota A, Barnaba P, Federico G, et al. Influence of coal properties on high coke quality for blast furnace ［C］. 49th Ironmaking Conference Proceedings，1990：243-252.

[26] The British carbonization research association（BCRA）. The evaluation of the Nippon Steel Corporation reactivity and postreaction strength test for coke ［R］. Chesterfield：The British carbonization research association，1980.

[27] ASTM D 5341-99（2010）el, Method for measuring coke reactivity index（CRI）and coke strength after reaction（CSR）［S］.

[28] ISO 18894：2006, Determination of coke reactivity index（CRI）and coke strength after reaction（CSR）［S］.

[29] Cheng A. Coke quality requirements for blast furnaces ［J］. Ironmaking and Steelmaking，2001, 28（8）：78-81.

[30] Negro P, Steiler J M, Beppler E. Assessment of coke degradation in the blast furnace from tuyere probing investigations ［C］. 3rd European Ironmaking Congress Proceedings，1996, 20-27.

[31] Goleczka J, Tucker J. Coke quality and its assessment in the CRE laboratory ［C］. Ironmaking Conference Proceedings，1985, 44：217-232.

[32] Barnaba P. A new way for evaluating the high temperature properties of coke ［J］. Coke Making International，1993, 5：47-54.

[33] Nomura S, Naito M, Yamaguchi K. Post-reaction strength of catalyst-added highly reactive coke ［J］. ISIJ International，2007, 47（6）：831-839.

[34] Von Fredersdorff C G. Reactions of carbon with carbon dioxide and with steam ［J］. Institute Gas Technology Chicago Research Bulletin，1955, 19：75-82.

[35] Ergun S. Kinetics of the reaction of carbon dioxide with carbon ［J］. Journal of Physical Chemistry，1956, 60：480-485.

[36] Chen S G, Yang R T, Kapteijn F, et al. A new surface oxygen complex on carbon toward a unified mechanism for carbon gasification reactions ［J］. Industrial & Engineering Chemistry Research，1993, 32：2835-2840.

[37] Anthony A L, Hong J, Ljubisa R R. On the kinetics of carbon（Char）gasification reconciling models with experiments ［J］. Carbon，1990, 28（1）：7-19.

[38] 李应海，刘爽. 冶金焦气孔率和气孔结构与热性能关系的研究 ［J］. 煤化工，2009, 27（2）：31-34.

[39] 史国昌. 焦炭气孔率的研究 ［J］. 燃料与化工，1988, 19（5）：32-35.

[40] 金慧军, 傅永宁. 焦炭-CO_2 反应过程中孔隙结构的变化 [J]. 煤化工, 1991, 9 (1): 11-17.

[41] Patrick J W, Walker A. Macroporosity in cokes: Its significance, measurement and control [J]. Carbon, 1989, 27 (1): 117-123.

[42] Ashiwaya Y, Takahata M, Ishii K, et al. Change of coke structure and behavior of fine generation during gasification of coke sphere in high temperature region [J]. Tetsu-to-Hagané, 2001, 87 (5): 259-266.

[43] Ashiwaya Y, Takahata M, Ishii K. Location of micro-pore and the ratio of open/closed pore in the cokes [J]. Tetsu-to-Hagané, 2003, 89 (8): 819-826.

[44] Nishi T, Haraguchi H, Miura Y. Deterioration of blast furnace coke by CO_2 gasification [J]. Tetsu-to-Hagané, 1984, 70 (1): 43-50.

[45] Bird R B, Stewart W E, Lightfoot E N. Transport phenomena [M]. 2nd edition. New York: John Wiley & Sons, Inc, 2002.

[46] Bhatia S K, Perlmutter D D. A random pore model for fluid-solid reactions: I. Isothermal, kinetic control [J]. AIChE Journal, 1980, 26: 379-386.

[47] Bhatia S K, Perlmutter D D. A random pore model for fluid-solid reactions: II. Diffusion and transport effects [J]. AIChE Journal, 1981, 27: 247-254.

[48] Wheeler A. Reaction rate and selectivity in catalyst pores [J]. Advvances in Catalysis, 1951, 3: 249-327.

[49] Chapman S, Cowling T G. The mathematical theory of non-uniform gases [M]. 3rd edition. London: Cambridge University Press, 1970.

[50] Kajitani S, Suzuki N, Ashizawa M, et al. CO_2 gasification rate analysis of coal char in entrained flow coal gasifier [J]. Fuel, 2006, 85: 163-169.

3 配煤炼焦

3.1 配煤的意义、目的和方法

炼焦工艺和技术一定时，焦炭质量主要取决于装炉煤中各单种煤性质的相容性。配煤就是将不同性质的炼焦用煤按适当的比例配合，保证炼出质量符合要求的焦炭，同时，合理地利用煤炭资源，节约优质炼焦煤，扩大炼焦煤资源使用范围[1, 2]。

配煤技术涉及多项煤的工艺性质、结焦特性和煤的成焦机理。研究各单种煤的特性以及它们在配合煤中的相容性是配煤技术的关键。焦化企业通常采用的配煤程序为[1]：

（1）煤样的煤质分析，一般包括工业分析、煤岩分析、煤的塑性（黏结性）有关指标的测定，根据分析结果对煤质作出初步鉴定并拟出配煤方案；

（2）炼焦试验，按照方案对配合后的煤进行试验焦炉炼焦试验，所得焦炭进行质量评定，分析项目一般有焦炭的工业分析、筛分组成和转鼓强度试验、反应性和反应后强度试验、焦炭光学组织等测定；

（3）焦炭质量预测，建立试验焦炉所得焦炭的质量指标与煤质指标的关系，试验结果与工业生产结果之间的相互关系，直接用试验结果指导生产。

目前，虽然已了解了许多煤的性质，已有一些公认的基本配煤原理，但由于原料煤性质千差万别，还有一些煤的性质没有充分认识，在配合煤中，各单种煤的性质除了灰分和硫含量外，其他性质均没有简单的加和性。长期以来，配煤炼焦试验一直是选定配煤方案、验证焦炭质量的不可缺少的配煤技术程序。

本章首先介绍焦化工业涉及的主要煤质评价方法及发展状况，提出了目前煤分类方法的局限性，然后介绍了一种煤成层结焦关联性试验新方法，最后讨论了配煤技术面临的关键问题和发展趋势。

3.2 煤质的化学性质评价

煤质的化学性质评价主要是工业分析和硫分。配合煤中的灰分和硫分均可由单种煤加和计算，焦炭中的灰分和硫分与配合煤的灰分和硫分有直接关系，可以通过配煤调整和控制。目前，煤质的化学性质评价重点关注的是挥发分和灰分成分。

3.2.1 挥发分

煤的挥发分是指煤在隔绝空气加热后挥发性有机物质的产率。工业分析测得的煤的挥发分产率与煤的煤化度关系密切，中国煤炭技术分类和国外许多国家都以煤干燥无灰基挥发分 V_{daf} 作为煤的第一煤分类指标，以表征煤的煤化度。

工业分析实验测得的挥发分属于煤挥发物的一部分，原因是：

（1）挥发分中既包括了煤的有机质热解气态产物，还包括煤中化合水热解产生的水蒸气以及碳酸盐矿物分解出的 CO_2 等；

（2）挥发分不是煤中固有物质，它是随测试条件（升温速率、终点温度等）而变化的量。

这些是挥发分作为表征煤的煤化度指标不足的原因。

3.2.2 灰分成分

煤的灰分成分已作为炼焦煤质评价的一个新参数。焦炭矿物质组成，即灰成分，是影响焦炭反应性的一个独立因素，近年来受到广泛重视。焦炭的灰成分与煤的灰分组成具有强相关性，配合煤中各单种煤的灰分成分决定了成品焦炭灰成分。因此，炼焦煤的灰分成分可以为炼焦煤质评价的一个新参数，评定煤的灰分组成对焦炭反应性的影响。

焦炭的灰成分包括数十种矿物质，通常以氧化物表示，主要包括 K_2O、Na_2O、MgO、CaO、BaO、V_2O_5、MnO_2、Fe_2O_3、CuO、PbO_2、ZnO、Al_2O_3、TiO_2、SiO_2 等。研究表明，在这些氧化物中，K_2O、Na_2O、MgO、CaO、BaO、V_2O_5、MnO_2、Fe_2O_3、CuO、PbO_2、ZnO 是碳溶反应的正催化剂，其中 K_2O、Na_2O、CaO、BaO 是强催化剂，TiO_2 是碳溶反应的负催化剂；Al_2O_3、SiO_2 对焦炭的碳溶反应几乎没有影响。

焦炭灰成分对焦炭质量的影响有不同的观点[3]。一种观点是，焦炭灰成分中 Fe_2O_3、CaO、MgO、K_2O 和 Na_2O 等碱金属氧化物含量增加，焦炭反应性 CRI 指标升高，反应后强度指标 CSR 降低，对焦炭热性能有不利影响。为此，提出了焦炭灰催化指数 ACI 的计算方法，建立了灰成分对焦炭热性能影响的数学模型。日本神户钢铁公司、日本钢管（NKK）、加拿大炭化研究协会（CCRA）、美国内陆钢铁公司、我国宝钢等都制定了各自的灰成分评价指标。

另一种观点认为，焦炭灰成分中 Fe_2O_3、CaO、MgO 等含量增加，焦炭反应性提高有助于改善高炉还原过程，高反应性焦炭与高还原性矿石结合，有助于降低燃料比。

目前，煤灰分成分作为炼焦煤质的一个新参数，已受到焦化行业的普遍关注。但因煤的灰分成分变化引起的焦炭反应性变化对高炉冶炼影响存在争议，用煤灰分成分评价炼焦煤质的好坏，还有许多研究工作要做。

3.3　煤质的显微组分评价

3.3.1　煤的显微组分

煤的显微组分是指在显微镜下从形貌上辨别和区分的基本组成成分，按其成分和性质可分为有机显微组分和无机显微组分（矿物质）。煤中有机质不是均一体，是性质不同的有机质组成的混合物，它的组分包括镜质组、壳质组和惰质组。各类显微组分按其镜下特征，可以进一步分为若干组分或亚组分。

关于煤的显微组分综合性质，一般采用苏联的阿莫索夫提出、后经不断修正的惰性成分总含量 $I(\%)$ 或活性组分总含量 $V_t(\%)$ 表征：

$$\sum I = F + M + SV \tag{3-1}$$

式中　F——丝质组含量,%；

　　M——矿物含量,%；

　　SV——半镜质组含量,%。

I 是相对独立的、不受其他因素干扰的指标，用于表征煤的地球生物化学作用程度[4]。

不同煤岩显微组分具有不同的性质。我国冶金系统煤岩工作者从炼焦生产角度出发，提出了《炼焦煤显微组成分类与命名》（GB/T 15588—1995）方案，见表3-1。这种分类方法重点考虑的是煤岩显微组分在炼焦过程中的活性差异和相似性，一般认为镜质组和壳质组为活性组分或可熔组分，惰质组和矿物组为惰质组分或不熔组分，当显微组分按"四分法"划分时，半丝质组为半惰质组分。

表3-1　冶金系统的炼焦煤显微组分的分类与命名[5]

组成	组　　分	工艺性质（烟煤阶段）
镜质组	无结构镜质体 结构镜质体 其他凝胶化物质（包括反射率相当于同生镜质组的凝胶化物质）	活性
半镜质组	无结构半镜质体 结构半镜质体 混合微粒体（指微粒体与镜煤基质均匀混合，难以分开测定的）	按1/3活性、 2/3惰性计算
稳定组	孢子体（花粉） 角质体 木栓体 树脂体 藻类 其他（反射率相当于同生稳定组的碎片和基质）	活性

组成	组　　分	工艺性质（烟煤阶段）
丝质组	丝质体 菌类（巩膜） 微粒体 粗粒体 半丝质体 其他（包括反射率与丝质组相当的丝炭化物质）	惰性
矿物		惰性

3.3.2　煤质的显微组分评价

显微组成在形貌学上具有一定结构方面的含义，在一定程度上反映了煤的化学结构，已成为煤质评价的数据之一。通过煤质的化学-显微组分综合评定，对煤的炼焦性质认识和合理利用是十分必要的。

在煤成焦过程中，各向异性的镜质组在炭化初期转变为各向同性的胶质体，随后，它在整个胶质体阶段均为各向同性，大多数镜质组在进一步加热固化成半焦时才出现各向异性的镶嵌结果，最后在固化温度下，形成各向异性的焦炭。壳质组也是炼焦的活性组分，惰质组仅颗粒轮廓有变化等。为此，考虑到不同性质显微组分在成焦过程的演变特性，并通过煤岩组分定量结果和焦炭显微结构定量结果的对比分析，一些研究者不断对显微组分综合性指标进行修正，其目的是希望用显微组分含量判断煤的炼焦性能，尤其是焦炭强度。

煤化度相近，炼焦性质相差较大的炼焦煤存在，证明显微组分含量确实对煤的炼焦性能具有重要影响。但是，因显微组分综合性质指标与焦炭质量指标之间的关系并不清晰，至今没有建立起用煤岩组分直接评价煤质的方法。

3.3.3　显微组分指导配煤

基于煤有机质中活性组分的黏结性和非活性组分（纤维质组分）的强度性质，提出了互换性配煤原理，要制得强度好的焦炭，配合煤的黏结组分和纤维质组分应有适宜的比例，而且纤维质组分应有足够的强度[6]。

为了反映不同镜质组的性质对焦炭强度的作用程度，夏皮洛法[5]还将活性组分中镜质组的平均最大反射率 R_{max}（0.3%~2.1%）按 0.1%间隔划分为不同变质程度，确定各种活性组分的强度性质，日本的小岛次郎将这种方法进一步发展，并于 1974 年在新日铁得到应用[1]。这些研究结果证实，同一种煤中的不同镜质组具有不同的性质，从各种镜质组变质程度研究它的强度性能的方法是科学的。但是，要获得各种使用煤的基础数据，工作量大，且比较烦琐。因此，该方法用于指导配煤炼焦生产还有许多工作要做，尤其是煤显微组分及其变质程度的快速分析技术。

3.3.4 镜质组的成孔性

黏结性煤加热时会发生软化，颗粒变形并产生气孔。不同变质程度的煤的镜质组软化性状不同，较低变质程度煤的镜质组一般先形成气孔，接着软化变形，然后颗粒膨胀；而较高变质程度煤的镜质组先软化变形，然后生成气孔[4]。

焦炭是一种多孔碳质块状材料，它的性质不仅与碳质结构有关，还与气孔结构有关。煤粒的软化和气孔形成，都能使煤粒间空隙减小，甚至消失，从而使煤粒接触紧密。气孔内气体压力增大，有利于煤粒表面接触紧密，粒间界面消失，有利于界面之间键合。

3.4 煤质的镜质组反射率评价

3.4.1 平均最大反射率

煤的反射率是指煤制成的粉煤光片，在显微镜油浸物镜下，镜质体抛光面的反射光强度对入射光强度的百分比。煤的各种显微组分的反射率不同，随煤化度变化速度有差别，但以镜质组的变化快而且规律性强。烟煤的显微组分主要是镜质组，镜质组的平均最大反射率 $\overline{R}_{\max}$ 随煤阶的增高而增大且不受煤的岩相组成变化的影响，因此 $\overline{R}_{\max}$ 可用来判断煤的煤化度。

镜质组的 $\overline{R}_{\max}$ 是偏光下入射光的偏振方向平行于层理面时的反射率，是光学各向异性作用的反映。因此，镜质组的 $\overline{R}_{\max}$ 反映的是煤中镜质组的分子结构，$\overline{R}_{\max}$ 提高，镜质组中分子的缩聚程度增大，平面碳网的排列趋于规则化。

煤成焦是镜质组软化熔融形成各向同性的胶质体，再逐渐固化为各向异性镶嵌结构的半焦，最终形成各向异性焦炭的过程。焦炭性能与各向异性组织和结构密切相关，因此，镜质组反射率能够反映煤变质程度对焦炭各向异性程度和性能的影响。

在炼焦生产中，它可以用来评价煤质、指导配煤、预测焦炭质量等。反射率分布图可以判别混煤的种类，也可用于指导炼焦配煤。

3.4.2 平均最大镜质组反射率确定煤化度

镜质组的 $R_{\max}$ 作为煤化度指标已应用于一些国家的煤炭分类中，在国际煤炭编码系统中也被正式采用。如图 3-1（a）所示，炼焦煤的最大平均反射率 $\overline{R}_{\max}$（0.60%~1.38%）与干燥无灰基挥发分 V_{daf}（18.58%~37.19%）之间呈很好的线性关系（$R^2 = 0.89$），因此，通常情况下，认为 V_{daf} 和 $\overline{R}_{\max}$ 均可作为表征煤的地球物理化学作用程度指标，简称煤化度指标。

但是，从 $\overline{R}_{max}$ 对 V_{daf} 的残差 R 来看 ［见图 3-1 （b）］，某些煤的 $\overline{R}_{max}$ 与 V_{daf} 之间存在较大偏差。对于这些偏差较大的煤，用这两个煤化度指标分别进行煤分类和煤质评价，会得到不同的结论，从而影响煤质的正确判断。

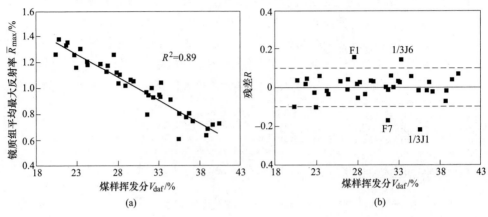

图 3-1   煤样的 $\overline{R}_{max}$ 与 V_{daf} 的关系及残差

（a） $\overline{R}_{max}$ 与 V_{daf} 的关系；（b） 残差

3.4.3   煤质的反射率评价

焦炭质量指标与煤化度密切相关，因此，研究焦炭质量指标与 V_{daf} 和 $\overline{R}_{max}$ 两个煤变质程度指标的关系，并基于它们之间的关系判断煤质，是煤分类和煤质评价的基础。

3.4.3.1   焦炭机械强度与煤化度

如图 3-2 （a） 所示，焦炭机械强度 DI_{15}^{150} 随煤的 V_{daf} 和 $\overline{R}_{max}$ 升高分别呈现指数升高或降低的规律，只要煤变质程度达到一定程度 （ $V_{daf}<35\%$ 或 $\overline{R}_{max}>0.8\%$ ） 就可满足焦炭机械强度的要求，而不必一味追求高煤化度的优质炼焦煤。

DI_{15}^{150} 与 $\overline{R}_{max}$ 的相关性 （ $R^2=0.685$ ） 明显好于与 V_{daf} 的相关性 （ $R^2=0.389$ ），表明 $\overline{R}_{max}$ 比 V_{daf} 能够更好地判断焦炭机械强度，同时也反映出焦炭机械强度在很大程度上取决于镜质组的性质，而这个性质用煤的挥发分产率是不能表征的。

从 DI_{15}^{150} 对 $\overline{R}_{max}$ 或对 V_{daf} 的残差 R 来看 ［见图 3-2 （b）］，对煤化度低 （气煤 Q4 和 Q7） 或较高 （J7） 的炼焦煤，用 $\overline{R}_{max}$ 判断焦炭的机械强度时会产生较大偏差的性质异常煤。即使煤化度达到一定程度后，呈现煤变质程度增加对焦炭机械

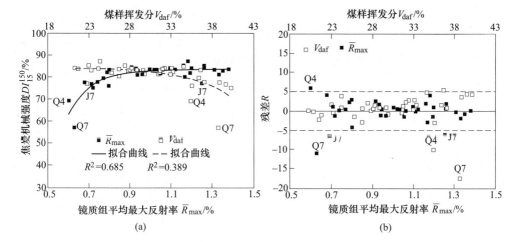

图 3-2 焦炭的 DI_{15}^{150} 与煤的 V_{daf} 或 $\bar{R}_{max}$ 的关系及残差

（a）DI_{15}^{150} 与 V_{daf} 或 $\bar{R}_{max}$ 的关系；（b）残差

强度影响不大的规律，但是，DI_{15}^{150} 仍然在±5%范围波动，因此，煤的 $\bar{R}_{max}$ 不能很好地满足焦炭机械强度稳定性的控制要求。

3.4.3.2 焦炭 CRI 和 CSR 指标与煤化度

如图 3-3（a）所示，焦炭的 CRI 和 CSR 指标随煤 $\bar{R}_{max}$ 增加分别呈现上开口抛物线关系和下开口抛物线关系，在 $\bar{R}_{max}$ = 1.1% 左右时 CRI 和 CSR 分别达到最小值和最大值。如图 3-4（a）所示，焦炭的 CRI 和 CSR 指标随煤的 V_{daf} 增加分别呈现上开口抛物线关系和下开口抛物线关系，在 V_{daf} = 20% 左右时 CRI 和 CSR 分别达到最小值和最大值。由此可见，只要煤化度达到一定值的炼焦煤就能满足焦炭机械强度的不同，只有那些中等煤化度指标的炼焦煤才能满足低 CRI 和高 CSR 指标的焦炭。因此，在目前许多炼铁工作者一味追求高 CSR 指标焦炭，使本来就稀缺的中等煤化度指标的炼焦煤变得越来越匮乏，价格越来越高。因此，研究并揭示焦炭 CRI 和 CSR 指标对高炉冶炼影响的规律，确定适宜的焦炭 CRI 和 CSR 指标，是合理利用优质炼焦煤资源、降低焦炭成本需要解决的关键问题。

焦炭的 CRI 和 CSR 指标与煤的 $\bar{R}_{max}$ 相关性（R^2 = 0.660 和 R^2 = 0.641）明显好于与 V_{daf} 的相关性（R^2 = 0.459 和 R^2 = 0.441），表明 $\bar{R}_{max}$ 比 V_{daf} 能够更好地评价煤变质程度对焦炭热性能的影响，同时也反映出焦炭机械强度在较大程度上取决于镜质组的性质，而这个性质用煤的挥发分产率是不能表征的。

从 CRI 及 CSR 对 $\bar{R}_{max}$ 残差 R 来看 [见图 3-3（b），图 3-4（b）]，残差较大（R±5%）的炼焦煤煤化度主要集中在 V_{daf} 为 20%~26% 和 $\bar{R}_{max}$ 为 0.6%~0.8%

的中挥发分中阶煤、V_{daf} 为 32% ~ 38% 和 $\overline{R}_{max}$ 为 1.2% ~ 1.4% 的高挥发分中阶煤。因此，用 $\overline{R}_{max}$ 评价煤变质程度对焦炭热性能的影响，对 V_{daf} 为 26% ~ 32% 和 R_{max} 为 0.8% ~ 1.2% 范围的中挥发分中阶烟煤的可信度较高。

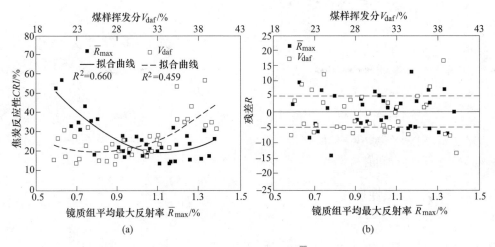

图 3-3　焦炭试样的 CRI 与煤样 V_{daf} 或 $\overline{R}_{max}$ 的关系及残差

（a）CRI 与 V_{daf} 或 $\overline{R}_{max}$ 的关系；（b）残差

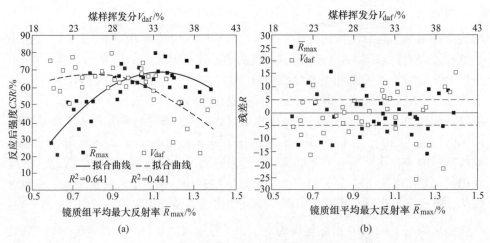

图 3-4　焦样的 CSR 与煤样 V_{daf} 和 $\overline{R}_{max}$ 的关系及残差

（a）CSR 与 V_{daf} 或 $\overline{R}_{max}$ 的关系；（b）残差

焦炭的 DI_{15}^{150} 和 CRI 及 CSR 与煤的 $\overline{R}_{max}$ 的相关性明显好于与 V_{daf} 的相关性表明，虽然 V_{daf} 和 $\overline{R}_{max}$ 都可作为煤变质程度指标，但从对焦炭质量指标的影响来看，

$\overline{R}_{max}$ 比 V_{daf} 更适合作煤化度指标，用于判断焦炭性能。这再一次证明，$\overline{R}_{max}$ 是一个不受煤组成干扰并能反映镜质组性质的一个指标，用于煤分类，能够更好地识别煤的变质程度对炼焦性能的影响。

从 1970 年开始，澳大利亚、美国、加拿大、印度等国学者都分别提出了以煤岩学参数为分类指标的煤炭分类方案。1982 年，苏联就以煤的镜质组反射率和煤的岩相组分作为分类指标，1988 年，欧洲经济委员会向联合国提出的中变质程度煤和高变质程度煤编码系统中，就包括了镜质组随机反射率、镜质组反射率分布特征图和显微组分等参数。《国际煤分类标准》（ISO 11760：2005）已采用镜质组最大平均反射率作为煤阶指标表征煤的变质程度，采用镜质组含量作为煤岩组成指标。由此可见，修订中国煤炭分类标准，用 $\overline{R}_{max}$ 代替 V_{daf} 作为煤分类第一指标是可行和必要的。

3.5 煤的炼焦性质评价

煤的炼焦性质是指煤在干馏条件下、转化为焦炭过程中所呈现的特性，包括煤的塑性、黏结性和结焦性。

3.5.1 煤的塑性评价

煤的塑性是指煤在干馏过程中形成胶质体，呈现塑性状态时所具有的性质。煤的塑性指标一般包括煤的流动性、黏结性、膨胀性和透气性以及塑性温度范围等。要了解煤的塑性，既要测定胶质体的数量，又要掌握胶质体的质量，且必须通过多种测试方法相互补充，才能较全面地反映煤塑性的本质。

目前，通常所用煤的塑性测定方法有：测定煤的黏度变化反映胶质体的流动性和热稳定性的吉氏塑性计法；测定煤的膨胀度反映胶质体膨胀性和透气度的奥阿膨胀计法；测定胶质层厚度的胶质层指数测定法。

3.5.1.1 吉氏流动度

1934 年吉斯勒尔（Gieseler）提出的煤流动度检测方法，是在模拟工业焦炉升温速度条件下（3℃/min）测量煤样（5g）热解时的黏度变化，后经多年不断改进和完善，1954 年 ASTM 制定了吉氏流动度的检测标准。从吉氏流动度曲线可以得到下列指标：最大流动度 lga 或 $lgMF$、开始软化温度 T_p（℃）、最大流动度时的温度 T_{max}（℃）、固化温度 T_k（℃）、塑性温度间隔（$\Delta T = T_k - T_p$）。

3.5.1.2 奥阿膨胀度（GB/T 5450—2016）

1926 年奥阿（Audibert-Arnu）提出的煤膨胀度测定方法，是在模拟工业焦炉升温速度条件下（3℃/min）测量压实煤样（约4g）热解时的体积膨胀或收缩程度，从煤奥阿膨胀曲线可以得到煤样的最大膨胀度 $b(\%)$ 值。

3.5.1.3　胶质层指数（GB/T 479—2000）

1932 年萨保什尼科夫（Sapozhnikov）提出的胶质层厚度测定方法，是在模拟工业焦炉单向供热条件下（3℃/min）测量煤样（100g）成层结焦时的胶质层厚度和体积变化。从胶质层厚度曲线可以得到煤样的最大胶质层厚度 $Y(mm)$。

研究煤塑性的吉氏流动度、奥阿膨胀度和胶质层厚度方法已使用了近百年。吉氏流动度指标已在美国、日本、韩国、波兰等国家得到很好的应用。以前，我国只是一些研究单位和个别焦化企业采用进口的吉氏流动仪研究煤的塑性，近年来，随着国产的吉氏流动仪投放市场，吉氏流动度将成为评定炼焦煤塑性的一种常规方法。

奥阿膨胀度广泛用于研究煤的成焦机理、煤质鉴定和煤炭分类，指导炼焦配煤和焦炭强度预测等方面。但是，吉氏流动度和奥阿膨胀度测定没有模拟工业焦炉条件下的成层结焦过程，不能实际反映煤在焦炉中的黏结成焦行为。另外，lgMF 和 b 在配煤时不具可加性，也使这两个指标在配煤炼焦中的应用受到限制。

胶质层指数检测方法是所有塑性指标检测方法中采用质量最大，且加热和升温制度模拟焦炉。由于炼焦煤是不均一的物质，所以综合起来胶质层指数测定实验最具代表性。但因 Y 值的大小只能反映胶质体量，并不能直接反映胶质体的质量，使这两个指标在配煤炼焦中的应用受到限制。

3.5.2　煤的黏结性评价

煤的黏结性是指烟煤干馏时黏结其本身的或外来的惰性物质的能力。它是煤干馏时所形成的胶质体显示的一种塑性。

1949 年，罗加（Roga）提出的烟煤黏结能力测定方法，是测定煤样（1g）和标准无烟煤样（5g）在 850℃焦化 15min 后生成的焦块耐磨强度——罗加指数来鉴别煤对惰性物料的黏结能力。为了提高强黏结煤和弱黏结煤的区分能力，我国对罗加指数测定方法中煤样粒度、弱黏结煤和标准无烟煤样配比、转鼓次数等进行了修订，提出了黏结指数 G（GB/T 5447—2014）的测定方法。

3.5.3　煤的结焦性评价

煤的结焦性是指烟煤在焦炉或模拟焦炉的炼焦条件下，形成具有一定块度和强度的焦炭的能力。中国在制订中国煤炭分类国家标准中，即以 200kg 试验焦炉所得焦炭的强度和粉焦率作为结焦性指标。按照目前对焦炭质量的认识，煤的结焦性还应包括焦炭热性能 CRI 和 CSR。

3.5.4　炼焦煤性质指标间的关系

煤的黏结成焦是一系列物理变化和化学反应的复杂过程，主要包括分解过程中经历的软化、熔融、流动、膨胀、黏结和再固化成半焦，此后温度进一步升高后二次脱气期间半焦变成焦炭等。研究炼焦煤的热解和热解过程中的塑性、热解残留物的结构，是揭示煤黏结成焦机理、评价煤的炼焦性质的基础，对炼焦配煤等具有指导意义。

对于配煤炼焦，煤质评价的目的不仅是能够从不同性质的煤中选择出具有炼焦性能的煤，而且要能预测出哪些煤能够炼出质量好的焦炭。煤的塑性指标直接反映了煤在干馏过程中形成胶质体呈现塑性状态时的不同性质，如奥阿膨胀度反映的是胶质体的膨胀性和透气度，吉氏流动度反映的是胶质体的黏度或流动度，胶质层指数反映的是胶质体的量。黏结指数的测定是一种间接测定塑性的方法，是用块焦耐磨强度来判断煤的塑性的方法。这些不同方法测得的煤塑性指标往往只是反映煤在胶质体阶段的一个或几个特性，各指标之间虽有一些联系，但缺乏严格的对应关系，只有将这些指标综合才能评价煤的塑性。

对煤的结焦性的认识有两种不同的见解。一种认为在模拟工业炼焦条件（如3℃/min）加热速度下测定到的煤的塑性指标即为结焦性指标，如硬煤国际分类中采用奥阿膨胀度和葛金焦型作为煤的结焦性指标。这种认识至少在中国是行不通的，因为焦炭质量指标与塑性指标之间缺乏应该的对应关系。这也许就是苏联和我国用模拟工业炼焦炉条件的试验焦炉炼制焦炭的强度来评定炼焦煤和配合煤的结焦性的原因。

3.6 煤质指标间的关系

3.6.1 塑性成焦机理

煤的塑性成焦机理的提出依据主要来源于两个方面：一方面是，热重实验测得的煤脱挥发分速率、吉氏流动度和奥阿膨胀度检测的煤的塑性演变规律；另一方面是，煤样热解过程的化学分析和取样观察。塑性成焦机理的内容包括胶质体的形成、黏结和成焦。

3.6.1.1 胶质体理论

由图 3-5 示出的煤在升温条件下分解失重速率、吉氏流动度和奥阿膨胀曲线可见，煤的软化、分解、膨胀和固化紧密相关。煤受热后首先发生软化收缩，随温度升高，热解失重速率不断增加，流动度不断增大和膨胀度不断升高，直至达到最大热解速率 D_{max}、最大流动度 P_{max} 和最大膨胀度 b。此后，随着温度继续升高，热解失重速率不断降低，流动度不断降低。

基于煤的热解、流动性和膨胀性，1957 年荷兰克勒维伦（Krevelen）等在法国蓬森（Poncins, 1949）研究的基础上，提出了描述煤塑性行为的著名的"胶质体（metaplast）理论"。该理论假设煤成焦过程分为三步：

（1）第一步，黏结性煤经解聚反应生成不稳定的中间相，即所谓的具有塑性的胶质体。

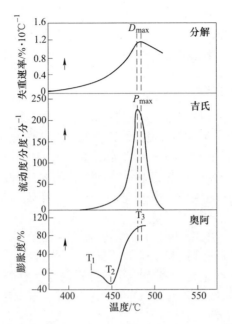

图 3-5　煤热解、塑性和膨胀曲线（3℃/min）[3]

$$结焦性煤（p）\xrightarrow{k_1}胶质体（M）$$

（2）第二步，胶质体经裂解缩聚反应、焦油蒸发、非芳香基团脱落形成一次气体，并造成煤的膨胀，胶质体的再固化形成半焦等。

$$胶质体（M）\xrightarrow{k_2}半焦（R）+一次气体（G_1）$$

（3）第三步，半焦二次脱气反应，通过释放甲烷或在更高的温度下释放氢使半焦密度增加，半焦体积收缩产生裂纹，最后形成焦炭。

$$半焦（R）\xrightarrow{k_3}焦炭（S）+二次气体（G_2）$$

胶质体理论在研究煤黏结和成焦过程的不足：

（1）没有解释煤软化是煤的固有性质还是煤热解产物引起的；

（2）煤处于塑性阶段时气、液、固三相共存，且煤不是均相熔融，基于塑性实验结果提出的胶质体理论不能解释热解和非均相熔融对煤塑性性能的影响；

（3）胶质体的来源复杂，无法定量描述[7]。

3.6.1.2　煤粒间的塑性黏结成焦

塑性成焦机理认为炼焦煤高温干馏时经胶质体阶段转变成焦炭。单颗煤粒在胶质体阶段（也称塑性阶段）的转化过程如图 3-6 所示。黏结性煤加热到一定温度时，煤粒开始软化，在表面上出现含有气泡的液膜 [图 3-6（a）]。温度进一步升高至500~550℃，液体膜外层开始固化生成半焦，中间为胶质体，内部为未变化的煤［见图3-6（b）］，这种状态只能维持很短的时间，因为外层半焦外壳上很快就出现裂纹，胶质体在气体压力作用下从内部通过裂纹流出［见图3-6（c）］。这一过程一直持续到煤粒内部完全转变为半焦为止。

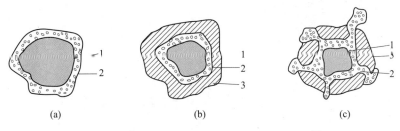

图3-6　单颗煤粒在胶质体阶段的转化示意图[5]
（a）软化；（b）生成半焦；（c）强烈软化与半焦硬裂
1—煤；2—胶质体；3—半焦

对于煤粒堆积体，许多煤粒的液体膜汇合在一起，形成黏稠状的气态、液态和固态三相共存混合物，即胶质体。煤塑性成焦就是胶质体阶段（也称塑性阶段）发生黏结和固化而形成半焦。在这个过程中，煤转变成焦炭的关键是胶质体的形成，煤黏结和成焦的好坏取决于胶质体形成的量和质量。

基于煤的塑性成焦机理，煤的性质和各炼焦性质之间应该彼此相互关联。揭示目前煤质评价指标之间的关系，有助于进一步认识煤的性质，改进煤质评价方法。

3.6.2　塑性（黏结性）指标与煤化度的关系

如图3-7所示，煤的塑性指标 $\lg MF$、Y、b 和黏结指数 G 随煤化度 $R_{\max}$（镜质组平均最大反射率）增加均呈现下开口抛物线规律，但相关性均不好，存在一些煤化度 $R_{\max}$ 指标相近但塑性指标相差较大的煤。塑性和黏结性与煤化度相关性不好，其主要原因是：

（1）塑性指标模拟性不足。在吉氏流动度和奥阿膨胀度测定时，因无法排除气体析出的影响，其物理意义往往无法合理解释。胶质层厚度反映的是层次结焦时煤层开始软化至再固化温度区间的距离，是一个数量指标。

（2）$\overline{R}_{\max}$ 没有全面反映煤的性质。煤的塑性和黏结性除了与煤化度有关外，还在很大程度上受煤岩组分的影响。对于不同煤化度的煤，镜质组的塑性和黏结性随煤阶变化的影响较大，对于相近煤化度的煤，镜质组的塑性和黏结性则完全取决于镜质组含量。

（3）煤的第三成因因素影响。因成煤年代植物不同，两种煤的 $\overline{R}_{\max}$ 的 I 相近，但炼焦性能不同。

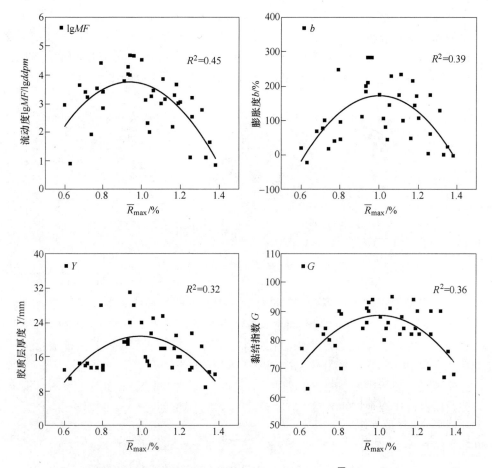

图 3-7   不同变质程度煤的 $\lg MF$、Y、b 和 G 与 $\overline{R}_{\max}$ 的关系

3.6.3   黏结指数与塑性指标间的关系

煤黏结性的好坏取决于煤热解过程中形成胶质体的数量和质量，黏结指数是胶质体塑性综合性质的另一种表征。黏结性好的煤除了要形成足够量的胶质体外，形成的胶质体应具有足够大的流动度、不透气性和较宽的温度区间，具有一定的膨胀性和膨胀压力，较好的液体产物与固体颗粒间附着力，液体再固化后产物和固体本身足够的机械强度等。

如图 3-8 所示，煤的黏结指数 G 随塑性指标 $\lg MF$、Y、b 的增加均呈现指数增加规律，但相关性并不好，表明对于受胶质体性质影响的黏结性能，用单一的塑性指标不能准确地辨别，只有综合各个指标后才能进行判断。一些煤的黏结指数 G 相近但塑性指标相差较大的原因是，对于不同煤化度的煤，镜质组的塑性对黏结性的影响较大，对于煤相近煤化度的煤，镜质组黏结性则取决于不同煤岩组分成焦后的界面结合程度，如液体产物与固体颗粒间附着力，液体再固化后产物和固体本身足够的机械强度等。

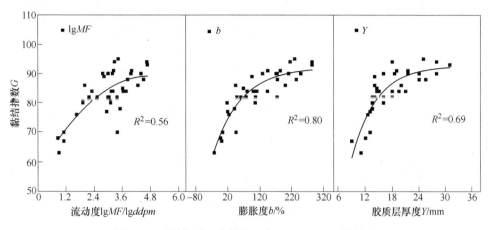

图 3-8　不同变质程度煤的 G 与 lgMF、Y、b 的关系

黏结指数 G 与 Y（$R^2 = 0.69$）和 b（$R^2 = 0.80$）相关性还比较理想，而与 lgMF（$R^2 = 0.56$）的相关性较差，表明 Y 和 b 与 lgMF 反映的是不同塑性炼焦性能存在较大差异。反映烟煤黏结性，黏结性指数 G 通常作为主要指标，我国多以胶质层指数 Y 或奥阿膨胀度 b 作为辅助指标，而欧美则以最大吉氏流动度 lgα 或奥阿膨胀度 b 作为辅助指标。G 与 Y 或 b 之间的相关性要好于 G 与 lgα 之间的相关性，G 与 lgα 或 b 组合识别变质程度近似的煤的黏结性，要比 G 与 Y 或 b 组合更具优势。

3.6.4　焦炭质量指标与煤炼焦性指标的关系

通常认为，胶质体中液态产物较多，且流动性适宜，就能填充固体颗粒间隙，并发生黏结作用。胶质体中液态产物的热稳定性好，从生成胶质体到胶质体固化之间的温度区间宽，则胶质体存在的时间长，产生的黏结作用就充分。因此，数量足够、流动性适宜和热稳定性好的胶质体，是煤黏结成焦的必要条件。通过配煤调节配合煤的胶质体数量和性质，使之具备适宜的黏结性，可以生产所要求的焦炭。

如图 3-9 所示，随煤的 lgMF、Y、b 和 G 的增加，除了少数气煤焦炭（Q4 和 Q7）外，绝大多数焦炭的 DI_{15}^{150} 均在 75% ~ 87% 变化，CRI 呈现升高、CSR 呈现降低趋势，但相关性均不好，表明虽然煤的塑性和黏结性是结焦的必要条件，但单一的塑性指标和黏结指数都不能确切地反映焦炭质量。主要原因为：

（1）实验的模拟性。结焦性指标反映的是煤在试验焦炉炼焦条件下，通过成层结焦形成具有一定块度、机械强度和热性能焦炭的能力。这个能力取决于成

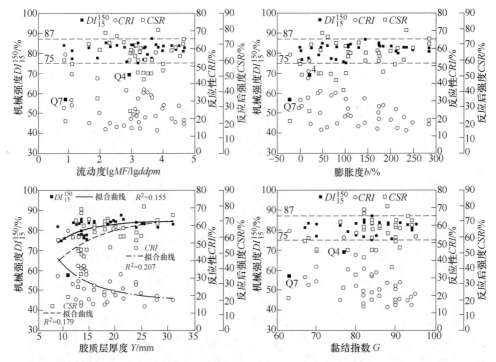

图 3-9   不同变质程度煤所得焦炭的 DI_{15}^{150}、CRI 及 CSR 与 lgMF、Y、b 和 G 的关系

层结焦过程中煤软化、胶质层内胶质体的塑性和热解气体排除受阻产生的膨胀压力。奥阿膨胀度反映的是煤粒软化和膨胀性，吉氏流动度反映的是胶质体黏度随温度的变化，胶质层厚度反映的是煤层开始软化至再固化温度区间的距离，是一个数量指标。这些指标无法识别胶质层内煤的软化、熔融、膨胀等现象。

（2）没有反映焦炭气孔和碳质结构生成。结焦性取决于焦炭气孔结构和碳质结构。塑性和黏结性指标反映的是煤的塑性黏结成焦，没有给出成层结焦时煤料颗粒间空隙闭合和煤粒中气孔和碳质结构演变信息，无法解释煤的结焦性能。

煤的炼焦性质与多种因素有关，包括变质程度、显微组分和矿物质等。为此，世界各国提出了许多符合自己国情的塑性和黏结性检测方法及指标。然而，这些指标均在各个国家根据自己的实践经验和习惯沿用，没有一个是被全世界公认的。从炼焦煤性质研究发展历程来看，完善或更新研究煤炼焦性质的方法，是煤质评价和炼焦配煤永远的课题。

3.7   煤性质的新认识

对性质异常煤的存在现象有不同的认识：

（1）煤的成因的认识不全面，现有煤变质程度指标不能全面反映煤的变质程度；

（2）煤的塑性和黏结性能指标没有全面反映出真实的结焦性能；

（3）缺少半焦形成及其对碳质结构影响信息。

3.7.1 荧光性质

煤的荧光性质是指在蓝光或紫外光等的照射、激发下，煤中显微组分在可见光区 400~700nm 发光的特性。在光波长为 546nm 处的荧光强度 FI 不受煤岩显微组分组成的干扰，它与煤的变质程度虽有一定关系，但却不可互相替代。为此，1992 年周师庸教授提出了用煤的用荧光色和荧光强度研究炼焦煤的性质[4]。

通过 19 种不同变质程度煤（$\bar{R}_{max} = 0.67\% \sim 1.71\%$）的荧光强度及其与炼焦性能统计分析发现：

（1）在蓝光激发下，对镜质组的分辨能力比普通反射光下强，可以识别出有些组分在普通反射光下显示为均匀的胶质体；

（2）镜质组的荧光色与煤的炼焦性质密切相关；

（3）单种煤镜质组的荧光强度变化与 $\bar{R}_{max}$ 一样基本呈现正态分布，但不能互相替代；

（4）炼焦煤镜质组的荧光强度随变质程度的提高呈现下开口抛物线变化规律，在 R_{max} 左右达到最大；

（5）荧光强度与煤的塑性指标 Y 和 $\lg MF$、黏结指数 G 有一定关系，在一定程度上可反映煤的塑性和黏结性等。

最重要的发现是，用煤的荧光强度可以辨别常规煤质指标反映出的性质异常煤。镜质组的荧光强度不仅可以辨别反射率和惰性组分相似的两种煤的焦炭强度优劣，而且能够辨别出黏结性相近两种煤的焦炭强度的差异。用荧光强度作为预测焦炭质量的一个自变量，并与镜质组反射率和煤岩组分总惰性组分含量两个煤成因指标结合，预测焦炭机械强度的精度明显提高。

荧光色和荧光强度研究炼焦煤的方法已在研究领域受到关注，但目前还没有推广应用。

3.7.2 容惰能力

基于奥阿膨胀仪测定煤膨胀性存在的不足，如对强黏结煤的 b 值有夸大现象、较高和较低变质程度煤仅收缩、有部分煤的膨胀呈流态塑性曲线，周师庸教授套用奥阿膨胀度测定仪和借鉴黏结性指数反映黏结惰性组分的性质，提出了黏结性煤容纳惰性组分能力，即"容惰能力"的概念[4]。

容惰能力测定用惰性物质为粒度 0.1~0.2mm 的汝箕沟无烟煤。黏结性煤配入不同比例的惰性物质，采用奥阿膨胀仪测定其总膨胀度 $a+b$ 与惰性物质配比的关系曲线，即容惰曲线。表征容惰能力的指标：容惰积（直线下的面积）表示配入一定比例惰性物质时的黏结性，容惰率（直线斜率）表示配入 1%惰性物质导致的总膨胀度下降，最大容惰率表示黏结性煤达到仅收缩时所需的最低惰性物质配比。针对奥阿膨胀仪测定煤膨胀性存在的不足，分别采用如下方法进行研究：

（1）对于膨胀度夸大现象，用最大容惰率表征膨胀性；

（2）对于仅收缩的煤，采用煤岩组分富集方法分离出一部分惰性组分作为配入的惰性物质；

（3）对于流态塑性的煤，采用容惰曲线外推法确定总膨胀度。

采用容惰能力指标，可以辨别塑性指标和黏结指数相近但焦炭强度指标相差明显的煤，解释一些性质异常煤的原因。但是，要将容惰能力指标用于黏结性煤的煤质评价和指导配煤，还有很多工作要做。

3.8　炼焦配煤

目前，我国炼焦煤、焦炭产量均居世界首位，评价煤炭的炼焦性质、选择炼焦用煤及预测焦炭质量一直以来都受到高度重视。其中配煤是个重要环节，直接影响焦炭质量和成本。在预测焦炭质量、选择炼焦用煤及更改和确定配比时，都需要一台能模拟生产焦炉的试验焦炉。因此，出现了各种形式的试验焦炉。

决定高炉焦炭质量的影响因素很多，但在室式焦炉的工艺生产等诸多条件已固定的背景下，焦炭质量主要取决于炼焦煤的性质。配煤炼焦是指将多种不同性质的煤按比例配合在一起作为炼焦的原料。不同性质的煤各有其特点，它们在配煤中所起的作用也不同，如果配煤方案合理，就能充分发挥各种煤的特点，提高焦炭质量。根据我国煤炭资源的具体情况，采用配合煤炼焦既可以合理利用各地区的炼焦煤资源，又是扩大炼焦用煤的基本措施之一。

为了保证焦炭质量，有利于生产操作，基于煤的性质确定配煤方案时，应考虑以下几项原则：

（1）焦炭质量应达到规定的指标，满足使用要求；

（2）保证焦炉煤气量符合煤气净化工序设计要求；

（3）最大限度地符合区域配煤的原则，根据本区域煤炭资源的近期平衡和考虑远景规划，充分利用本区域的黏结煤和弱黏结煤；

（4）不会产生对炉墙有危险的膨胀压力和引起推焦困难；

（5）保证煤炭资源供应满足炼焦配煤需求；

（6）在满足焦炭质量和生产操作的前提下，合理利用煤炭资源，节约优质炼焦煤，降低配煤成本；

（7）确定新的配煤方案时，需进行小焦炉炼焦实验，炼焦实验用试验焦炉应符合 YB/T 4526 要求[8]。

3.8.1　配煤原理

配煤原理是建立在煤黏结与成焦机理基础上的，迄今为止煤的黏结与成焦机理可分为两类。第一类关注的是煤粒黏结成焦，如胶质体的塑性黏结机理和煤的活性组分与惰性组分表面结合成焦，并形成了胶质层重叠配煤原理和互换性配煤原理；第二类关注的是煤显微组分如何最终形成不同光学组织和不同质量的焦炭，如中间相理论和传氢理论，并形成了共炭化配煤原理。各种配煤原理涉及的黏结与成焦机理不同，在配煤时必须统筹考虑。

胶质层重叠配煤原理要求配合煤料中各种单种煤的胶质体的软化温度区间和温度间隔能较好地搭接，使配合煤料能在较大的温度范围内处于塑性状态，改善黏结过程，保证焦炭的结构均匀。这种配煤方法曾长期主导我国的配煤技术。

基于煤岩学建立的互换性配煤原理，要求配合煤的活性黏结组分和具有强度的非活性纤维组分应有恰当的比例，保证焦炭的强度。

共炭化配煤原理描述了配合煤料炭化时各单种煤的改质机理，揭示了配合煤共炭化与单种煤炭化相比，焦炭的光学性质有很大差异的原因。通常认为，共炭化过程传氢对煤的改质有重要影响。

虽然配煤原理为制得质量好的焦炭指明了方向，但因迄今没有实现煤中活性组分的黏结性、配合煤料共炭化过程中各单种煤的改质程度等的测定和量化，制约了配煤原理的应用。

经验配煤的基本流程如图 3-10 所示。配煤时以焦炭质量指标和焦炉安全操作为目标，基于煤的变质程度、塑性和黏结性等指标，配合煤料需要的合适的指标，按适合的比例进行配煤。配煤时，认为每种性质的煤在配煤炼焦中应起相似的作用，先根据实践经验拟定几个允许选用煤的配煤方案，然后通过配煤炼焦实验，最后从几个配煤方案中选用最合适的配煤方案。当有混煤或煤质波动时，若只根据经验配煤方法指导生产，往往造成焦炭质量的波动。因此，需要炼焦配煤技术规范类文件指导企业配煤。

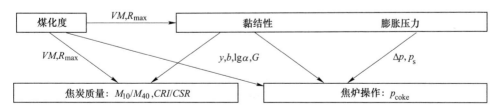

图 3-10　经验配煤的基本流程示意图

从原理上讲，只要确切地掌握了煤的性质和炼焦性能，就可以从它们预测焦炭质量。经过多年来炼焦工作者长期不懈的努力，在煤质评价、配煤炼焦和焦炭质量预测方面做了大量工作，已展现出比较好的效果，但遗憾的是，研究结果外延到来煤地域发生变化或其他企业，仍然没有摆脱经验配煤炼焦方法。其根本原因是对煤的成因、黏结和成焦机制等的了解还不全面。

3.8.2   按煤分类指标配煤

现行中国烟煤分类标准制定是根据 134 个煤质数据和 200kg 焦炉所得的单煤焦的机械性质（如 M_{40} 等指标）统计计算后制定的。在该标准中，以煤的干燥无灰基挥发分（V_{daf}）作为分类第一指标，以黏结指数 G 作为分类第二指标，塑性指标 Y 和 b 作为强黏结煤分类辅助指标，把与 200kg 焦炉所得的焦炭物理机械性质关系密切的煤性质指标作为烟煤分类指标选择的一个依据。按照烟煤分类时遵循的等煤化程度和等黏结性、同类煤主要工艺性质相近，而不同的两类煤间性质差别很大的指标划界的原则，只要测定煤的挥发分、黏结性和塑性指标，就可按煤分类划界指标初步辨别煤的结焦性能。

北京煤化研究所在进行中国烟煤分类方案研究时发现，将 V_{daf} 和 G 结合可以较好地预测焦炭机械强度 M_{40} 和 M_{10}。因此，在目前炼焦领域，中国煤炭分类国家标准一直作为供销部门制定供煤体系与煤价、指导配煤和采用措施等的重要工具，是合理、经济利用煤炭、优化炼焦煤资源配置的重要依据。

如图 3-11 所示，不同变质程度煤所得焦炭的 DI_{15}^{150} 为 57.0%～80.3%、CSR 为 20.9%～51.7% 范围时，气煤焦炭中混有焦煤焦炭（J5），在 DI_{15}^{150} 为 81.2%～87.1%、CSR 为 53.2%～79.5% 范围内，气煤、1/3 焦煤、焦煤和肥煤的多个焦样混杂在一起，无法区别。

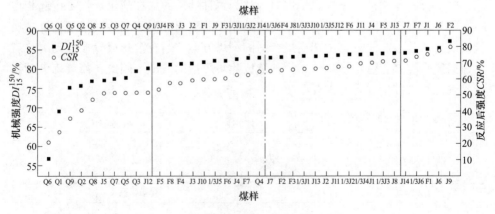

图 3-11   焦炭的 DI_{15}^{150}、CSR 与煤样分类

目前的煤分类不能很好地反映焦炭质量，其原因主要为：

（1）没有考虑煤岩组成。煤是一种复杂的混合物，但是在煤分类时却将其看作均匀物，造成了很多的反常现象无法解释。

（2）V_{daf}作为分类指标不够理想。不同显微组分其挥发分不相同，对于中低变质程度煤，它们的差别尤其悬殊。当煤中稳定组含量高时，其变质程度将会比实际低；丝质组含量高时，其变质程度将比实际的高。$\overline{R}_{max}$是一个不受煤组成干扰并能反映镜质组性质的一个指标，从对焦炭质量指标的影响来看，$\overline{R}_{max}$比V_{daf}更适合作为煤化度指标，用于判断结焦性能。

（3）不能确切地反映煤的工艺性质。煤的煤化度指标相同时，因为煤岩成分的不同，其塑性和黏结性有时有很大差别。

（4）结焦性能不全面。煤分类参比的是焦炭机械性能，没有考虑热性能。

按现行炼焦煤分类，相同牌号的煤不经炼焦实验就不能确定它们是否具有相同的炼焦性能，这给生产配煤管理带来了困难。根据目前炼焦煤性质评价体系判断，在生产实践中常出现反常现象的所谓"性质异常煤"，充分暴露出目前炼焦煤性质评价体系的不足，以及对炼焦煤固有性质和炼焦成焦性质认识的局限性。结果导致在配煤炼焦生产中限制了大量"性质异常煤"的应用和炼焦煤资源的开发。实质上，世界上本不存在"性质异常煤"，所谓"性质异常"是由于对炼焦煤的性质认识不足造成的。对炼焦煤性质的进一步深入认识，直接关系到我国炼焦煤资源的有效利用，以及解决炼焦和炼铁工作者对生产实践中出现的一些反常现象的困惑。

炼焦煤分类为指导配煤仅提供了一般性指导，因为煤质指标接近时，其炼焦特性可能不同，所以，不断有人提出新的分类指标和新的分类方法或评价方法。焦化企业在用煤时，应根据煤源情况，在中国煤炭分类的基础上，进行应用性分类和评价。应用性分类和评价指的是，除了用基本指标（工业分析、全硫、黏结指数、胶质层指数、奥阿膨胀度、基氏流动度、煤岩组成和反射率等）评价炼焦煤外，还应包括小焦炉焦炭质量。应用这些指标对煤进行综合评价时，不同种类的煤，各指标所占权重不同，因此，除了对煤进行应用性分类以外，还可根据不同煤种在炼焦过程中的作用以及指标贡献度不同，对炼焦煤进行量化评价，中钢集团鞍山热能研究院有限公司开发了炼焦原料应用性分类和综合质量评价及指导配煤方法，方法中将炼焦煤各具体分析质量指标与其炼焦性能指标整合为6个指标，分别为黏结能力指标、结焦能力指标、热能性能指标、硫分指标、灰分指标和综合指标（由前五个指标整合而成），用数学分值定量描述各方面能力优劣，除此之外，配合煤指标也可用分值表示[9]。当确定和选择炼焦配煤方案时，还需要通过小焦炉炼焦实验，来进行最终判断与验证。

从煤分类发展历程来看，如何反映煤性质的新方法和科技成果不断补充到分类系统中来，更新表征煤化程度和煤工艺性质的分类系统，是煤炭分类永远的课题。

3.8.3   煤岩学配煤

煤岩配煤是与现行煤分类无关的，被认为是一种科学的配煤方法。煤岩配煤的理论基础：一是，采用煤岩学方法研究焦炭，发现焦炭中存在大小不一的光学各向异性组织结构对焦炭质量产生重大影响；二是，中间相成焦理论，即成焦过程是煤中活性组分（镜质组）生成的光学各向同性的胶质体中出现的液晶（中间相）经过核晶化、长大、融并、固化过程，生成光学各向异性的焦炭。

目前认为，煤的变质程度可分别用 $\bar{R}_{max}$ 和 ΣI 两个指标表征。然而，国内外都发现存在两个煤的 $\bar{R}_{max}$ 和 ΣI 两个指标相近，但所得焦炭质量指标相差较大的现象。故此，一些研究者提出了煤的第三成因概念，并尝试用煤荧光性质表征。但是，即使考虑第三成因，仍然对某些"性质异常煤"无法解释[4]。

实际上，显微镜观察到的煤本身是一种复杂的有机物质混合体。这些有机物质的性质不同，在配煤中的作用也不同，可以说每种煤是天然配煤。将炼焦煤中的镜质组和稳定组视为活性组分，丝质组视为惰性成分，半镜质组介于二者之间，这种划分完全是根据实验结果推断得出的。镜质组反射率图都呈正态分布，且不同煤的分布特征不同，表明不但不同变质程度煤，而且即使是同一种煤，活性成分的性质差别可以很大。配合煤料共炭化过程中，不同变质程度煤和同一种煤中各活性组分的改质是无法控制的，因此，即使获得了全面的煤岩组成和性质的信息，要精准预测配合煤的性质也是很难的。

煤层煤的反射率分布图的特点是属正态分布，不同煤阶的煤，其反射率测值不同且有不同的分布。煤的镜质体随机反射率分布直方图是目前公认的最能全面、准确反映炼焦煤结焦性能的一个新的质量评价方法。根据煤的随机反射率分布直方图可以控制来煤的质量，防止劣质的混煤进厂、指导煤场分堆、优化配煤方案，稳定配合煤的质量，最终实现稳定提高焦炭质量、降低焦炭生产成本的目的。20 世纪 80 年代，欧洲许多国家相继提出用反射率分布图来判别商品煤质量，并作为分类、编码系统中的一项指标。目前，中国许多焦化企业已用反射率分布图判别来煤的混煤情况，取得了很好的效果，因为它能清晰地检测出该工业用煤是单煤还是混煤，以及混合的简单或复杂程度，可解决煤炭贸易和科技交流中常规煤质分析不能解决的混煤难题，克服化学分析和炼焦性质检测煤质指标的局限性。

炼焦用配合煤料本身就是一种混煤，只是炼焦混煤与商业混煤的目的不同，前者是控制焦炭质量，后者是为了满足炼焦生产者对所用煤的某些特定质量指标的要求，而不考虑煤的炼焦功能、追求的市场和经济效益。早在 20 世纪 70 年代，就有人将反射率分布图用于指导煤焦配煤，认为配煤的反射率分布图特征是影响焦炭质量的一个重要因素。

优质炼焦煤资源的稀缺与需求量和质量要求日益剧增，强求煤炭生产企业及其供应商不通过混煤能够同时满足所有质量指标已实属不易。因此，如何根据来煤的反射率分布图了解煤质情况，进行优化配煤，也许是焦化工作者要解决的问题。

另外，煤岩配煤的基础是黏结成焦机理，不考虑成焦过程中有挥发分产生。挥发分在炼焦过程中的作用是不可忽略的，在炼焦过程中促进胶质体流动、成焦过程和之后形成焦炭气孔等，制约了煤岩配煤技术的发展。

3.8.4　试验焦炉与炼焦配煤规范

中国焦化企业众多，炼焦配煤水平参差不齐，受企业试验人员素质、试验装备、配煤试验操作等影响，导致试验结果稳定性、可靠性相差甚远，因此在配煤炼焦试验操作和配煤方法流程上需要有统一规范进行指导。

试验焦炉在国内外大型钢铁公司、焦化企业都得到了有效应用，国内外现有多种类型的试验焦炉。按炭化室用砖分为黏土砖、高铝砖、镁铝砖和碳化硅砖；按加热方式分为煤气加热和电加热；按装煤方式分有顶装、侧装和底装；按试验规模有 400kg、350kg、200kg、40kg、25kg、20kg 等。目前主要以 20kg、40kg、200kg 试验焦炉为主，其应用主要集中在炼焦煤选择和预测焦炭质量方面。在炼焦煤选择方面，通过试验焦炉炼焦，评价炼焦煤的质量特性，优化选择新煤种。在优化配煤方面，利用试验焦炉优化配煤方案。中钢集团鞍山热能研究院起草了《炼焦试验用小焦炉技术规范》（YB/T 4526—2016）行业标准，标准中对试验焦炉炉体，配套设备，入炉、炼焦、出焦方法进行了规定，并在标准附录 A 中推荐了企业进行数据对比和炼焦煤评价时使用的方法，较好地规避了因实验操作导致的数据差异。

《炼焦配煤优化技术规范》是根据焦化企业需求和行业发展趋势，由中钢集团鞍山热能研究院负责起草的行业标准，标准中对炼焦煤的评价方法进行了规定，除了按原有国标对炼焦煤灰分、挥发分、硫分、黏结指数进行分级以外，炼焦煤的评价引入了小焦炉焦炭质量指标，将炼焦煤按焦炭机械强度、反应性和反应后强度指标进行了分级。例如按小焦炉焦炭抗碎强度将炼焦煤分为 4 个等级，分别为高焦炭抗碎强度煤、中高抗碎强度煤、中焦炭抗碎强度煤和低焦炭抗碎强度煤；按小焦炉焦炭反应后强度将炼焦煤分为 4 个等级，分别为高焦炭反应后强度煤、中高焦炭反应后强度煤、中焦炭反应后强度煤和低焦炭反应后强度煤，指标等级的划分见表 3-2 和表 3-3。

表 3-2   原料煤小焦炉试验焦炭抗碎强度分级

序号	级别名称	代号	抗碎强度（M_{40}）范围/%
1	高焦炭抗碎强度煤	HM40M	$M_{40} > 85.0$
2	中高焦炭抗碎强度煤	MHM40M	$75.0 < M_{40} \leqslant 85.0$
3	中焦炭抗碎强度煤	MM40M	$60.0 < M_{40} \leqslant 75.0$
4	低焦炭抗碎强度煤	LM40M	$M_{40} \leqslant 60.0$

注：小焦炉试验按照 YB/T 4526—2016 附录 A 规定执行。

表 3-3   原料煤小焦炉试验焦炭反应后强度分级

序号	级别名称	代号	反应后强度（CSR）范围/%
1	高焦炭反应后强度煤	HCSRM	$CSR > 60.0$
2	中高焦炭反应后强度煤	MHCSRM	$55.0 < CSR \leqslant 60.0$
3	中焦炭反应后强度煤	MCSRM	$45.0 < CSR \leqslant 55.0$
4	低焦炭反应后强度煤	LCSRM	$CSR \leqslant 45.0$

注：小焦炉试验按照 YB/T 4526—2016 附录 A 规定执行。

除此之外，标准中对配煤方案的制定流程、优化流程、配合煤指标的计算、配煤结构的选择等进行了规范。制定炼焦配煤优化技术规范可实现炼焦用煤的科学评价、规范企业炼焦配煤优化实验流程，提高焦化行业炼焦配煤方案制定水平，对中国煤炭资源的合理利用、焦化行业的健康可持续发展具有重要的现实意义和战略意义。

3.8.5   固化温度的性质与煤分类

3.8.5.1   固化温度的性质

如图 3-12 所示，吉氏流动度法测定的不同变质程度煤的固化温度 T_k 随 V_{daf} 和 $\overline{R}_{max}$ 增加分别呈现指数下降或升高规律。T_k 与 V_{daf} 的相关性（$R^2 = 0.818$）与 $\overline{R}_{max}$ 的相关性（$R^2 = 0.782$）相差不大，反映出 V_{daf} 和 $\overline{R}_{max}$ 都能较好地反映煤变质程度对煤固化温度的影响。固化温度表征的是煤热解缩聚到一定程度后的胶质体开始固化的状态参数，固化温度与煤化度相关意味着开始固化时的胶质体性质与煤化度密切相关。

如图 3-13 所示，不同变质程度煤所得焦炭的光学各向异性指数 OTI 随煤的 T_k 升高呈现升高规律，表明固化温度能够较好地反映出煤性质对焦炭各向异性结构的影响。

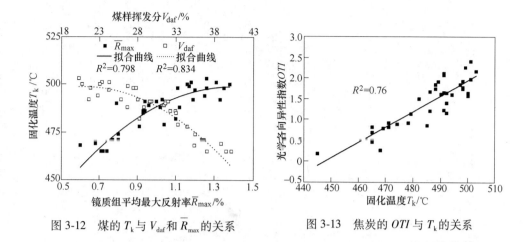

图 3-12　煤的 T_k 与 V_{daf} 和 $\overline{R}_{max}$ 的关系　　　图 3-13　焦炭的 OTI 与 T_k 的关系

如图 3-14 所示，随不同变质程度煤的 T_k 升高，所得焦炭的 DI_{15}^{150} 呈现指数升高、CRI 呈现降低及 CSR 呈现指数升高规律，反映出固化温度能够较好地反映煤性质对焦炭机械强度和热性能影响。

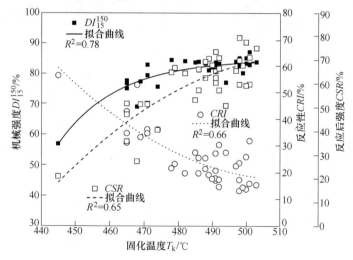

图 3-14　不同变质程度煤所得焦炭的 DI_{15}^{150}、CRI 及 CSR 与其 T_k 的关系

煤的固化温度与煤化度、焦炭的光学各向异性指数和焦炭性能指标之间都具有良好的相关性，反映出煤的固化温度可以用于识别煤的炼焦性能指标。

3.8.5.2　炼焦煤的 $\overline{R}_{max}$-T_k 分类

由图 3-15 示出的煤 $\overline{R}_{max}$-T_k 分类可见：

（1）$\overline{R}_{max}$ 为 0.6%~0.8% 次中间煤的焦样的 DI_{15}^{150} 随 $\overline{R}_{max}$ 的增加逐渐升高，

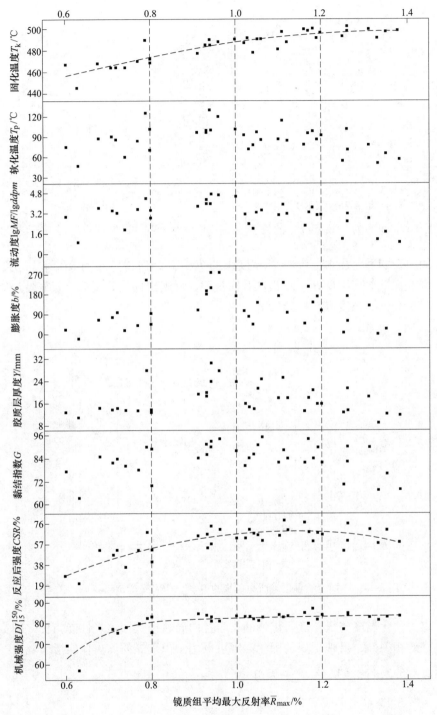

图 3-15　煤的 $\overline{R}_{\max}-T_k$ 的分类

$\overline{R}_{\max}$为0.8%~0.14%中间煤和高阶煤的DI_{15}^{150}随$\overline{R}_{\max}$的增加变化不大,意味着按煤化度对焦炭机械强度的影响可将炼焦煤分为两类,即成焦性能随变质程度增加的次中阶煤和结焦性能随变质程度增加变化不大的中高阶煤。

(2)$\overline{R}_{\max}$为0.6%~1.0%中间煤的焦样的CSR随$\overline{R}_{\max}$的增加逐渐升高,$\overline{R}_{\max}$为1.0%~1.2%次高阶煤的焦样的CSR达到最大,$\overline{R}_{\max}$为1.2%~1.4%高阶煤的焦样CSR随$\overline{R}_{\max}$的增加逐渐降低,意味着按煤化度对焦炭反应后强度的影响可将炼焦煤分为3类,即成焦性能随变质程度增加的中阶煤、成焦性能随变质程度增加变化不大的次高阶煤和结焦性能随变质程度增加逐渐降低的高阶煤。

镜质组反射率只是反映了煤的变质程度,但不能准确地反映煤成焦后镜质组转化为各向异性的组成和结构。在吉氏流动度指标中,固化温度与煤化度和焦炭性能具有相关性。统计分析得出,焦炭机械强度与煤镜质组反射率和固化温度的关系为:

$$DI_{15}^{150} = 86.38 - 8.33 \times 10^5 \exp(-18.95\overline{R}_{\max}) - 8.88 \times 10^8 \exp(-3.95 \times 10^{-2} T_{\mathrm{k}})$$

$$(3\text{-}2)$$

焦炭反应后强度与煤镜质组反射率和固化温度的关系为:

$$CSR = 259.77 + 195.64\overline{R}_{\max} - 94.67\overline{R}_{\max}^2 - 852.65\exp(-2.19 \times 10^{-3} T_{\mathrm{k}})$$

$$(3\text{-}3)$$

由此可见,将煤的$\overline{R}_{\max}$-T_{k}结合预测焦炭机械强度和反应后强度的相关系数R^2分别为0.844和0.747,比单独用$\overline{R}_{\max}$预测时的0.685和0.641有了较大幅度提高。用煤固化温度可作一个煤分类辅助指标,可以反映煤的成焦性对焦炭性能的影响。

提出用$\overline{R}_{\max}$-T_{k}进行炼焦煤分类的理由是:

(1)$\overline{R}_{\max}$能够较好地反映煤阶对焦炭机械强度和热性能的影响。

(2)固化温度T_{k}是一个反映胶质体再固化为半焦的性质指标,它不仅与煤化度$\overline{R}_{\max}$具有相关性,还与焦炭的各向异性指数OTI、机械强度和热性能指标均具有相关性。

(3)中国烟煤分类时,只用焦炭机械作为结焦性指标,没有考虑焦炭热性能,$\overline{R}_{\max}$与T_{k}结合不仅能够预测焦炭机械强度,还能够预测焦炭热性能。

3.9 成层黏结结焦与煤质评价

3.9.1 成层结焦

室式炼焦过程中，因炭化室两侧炉墙供热，从炉墙到炭化室的各个平行面之间产生温度不断下降的温度场，导致煤料软化、热解、形成塑性体、转化为半焦和焦炭的过程首先在炉墙处发生，而后不断向炭化室中心推进，进行成层结焦。

由于成层结焦，离炭化室墙面不同距离的各层煤料结焦过程处于不同状态，两侧大致平行于炭化室墙面的胶质层（塑性层）在逐渐向中心运动过程中厚度不断增加。由于胶质层不易透气性，阻碍了其内部煤热解气态产物的析出，使胶质层膨胀，膨胀压力（也称为内压）通过半焦层和焦炭层将膨胀压力传递给炭化室墙，产生墙压。当胶质层在炭化室中心汇合时，膨胀压力达到最大。适当的膨胀压力有利于煤的黏结，但过大的膨胀压力引起的过高墙压会导致推焦困难和对炉墙的破坏。

胶质层的不透气性导致胶质层期间热解产生的挥发分（70%~90%）主要是从胶质层热面排出，不透气层内气泡及其破裂是焦炭微气孔生成的重要因素。因此，成层结焦过程中，胶质层阶段煤料的热解、软化和再固化等行为，胶质层厚度、塑性、透气性等对焦炭结构和墙压产生重要影响，从而影响焦炭质量和生产操作。因此，揭示胶质层现象，是研究成层黏结成焦机理的基础，是构建煤的炼焦性质评价方法、指导配煤、控制焦炭质量和安全生产等的关键。

3.9.2 胶质层现象

将压力探测器插入炭化室煤料中，可以检测到在胶质层温度范围内（350~510℃）内压先升高后降低（见图3-16），随胶质层从炉墙向中心移动，胶质层厚度不断增加，膨胀压力峰值不断升高，墙压也随之不断升高并当膨胀压力达到最大时墙压快速升高（见图3-17）。

在实验室，采用 X 射线成像技术观察到下部单向加热煤料时胶质层的结构（见图3-18），在煤料转化为半焦过程中的胶质层内依次为软化层、膨胀层、半焦生成层。

目前，胶质层性质的检测方法主要是胶质层指数检测仪和带有活动炉墙的实验焦炉。遗憾的是，采用胶质层指数检测仪，得到的胶质层指数只是反映了胶质体数量，而不能反映胶质体性能，煤样的膨胀曲线是胶质体塑性、透气性和膨胀性综合作用的结果，无法从中分解出各种性质的信息。虽然认识到墙压来源于胶质层的膨胀压力，但是至今没有找到墙压与胶质层性质的关系，以至于影响焦炉推焦和炉墙寿命的危险煤的性质不得不通过带有活动炉墙的实验焦炉实验进行判断。

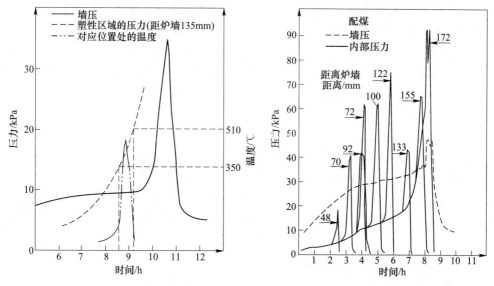

图 3-16 胶质层内的内压变化[10]　　　　图 3-17 胶质层向中心移动时的内压变化[10]

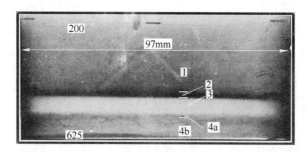

图 3-18 X射线成像测得的胶质层结构[4]

1—煤层；2—软化层；3—膨胀层；4a—半焦生成层；4b—半焦层

3.9.3 成焦过程中关联现象的研究现状

成焦过程中，煤料经历软化、热解膨胀和二次分解再固化过程。这些相互关联现象的综合作用对焦炭质量和炉墙危害产生重要影响。目前，对这些关联现象不是同步研究，而是对每个现象的特性分别进行研究。典型方法有以下几种：

（1）热重分析（*TG/DTG*），研究炼焦煤的热解行为。通过检测煤样以3~10℃/min的升温速率加热到1000℃左右时的失重率或速率，揭示挥发分析出行为。这种方法的缺点是采用的煤样粒度和质量均很小，一般为几十到几百微米，几毫克到几十毫克。

（2）塑性实验，分别研究炼焦煤炭化时的软化、熔融和膨胀等性质。如用吉氏流动仪检测塑性体的流动性（黏度），用奥阿膨胀仪检测煤的软化和膨胀行为，用 Sapozhnikov 塑性仪检测层成结焦时的胶质层厚度和煤料的体积变化等。

（3）透气性实验，向受热的煤样通 N_2，保持气体压力不变，测量 N_2 通过煤样之后的流速变化，或保持气体流速不变，测量 N_2 通过煤样的压降，得到透气性指数，推测胶质层膨胀压力的大小。

（4）内压测试，采用安装在细钢管中的电子压力计测量胶质层的气体内压。

（5）膨胀压力测试，用弹簧压力对炭化中的煤样施加一定载荷，根据测量煤样膨胀产生的位移换算成膨胀压力。

上述这些方法，多为对煤成焦过程中发生的某个特定现象进行研究，对现象间关联的认识，需要通过综合各个现象检测结果进行推测，这将影响对焦炉内煤料成焦行为及性能的认识，导致某些炼焦煤的性质评价与成焦性能不对应的案例时常出现。

炼焦工作者一直在不懈努力研究如何用这些方法测得的每个现象性质进行综合预测焦炭质量和识别危险煤的方法。但迄今为止收效甚微。事实上，目前还没有一项技术方法可以实现，在贴近焦炉炼焦实际的条件下，对炼焦煤成焦过程中发生的各种现象进行同步检测，主要是因为热解和胶质体同步生成使整个体系变得特别复杂。为此，试验焦炉仍然被认为是测量煤和配合煤料结焦性和结焦压力最可靠的办法。

3.9.4   关联性试验新方法

从认识炼焦煤在胶质层形成阶段发生的关联现象及胶质层特征的角度，并结合现代分析技术研究煤成焦过程中结构的变化，分析结构演变与胶质层特征的关系，来对炼焦煤的成焦性能进行全面评价。为此，开发了一种炼焦煤炭化关联行为特征的检测技术。

3.9.4.1   试验装置

图 3-19 为炼焦煤炭化关联行为特征检测装置示意图[11]。其主要特点是：能够在模拟焦炉单向传热的条件下，同步检测炼焦煤炭化过程中的挥发分析出行为、料层的收缩-膨胀行为及膨胀压力变化特征，并对不同炭化时刻的胶质层厚度和内部相态特征进行检测。

3.9.4.2   试验方法

A   炼焦煤炭化行为特征检测

按 GB 474—2008 进行煤样的制取，装杯操作、升温制度和加热方式与烟煤胶质层指数测定实验（GB/T 479—2000）相同，区别在于将用于提供恒定载荷的砝码换成气泵。

实验时，电子天平检测炭化过程中煤样的重量变化，用以分析挥发分的析出

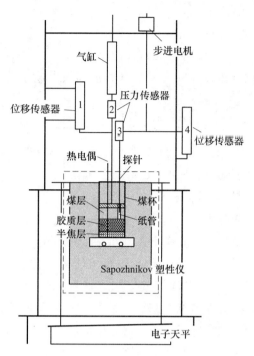

图3-19　炼焦煤炭化关联行为特征检测装置

行为；线性位移传感器（1）来检测炭化过程中煤样的高度变化，用以分析料层的收缩-膨胀程度；压力传感器（2）检测炭化过程中煤样产生的膨胀压力（不小于98kPa），用以分析膨胀压力变化。

B　炼焦煤炭化形成胶质层特征检测

在炼焦煤炭化实验的过程中，由压力传感器（3）、位移传感器（4）、步进电机以及探针组成的联动系统，实现对煤料在不同时段形成胶质层的特征检测，探针尺寸和测试频率与国标规定相同。

具体为：由步进电机驱动探针沿纸管围成的中空通道，从初始位置向下运动，当接触胶质层并在其内部运动时，探针阻力会发生变化，当阻力超过设定上限时探针返回。在探针下行过程中所遇阻力和位移变化数据，由压力传感器（3）和位移传感器（4）同步检测。

C　特征参数提取

通过上述检测数据，获得了炼焦煤炭化过程中的几方面信息：

（1）体积形变。体积形变涉及收缩和膨胀两方面，膨胀和收缩程度 $x(\%)$ 可由料层的高度计算得到，公式如下：

$$x = \frac{h_t - h_0}{h_0} \times 100\% \tag{3-4}$$

式中 h_0——料层初始高度，mm；

$\quad\quad h_t$——t 时刻料层高度，mm。

$x<0$ 表示料层收缩，而 $x>0$ 表示料层膨胀。

（2）挥发分析出。由煤样的失重量 $f(\%)$ 和失重速率 $\mathrm{d}f/\mathrm{d}t(\%/\min)$ 表征，公式如下：

$$f = \frac{m_0 - m_t}{m_0 - m_{\mathrm{ash}}} \times 100\% \tag{3-5}$$

式中 m_0——初始煤样质量，g；

$\quad\quad m_t$——t 时刻煤样质量，g；

$\quad\quad m_{\mathrm{ash}}$——煤样中灰分质量，g。

对失重量求导，得到挥发分逸出速率 $\mathrm{d}f/\mathrm{d}t$，$\%/\min$。

（3）膨胀压力变化。利用压力传感器检测压力变化数据，来分析炼焦煤炭化过程中产生的膨胀压力 $p(\mathrm{kPa})$ 特征。

（4）胶质层特征。依据在炭化过程中测得的探针所遇阻力随位移变化信息，来确定不同炭化时刻下的探针阻力随位移变化特征，即探针阻力曲线，据此得到炼焦煤在不同炭化时刻形成的胶质层厚度及其内部相态特征。

3.9.5 煤化度对煤炭化关联性的影响[12]

选取六种不同变质程度单种炼焦煤（C1～C6）进行的炭化关联实验，得的炭化行为特征曲线图，如图 3-20 所示。炼焦煤的变质程度从 C1 到 C6 逐渐升高，挥发分产率 V_{daf} 变化范围为 41.5%～16.1%。

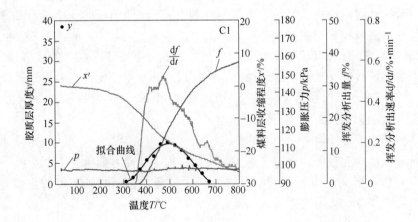

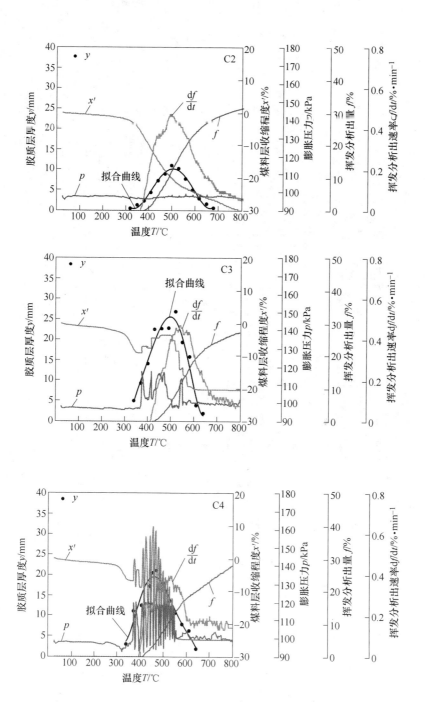

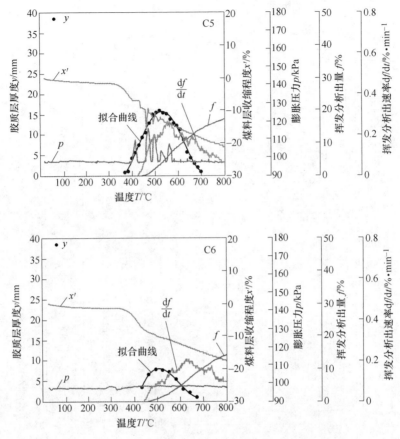

图 3-20 不同变质程度单种炼焦煤炭化行为特征曲线图

在图 3-20 中，横坐标为杯底温度，纵坐标描述炼焦煤炭化过程中所发生的各种行为的演变特征，主要有胶质层厚度（y）、料层收缩-膨胀（x）、膨胀压力（p）、挥发分析出量（f）及析出速率（$\mathrm{d}f/\mathrm{d}t$）。可以看出，不同变质程度的煤呈现出的炭化关联行为特征具有明显差异，胶质层厚度、膨胀压力和挥发分析出间的相关关系复杂，对各炭化行为的特征及行为间的关系总结如下。

3.9.5.1 初始炭化特征

表征炼焦煤炭化初始特征的参数主要为：煤样收缩 1mm 时的杯底温度为煤样初始软化温度 T_i，胶质层开始出现温度 $T_i(y)$ 由胶质层曲线外延获得，膨胀压力开始出现（大于给定载荷 98kPa）及挥发分开始逸出时刻的胶质层厚度 $y(p_i)$、$y(VM_i)$，胶质层固化形成的初始固化层厚度 $h(PRL)$。煤样的初始炭化特征一般与煤样的变质程度及塑性性能相关。为此，建立炭化行为初始特征参数与煤样挥发分产率（VM）及形成的最大胶质层厚度（y_{max}）间的关系，如图 3-21 所示。

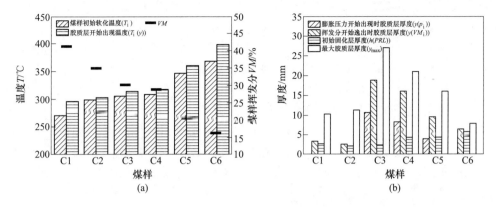

图 3-21　初始炭化特征参数与挥发分产率和最大胶质层厚度间的关系

(a) 煤样挥发分产率；(b) 最大胶质层厚度

T_i 和 $T_i(y)$ 受煤样变质程度及挥发分产率影响不大，T_i 的变化范围为 270～370℃，$T_i(y)$ 的变化范围为 297～400℃，如图 3-21（a）所示。由图 3-21（b）可以看出，煤样 C3、C4、C5 的 $y(p_i)$ 依次为 10.59mm、8.30mm、3.90mm，随 3 个煤样形成的 y_{max} 的降低而降低；煤样 $y(VM_i)$ 的变化范围为 2.58～18.84mm，且 6 个煤样的 $y(VM_i)$ 和 y_{max} 变化特征相似，均在 C3 出现最大值；煤样 $h(PRL)$ 的变化范围为 2.09～5.75mm。

通过比较煤样初始炭化特征参数可以看出，随着温度的升高，各炭化行为是依次发生的，具体为煤样受热软化、出现胶质层、膨胀压力产生，最后挥发分析出。其中，胶质层发展到一定程度后才有膨胀压力的产生，并且膨胀压力产生一段时间后才出现挥发分的析出，这表明胶质层的不易透气性，使得煤热解产生的挥发分在胶质层内发生聚集，进而导致胶质层膨胀而产生膨胀压力，$y(VM_i)$ 可以作为一种衡量胶质层透气性能的依据。

3.9.5.2　炭化过程特征

A　膨胀压力

a　膨胀压力特征

由图 3-20 可以看出，测试的 6 个不同变质程度煤样中，只有 C3、C4、C5 在炭化过程中出现了大于给定载荷（98kPa）的膨胀压力，且产生的膨胀压力曲线具有不同的特征，C3、C5 呈现多峰型，C4 呈现频繁波动型。对这 3 个煤样的膨胀压力数据进行处理，得各最大膨胀压力峰值的均值 $p_{s,max}$，用以反映炼焦煤炭化过程中产生膨胀压力的平均效应，C3、C4、C5 的 $p_{s,max}$ 依次为（116.50±1.42）kPa、（119.36±0.88）kPa、（110.11±3.2）kPa。

膨胀压力的产生与胶质层的低透气性相关，比较了 $p_{s,max}$ 与膨胀压力产生期间胶质层厚度的关系，主要为膨胀压力产生和消失时刻的胶质层厚度 $y_i(p_s)$、$y_f(p_s)$，以及最大胶质层厚度 y_{max}，如图 3-21（a）所示。分别比较 C3、C4 与 C5 的特征参数，存在着煤样炭化过程中形成的 y_{max} 越大、对应的 $p_{s,max}$ 越高的趋势。但综合比较 C3、C4、C5 参数来看，C4 的 y_{max} 在 3 个煤样中处于中等，但形成的 $p_{s,max}$ 却最大，为（119.36±0.88）kPa。

综合比较 6 个煤样的膨胀压力特征，炭化过程中炼焦煤产生的膨胀压力是煤样的固有性质，不仅取决于煤样炭化过程中形成胶质体的数量（即胶质层厚度），更主要的是取决于其质量。胶质层内热解气体的产率及析出速率和塑性物质的性质，显著影响着胶质层内的气泡的稳定性，胶质层内气泡的生长及破裂的频率造成了膨胀压力呈现波动性的变化，如图 3-20 所示。为此，膨胀压力曲线提供了炼焦煤炭化形成胶质层的内部气泡性质及其作用的信息。

b   膨胀压力与料层形变

由于热解气体在胶质层内聚集，导致胶质层膨胀，从而对相邻料层产生作用力，构成炭化过程中料层体积形变的关键因素。图 3-22（b）是炭化过程中，C3、C4、C5 形成的膨胀压力特征与料层体积形变间的比较。煤样在膨胀压力产生、消失和 y_{max} 时刻的形变程度表示为 $x(p_i)$、$x(p_f)$ 和 $x(y_{max})$。结合图 3-20 可以看出，C3、C4 随着膨胀压力的产生料层发生膨胀，在 y_{max} 时刻达到最大，后逐渐收缩，体积形变的曲线呈现驼峰状；而 C1、C2、C5 和 C6 的体积形变呈现逐渐收缩的趋势。

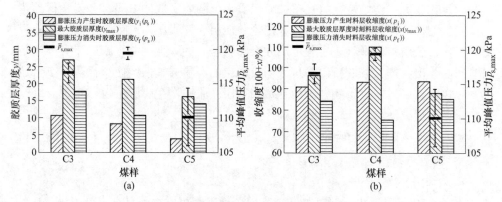

图 3-22   膨胀压力参数与胶质层厚度变化和料层体积形变间的关系
（a）胶质层厚度变化；（b）料层体积形变

图 3-20 清晰地展示了炭化过程中，膨胀压力变化特征与料层形变间的对应关系。多峰型的膨胀压力曲线对应一山型的体积形变曲线（如 C3），频繁波动型的膨胀压力曲线对应一多峰型的体积形变曲线（如 C4）。由此可以看出，胶质层产生的膨胀压力及其对料层的作用等现象的发生机理是复杂的，与胶质层内部状

态特征相关，主要是内部熔融物质的状态及挥发性物质的形成和释放速度。

B　挥发分析出

a　挥发分析出特征

图 3-23 示出炭化过程中挥发分析出特征参数与煤样挥发分产率间的关系。可以看出，挥发分析出特征参数中（$\mathrm{d}f/\mathrm{d}t$）$_{\max}$、$f(y_{\max})$、$f\left[(\mathrm{d}f/\mathrm{d}t)_{\max}\right]$ 与煤样的挥发分（VM）含量不具有明显的数量相关关系，但随煤样 VM 含量降低，各特征参数基本呈现降低的趋势。

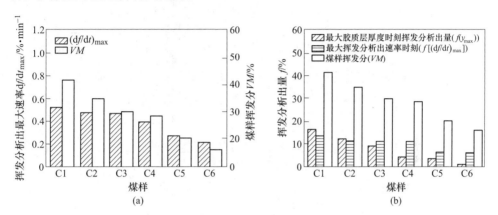

图 3-23　炭化过程中挥发分析出特征参数与煤样挥发分产率 VM 间的关系

（a）（$\mathrm{d}f/\mathrm{d}t$）$_{\max}$ 与 VM；（b）$y_{\max}$ 和（$\mathrm{d}f/\mathrm{d}t$）$_{\max}$ 时刻的挥发分析出量 $f(y_{\max})$、$f\left[(\mathrm{d}f/\mathrm{d}t)_{\max}\right]$ 与 VM

由图 3-20 可以看出，各煤样炭化过程中的挥发分析出速率（$\mathrm{d}f/\mathrm{d}t$）基本均成单峰形式，只在最大挥发分析出速率（$\mathrm{d}f/\mathrm{d}t$）$_{\max}$ 峰出现的时间点及强度存在差别。C1、C2 的（$\mathrm{d}f/\mathrm{d}t$）$_{\max}$ 值较高，分别为 0.52%/min、0.47%/min，且出现在 $y_{\max}$ 之前；C3、C4 的（$\mathrm{d}f/\mathrm{d}t$）$_{\max}$ 值中等，分别为 0.47%/min、0.39%/min，且出现在 $y_{\max}$ 之后；C5、C6 的（$\mathrm{d}f/\mathrm{d}t$）$_{\max}$ 值较低，分别为 0.27%/min、0.21%/min，且在 $y_{\max}$ 出现较长时间后 C6 的（$\mathrm{d}f/\mathrm{d}t$）$_{\max}$ 才出现。

b　挥发分析出与胶质层特征

在单向传热的热场条件下，煤样炭化过程中的挥发分主要由胶质层低温端热解产生的挥发性物质演化而来，挥发分的逸出伴随胶质层固化成半焦及半焦收缩而发生。因此，挥发分的逸出是胶质层内热解及脱气综合作用的结果。热解气体的生成量与胶质层的发展程度直接相关，气体的逸出受胶质层固化特性的影响。炭化过程中，随着胶质厚度（y）的增加和降低，6 个煤样的挥发分析出速率（$\mathrm{d}f/\mathrm{d}t$）呈现先升高后降低的趋势，如图 3-20 所示。

C1~C5 的（$\mathrm{d}f/\mathrm{d}t$）$_{\max}$ 与 $y_{\max}$ 出现时刻相差不多（见图 3-20），但 C1、C2 在胶质层形成不久便有挥发分的析出，而 C3~C5 是在胶质层发展到一定程度后才出现的挥发分析出行为，并且 C3、C4、C5 在膨胀压力 p_s 接近消失的时刻才有（df/dt）$_{max}$ 的产生，这进一步说明挥发分在胶质层内的聚集是构成膨胀压力产生的主要因素。对于 y_{max} 出现较长时间后 C6 才出现（df/dt）$_{max}$ 的原因，可能与 C6 形成的胶质层内部气相浓度较低有关。

在炭化过程的末期，伴随胶质层的逐渐消失，各炭化行为也趋于稳定。

上述结果表明，炼焦煤炭化过程中发生的各炭化行为与胶质层的形成、发展和消失密切相关，胶质层内部状态及性质是造成不同变质程度煤样炭化行为具有差异的主要原因。

3.9.6　配合煤的炭化关联性

应用关联性检测新方法对六组配合煤样进行了分析，煤样为某钢厂 1 号、2 号焦炉生产所用 6 个配合煤样，各配合煤样对应的配煤结构不同，各配合煤样指标及对应焦炭指标见表 3-4。

表 3-4　配合煤指标及对应焦炭指标

焦炉	样品	配煤指标					焦炭指标			
		A_d/%	V_{daf}/%	$S_{t,d}$/%	G	Y/mm	M_{40}/%	M_{10}/%	CRI/%	CSR/%
1 号	配煤 1 号	10.08	26.64	0.88	84	18.0	90.27	5.93	23.10	67.90
	配煤 2 号	9.70	27.23	1.04	84	16.5	89.70	5.90	25.50	63.30
	配煤 3 号	9.74	26.64	0.95	83	17.0	90.34	5.78	23.30	66.40
2 号	配煤 4 号	10.35	26.96	0.95	83	13.5	87.60	6.40	30.10	58.80
	配煤 5 号	10.28	27.34	0.92	82	16.0	88.00	6.80	28.10	60.40
	配煤 6 号	9.94	26.81	0.87	80	16.0	88.00	6.40	27.40	62.80

由表 3-4 可以看出，1 号、2 号焦炉各期次配合煤样的指标相差不大，对应的焦炭的机械强度指标（M_{40}、M_{10}）也相差不大。焦炭的 CRI 和 CSR 指标存在差异，其中 1 号的 CRI 较低（23.10% ~ 25.50%），CSR 较高（63.30% ~ 67.90%），2 号的 CRI 较高（27.40% ~ 30.10%），CSR 较低（58.80% ~ 62.80%），1 号焦炉焦炭的热态性能优于 2 号。同时，对于 1 号焦炭的各试样（配煤 1 号~配煤 3 号），CRI 和 CSR 相差不大，对 2 号焦炉的各试样（配煤 4 号~配煤 6 号），CRI 逐渐降低，CSR 逐渐升高。各期次配煤对应焦炭热态性能指标的差异可能与配合煤样成焦过程中的某些关联特征有关。

对各期次配合煤样进行关联性检测实验，获得配合煤炭化行为特征曲线图，如图 3-24 所示。由图 3-24 可看出，不同配煤结构下配合煤样的炭化关联性的差异：

（1）在 1 号焦炉各配煤试样中，由配煤 1 号到配煤 3 号，最大胶质层厚度（y_{max}）和最终收缩度（x'）均呈递增的趋势，而挥发分最大析出速率（df/dt）$_{max}$呈递减趋势。另外，配煤 1 号膨胀压力与体积形变发生变化的频率快，且集中在一较短的时间范围（70～85min）内；配煤 2 号和配煤 3 号膨胀压力与体积形变发生变化的频率较为平缓，且分布在一较长的时间范围（75～120min）内。

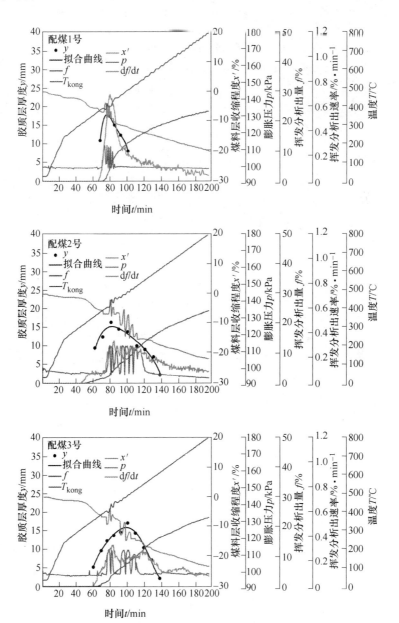

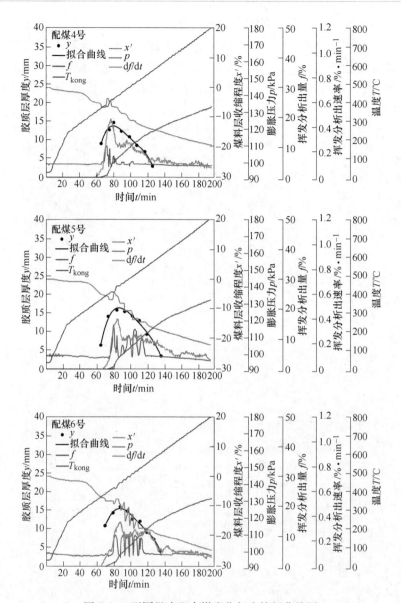

图 3-24　不同批次配合煤炭化行为特征曲线图

（2）在 2 号焦炉各配煤试样中，由配煤 4 号到配煤 6 号，最大胶质层厚度（y_{max}）和最终收缩度（x'）也均呈递增的趋势，而挥发分最大析出速率（df/dt）$_{max}$ 波动不大。配煤 4 号、5 号和 6 号炭化过程发生的膨胀压力与体积形变具有明显的差异。其中，配煤 4 号发生的膨胀压力与体积形变出现在较短的时间（75~80min）内，且变化强度弱；配煤 5 号发生膨胀压力与体积形变的时间范围（80~120min）较长，但变化强度不均衡；配煤 6 号发生膨胀压力与体积形变的时间范围也集中在 80～120min 内，且膨胀压力及形变呈现出均衡变化的趋势。

综上可以看出，通过关联性检测实验能够很好地识别出，由不同配煤结构组成的配合煤样成焦时发生的炭化行为间的差异。据此，可以形成对配合煤所产焦炭性能指标差异原因的认识。

3.9.7　胶质层的性质[11]

通过上述分析可知，炼焦煤炭化过程中发生的炭化行为与所形成的胶质层特征直接相关，主要是胶质层厚度和其内部状态特征。为此，对炼焦煤炭化过程形成胶质层的特征开展了研究，现用一案例作为展示。

3.9.7.1　胶质层的结构组成

利用"炼焦煤炭化关联行为特征检测装置"，按 3.8.3.2 所述方法对一炼焦煤进行炭化实验，在不同的炭化时刻进行胶质层特征测试，所得探针阻力曲线特征如图 3-25 所示。

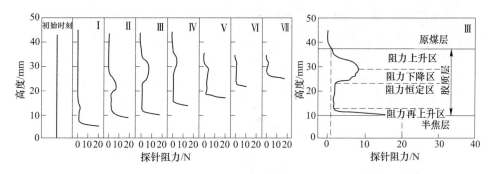

图 3-25　不同炭化时刻（Ⅰ～Ⅶ）胶质层特征测试时的探针阻力曲线

由图 3-25 可以看出，在 Ⅰ～Ⅶ时刻，探针在胶质层内运行时所遇阻力呈现一相同的变化趋势。据阻力变化特征，可以将胶质层分成 4 个结构区域，依次为阻力上升区、阻力下降区、阻力恒定区、阻力再上升区，具体如图 3-25 所示。

图 3-25 展示了与煤料在焦炉内成焦时类似的成焦过程。即，在单向加热条件下，随杯底温度升高，靠近杯底的煤料首先形成胶质层，后胶质层固化形成半焦层，而与胶质层临近的煤层继续热解形成新的胶质层，由煤到胶质层再到半焦层的过程持续进行，直至煤料全部转换为半焦。受温度梯度影响，胶质层内的不同位置的料层呈现不同的热解状态，从而导致胶质层内不同探针阻力区域的形成。据此，探针阻力沿胶质层高向上的分布是胶质层内塑性状态转变的一种反映。综上，探针阻力曲线提供了炼焦煤炭化过程中形成胶质层的厚度及内部塑性状态演变的信息。

3.9.7.2 胶质层内部形貌和化学结构演变特征

提取胶质层内处于不同阻力区域的代表性样本用电镜进行形貌和化学结构特征的分析，借此来探究煤料经胶质层转变成半焦过程中发生的物理形貌和化学结构方面的演变，形成对成焦过程的全面认识。

A 胶质层内物理形貌演变特征

不同阻力区域样本的电镜（SEM）分析结果，如图3-26所示。

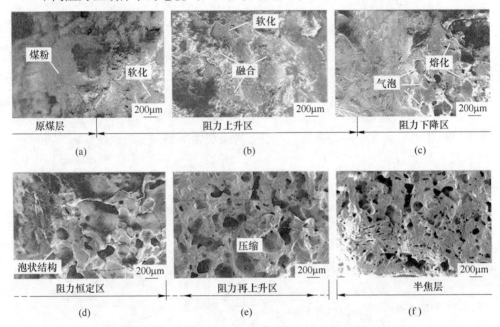

图3-26　胶质层内不同阻力区域样本的形貌特征

（a）RCL，原煤层（raw coal layer）；（b）SFZ，软化融合区（softening-fusion zone）；
（c）MPBZ，熔化-热解-泡状区（melting-pyrolysis-bubbling zone）；（d）MZ，胶质体区（metaplast zone）；
（e）RSZ，再固化区（re-solidified zone）；（f）SCL，半焦层（semi-coke layer）

图3-26（a）为探针阻力刚开始上升区域样本图像，含未转变的、发生变形的以及软化的煤颗粒，证明该区域上部为未转变的原煤层（raw coal layer，RCL）。

图3-26（b）为探针阻力上升区域样本图像，示出了软化的煤粒发生融合的状态。为此，探针阻力上升区为煤粒发生软化、融合的区域（softening-fusion zone，SFZ），阻力的增速是煤粒软融程度的一种反映。

图3-26（c）为探针阻力达到最大值后开始下降区域样本图像，含球状的气泡和熔化的煤样。这表明料层中煤粒间空隙被完全填满，煤热解气体析出受阻产生气泡，气泡生长构成膨胀压力产生的内因。因此，探针阻力下降区可代表煤料发生熔化-热解-冒泡的区域（melting-pyrolysis-bubbling zone，MPBZ）。

图3-26（d）为探针阻力恒定区域样本图像，呈现泡沫般的特征。这是受困

于黏性介质中的挥发性气体发生剧烈演变，导致气泡长大并发生破裂，从而导致该区域出现大的孔隙结构。因此，探针阻力恒定区可代表胶质层内气、液、固三相共存的胶质体区（metaplast zone，MZ）。

图 3-26（e）为探针阻力再上升区域样本图像，呈现压缩的孔隙结构特征。由于上部区域膨胀将塑性物向半焦侧压缩，使受困的气体被排出，造成孔隙结构收缩，阻力再上升区对应于胶质体向半焦转变的再固化阶段，因此，探针阻力再上升区可代表煤炭化过程中的再固化区域（re-solidified zone，RSZ）。

图 3-26（f）为超出探针阻力上限区域样本图像，呈多孔状的形貌。此区域，胶质层已完全固化成半焦，即为半焦层（semi-coke layer，SCL）。

综上进一步证明，探针阻力曲线可以用于识别胶质层内发生的相态演变，不同探针阻力区域的厚度是炼焦煤炭化过程中热解程度的反映，与煤的化学结构变化相关。

B 胶质层内化学结构演变特征

利用红外、拉曼和 X 射线衍射对来自不同阻力区域样本的化学结构特征进行了分析。

a 不同阻力区域样本的红外光谱分析

从不同阻力区域样本的红外光谱（见图 3-27）可以看出，煤向半焦转变过程中发生了化学结构的演变。对不同阻力区域样本的脂肪族结构参数进行分析，主要包括归一化的脂肪族 CH、归一化的 CH_2、归一化的 CH_3 以及 $A_{芳香CH}/A_{脂肪CH}$，参数由对应特征峰的积分面积对比而得，具体如图 3-28 所示。

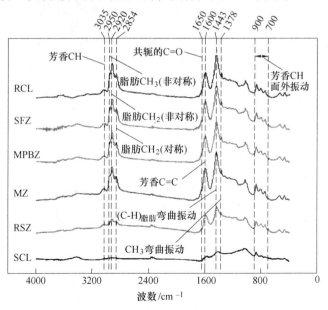

图 3-27 不同阻力区域样本的红外光谱

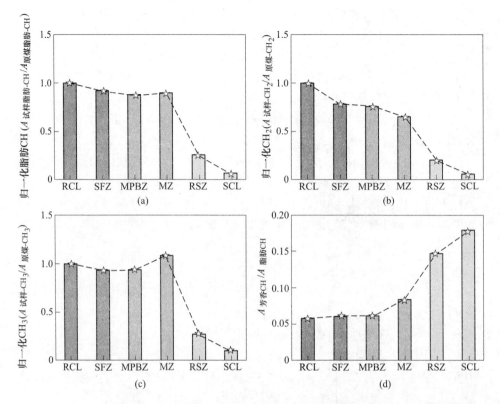

图 3-28　不同阻力区域样本的红外光谱参数的变化
(a) 脂肪族变化；(b) CH_2 变化；(c) CH_3 变化；(d) 芳碳率变化

由图 3-28 (a) ~ (c) 可看出，与原煤层 (RCL) 样本相比，软融区 (SFZ) 样本的脂肪族 CH 和 CH_3 出现少量降低，CH_2 出现大量降低。表明，在软融区煤料发生了脂肪族结构方面的变化，主要是与芳香族簇连接的脂肪族桥键发生断裂，导致 SFZ 区域焦油及挥发性物质 [见图 3-26 (b)] 的形成，并逐渐填充了煤粒间的空隙，引起探针阻力的上升。

来自熔化-热解-冒泡区 (MPBZ) 样本的脂肪族 CH 和 CH_2 进一步降低 [见图 3-28 (a) ~ (b)]，并且在 MPBZ 出现了气泡和熔化的煤颗粒 [见图 3-26 (c)]。表明，在 MPBZ 区域煤料的脂肪族结构分解增加，形成相对大量的塑性物质及挥发分性产物，增强了 MPBZ 区域的流动性，引起探针阻力的降低。

来自胶质体区 (MZ) 样本的脂肪族 CH 和 CH_3 增加，而 CH_2 继续降低 [见图 3-28 (a) ~ (c)]。表明在 MZ 区，煤中脂肪族结构分解活跃，形成大量具有中等分子量的塑性物质。另外，MZ 样本的泡沫状形貌 [见图 3-26 (d)] 表明 MZ 内的气相物质发生剧烈演化，导致气泡膨胀，增强了塑性物质的流动，利于传氢和稳定自由基，从而促进富含芳香物质的液相产物的生成。随煤料热解的进行，形成的气、液、固三相产物在 MZ 区聚集混合，料层呈现出一种稳定的黏流状态，此时探针阻力恒定。

来自再固化区（RSZ）样本的脂肪族 CH 明显降低，CH_2 和 CH_3 也显著下降［见图 3-28（a）～（c）］，同时 RSZ 以下的样本呈现出半焦的多孔结构形貌［见图 3-26（f）］，这表明 RSZ 发生了再固化过程。随交联反应的发生，形成半焦，导致 RSZ 内流动性急剧降低，探针阻力显著升高。

再固化发生后，来自半焦层（SCL）样本的脂肪族 CH、CH_2 和 CH_3 进一步降低［见图 3-28（a）～（c）］。由图 3-28（d）可以看出，在由原煤层（RCL）样本到半焦层（RCL）样本中，表征煤大分结构中芳香族结构演变的 $A_{芳香CH}/A_{脂肪CH}$ 持续增加，且在 MZ 到 RSZ 过程中显著增加。这表明在煤经胶质层成焦时，伴随煤脂肪族结构的解聚，还发生着芳香族结构的重排，这关系到成焦过程中芳环系统的演变及焦炭晶型结构的发展。

b　不同阻力区域样本的拉曼光谱分析

对来自不同阻力区域的样本进行拉曼光谱分析，关注了表征芳环系统演变的拉曼结构参数［$(G_R+V_L+V_R)/D$］的变化，如图 3-29 所示。

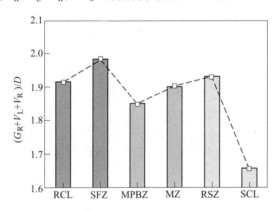

图 3-29　不同阻力区域样本的 $(G_R+V_L+V_R)/D$ 参数变化

通过前述分析可知，在软融区（SFZ）煤大分子结构中脂肪族结构的分解，导致煤大分子结构中的芳环发生脱落，使得 SFZ 样本的 $(G_R+V_L+V_R)/D$ 增加；同时，在熔化-热解-冒泡区（MPBZ）发生了气泡的破裂和煤粒的熔化［见图 3-26（c）］，导致富含芳环的物质在这一区域内释放，从而引起 MPBZ 样本的 $(G_R+V_L+V_R)/D$ 降低。

对于来自胶质体区（MZ）和再固化区（RSZ）的样本，$(G_R+V_L+V_R)/D$ 依次增加（见图 3-29），这反映了芳环体系在这两个区域的发展，这一现象与胶质层内产生的挥发性前驱体的演化有关。如前所述，在 MZ 煤大分子结构分级剧烈形成大量的挥发性物质及液相产物，同时 MZ 维持一低探针阻力的较大区间，有助于形成的各相物质间的相互作用，从而促进了 MZ 和 RSZ 区域芳环结构的发展。对于由再固化区（RSZ）到半焦区（SCL）出现的 $(G_R+V_L+V_R)/D$ 显著降低，是由于再固化过程中，芳环体系长大所致。芳环体系在这些区域的演变决定了所形成焦炭的晶型结构的发展程度。

   c 不同阻力区域样本的 X 射线衍射光谱分析

   对来自不同阻力区域的样本进行 X 射线衍射光谱分析，主要关注了煤经胶质层成焦过程中晶型结构的变化。具体通过结晶碳含量、层片间距（d_{002}）和微晶尺寸（L_c）等晶型参数来反映，如图 3-30 所示。

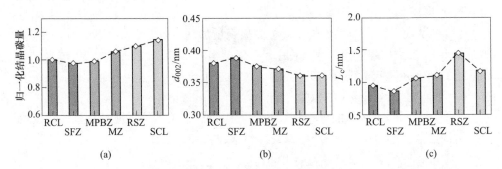

图 3-30   不同阻力区域样本的晶型参数变化
（a）结晶碳变化；（b）d_{002}变化；（c）L_c 变化

   由图 3-30（a）~（c）可以看出，相比于原煤层（RCL）样本，软融区（SFZ）样本的结晶碳含量和 L_c 降低，而 d_{002} 出现增高，这归因于 SFZ 内煤大分子结构中脂肪族结构解聚，破坏了煤中原有的有序结构所致。

   对于胶质层内相态发生转变的几个连续区域，即从软融区（SFZ）到再固化区（RSZ），随着结晶碳含量的增加［见图 3-30（a）］，晶型结构变得有序，具体表现为 d_{002} 逐渐降低，L_c 逐渐升高［见图 3-30（b）~（c）］。这是由于在这些区域芳环体系得到发展，增加了结晶碳含量，从而促进了晶型结构的发展。

3.9.7.3   胶质层特征的综合分析

   通过以上对于胶质层内发生的宏观现象（探针阻力及形貌变化）及微观演变（化学结构变化）方面的分析，构建了胶质层内发生现象的示意图（见图3-31），主要涉及塑性状态演变、物理形貌的发展以及化学结构的转变。

   可以看出，在胶质层的不同阻力区域会有不同的现象发生。如上所述，阻力上升区（即软融区）能够反映出煤粒间空隙填充的程度，阻力下降区（即熔化-热解-冒泡区）的发展关系到胶质层膨胀压力的产生。另外，煤炭化产生的塑性物质在阻力恒定区（即胶质体区）聚集，阻力恒定区的大小关系到塑性物质内的传氢反应及环缩合反应的进行，进而影响芳环体系和塑性的发展程度，并最终影响煤炭化形成焦炭的晶型结构。在阻力再上升区（即再固化区），随芳环体系发展，促进了焦炭晶型结构的发展。

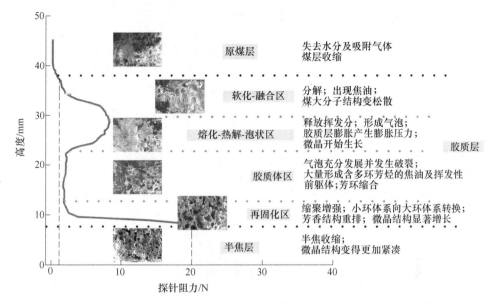

图 3-31　胶质层内部的探针阻力及试样形貌的演变和发生的主要事件[5]

综上可以看出，应用探针阻力在胶质层内的变化，可以很好地反映胶质层内发生的各种炭化现象及其发展程度，能形成对炼焦煤经胶质层进行成焦过程的把握，从而达到对煤成焦性能的识别和判断。

3.9.7.4　胶质层特征与煤质指标关系

通过对炼焦煤炭化过程中关联现象特征分析，发现各炭化关联特征与胶质层的发展程度直接相关；胶质层可划分为 4 个组成区域，即阻力上升区、阻力下降区、阻力恒定区、阻力再上升区。各区域在炭化过程中所发生的物理及化学层面的变化程度不同，从而构成了炭化过程中发生现象的主导因素，且胶质层内不同阻力区域的演变程度直接关系到炼焦煤成焦过程中的膨胀、流动、黏结的发展情况。

对 17 种单种炼焦煤进行炼焦煤炭化关联行为特征检测实验，提取了各炼焦煤形成胶质层的不同探针阻力区域厚度等特征值，主要包括阻力下降、恒定区的厚度，以及恒定区厚度与恒定区内探针阻力的乘积，并将这些特征值与炼焦煤自身的塑性和黏结性指标建立关系，结果如图 3-32 所示。

从图 3-32 可以看出，各炼焦煤炭化形成胶质层具有的阻力下降区厚度与炼焦煤自身的膨胀度间具有良好的相关性，相关系数（R^2）达 0.76；阻力恒定区厚度与流动度和热稳定性区间相关性也非常好，相关系数（R^2）分别为 0.744 和 0.844；恒定区厚度与恒定区内探针阻力的乘积与炼焦煤自身的黏结指数间的相

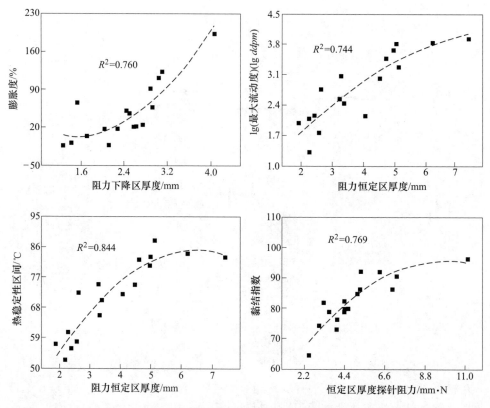

图 3-32   炼焦煤炭化形成胶质层性质与塑性指标间关系

关系数（R^2）达 0.769，相关性显著。

从炼焦煤炭化形成胶质层的特征阻力区域参数与炼焦煤塑性及黏结性指标间的对应关系可以看出，胶质层内的阻力下降区是煤成焦过程中的膨胀性的主要控制区域。阻力恒定区是成焦过程中流动和黏结的主要控制区域，对形成焦炭的碳质结构发展程度有着关键性的影响。

3.10   配煤技术面临的问题和发展趋势

煤及其炼焦性质的认识和配煤原理的形成与煤化学的发展密切相关。虽然煤化学自 19 世纪中开创以来，经历了鼎盛阶段（1913～1963 年）、衰落和复兴阶段（1963 年以后），但是，目前对炼焦煤的煤质评价仍然采用 20 世纪 30 年代左右提出的方法，现行配煤技术很少吸取近代焦化基础理论方面所获得的成果，始终停留在定性的、经验的配煤阶段，这样难免使煤料调配不精或不准。虽然煤炭工作者和炼焦工作者进行了大量的煤质评价工作，炼焦企业实时对来煤和配合煤进行煤质检验，可以说掌握了大量的煤质各方面的数据，建立了多种基于煤质数据预测焦炭质量指标的模型。但是，这些研究结果的适用性都受到不同程度的限制，迄今为止，实际采用的配煤方法需要通过配煤实验工具（实验焦炉）验证，并通过炼焦后才能确定。

3.10.1　配合煤的性质改质

基于煤的共炭化理论，配合煤料中各单种煤性质的改质会引起作用发生变化，为此，配合煤性质与单种煤性质的关系可表示为：

$$p = \sum_1^n p_i x_i + \sum_1^n \frac{\Delta p_i}{\Delta x_i} x_i \tag{3-6}$$

式中　p——配合煤的性质；

n——配合煤的煤种数；

p_i——i 种煤的性质；

x_i——i 种煤的配比；

$\Delta p_i / \Delta x_i$——配合煤中 i 种煤配比变化引起的性质变化。

如果煤的性质具有加和性，配合煤的性质可以用单种煤的性质加和计算，式（3-6）可写成：

$$p = \sum_1^n p_i x_i \tag{3-7}$$

然而，实践证明，除了焦炭的化学组成可以近似用单种煤加和计算外，煤的其余性质的加和性均不理想，导致配合煤的性质不能用单种煤的性质加和计算。

配合煤料中不同性质煤的改质作用是非常明显的。国内不同地区焦化企业的配煤思路仍然采用了气煤、气肥煤、肥煤、1/3 焦煤、焦煤、瘦煤几大类配合，但是各类煤使用的比例却大不相同。如华东地区的焦化企业使用的各类煤的比例比较均衡；中南地区使用 1/3 焦煤和焦煤的比例比较大；东北地区使用肥煤和焦煤的比例比较大，1/3 焦煤的比例比较小；西南地区使用的煤种比较单一，以气肥煤和焦煤为主，几乎不使用瘦煤。由此可见，虽然不同品种的煤性质存在明显差异，但是，只要充分发挥它们在配合煤中的改质作用，即使配煤方案不同，生产的焦炭仍然能够满足高炉要求。问题是目前配合煤料中煤的改质作用无法直接评定，不得不经配合煤炼焦实验验证后才能确定。

配煤比的不确定性意味着各焦化企业的经验配煤方案不具普适性。配煤炼焦的经验和模型受到区域性和时效性制约，很难推广应用。

3.10.2　存在"性质异常煤"

按单种煤性质配煤的一个假定条件是，不同性质的煤在配合煤中的作用不同。然而，现实中时常发现"性质异常煤"，如：

（1）一些变质程度相近但炼焦性能相差很大、甚至几个煤质指标相近，但炼成的焦炭性能却相差较大的炼焦煤；

（2）煤种相同但相互替换后在配煤中发挥作用不同，或煤种不同但相互替换后在配煤中发挥的作用相同。

如果焦化企业遇到了"性质异常煤"，形成的配煤经验模型必然会失效。

煤的性质是固有的，不会出现异常。所谓"性质异常煤"，充分暴露出目前炼焦煤性质评价体系的不足。为此，炼焦煤性质新认识和质量评价方法的创新，揭示"性质异常煤"的性质，是炼焦工作者不断研究的热点课题。只有在这方面的研究有所突破，才能为真正意义上实现精准配煤奠定基础。

3.10.3　煤质评价体系不适应焦炭热性能

焦炭质量指标 M_{40}、M_{10} 的提出至今已经有 100 多年的历史，CRI 和 CSR 是 20 世纪 70 年代提出的，此后才受到焦化和炼铁界的普遍关注和迅速推广应用。20 世纪 20~60 年代建立的炼焦煤的煤质评价体系、黏结成焦机理和配煤原理，此后形成的炼焦煤分类标准等，针对的都是焦炭机械强度，并没有涉及焦炭 CRI 和 CSR 指标。各地域的焦化企业采用差异很大的配煤方案，并与捣固等工艺技术结合，生产的焦炭的 M_{40}、M_{10} 基本能满足高炉要求，但是，如采用类似的配煤方案，生产的焦炭 CRI 和 CSR 指标往往差别较大甚至很大。这意味着现有煤质评价体系并不能很好地适应焦炭热性能。

决定焦炭机械强度的主要因素是各向异性发展程度、裂纹和气孔圆度等。在大量基础研究和长期实践的基础上，炼焦工作者基本掌握了如何用炼焦煤的性质调控焦炭结构的配煤炼焦技术。焦炭溶损反应为多孔体的气-固反应，反应性除了与碳质微晶结构和微气孔结构密切相关外，还受灰分组成影响。多年来，研究者和炼焦工作者渴望能像焦炭机械强度那样，从煤的塑性和黏结性了解焦炭热性能，但遗憾的是，似乎有更多的"性质异常煤"出现。

显而易见，焦炭质量从机械强度发展到热性能，只有炼焦煤性质的认识和成焦理论取得创新性成果，才能为精准配煤炼焦提供基础。例如，已经有学者提出将灰成分作为炼焦煤评价的一个新参数，并受到焦化行业的普遍关注。日本神户钢铁公司、日本钢管（NKK）、加拿大炭化研究协会（CCRA）、美国内陆钢铁公司、我国宝钢都制定了各自的灰成分评价指标。

虽然目前焦炭的 CRI 和 CSR 指标已被各国接受，我国已列为国标。但是，现已发现 CRI 和 CSR 对焦炭在高炉中的模拟性也并不理想。如有新的评价焦炭热性能的方法出现，例如焦炭综合热性能，必然涉及配煤技术的再一次更新。

3.10.4　缺少成层黏结成焦过程模拟方法

焦炭性质取决于碳质和气孔结构。煤的塑性和黏结性评价只是在不同层面反映了胶质体的性质，不能反映出煤经胶质体转变为各向异性焦炭的过程，尤其是成层结焦过程涉及的胶质层性质及各种相关信息，无法实现从炼焦煤性质进行焦炭碳质和气孔结构调控。

3.10.5　配煤实验模拟性不足

采用模拟试验焦炉验证配煤方案的优劣关键是模拟的可靠性。20 世纪 70 年代初，制定我国煤分类方案时，是根据全国各煤矿采集了 176 个煤样在 200kg 实验焦炉上的炼焦实验，确定各煤种的炼焦特性。200kg 实验焦炉的炼焦结果，对我国现行的煤炭分类起到了举足轻重的作用。

目前，配煤实验工具，比较通用的为 20kg、40kg 小型实验焦炉。200kg、300kg 和 400kg 大型实验焦炉是模拟性较好的实验焦炉，是生产和科研工作中一种有用的手段。大型实验焦炉实验的人力多、成本高、煤样多、周期长，对于供煤基地众多、配煤方案调整频繁、供煤质量不稳定的焦化企业，用大型焦炉及时指导生产配煤相对比较困难。

在国外，400kg 带活动炉墙实验焦炉不仅用于评价煤质和判断配煤方案的优劣，而且用于识别危险煤。我国炼焦企业，尤其是采用捣固焦炉的企业，也时常遇到引起推焦困难的危险煤或配合煤。近几十年来，国外对危险煤的性质开展了大量研究工作，发表了许多这方面的论文，发现危险煤与现有煤质评价指标的关系并不明确。因此，带活动炉墙实验焦炉的研制，尤其是带活动炉墙小实验焦炉，对焦化企业是十分必要的。

上述配煤炼焦所遇到的科学和技术问题在短时间内是无法解决的。目前，国内炼焦企业使用的单种煤来源少的有 10 家，多则有 20~30 家，甚至多达 80~90家且煤层和产地时常发生变化，再加上不可避免的混煤等客观问题，要时时通过实验获得煤的性质，尤其是在配合煤料中发挥的真实作用，是难以实现的。因此，将原来按煤国标分类配煤模式转换为按来煤的实际性质及其在配合煤中的作用配煤，也许是目前逐步实现精确配煤的思路。

参 考 文 献

[1] 中国冶金百科全书总编辑委员会《炼焦化工》卷编辑委员会. 中国冶金百科全书（炼焦化工）[M]. 北京：冶金工业出版社，1992.
[2] 姚昭章，郑明东，等. 炼焦学 [M]. 北京：冶金工业出版社，2005.
[3] 杨俊和，冯安祖，杜鹤桂. 矿物质对焦炭热性质影响的研究现状 [J]. 冶金能源，1999，18（2）：12-17，38.
[4] 周师庸，赵俊国. 炼焦煤性质与高炉焦炭质量 [M]. 北京：冶金工业出版社，2005.

［5］何选明. 煤化学［M］. 北京：冶金工业出版社，2010.

［6］朱银惠，王中慧. 煤化学［M］. 北京：化学工业出版社，2012.

［7］Van Krevelen D W. Coal：typology，chemistry，physics，constitution［M］. Amsterdam：Elsevier，1981.

［8］YB/T 4526—2016，炼焦试验用小焦炉技术规范［S］.

［9］孟庆波，徐秀丽，战丽，等. 炼焦原料应用性分类和综合质量评价及指导配煤方法［P］. 中国：ZL201510492987.8，2018-04-06.

［10］Loison R，Foch P，Boyer A. Coke quality and production［M］. London：Butterworths Scientific Ltd，1989.

［11］Hu W J，Wang Q，Zhao X F，et al. Relevance between various phenomena during coking coal carbonization. Part 2：Phenomenon occurring in the plastic layer formed during carbonization of a coking coal［J］. Fuel，2019，253：199-208.

［12］Wang Q，Cheng H，Zhao X F，et al. Relevance between various phenomena during coking coal carbonization. Part 1：A new testing method developed on a Sapozhnikov plastometer［J］. Energy&Fuels，2018，32（7）：7438-7443.

4 节能减排炼焦工艺技术

本章主要介绍了近几十年，捣固炼焦、干熄焦、煤调湿和荒煤气余热回收等技术在我国炼焦工艺广泛应用情况，分析了这些技术在节约优质炼焦煤资源、合理使用弱黏结性煤、提高焦炭质量、节能减排做出了重大贡献及其相关问题。

4.1 捣固炼焦

捣固炼焦是先将煤料在与炭化室尺寸相近的铁箱中进行捣固致密制成煤饼，然后通过打开的炉门送入炭化室进行炼焦的工艺技术。

4.1.1 捣固炼焦技术原理和发展现状

4.1.1.1 捣固炼焦基本原理和作用[1~3]

采用捣固炼焦技术，捣固后的煤料堆积密度由顶装煤料的 $0.7 \sim 0.75 t/m^3$ 提高到 $0.95 \sim 1.15 t/m^3$，使所需填充煤粒间空隙的胶质体液相数量减少、同时热解产生的气体逸出遇到的阻力增大，导致胶质体不透气性和膨胀压力增加等，这些都有利于煤料的黏结性能提高，改善焦炭质量。

实践证明，配合煤黏结性较差时，捣固炼焦对提高焦炭机械强度作用明显。采用捣固焦炉炼焦与常规顶装焦炉炼焦相比，焦炭 M_{40} 提高 1~6 个百分点，M_{10} 改善 1 个百分点；在焦炭强度相同的条件下，采用捣固炼焦可使装炉煤中弱黏结性煤配比增加 15%~20%。

4.1.1.2 捣固炼焦技术的发展现状[2~4]

煤捣固工艺是 20 世纪初由德国首先开发的一种降低焦炭气孔率和改善焦炉耐磨强度的技术，接着在法国、波兰、中国东北等缺乏优质炼焦煤而高挥发分弱黏结炼焦煤丰富的国家和地区相继采用。但因当时捣固煤饼高度受到限制，捣固机械作业效率低，加上装炉时炉门冒烟冒火、环境污染严重等原因，这项技术没有得到大规模推广。直到 20 世纪 70 年代，德国在这些捣固技术问题上取得重大突破，这一工艺才引起各国重视。

最初捣固焦炉最高炭化室高度为 3.8m，2003 年我国自行设计研究的炭化室高度 4.3m 捣固焦炉定型，加快了我国捣固炼焦技术的发展。2006 年由化学工业第二设计院、中冶鞍山焦耐院设计开发建设的 5.5m 捣固焦炉相继在一些焦化厂等企业建成投产，标志我国进入大型焦炉的煤捣固工艺时代。2008 年 10 月，由中冶焦耐工程技术有限公司总承包的当时世界最大的炭化室高 6.25m 捣固焦炉投产，标志着我国大型捣固焦炉技术达到了国际先进水平。与此同时，一批企业将原有的顶装焦炉成功改造为捣固焦炉，个别企业实现随时在顶装和捣固两种模式之间进行切换。2007 年，炭化室高 5m 的捣固焦炉输出印度塔塔钢铁公司，标志着我国大型捣固焦炉技术正式走向国际市场。

4.1.2 捣固炼焦配煤

与常规炼焦相比，捣固后的煤料特性是堆密度增加，煤粒间接触紧密，空隙减小。由图 4-1 示出的捣固配合煤成层结焦关联现象可见，密度增加会引起成层结焦时的各种现象发生显著变化：软化提前，塑性区间扩大，胶质层最大厚度降低，在胶质层达到最大厚度前膨胀压力现象显著，体积收缩度明显降低，挥发分析出明显滞后。综合这些结果可以得出捣实的配合煤料在成层结焦过程中黏结能力增加的原因是：

（1）煤粒间气孔容易闭合和挥发分析出显滞后导致塑性区间扩大；

（2）热解产生的气体逸出受阻产生的膨胀压力有利于软化的煤粒黏结。

这里要指出的是，顶装配合煤捣实前后成层结焦关联现象变化并不明显，证明捣实对具有较好塑性的配合煤的炭化作用并不大。

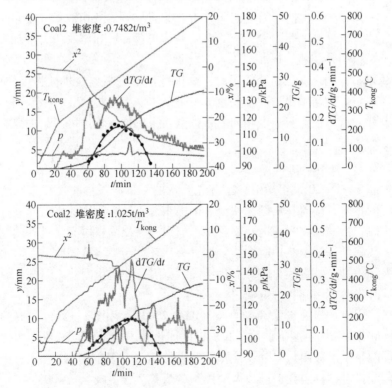

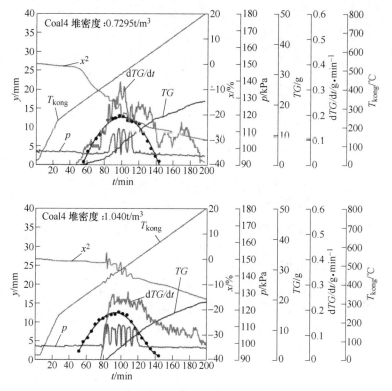

图 4-1　捣固配合煤成层结焦关联现象

配合煤 Coal2：$V_{daf} = 25.0\%$，$G = 81$；配合煤 Coal4：$V_{daf} = 21.10\%$，$G = 82$

某焦化厂炼焦装煤方式由顶装改为捣固后弱黏结性煤配比、炼焦性能和焦炭热性能指标均发生了明显变化[5]。由表 4-1 和图 4-2 可见，在顶装、捣固试验和捣固生产三个阶段，弱黏结性煤配比先由 27.38% 增加到 38.37%，然后大幅度增加到 65.66%，配合煤的 y 略有下降（由 16.84mm 降到 15.88mm），G 指标先由 79.57 降到 78.39，然后大幅度下降到 65.66。

表 4-1　不同装料方式时配合煤中弱黏结性煤配比与炼焦性能（平均值）

煤配比及性能	顶装	捣固试验	捣固生产
弱黏结性煤配比/%	27.38	38.37	67.97
工业分析/%			
A_d	9.68	9.64	9.62
V_{daf}	29.26	30.34	30.51
炼焦性能			
y/mm	16.84	16.32	15.88
G	79.57	78.39	65.66

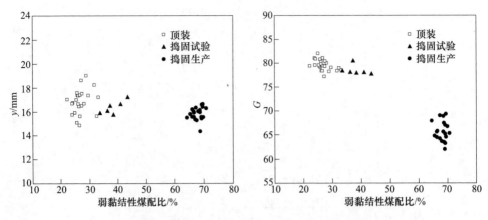

图 4-2　不同装煤方式时配合煤的 y 和 G 指标与弱黏结性煤配比的关系

　　由表 4-2、图 4-3 和图 4-4 可见，在顶装、捣固试验和捣固生产三个阶段，弱黏结煤配比大幅度增加、G 指标大幅度下降，焦炭的 M_{10} 还略有降低、M_{40} 略有升高，焦炭的 CRI 升高，CSR 降低。证明捣固能够提高煤的黏结能力，采用捣固技术增加弱黏结性煤配比，针对的是焦炭机械性能不变，而不是热性能。如果同时考虑焦炭机械性能和热性能，弱黏结性煤配比增加将受到限制。

表 4-2　不同装料方式时弱黏结性煤配比与焦炭性能（平均值）　　　（%）

性能	顶装	捣固试验	捣固生产
弱黏结性煤配比	27.38	38.37	67.97
焦炭性能			
M_{10}	7.15	6.10	6.27
M_{40}	83.93	85.80	86.51
CRI	23.93	25.17	27.31
CSR	69.20	68.87	64.62

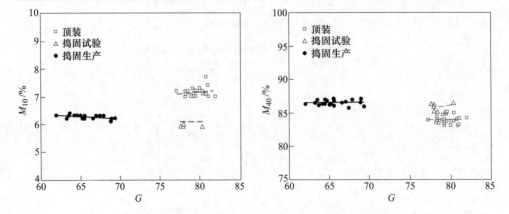

图 4-3　不同装煤方式时焦炭的 M_{10} 和 M_{40} 与配合煤的 G 指标的关系

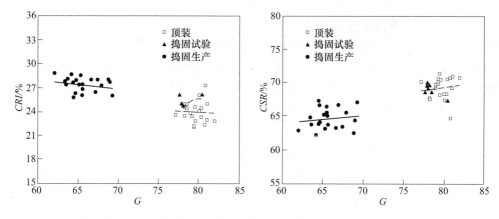

图 4-4　不同装煤方式时焦炭的 *CRI* 和 *CSR* 与配合煤的 *G* 指标的关系

4.1.3　捣固焦炭的质量

4.1.3.1　捣固焦炭的结构

与顶装比较，捣固和弱黏结性煤配比增加，焦炭的气孔率降低，孔径减小，比表面积增加（见表4-3），光学各向异性程度降低（见表4-4），这些是导致高弱黏结性煤配比捣固焦炭 *CRI* 高和 *CSR* 低的原因。

表4-3　不同装料方式时焦炭的孔隙结构参数

焦样	粗气孔（图像分析法）		微气孔（氮吸附法）	
	气孔率/%	平均孔径/μm	平均孔径（BJH）/nm	比表面积（BET多点)/$m^2 \cdot g^{-1}$
顶装焦炭	51.20	157.9	11.27	0.125
捣固焦炭	46.44	114.8	7.78	1.339

表4-4　不同装料方式时焦炭的光学组织

光学组织	焦炭实样	
	顶装焦	捣固焦
细粒镶嵌/%	30	27.9
中粒镶嵌/%	22.2	17.6
不完全纤维状/%	2.6	5.6
完全纤维状/%	2.1	1.2
片状/%	3.8	3.7
基础各向异性/%	3.1	6.4
丝碳与破片/%	30.2	30.1
OTI	1.16	1.13

4.1.3.2 捣固焦炭的质量

图 4-5 为文献中给出的各焦化企业产生的捣固焦炭 *CRI* 和 *CSR* 数据所绘制关系图，可以看出，捣固焦炭 *CRI* 从 17.08%~34%，*CSR* 从 51.04%~69.39%，这些捣固焦炭在不同高炉使用，使用比例或多或少。但是，捣固焦炭在高炉中的使用有好有坏，研究者和专家褒贬不一。

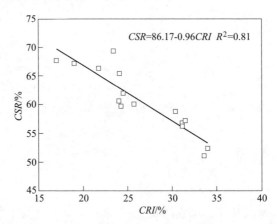

图 4-5 捣固焦炭 *CSR* 与 *CRI* 的关系

A 捣固焦炭质量的优势[2]

捣固能提高焦炭的机械强度，对高炉的操作顺行、降低焦比、提高高炉利用系数有利。涟钢 7 号高炉是第一座全部使用捣固焦炭的 3200m^3 级高炉，2010 年该厂捣固焦炉所产湿熄焦炭的平均灰分为 13.0%，焦炭硫分为 0.58%，M_{25} 为 93.82%，M_{10} 为 4.32%，焦炭热强度指标 *CRI* 为 26.74%，*CSR* 为 66.65%，比基本采用相同配煤结构的涟钢焦化厂 6m 顶装焦炉所产干熄焦炭质量指标均有所提高。高炉利用系数的 2.6~2.8t/(m^3·d)，焦比 300kg/t 以下，煤比 160kg/t。在全部使用捣固焦的条件下，收获了入炉焦比在国内同类型高炉中最低的良好操作结果，证明捣固焦在大型高炉中亦具有良好的应用前景。

B 捣固焦炭质量不足

捣固技术能够多用高挥发分弱黏结性煤的原理是，采用捣固炼焦技术，装炉煤堆密度提高，配合煤中适当多配入一些弱黏结性煤不会降低焦炭机械强度。但是，捣固技术是否能够改善焦炭热性能 *CRI* 和 *CSR* 指标存在争议[6,7]。

认为捣固炼焦可以提高焦炭反应后强度的依据是：焦炭反应性在很大程度上取决于焦炭显微结构，而显微结构又主要取决于配合煤的性质，捣固炼焦对焦炭的 *CRI* 指标的影响不大；但因焦炭反应后强度除了与反应性有关外，还与焦炭的气孔结构和焦质强度密切相关，捣固炼焦可以改善焦炭的空隙结构，提高焦质强度，从而提高焦炭的 *CSR* 指标。

捣固炼焦主要是为了多用弱黏结性煤，而随配合煤中弱黏结性煤配比增加，焦炭的 *CRI* 指标升高及 *CSR* 指标降低。为此，一些捣固炼焦企业为了满足焦炭的低 *CRI* 及高 *CSR* 指标要求，不得不通过提高捣固压力和调整配煤结构来改善焦炭的 *CRI* 及 *CSR* 指标，导致焦炭内出现大的横向闭气孔、镶嵌结构含量与顶装焦炭相比较少、石墨化度低等。另外，捣固焦炭密度大，堆密度比顶装焦炭提高近18%，使得同样质量的焦炭在高炉冶炼中形成的气体通道变小，是高炉料柱的透气性变差等原因[8,9]。当高炉使用这种表观质量指标视乎也很好的捣固焦炭后，焦比上升，产量降低。由此有人认为，捣固焦炭指标的使用相对于顶装焦炭要打85%的折扣，捣固焦炭往往是在小高炉能正常使用并且指标较好，但在大高炉使用有时较差[10,11]。

捣固炼焦工艺快速推广应用的根本原因是捣固适用于高挥发分煤和弱黏结性煤的区域，对我国焦化工业具有重要意义。捣固焦炭产量已占我国焦炭总产量的一半，而对捣固焦炭的质量认识不统一，制约了捣固焦炭在大高炉中应用。因此，研究捣固炼焦配煤和捣固焦炭质量是我国炼焦和高炉工作者面临的新课题，是捣固炼焦企业赖以生存和发展的基础。

4.1.4 捣固炼焦的环境治理

与顶装焦炉装煤不同，捣固焦炉装煤前需要将煤用捣固机捣制成煤饼，然后将煤饼从炭化室的侧门推入炭化室。在制煤饼过程中，应用其部分水分通过挤压而从煤中析出浮于煤饼表面，当煤饼进入炽热的炭化室时，这些水分被迅速汽化，使装煤烟尘中的水分含量明显超过顶装焦炉。这些水分与煤在高温生成的焦油类物质混合，而形成大量的黏性水分，加大了捣固焦炉装煤烟尘处理难度。捣固炼焦装煤时煤饼从机侧炉门推入炭化室过程中产生的炉头烟尘处理难度也比较大[2,3]。

现代捣固炼焦通常采用两种装煤烟尘治理系统，如类似与处理顶装焦炉装煤系统的干式除尘地面站系统、炉顶导烟与干式除尘地面站相结合的治理系统，针对捣固炼焦装煤过程中产生的炉头烟尘采取车载与地面除尘系统，综合配套的捣固炼焦装煤除尘治理系统较好地解决了烟尘治理。

4.2 煤调湿技术

装炉煤水分来源于原料煤，我国洗煤厂脱水后的精煤水分控制在10%左右。炼焦过程中，煤中的水分在吸收大量热能后变成水蒸气，对焦炉生产和环境治理产生一系列不利影响，主要有：延长结焦时间，使焦炉的生产能力下降；煤料水分蒸发，吸收大量气化潜热和升温显热，使炼焦耗热量大幅度增加；剩余氨水量处理量增加，导致焦化厂含酚污水大量增加，处理焦化污水费用增加；装煤后炭化室炉墙面温度下降幅度过大，损伤炉体，甚至缩短炉龄等。

煤调湿是焦炉煤水分控制工艺的简称，是将炼焦煤料在装炉前去除一部分水分，保持装炉煤水分稳定在 6% 左右，然后装炉炼焦的一种工艺。

4.2.1　煤调湿原理

煤调湿的基本原理[1~3]是充分利用炼焦工艺余热作为热源，将装炉煤水分调整、稳定在相对低的水平，以控制炼焦能耗量、改善焦炉操作、提高焦炭质量或扩大弱黏结性煤用量的炼焦技术。

焦炉在正常操作条件下的单位时间内供热量是恒定的。装炉煤水分降低，使炭化室中心煤料停留在 100℃ 左右的时间缩短，从而可以缩短结焦时间，提高加热速度。装炉煤料水分降低到 6% 以下时，煤粒表面的水膜变得不完整，表面张力降低，流动性改善，煤粒间的空隙容易相互填充，使装炉煤密度增大。装炉煤密度增大和结焦速度加快可使焦炉生产能力提高，改善焦炭质量或多用高挥发分弱黏结性炼焦煤。

一定量煤的结焦热是一定的。装炉煤料水分降低而且稳定，不仅使煤料水分蒸发所需大量热量降低，炼焦耗热量降低，而且有利于焦炉操作稳定，避免焦炭烧不熟或过火。

4.2.2　煤调湿技术发展现状

煤调湿工艺始于 20 世纪 80～90 年代，已在法国、中国、日本等少数几个炼焦厂长期使用。煤调湿技术利用焦化生产过程的余热，在装炉前将炼焦煤水分降低到目标值。第 1 代煤调湿工艺是热煤油干燥方式，利用煤油回收焦炉上升管煤气显热和焦炉烟道废气的余热，在多管回转式干燥机中，被加热的煤油对煤料间接加热干燥。第 2 代煤调湿工艺是蒸汽干燥方式，利用干熄焦蒸汽发电后的低压蒸汽或其他蒸汽作为热源，在多管回转式干燥机中，蒸汽对煤料间接加热干燥。第 3 代流化床煤调湿工艺，煤料由湿煤料仓送往流化床干燥机，热风直接与煤料接触，对煤料进行加热干燥，使煤料水分下降；实践证明，焦炭满负荷生产时，烟道废气量和温度符合要求，该工艺有效利用了烟道废气的热量。

宝钢四期工程采用煤调湿技术，控制装炉煤水分在 8% 左右[12]。宝钢自主集成的煤调湿技术属于以蒸汽为热源煤调湿技术的改进，即在系统中引入了焦炉烟道气，用来带走煤干燥过程中所蒸发出来的水汽，烟气经布袋除尘后部分循环、部分排空，工艺流程如图 4-6 所示。

太钢现有 1 套煤调湿设备，设计处理能力 400t/h，实际最大处理能力 450t/h，于 2008 年 12 月建成投产，与两座 7.63m 焦炉配套使用，是我国目前最

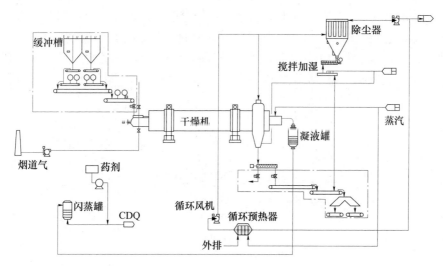

图 4-6　宝钢煤调湿工艺流程

大的煤调湿设备[13]。

　　济钢与清华大学、大连理工大学合作，自主创新开发出了固定流化床风选分级煤调湿技术，并于 2007 年 10 月在济钢焦化厂建成投产了 1 套 300t/h 的煤调湿设备，与 5 座 JN43-80 型焦炉配套使用，工艺流程如图 4-7 所示[14]。

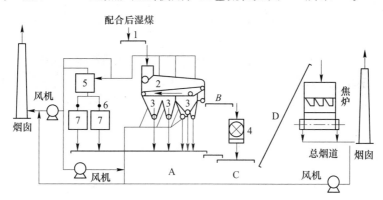

图 4-7　济钢风选分级调湿工艺流程

1—上料皮带机；2—流化床风选调湿器；3—排料机；4—破碎机；
5—布袋除尘器；6—给料机；7—高压成型机；
A—煤塔上煤皮带机；B—粗煤料皮带机；C、D—运煤料皮带机

　　唐钢（高冰-煤调湿技术的应用及效果分析）煤调湿工艺于 2012 年投产，设计生产能力为 350t/h，利用鼓风机将焦炉烟道废气引入流化床内与煤料进行换热、干燥、脱水，煤调湿的主要工艺流程如图 4-8 所示[15]。炼焦煤破碎后，经棱式布料皮带机将煤均匀送入流化床，通过限位板将床内煤料固定在同一有效料

面，焦炉烟道废气（240~270℃）自焦炉从管道引入流化床。进入流化床设备内的煤料与烟道废气直接接触，在气力和机械力的联合作用下，细颗粒部分处于流化状态，粗颗粒部分处于移动状态，由进口向出口移动，烟道气将热量以对流方式传给煤料，同时带出部分煤料水分，进入布袋除尘器后，由除尘风机排入大气。

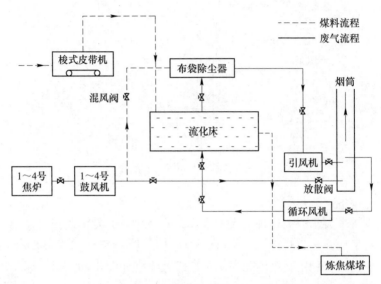

图 4-8　唐钢煤调湿工艺

目前，国内应用煤调湿技术的企业已有 21 家，建成煤调湿设施 26 套，主要有宝钢、太钢、昆钢师宗、云南大为焦化、柳钢等企业所取得的进步与存在的问题，提出了今后从设计、制造、建设和运行管理，应加强规范和标准制定等问题。

4.2.3　煤调湿技术的效果

宝钢采用煤调湿技术，装炉煤水分从 10% 降为 8% 左右，装炉煤中水分经过煤调湿降低后，使炭化室中心的煤料和焦饼中心温度在 100℃ 左右的停留时间明显缩短。如图 4-9 所示，相对于成型煤工艺条件下的变化情况，煤调湿后煤水分蒸发所需时间缩短了 3~4h，提高了炼焦过程中的传热速度，降低了需要蒸发这部分水分的能源消耗。装炉煤水分每降低 1%，炼焦耗热量可降低 62.7MJ/t 干煤。装炉煤水分由 11% 降低至 8% 左右，按年产焦炭 135 万吨计算，每年可节约 3.4×10⁸MJ 热量，相当于 11625t 标准煤。装炉煤水分的降低也减少了荒煤气中带出的水量，装炉煤水分从 10% 降为 7%，荒煤气中含水量将下降 10% 左右，而荒煤气带出热占焦炉支出热的比例可降低 5% 左右，并且荒煤气中水分含量的降低，也可以相应地减少剩余氨水蒸氨的能耗[12]。

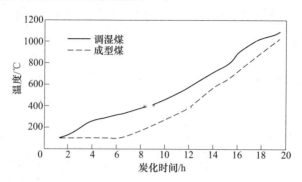

图 4-9　煤调湿与常规湿煤工艺条件下焦饼中心温度对比情况

太钢采用煤调湿技术后，在保证焦炭质量的前提下，焦煤和肥煤的配比分别降低 5% 和 4%，同时瘦煤和气煤的配比从 16% 提高到 22%，弱黏煤配比提高了 5%；装炉煤堆密度提高了 6.9%，结焦时间缩短了 1h，焦炉生产能力提高了 7%，煤气产量增加了 4.5%；焦炉标准温度降低了 30℃，工序能耗约降低 9%；剩余氨水量减少 8~10t/h，节约蒸氨用蒸汽 1.5t/h；污水外排量减少 3.5%，环保效果显著[13]。

济钢的煤调湿设备投产后，入炉煤粒级组成明显优化，配合煤水分降低约 2%，焦炉增产约 11%，焦炭强度提高约 1.7%，每吨煤剩余氨水减少约 44kg，炼焦耗热量降低约 5%[14]。

经过国内外多年生产实践，煤调湿技术的技术效果是[2]：

（1）降低炼焦耗热量，节约能源。采用煤调湿后，煤料含水量每降低 1%，炼焦耗热量相应降低 62.0MJ/t 干煤。当煤料水分从 11% 下降到 6% 时，炼焦耗热量相当于节省了 62.0×(11−6) = 310MJ/t 干煤。根据日本煤干燥数据。每 1% 水分在干燥器装置内脱除的耗热量为 42MJ/t 干煤，因此每降低 1% 水分可节约的耗热量约为 62.0−42 = 20MJ/t 干煤，当煤料水分从 11% 下降到 6% 时，可节约的耗热量约为 20×(11−6) = 100MJ/t 干煤。2013 年颁布的国家标准规定：顶装焦炉的焦炭单位产品能耗限定值和焦化生产企业准入条件分别为不大于 150kgce/t 和不大于 127kgce/t。因此，要进一步降低炼焦工艺能耗，需要大力发展煤调湿技术。

（2）提高生产能力。由于装炉煤水分降低，使装炉煤堆密度增加约 7%，干馏时间缩短约 4%，焦炉生产能力可提高 7%~11%。

（3）改善焦炭质量、扩大炼焦煤资源。焦炭的冷强度 DI_{15}^{150} 可提高 1%~1.5%，反应后强度 CSR 可提高 1%~3%；在保证焦炭质量不变的情况下，可多配弱黏结性煤 8%~10%。

（4）减少废水处理量。装炉煤水分降低 5%，可减少 1/3 的剩余氨水量，相应减少 1/3 的蒸氨用蒸汽量，同时也减轻了废水处理装置的生产负荷。

（5）节能的社会效益。平均每吨入炉煤可减少约 35.8kg 的 CO_2 排放量。

煤调湿技术存在的主要问题及应对措施如下：

（1）化产系统产出的化产废弃物（焦油渣、酸焦油、脱硫液等）不能再直接进入配煤系统循环利用，因其进入流化床受热后，会造成床体筛板堵塞、异味较大等问题。为此，可将化产废弃物与煤料预先混匀后，倒运至新系统配煤仓或流化床后加料装置循环使用。

（2）煤调湿后的煤温较高，煤料水分过低时，造成皮带通廊粉尘过大，工作环境恶劣。装入炭化室后，部分煤粉随上升气流进入炭化室顶和上升管，造成炉顶积碳增多、上升管堵塞和焦油渣增多。中国实际生产中，一般控制入炉煤水分不低于 8%。

4.3　干熄焦

经过焦炉炼制的成熟焦炭，其温度达 950~1050℃，为了便于运输和储存，必须将其冷却到 200℃以下，将焦炭熄灭的操作过程就是所谓的熄焦。目前常用的熄焦技术可分为湿法熄焦和干法熄焦，其中湿法熄焦即通过喷洒熄焦水进行熄焦，因其浪费红焦大量显热、降低焦炭质量、产生有毒有害废水、排放大量烟尘等缺点，现已很少使用常规湿法熄焦技术。与之相比，以气体为熄焦介质的干法熄焦技术，更符合生态焦化的理念，已在炼焦工艺中广泛采用。

4.3.1　干熄焦的工艺原理

干熄焦 CDQ（coke dry quenching）是指采用惰性气体将红焦降温冷却的一种熄焦方法。干法熄的基本原理[1~3]是利用低温气体（氮气或燃烧后的废气），在干熄炉中与赤热红焦换热，从而冷却熄灭红焦。

干熄焦是利用惰性气体作为循环气体在干熄炉中与炽热焦炭换热从而熄灭红焦的工艺过程，如图 4-10 所示。干熄炉多为圆形截面的竖式槽体，上部为预存室，中间为斜道区，下部为冷却室。炽热的焦炭从干熄焦炉顶部装入，冷却后的焦炭从干熄焦炉底部排出。冷却红焦的惰性气体从干熄焦炉的底部鼓入，吸收了红焦显热的高温惰性气体从干熄焦炉冷却室上部排出，经一次除尘器除尘后进入干熄焦锅炉中换热，温度降至 160~180℃ 的冷却的惰性气体经二次除尘器除尘后，再由循环风机加压，经热管换热器（或气体冷却器）冷却至 130℃左右后，鼓入干熄焦炉内循环使用。冷却后的焦炭经排出装置卸到带式输送机上，然后送往焦炭处理系统。

4.3.2　干法熄焦技术的发展现状

1960 年，苏联用料罐在惰性气体强制通风冷却焦炭，热气体则进入余热锅

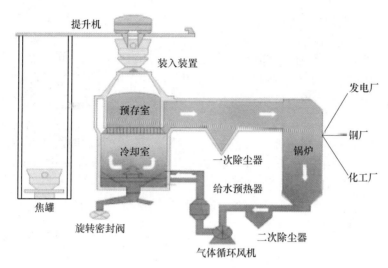

图 4-10 干熄焦工艺流程图

炉产生蒸气。这一干法熄焦工艺在焦化厂迅速推广，日本、德国和中国等也相继采用这一工艺。干法熄焦除了可回收大量余热外，还有提高焦炭强度、改善焦炭反应性的效果。

1985 年宝钢焦炉开始采用干熄焦技术，1991 年宝钢焦化二期全部干熄焦生产，是我国向采用干熄焦方向发展的开端。2004 年以来，随着我国焦化行业的快速发展，干熄焦技术在提高焦炭质量、节能降耗、环境保护等方面作用开始得到高度重视，再加上大型干熄焦装置（140～260t/h）开发成功，我国干熄焦技术得到较快发展。至 2017 年年底，我国已累计建设投产了 200 多套干熄焦装置，干熄焦总处理能力达到 2.6 万吨/h。这些干熄焦装置的投产，为我国焦化行业提高产品质量、促进炼铁生产中节约焦炭消耗、提高高炉生产效率、焦化行业节能减排等发挥了重要作用。目前，我国的干熄焦已经发展成为世界上系列最为齐全、处理焦炭能力最大的干熄焦应用大国[2,4]。

4.3.3 干法熄焦的节能环保效果

在湿熄焦中，熄焦用的水主要来自化工车间的冷却水，其中含有大量的酚、氰等有害物质。湿法熄焦产生的蒸汽及残留在焦内的酚、氰、硫化物等腐蚀性介质，侵蚀周围建筑物，并能扩散到几公里外的范围，有害物质超过环境标准的好几倍造成大面积的空气污染。采用干熄焦技术，改善了环境，减少污染。

采用干熄焦回收温度为 1000℃的红焦显热（约 1.6MJ/kg），可回收焦炭带走热量的 85%～90%。平均每熄 1t 红焦可生产温度为 300℃、压力为 1.49MPa 的蒸汽 0.4～0.5t，相当于 1kg 入炉煤回收余热 95kJ 以上。产生的蒸汽可直接送入蒸汽管网，也可发电。

首钢京唐公司现有 4 座 7.63m 焦炉，年产焦炭 380 万吨，熄焦系统使用干熄焦-锅炉换热工艺，配有 2 台额定蒸发量 150t/h 的高压锅炉。同时配套稳定湿法熄焦工艺（CSQ），作为干熄过程检修时的备用。在干熄焦工艺过程中，红焦经提升设备装入干熄炉中，低温惰性气体由循环风机鼓入干熄炉冷却段红焦层内，吸收红焦显热，冷却后的焦炭从干熄炉底部排出。从干熄炉环形烟道出来的高温惰性气体流经干熄焦锅炉进行换热，锅炉产生蒸汽，冷却后的惰性气体由循环风机重新鼓入干熄炉内，循环使用。从焦炉推出的红焦温度在 900~1100℃，每干熄 1t 焦炭产生 3.82MPa，450℃ 的蒸汽约 0.45~0.6t[2]。

干熄焦能源高效转化技术不断发展，高温高压（9.8MPa，540℃）已成为主流，已有企业建成（13MPa，540℃）干熄焦系统，亚临界超高温（16.7MPa，540℃）干熄焦系统已开发成功进入设计建设阶段。

4.3.4　干熄焦的焦炭质量

工业性生产测定和实验室的检测分析证实，与湿熄焦比较，干熄焦对焦炭的质量的提高有明显的效果。一般情况下焦炭机械强度 M_{40} 提高 3%~6%，M_{10} 改善 0.3%~0.7%，热性能的反应性 CRI 平均降低 3.38%，反应后强度 CSR 平均提高 5.79%[2]。

焦炭质量取决于裂纹和气孔结构、显微强度、光学组织及焦炭的催化指数等。在湿熄焦与干熄焦装炉煤和炼焦温度相同的情况下，焦炭的光学组织以及焦炭的催化指数等相差不大，干熄焦提高焦炭机械强度的主要原因是焦炭的缓慢冷却，内部热应力降低，网状裂纹减少，气孔率低，转鼓强度提高；在熄焦过程中，焦块下行运动时之间相互摩擦和碰撞使强度最低的大焦块破碎，裂纹提前开裂，强度较低的焦炭提前脱落，焦块的棱角提前磨损，这些都使焦炭的强度指标得到改善，焦块也均匀化。干熄焦改善焦炭热性能的根本原因是预存室的焖炉作用使焦炭成熟得更加均匀，微裂纹减少，比表面积和气孔率降低，显微强度提高，使多孔结构控制的焦炭反应速率降低，导致焦炭的反应性 CRI 变小，反应后强度 CSR 增大。

4.3.5　干法熄焦环境保护与除尘

干熄焦对环境产生污染的主要污染源为红焦的运送过程中的烟尘。焦炉出焦时，从炭化室排出的红焦在落入焦罐车的过程中发生的破裂，与空气接触后产生的不完全燃烧，产生的高温烟气及焦尘随热气流上升并散发到大气中，其烟尘量大，可严重污染环境，被称为"黑龙"污染。在红焦运送过程中，焦炭及其挥发分与空气中的 O_2 接触燃烧，产生大量的 CO_2 及浓烟，也会对环境造成污染。

装焦、排焦和筛运过程中产生的粉尘。目前，基于干熄焦污染源的不同特点，制定出了相应的环保措施。粉尘污染方面，使用不同的除尘器对系统除尘，有效控制了干熄焦系统排出的烟尘。但是，对于一些无组织的排放过程，如红焦的运送过程中的污染问题没有得到很好的解决。干熄焦排放的尾气中 SO_2 对大气产生污染，目前，尚未得到普遍治理。

4.4　上升管余热利用技术

离开炭化室的荒煤气温度高达 700～800℃，经上升管逸出的荒煤气温度高达650～800℃。传统炼焦过程中，冷却高温荒煤气必须喷洒大量 70～75℃ 的循环氨水，高温荒煤气需采用大量的循环氨水洗涤，部分循环氨水蒸发将荒煤气冷却至82～85℃，高温荒煤气因循环氨水的大量蒸发而被冷却至 82～85℃，再经初冷器冷却至 22～35℃，荒煤气带出热被白白浪费。循环水和制冷水需要风扇和制冷机进行冷却，消耗大量能量[2]。

上升管余热利用技术就是在上升管处利用换热装置吸收荒煤气的余热降低荒煤气温度，同时其他设备可以利用这些热量，以此达到节约能源、降低成本的目的。实践证明，采用上升管气化冷却装置，荒煤气温度可由 750℃ 左右降至450℃，每吨焦炭可发生 0.1～0.12t 约 0.5MPa 压力的饱和蒸汽，相当于 1kg 入炉煤回收余热约 270kJ。这对回收焦炉产品余热，减少初冷器循环冷却水用量，改善炉顶操作环境都有较好效果。

4.4.1　焦炉上升管换热器余热回收技术

4.4.1.1　上升管汽化冷却技术

20 世纪 70 年代，我国太钢、马钢等焦化厂曾经采用过上升管汽化冷却技术。上升管汽化冷却技术原理是在上升管的外壁接一个环形夹套，除盐水经给水泵抽入汽包。汽包软水箱中经过软化的水经给水泵抽入汽包。汽包中通过管路和上升管的夹套连通，水从汽包出发，由上升管的下部进入，在上升管的夹套中吸收荒煤气传给管壁的热量汽化，软水与荒煤气热交换。

实践证明，采用上升管气化冷却装置，荒煤气降温至 450～500℃，同时生成的汽水混合物由上升管的上部流出进入汽包，在汽包内进行汽水分离，分离出的蒸汽（0.4～2.0MPa）送入低压蒸汽管网或用于富油加热器，水则继续回到夹套换热。如此循环，达到余热利用的目的。这项技术投资省、运行费用低，经过近些年的优化、改进，目前在多个焦化厂得以推广。

4.4.1.2　热管换热技术

热管换热技术回收荒煤气余热技术是回收荒煤气显热的热管蒸发段安装在荒煤气上升管内，冷凝段安装在锅炉内。热管蒸发段吸收辐射热后传给上升管外部的热管冷凝端，使锅炉汽包中的水汽化经汽水上升管进入锅炉产出蒸汽。

根据相关数据，对于 4.3m 焦炉单个上升管可产 1.6MPa 的蒸汽，蒸汽流量平均可达到 66kg/h，荒煤气经换热后降至 500℃ 左右。根据多家企业的实验结果，通常生产 1t 焦炭的荒煤气余热可产蒸汽约 100kg。

荒煤气热管换热技术的优点有运行安全，灵活调节生产的蒸汽压力，荒煤气温度在 500℃ 以上的前提下，上升管内部结石墨现象轻微；缺点是运行成本高，热管材质受 700℃ 左右荒煤气腐蚀，容易损坏。近年来通过换热器结构的改造，提高了换热器的使用寿命，解决了换热器泄漏难题；通过对荒煤气特性、焦油特性分析以及新型涂层的开发，解决了上升管换热器的结焦腐蚀问题，基本扫除了焦炉荒煤气上升管换热器推广应用的障碍[16]。

4.4.1.3　导热油夹套技术

导热油夹套技术与上升管汽化冷却技术相似，不同的地方是吸收上升管荒煤气显热的介质导热油，导热油通过泵循环使用。济钢在 6m 焦炉的上升管上进行了导热油回收荒煤气热量的生产试验，利用绕带式换热器，通过导热油介质回收上升管荒煤气热量，取得较好效果。被加热的高温导热油可用于蒸氨、煤焦油蒸馏、入炉煤干燥等。

导热油夹套技术虽有安全性高、回收热量可在一定范围内精确调节的优点，但由于存在导热油在高温下使用一段时间后存在变质问题、导热油泄漏会造成严重污染和投资和运行成本高的原因，对导热油夹套技术的推广应用有一定的影响。

4.4.2　荒煤气直接热裂解技术

20 世纪 90 年代，日本和德国开发了将荒煤气中的焦油、萘、氨、粗苯等热裂解成 CO 和 H_2 为主的合成气的技术，该技术又分催化热裂解和无催化氧化重整两种技术路线。此技术能充分回收荒煤气显热，但对化产品回收需做很大改变，对一般的焦化厂不适应，也许对新建的焦化厂可参考。

4.5　热回收焦炉

4.5.1　开发热回收焦炉的意义

早期炼焦阶段所采用的成堆干馏的圆窑、长方形窑、蜂窝焦炉、倒焰焦炉等无回收焦炉作为历史已被淘汰。然而，20 世纪 80 年代，出于环保和投资等方面的考虑，美国和澳大利亚又相继推出新设计的无回收焦炉。无回收焦炉原本是一种古老的技术，煤的炭化及提供炭化所需要的热量均在同一炉室内进行，炭化过程中产生的荒煤气在煤层上面直接燃烧，为煤层炭化提供热量。现代无回收焦炉因回收燃烧废气中的热量用来发电或其他用途，又称热回收焦炉。

热回收焦炉是指炼焦煤在炼焦过程中产生焦炭，其化学产品、焦炉煤气和一些有害的物质在炼焦炉内部合理地充分燃烧，回收高温废气的热量用来发电或其他用途的一种焦炉。热回收焦炉工艺流程如图 4-11 所示。与采用水平室式焦炉炼焦工艺基本相同，热回收焦炉炼焦也备有备煤、筛焦工艺，焦炉炉体有完善的焦炉保护板、炉柱、炉门等焦炉铁件，有装煤推焦车和接熄焦车，采用湿法或干法熄焦，炼焦产生的废气余热经锅炉产生蒸汽发电，废气经脱除二氧化硫和氮氧化物及除尘后经烟囱排放。

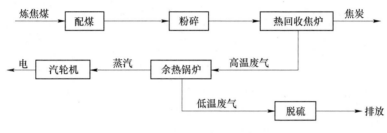

图 4-11 热回收焦炉工艺流程

与传统焦炉相比，热回收焦炉具有如下特点：

（1）全部取消化产工序和煤气净化工艺，从根本上消除了化工产品生产带来的安全、消防隐患，工艺决定了无任何废水产生，极大降低了对水和土壤的污染。

（2）生产全过程负压炼焦，无焦炉的荒煤气外逸，无 VOCs 产生，实现大气污染物的源头治理，确保无 VOCs 卫生安全防护距离问题。

（3）利用焦炉炼焦产生的可燃组分充分燃烧后产生的高温废气进行锅炉换热发电，消除了传统焦化 700~750℃荒煤气用氨水进行无效冷却的工艺，能源得到充分利用，避免了能源浪费。

（4）采用热回收焦炉年产焦炭 100 万吨/年的炼焦厂，回收的总热量可发电约 80MW 或外供蒸汽（500℃，10MPa）约 270t/h。

（5）可使用一定量贫瘦煤、无烟煤替代奇缺的高质量主焦煤，实现资源的节约利用。

（6）焦炉烟气脱硫后产生高纯脱硫灰，可用于水泥生产，也可用于制砖，无固体废物外排。

热回收焦炉具有有焦无化、消除污水、源头环保、节能换热、高效发电、区域供热、无固废外排的技术集成优势，是一项改善环境、节能降耗、降低安全隐患的炼焦技术，符合国家产业政策，将会成为国内外焦炭产业发展的方向。1998年，美国 Inland 钢铁公司印第安纳 Harbor 焦化厂投产的实际年产量为 133 万吨/年的热回收焦炉，因可以满足美国净化空气法的特定要求，越来越受到世界炼焦界的广泛关注和高度重视。

热回收焦炉炼焦煤种适用广，焦炭块度大，质量高，在我国的应用已显示出了其独特的优越性。20 世纪 90 年代末，山西省开始了清洁型焦炉的开发研究工作。一是在改良焦炉的基础上开发研究，开发出类似连体改良焦炉的冷装冷出热回收焦炉；二是借鉴了国外热回收焦炉的成功经验，同时结合了我国改良焦炉生产的一些经验，开发研究出清洁型热回收捣固式机焦炉。我国的热回收焦炉首次采用了捣固炼焦，为炼焦新技术的发展做出了重要的贡献。

4.5.2 国外热回收焦炉技术

4.5.2.1 美国的热回收焦炉

美国的 Jewell Thompson 无回收焦炉（见图 4-12），炼焦过程中通入适量空气，使炉内产生的煤气全部燃烧，来加热煤料炼焦，不回收煤气中的化学产品。热回收原理首次应用于印第安纳港焦炭公司的工业规模的无回收焦炉炼焦厂，从废气中回收热量生产蒸汽并发电，如图 4-13 所示。

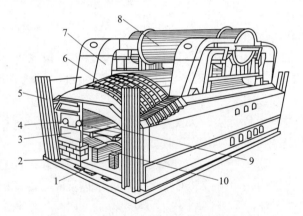

图 4-12 Jewell Thompson 热回收焦炉示意图

1—空气层；2—炉底板；3—炉门；4—空气口；5—炉柱；
6—拱顶；7—上升管；8—公用废热管；9—炉底；10—炉底火道

热回收焦炉的燃烧过程完全是在负压抽吸下进行的，这些技术可满足美国净化空气法的特定要求。然而，美国的热回收焦炉采用侧装煤，机侧炉门是打开的，装煤过程中炉门处就要冒烟，尤其在装煤接近结束时更是如此。

热回收焦炉的炼焦厂和现有的发电厂结合已成为一种理想的方案，这种配置可节省大量投资。另一种方式是与化工厂组合，将产生的蒸汽作为化工工艺蒸汽使用。如果热焦炭用干熄焦装置冷却，可回收的总热量还会增加。

4.5.2.2 德国的热回收焦炉

德国蒂森克虏伯能源焦炭工程公司（Thyssen Krupp EnCoke，TKE）从 1995 年

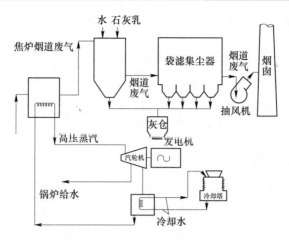

图 4-13　发电系统流程图

开发设计热回收焦炉，并首次在澳大利亚建设。炉体示意图如图 4-14 所示，焦炉炭化室宽 2.8m，炭化室长 10.5m，装煤厚度 1m，结焦时间 48h。该技术包括炼焦炉门关闭时顶部装煤无烟，焦炭推入平床熄焦车时带机械罩套，避免了机车行进时焦炭释放排出物。

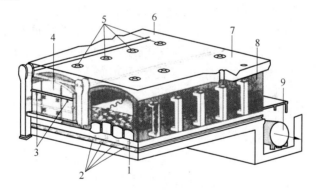

图 4-14　TKE 热回收焦炉剖面图

1—小烟道；2—二次空气入口；3—次空气入口；4—炉门；
5—装煤孔；6—坚固系统；7—耐火混凝土；8—耐火砖；9—废气集气管

4.5.2.3　印度的热回收焦炉

印度塞萨焦炭公司（Sesa Kembla Coke Company Ltd.）从 1994 年开展热回收炼焦技术的研究工作，并且开展了工业化试验生产。一种热回收焦炉的炭化室宽 2.75m，长 10.75m，装煤高度 1.18m；另一种热回收焦炉炭化室宽 1.76m，长 10.55m，装煤高度 1m。这两种热回收焦炉均为顶装煤。

澳大利亚和印度的无回收焦炉在进行顶装煤时将炉门关闭。侧装煤热回收焦炉，装煤饼时，只需在下段炉门处开一个狭长口，将捣固煤饼从机侧推入炉内，而上段炉门是关闭的，这就可提供一个几乎全密封的炭化室空间，使整个装煤过程不会向外冒烟。

热回收焦炉的顶装或捣固装炉均可获得最佳的环境效果。印度正在试生产引进德国的捣固技术的热回收焦炉。该工厂试生产以来，由于种种原因，一直未能达到设计指标。此外，印度已经采用山西省化工设计院的热回收炼焦技术 QRD 清洁型热回收捣固炼焦炉，正在建设五家热回收炼焦厂，还有多家正在谈判中。

4.5.3　中国热回收焦炉技术

我国的热回收焦炉采用了捣固装煤，全部机械化操作，并实现了清洁生产，因此，我国的热回收焦炉也称清洁型热回收捣固焦炉。根据装炉和出炉的温度分为冷装冷出和热装热出两类热回收捣固焦炉。

4.5.3.1　冷装冷出热回收焦炉

冷装冷出热回收焦炉为炭化室冷态顶装煤，炭化室内人工捣固，炭化室内湿法熄焦，两侧炉门出焦。1996 年，山西三佳煤化有限公司开发的 SJ-96 型焦炉，炭化室长 22.6m，宽 3m，装煤高度 2m，生产铸造焦结焦时间 240h。1999 年，太原迎宪焦化集团开发的 YX-21QJL-1 型焦炉，炭化室长 20m，宽 3m，装煤高度 1.8m，产铸造焦结焦时间 430h，均属于此类。实践证明这类清洁型焦炉炉体结构简单、装煤出焦采用半机械化，具有投资少、成本较低、焦炭质量高、余热可以发电、清洁生产等特点，特别适合生产出口铸造焦。但是由于捣固煤饼是由人工在炉体内进行的，劳动强度大，工作环境差，并且炉内熄焦余热利用率低，因此，在应用上有一定的局限性。

4.5.3.2　热装热出热回收焦炉

热装热出热回收炼焦技术是国际上普遍采用的热回收炼焦技术。该技术在我国开发时间较晚，但却发展很快，取得了显著的效果。

1999 年，山西寰达实业有限公司开始建设并于次年 6 月投产的 DQJ-50 型热回收清洁焦炉。该焦炉炭化室宽 3.6m，长 13.5m，高 3m，中心距 4.4m。炼焦工艺采用捣固煤饼侧装煤，炼焦负压操作，全部实现了机械化，余热利用发电。DQJ-50 型热回收清洁焦炉是我国第一代全部实现了机械化操作和首先在国际上采用捣固技术的清洁型热回收炼焦炉。虽然在炉体结构、耐火材质选用、焦炉机械性能等方面需要改进和完善，但是在焦炉炉体结构、焦炉机械、工艺操作指标等方面为我国热回收炼焦技术积累了宝贵的经验。

2000 年，山西省化工设计院和山西省有关焦化专家一起，研究设计出了 QRI-2000 清洁型热回收捣固焦炉。QRI-2000 清洁型热回收捣固焦炉炉体结构如图 4-15 所示，主要由炭化室、四联拱燃烧室、主墙下降火道、主墙上升火道、炉底、炉顶、炉端墙等构成。

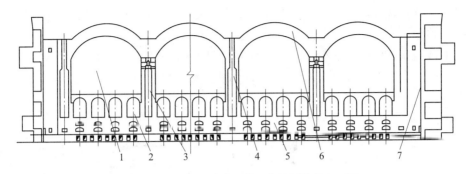

图 4-15　QRI-2000 清洁型热回收捣固焦炉立面图

1—炭化室；2—四联拱燃烧室；3—主墙下降火道；4—主墙上升火道；
5—炉底；6—炉顶；7—炉端墙

炭化室采用了大容积炭化室结构，考虑到捣固装煤煤饼的稳定性，采用了炭化室和宽炭化室低的结构形式。炭化室全长 13.34m，炭化室全宽 3.596m，炭化室全高 2.758m，炭化室中心距为 4.292m，炭化室一次装干煤量 47~50t。

四联拱燃烧室位于炭化室的底部，采用了相互关联的蛇形结构形式。为了保证四联拱燃烧室的强度，其顶部采用异形砖砌筑的拱形结构。在四联拱燃烧室下部有二次进风口。

炭化室内炼焦煤干馏时产生的化学产品、焦炉煤气和其他物质，在炭化室内部不完全燃烧，通过炭化室主墙下降火道进入四联拱燃烧室。由设在四联拱燃烧室下部，沿四联拱燃烧室的长向规律地分布的二次进风口补充一定的空气，使炭化室燃烧不完全的化学产品、焦炉煤气和其他一些有用和无用的物质充分燃烧。燃烧后的高温废气通过炭化室主墙上升火道进入焦炉的上升管、集气管送去发电和脱除二氧化硫。

主墙的下降火道沿炭化室主墙有规律地均匀分布，主墙下降火道为方形结构。主墙下降火道的数量和断面积根据炭化室内的负压分布情况和炼焦时产生的物质不完全燃烧的废气量有关。主墙下降火道的作用是合理地将炭化室内燃烧不完全的化学产品、焦炉煤气和其他物质送入四联拱燃烧室内，同时将介质均匀合理地分布，并尽量减少阻力。

主墙的上升火道在炭化室主墙的两端有规律地均匀分布，主墙上升火道为方形结构。主墙上升火道的数量和断面积根据四联拱燃烧室内的负压分布情况和完全燃烧的废气量有关。主墙上升火道采用不同形式的异形硅砖砌筑。主墙上升火道的作用是合理地将四联拱燃烧室内燃烧完全的物质产生的废气送入焦炉上升管和集气管内，同时将介质均匀合理地分布，并尽量减小阻力。

QRI-2000 清洁型热回收捣固焦炉具有如下特点：

（1）有利于焦炉实现清洁化生产。焦炉采用负压操作的炼焦工艺，从根本上消除了炼焦过程中烟尘的外泄。炼焦炉采用水平接焦，最大限度地减少了推焦过程中焦炭跌落产生的粉尘；在备煤粉碎机房、筛焦楼、熄焦塔顶部等处采用了机械除尘；精煤场采用了降尘喷水装置。炼焦工艺和环保措施相结合，更容易实现焦炉的清洁化生产。焦炉没有回收化学产品和净化焦炉煤气的设施，在生产过程中不产生含有化学成分的污水，不需要建设污水处理车间。

（2）有利于扩大炼焦煤源。焦炉采用大容积炭化室和捣固炼焦工艺，捣固煤饼为卧式结构，改变了炼焦过程中化学产品和焦炉煤气在炭化室的流动途径，炼焦煤可以大量地使用弱黏结煤。炼焦煤中可以配入50%左右的无烟煤，或者更多的贫瘦煤和瘦煤，这对于扩大炼焦煤资源具有非常重要的意义。焦炉生产的焦炭块度大、焦粉少、焦炭质量均匀，一般情况焦炭的 M_{40}>88%，M_{10}<5%。

（3）有利于减少基建投资和降低炼焦工序能耗。焦炉工艺流程简单，而且配套的辅助生产设施和公用工程少，建设投资低，建设速度快。一般情况下基建投资为相同规模的传统焦炉的50%~60%，建设周期为7~10个月。此外，QRI-2000清洁型热回收捣固焦炉工艺流程简单，设备少，生产全过程操作费用较低，维修费用较少。没有传统焦炉的化产回收、煤气净化、循环水、制冷站、空压站等工序，也没有焦炉装煤出焦除尘、污水处理等环境保护的尾部治理措施，生产过程中能源消耗较低。

4.5.3.3　QZR15-Ⅲ热回收焦炉

在美国第一代、德国第二代热回收焦炉技术的基础上，通过引进、消化吸收和创新，设计出了清洁环保全能量智能型热回收焦炉 QQZR15-Ⅲ。与现有的热回收焦炉相比，QZR15-Ⅲ热回收焦炉进行了如下改进。

A　炉体结构的改进

（1）冷却通风道和二次燃烧的空气通道。冷却通风道由耐火砖砌筑改为整体耐热浇注料及钢结构，提高了焦炉密封性能，减少了不可控的野风的进入量；钢结构冷却通风道截面增加21倍还多，不会因冷却通风量不足导致焦炉混凝土基础底板高温塌陷的现象发生；二次空气入口由24个改为2个，提高了二次空气进入焦炉的可控性和准确性。

（2）炉墙火道。炉墙上升及下降火道数量由5上、8下，改为2上、3下，为智能控制创造了前提条件，火道数量的合理减少，避免了短路现象的发生，可提高炭化室的温度均匀性。

（3）炉墙中心柱。首次在炉墙设计了中心柱，提高热态荷重能力5倍以上，同时在炉墙上设计膨胀缝，使炉墙热态时不是变厚而是变薄，取消了焦炉纵向膨胀的控制设施，同时可消化一定量的炉拱顶的弧弦，高向膨胀，进一步增加了全炉的密封性。

（4）三心圆拱顶。拱顶采用三心圆结构，弦弧高减少40%，有效控制热态膨胀应力一个点释放导致的炉顶密封性不好的普遍现象，结合热态灌浆，确保炉顶不需要的野风全部进入量减少 20% 以上。

（5）整体焦炉炉门。焦炉的炉门由原有的上、下炉两扇门改为一扇整体炉门，同时，炉门与炉门框之间的密封由采用陶瓷纤维毡密封（效果不好）改为弹簧刀边密封，解决了炉门上、下扇之间在高温区密封的问题、炉门与炉门框之间的密封问题。

（6）单 T 形干管。双 L 形干管改为 T 形干管，负担的炭化室孔数减少。

（7）单根主集气管。主集气管两根改为一根，减少散热面积 30%。主集气管耐高温材料由莫来石砖改为隔热板和微膨胀浇注料，解决了高温废气管道良好隔热的问题，管道温度提高近 60℃。

（8）一次空气入口。一次空气入口由布置在炉顶改为布置在炉顶和炉门上部，操作更灵活，同时在每个炭化室上升管增设三次空气入口。

（9）焦炉炉柱。焦炉炉柱采用新型结构，与装煤推焦车及接焦车面，形成平整的密封面，与专用车辆配合，保证除尘操作顺畅，上部横拉条在背装煤推焦车和平接焦车面布置。

B　煤饼压型

煤饼采用压型方式。通过合理布置沟槽，在煤饼相同厚度的前提下，缩短结焦时间 4h。

C　耐火材料的改进

QZR15-Ⅲ热回收焦炉的焦侧炉头不同材质砖全部取消，采用整体浇注料替代，极大增加了关键部位的密封性能，减少了野风全部进入量的 30%，控制了不需要的野风进入，有效控制需要进入的一次空气。

D　单孔炭化室压力及温度全自动调节

单孔炭化室压力及温度全自动调节，保证每个炭化室的结焦时间完全相等，采用新型耐温 1400℃闸板阀进行自动调节，中央控制室远程监控。

E　热回收率提高

采用中温次高压、高温高压、高温超高压、超高温超高压技术提高发电效率，使发电量达到 1000kW·h/t 焦以上，发电率分别比美国第一代和德国第二代焦电技术提高 50% 和 20%；比美国第二代焦电技术提高 10%。

改进后的 QZR15-Ⅲ热回收焦炉也可视为中国第二代热回收焦炉。

4.5.3.4　带换热室的热回收焦炉

2003 年开始，山西程相魁先生提出了带换热室的立式热回收焦炉理念，并在实际工程中得以初步应用，近期与华泰永创（北京）科技股份又进行了进一步的完善，这种焦炉高向方向由下至上主要由换热室、斜道、炭化室-燃烧室和炉顶组成。其炼焦工艺简述如下：煤饼捣固后侧装入炭化室中，在炭化室中吸收燃烧室传递的热量以干馏成焦炭，成熟的焦炭再由侧面出焦；煤干馏过程中产生的煤气（650~800℃）全部由炭化室进入燃烧室顶，再分配到各个立火道中。空气由炉底空气道进入换热室，间接吸收烟气的余热升温，再由斜道进入立火道内的直立空气道中，分段喷入立火道；立火道中煤气与空气预混燃烧，产生的烟气下降经由斜道进入换热室的烟气道，换热后再通过炉底烟道送往余热锅炉，用于产蒸汽发电。

换热式热回收焦炉炉体结构如图4-16所示。它的优势和特点：

（1）清洁生产，环境友好型。炭化室负压，炉内的烟尘和荒煤气都不易向炉外逸散，装煤时产生的荒煤气和烟尘会被燃烧室抽走并完全燃烧，其烟尘逸散量比常规焦炉减少90%以上；荒煤气不进行冷却和净化处理，没有焦化废水生成，厂区内无焦油、氨水滴漏和无刺鼻异味气体析出。

（2）煤料适应性较大，资源利用率高。配煤时可配入大量弱黏煤和少量的不黏煤，一定程度上节约了优质煤（焦煤和肥煤）的资源，扩大了炼焦煤种的使用范围；产出的焦炭，块度较大，含碳量高，强度高且灰分低，焦炭质量好；炼焦工段无煤气冷却和净化系统，节约了水资源。

（3）可缩短结焦时间，生产效率高。空气的预热和炉顶煤气平衡道的设计，缓解了不同结焦时期荒煤气量波动带来的温度过高和过低的状况；燃烧室空气经由下至上分段供入，优化了立火道高向温度场的均匀性；无跨越孔和循环孔，火道内全为上升气流，都给相邻炭化室进行传热，而炭化室尺寸和常规焦炉基本相同，一定程度上缩短了结焦时间。炭化室和燃烧室由炉墙分开，实现间接加热，没有炼焦煤的烧损。

（4）可降低能耗，经济节能。煤气和化产

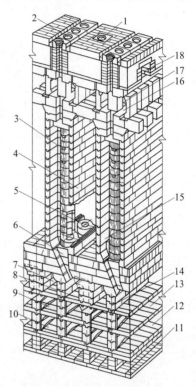

图 4-16　带换热室的热回收
焦炉炉体结构图

1—除炭孔；2—看火孔；3—空气分配口；
4—炭化室；5—直立空气道；6—斜道；
7，9，10—空气预热层；8—集尘灰分
离道；11—基础冷却道；12，13—烟气道；
14—隔墙；15—立火道；
16—水平煤气道；17—煤气分配孔
18—煤气平衡道

品以热态进入燃烧室直接燃烧，其显热得以充分用于燃烧-炭化室的传热中；而燃烧产生的高温烟气经换热室和锅炉，其余热被梯级利用；总烟道布置于地下，以最短的途径送至锅炉，减少了热损失。换热室式热回收焦炉的工艺流程简短，无复杂的集气、加热和气流交换系统、庞杂的化产回收和煤气净化系统、污水处理车间等，利于降低炼焦工序能耗。热回收焦炉无化产回收工艺，水耗小于 $0.3m^3/t$ 焦，电耗小于 $10kW \cdot h/t$ 焦。

（5）吨焦投资和运行成本低。以热回收取代了化产回收，不仅基建面积和投资少、建设周期短，而且简化了生产环节，随之降低了运行费用；预热空气的换热室，无换向设施，结构较蓄热室简单。从整体来评估，吨焦投资较卧式热回收焦炉可降低30%以上，综合效益高。

4.5.4 热回收捣固焦炉发展方向

热回收焦炉与常规机焦炉相比，具有排放的污染因子少、污染物排放量小、无酚氰废水等环保优点，但其没有化产品回收，从资源综合利用的角度看存在一定的不足，在2006~2014年期间受行业准入条件的限制，国内一度禁止新建热回收焦炉。随着国内环保要求的不断提高、污染物排放指标的日渐苛刻、焦化行业准入政策的修订，热回收焦炉在环境容量较小、化产品销售困难的地区得以逐步推广、应用。

作为热回收焦炉的两个发展方向，卧式热回收焦炉和立式热回收焦炉的发展前景存在一定的差异。

卧式热回收焦炉发展前景由于其本身存在的、"与生俱来"的弊端，其应用范围十分受限，主要制约因素如下：

（1）生产能力小，占地面积大。卧式热回收焦炉与早期的无回收焦炉相比，虽然焦炉单孔生产能力有很大增长，但由于加热方式所限，煤料厚度不能过大，单孔焦炭产量也受限，加之结焦时间过长，焦炉炉组的生产能力仍小于室式焦炉。为达到一定生产能力，只能加大炉底宽度与长度，以致占地面积很大。因此，热回收焦炉很难适应大规模生产的需要。

（2）热效率低，炼焦煤耗高。热回收焦炉炼焦过程中所产生的荒煤气仍然全部燃烧生成高温废气，其显热只有小部分供给煤料结焦用，结焦中后期却又由于煤气发生量小，不足以满足炼焦供热需要，必须燃烧部分煤料以补充热量，且结焦周期十分长、炉体在结焦过程中散热量大，因而热效率低、煤耗高。虽然可通过废热锅炉回收高温废气的热量以改善热效率，但仍无法从根本上提高其资源、能源的综合利用率。

（3）焦炭灰分增加，焦炭质量稳定性差。由于为补充炼焦供热而燃烧掉的炉室顶部煤料中的灰分残留于所生产的焦炭之中，致使焦炭中的灰分明显增加。其增加值取决于炼焦煤料中的灰分与炼焦实际煤耗，通常约达2%。而且，无回收焦炉的炼焦加热条件控制水平远不如现代室式焦炉，因而所生产的焦炭质量均匀性差。

立式热回收焦炉综合了卧式热回收焦炉和常规回收型焦炉的优点，其与卧式热回收焦炉相比具有以下优点：

（1）生产能力大，占地面积小。立式热回收焦炉炭化室和燃烧室的结构形式与常规回收型焦炉十分相似，煤饼厚度小、加热均匀、结焦时间远远小于卧式热回收焦炉，单孔焦炭产量也远大于卧式热回收焦炉。立式热回收焦炉向高向发展，占地面积远远小于卧式热回收焦炉，与常规回收型焦炉占地面积基本相同。

（2）热效率高，炼焦耗煤低。立式热回收焦炉与卧式热回收焦炉相比，干馏在炭化室内进行，燃烧在燃烧室内完成，煤料与煤气燃烧被炉墙分隔、不直接接触，没有卧式热回收焦炉的煤料烧损，因此成焦率较高、炼焦耗煤大大低于卧式热回收焦炉。另外，立式热回收焦炉与常规回收型焦炉相同，炭化室与燃烧室相间排布，充分利用燃烧产生的热能，单位产能炉体散热面积小于卧式热回收焦炉，且其结焦时间也远远小于卧式热回收焦炉，因此生产同样的焦炭量，焦炉散热量大大减少，焦炉热效率明显高于卧式热回收焦炉。

（3）焦炭灰分少，质量稳定。由于立式热回收焦炉干馏过程与燃烧过程分别在炭化室和燃烧室进行，没有因煤料燃烧产生的灰分，故此焦炭灰分很少，焦炭质量稳定。

此外，立式热回收焦炉与常规回收型焦炉相比，还具有炭化室负压操作，炉门无组织排放量少，没有化产回收产生的酚氰废水、没有 VOCs 等热回收焦炉独有的环保优势，其综合了常规回收型焦炉与卧式热回收焦炉的优点，尽管在资源综合利用等方面略逊于常规回收型焦炉，但综合比较看仍具有较大的优势。

综合上述，卧式热回收焦炉尽管目前具有一定的应用市场，但其工艺本身所固有的弊端难以克服，因此难以作为今后焦炉发展的方向；立式热回收焦炉集常规回收型焦炉与卧式热回收焦炉的优势，去芜存菁、择优淘劣、补齐短板，如其在完成工业化基础上，逐步优化、逐步完善后，其可能将替代现有的卧式热回收焦炉，成为热回收焦炉的发展趋势，并与现有常规回收型焦炉的更新换代产品形成焦炉"非回收型"和"回收型"两条不同发展方向上的主流工艺。

4.6   换热式两段焦炉

预热煤炼焦技术开发较早，曾一度在国外也实现了工业化，大量研究者也通过试验证明了预热煤炼焦能够明显改善焦炭的质量以及增加弱黏结性煤的用量。但是由于产业结构的调整及在技术上存在一些问题，欧美国家的焦化生产装置大部分已经停产。我国也于 20 世纪 50 年代末开始对预热煤炼焦技术进行了探索，对其提高焦炭质量的机理也进行了深入研究，但是后来因为技术原因而中断。

传统的蓄热式焦炉发展到现阶段主要存在以下问题：对炼焦煤的质量要求较高，而炼焦配合煤中黏结性煤属于稀缺资源；高能耗，高污染和高运行成本。将含有约 10% 水分的炼焦配合煤装入炭化室进行炼焦，产生的高温荒煤气在上升管经氨水冷却后由集气管进入后续工艺。由于水分蒸发吸收了大量的热，造成能源的无效利用，而且后续污水处理也给企业增加了负担；燃烧室燃烧温度高，产生的NO_x较难处理；炉体结构复杂，投资大。对于焦化企业来说，在前期的高速发展过程中粗放式管理、无序竞争、落后技术所带来的压力正在逐步显现。企业要想走出困境，唯有依靠创新驱动发展，通过转型升级来应对目前的挑战。华泰永创（北京）科技股份有限公司正在研发的HT高效节能、清洁环保、资源节约型焦炉——换热式两段焦炉技术[17,18]能够较好地解决上述难题。根据其工艺特点，可实现预热煤炼焦，有助于增加炼焦煤中弱黏结性气煤的配比，降低入炉煤的含水量，提高入炉煤的温度，节能减排潜力巨大，符合焦化行业今后发展的方向。

4.6.1　结构设计

针对目前炼焦煤水分偏大的情况以及煤的特殊性质，结合焦炉生产的实际现状，为了达到节能减排、提高焦炉生产效率和充分利用低品质炼焦煤的目的，提出换热式两段焦炉炼焦的概念。其特征及流程如下：

（1）用换热室取代传统焦炉中的蓄热室，并在炉体上部引入干燥预热室，采用干燥预热室、换热室和燃烧室-炭化室一体化的立式结构。

（2）煤的干燥预热和干馏过程分别在干燥预热室和炭化室内分两段完成，煤在干燥预热室内脱水、干燥、预热后进入炭化室进行干馏。

（3）贫煤气和空气在换热室内被预热后进入燃烧室燃烧，产生的热量首先用于煤的干馏，然后废气进入换热室，经过换热室预热贫煤气和空气后废气进入干燥预热室，与湿煤进行热交换后经烟囱排出。

4.6.2　炉体结构

所谓的换热式两段焦炉分为干馏段、换热室、干燥预热室三个主要的功能部分，如图4-17所示。两段焦炉是指焦炉的炼焦过程在干燥预热室、炭化室内分两段完成；换热式是指利用换热室取代传统焦炉的蓄热室来预热入炉的贫煤气和空气。

以烧焦炉煤气为例，换热式两段焦炉的炉顶部分包括煤干燥预热装置及炉顶管路部分。其中炉顶管路包括废气管路（中温废气）和空气管路。煤干燥预热室的结构为气道和煤道间隔排列，利用气道内的中温废气来预热煤道中的煤。炭化室与干燥预热室一一对应，在煤干燥完全后打开放煤阀，干燥后的煤依靠重力装入炭化室干馏，整个过程密闭操作，避免了装煤和平煤污染。

图4-18为炉体部分，包括炭化室-燃烧室、斜道区、换热室和炉顶区。换热室取代传统焦炉的蓄热室功能，为管壳式结构，高温废气走壳程，被加热介质走管程，结构更为简单，换热效率更高。而且整个加热系统不需要换向装置。换热室分

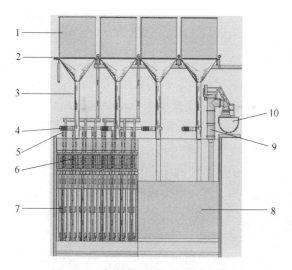

图 4-17　换热式两段焦炉炉体结构图

1—干燥预热室；2—放煤翻板；3—放煤管；4—炉顶空气/废气管路；5—放煤阀；

6—换热室；7—燃烧室；8—炭化室；9—上升管；10—集气管

两排（烧高炉煤气时其中一排通高炉煤气，另一排通空气；烧焦炉煤气时两排都通空气），这种一一对应的关系更便于调节每对立火道的温度，增加能源利用效率。

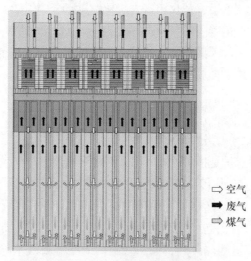

⇨ 空气
➡ 废气
⇨ 煤气

图 4-18　换热式两段焦炉炉体部分

　　以烧焦炉煤气为例，在焦炉运行过程中，空气由炉顶空气入口管进入炉体，流经炉顶区进入换热室管程，与换热室壳程的高温废气换热后进入燃烧室立火道隔墙，在高向分段通入一对立火道，与燃烧室底部喷入的焦炉煤气混合燃烧。每对立火道六点燃烧,同时设置有废气循环措施,便于废气在燃烧室内分布均匀。产生的高温废气经立火道、斜道进入换热室壳程,与管程内的空气换热后经炉顶区废气管道进入煤干燥预热室。

4.6.3 工艺流程

换热式两段焦炉的工艺流程可分为气体流程和煤干燥预热干馏过程两部分,如图 4-19 所示。

气体流程如下:

(1) 常温的空气和贫煤气经换热室与燃烧室产生的高温废气换热,换热后的空气和贫煤气在燃烧室内混合燃烧;产生的废气上升进入换热室,换热室内与空气、贫煤气换热后的中温废气进入干燥预热室对湿煤进行干燥,释放热量后的低温废气经烟囱排入大气。

(2) 采用焦炉煤气加热时,焦炉煤气直接由炉底进入燃烧室与经换热室换热后的空气混合后燃烧。

煤干燥预热干馏过程:装入干燥预热室的配合煤被中温废气干燥预热后,煤中的水分降为 0,温度约为 200℃,干燥预热后的煤经放煤管进入炭化室干馏,产生焦炭和荒煤气。

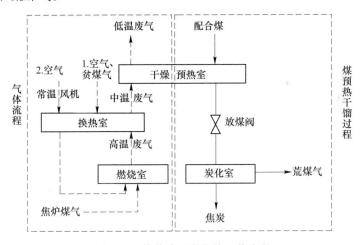

图 4-19 换热式两段焦炉工艺流程

(气体流程的 1 和 2 代表两种加热气体流动方式)

4.6.4 换热式两段焦炉的优势

与现有炼焦技术相比,换热式两段焦炉实现了预热煤炼焦,其突出特点在于:

(1) 改善焦炭质量或增加弱黏煤 (气煤等) 的用量。换热式两段焦炉可实现预热煤炼焦，进入炭化室的配合煤水分为0，并且达到一定温度（通过干燥预热，煤的含水量可降至0，减小了煤颗粒表面的水膜张力，煤的干基堆密度达0.9t/m³，如图4-20所示），与同一煤料的湿煤炼焦相比（含水10%的炼焦煤干基堆密度为0.75t/m³），得到的焦炭真密度大，气孔率低，抗碎强度、耐磨强度高，反应性低，反应后强度大，40~80mm的粒级百分率增加，平均粒径也大。对于规定的焦炭质量指标，预热煤炼焦可增加的弱黏煤配用量为30%，从而扩大炼焦煤源，降低炼焦成本。

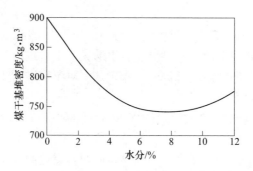

图4-20　装炉煤干基堆密度与水分的关系

（2）减少环境污染。预热煤炼焦入炉煤不含水分，经计算剩余氨水量可减少85%，酚氰污水可减少2/3，既降低投资又减少运行成本；燃烧室燃烧温度降低约100℃，NO_x排放量减少；由于换热式两段焦炉湿煤首先装入温度较低的干燥预热室，避免了传统蓄热式焦炉的装煤污染，可以取消现有焦炉复杂的装煤除尘系统。

（3）炼焦耗热量降低，节约能源。换热式两段焦炉采用干燥预热煤炼焦，占煤料重量约10%的水不进入焦炉炭化室，相对于传统工艺，水蒸气离开煤料的温度降低。同时由于结焦时间缩短，炉体散热量减少，炼焦煤气消耗量减少，相应的燃烧废气热损失减少。经过计算，总的耗热量可以降低18%以上。

（4）提高焦炉生产能力或减少焦炉孔数。预热煤炼焦时，由于入炉煤不含水分且温度较高（200℃左右），煤料温度可以迅速升高，不需要在100℃的温度下长时间停留。由于炭化室需要的热量少，传热速度快，提高了加热速度，缩短了结焦时间，堆密度的增大以及加热速度的增加均可改善焦炭质量。结焦时间大为缩短，如图4-21所示，当火道温度不变时，湿煤炼焦时间需18.5h，而预热到200℃的煤，结焦时间可缩短至14h，即可增产25%左右。若考虑堆密度的增加，焦炭生产能力提高的幅度将更大，可达50%以上。当生产能力既定时，还可以减少焦炉炭化室孔数。合理匹配后，92孔6m焦炉产量可达160万吨/年，相当于126孔7m焦炉或104孔7.63m焦炉的年产量。

（5）效率高，节省投资，结构简单易操作。按照年产160万吨焦的焦化厂作

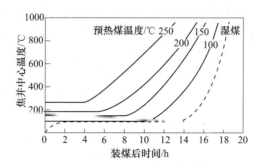

图 4-21　预热煤温度与结焦时间的关系

为计算基准，7m 顶装焦炉的用砖量约为 44260t，7.63m 捣固焦炉的用砖量为 44044t，而新开发的换热式两段焦炉（按照 6m 顶装焦炉计算）的用砖量约为 27542t，分别比 7m 焦炉和 7.63m 捣固焦炉节省用砖量 37.8% 和 37.5%，大大节省了焦炉的投资。换热式两段焦炉取消了常规焦炉的蓄热室，同时也简化了加热交换系统；调整了机焦侧操作平台，使炭化室、推焦车和拦焦车下移，焦炉基础上移；增加了换热室、炉顶空废气管道和干燥预热室；采用皮带布煤，也不需要装煤车、平煤操作等。这些都将大量减少投资，简化生产操作。

（6）其他。换热式两段焦炉还具有炉墙温度骤变小的优势，可延长炉体使用寿命；出焦位置低，有利于拦焦的烟尘控制；不需要平煤，消除了平煤的污染。

4.6.5　换热式两段焦炉实施的可行性

换热式两段焦炉的燃烧室-炭化室位于焦炉的底部，是焦炉的重要组成部分，其结构与现有的蓄热式焦炉基本相同。其中，炭化室结构完全相同，不同点在于燃烧室的每对立火道内气体分段燃烧，并伴有废气循环，具有结构先进、严密、功能性强、加热均匀、热工效率高和节能环保等特点。因此，换热式两段焦炉的燃烧室-炭化室可以采用目前现有的比较成熟的技术，为换热式两段焦炉的实施提供了技术支持。

换热式两段焦炉煤的干燥预热和干馏过程分两段完成。装炉煤首先在干燥预热室内脱水、干燥，并被预热到 200℃ 左右；然后由放煤阀控制经输煤管道进入炭化室干馏完成结焦。即换热式两段焦炉采用煤预热技术炼焦，具有改善焦炭质量、降低炼焦耗热量、降低环境污染等优点。目前煤预热技术已经形成比较成熟的理论，为换热式两段焦炉实现煤预热炼焦提供了理论依据。

换热式两段焦炉的换热室参考管壳式换热器的设计理念，将其应用于气体间的换热。为了应对从燃烧室出来的高温气体，采用耐高温、耐急冷急热及传热性能较好的碳化硅作为管体材料。

换热式两段焦炉技术以炼焦工艺学、流体力学、燃烧学、化工学、传热学和结构力学为理论基础，开展了能量分配、流程优化设计及节能减排和经济效益分析；借助先进的计算机仿真软件开展了干燥预热室、换热室的优化设计和可行性研究；通过1∶1单元试验和三孔炉工业试验验证理论设计的正确性并完善炉体的结构设计；采用理论设计和试验相结合、高校与企业产学研相结合的合作模式，从而保证了换热式两段焦炉的研发工作顺利实施。

换热式两段焦炉技术已被列入国家发展改革委、科技部、工业和信息化部及环境保护部2016年12月发布的《"十三五"节能环保产业发展规划》中，同时被列入国家"钢铁工业绿色发展工程科技战略及对策"的关键技术清单中。但是作为一种新的生产工艺，需要在今后通过进一步的试验及改进、设计、建造和生产运行过程中不断完善，需要做大量的工作以发挥其高效节能、清洁环保、资源节约的优势。

4.7　节能环保新型焦炉

焦炉是焦化企业的核心设施，也是焦化企业大气污染物、水污染物及能源消耗的源头，焦炉炉体结构形式对焦炉污染物排放起着决定性作用。传统焦炉发展至今的100多年来，虽然炉体结构在不断完善，但仍未彻底解决燃烧温度高、热力型NO_x产生量大、炉头温度高、燃料利用率偏低等缺点，炉体结构在节能、环保方面仍有较大的提升空间和挖掘潜力。目前国内科技创新型工程公司提出了"节能环保新型焦炉"的焦炉炉体结构优化方案，针对现有焦炉节能、环保方面的短板，在不对焦炉结构颠覆性改变的前提下，有目的、有针对性地对炉体部分单元优化结构，从而达到"源头减排、本质节能"的节能环保目的，实现焦炉升级换代的"步进式"更新。

"节能环保新型焦炉"与传统焦炉的相比，其主要对燃烧室、斜道、蓄热式进行优化、提升，对炭化室、炉顶等仍保持现有结构，整体外形尺寸可与传统焦炉保持一致，焦炉车辆可采用传统焦炉的设备。

"节能环保新型焦炉"与传统焦炉相比，主要优势如下：

（1）焦炉煤气、混合煤气均采用下喷方式，取消混合煤气侧入，便于混合煤气的气量调节，便于加热系统的操作。

（2）砖煤气道置于炉头侧，增大斜道区与炉头之间的距离，减少了斜道部分的传热量，降低炉头部分的散热量，节约能源的同时也改善了焦炉的操作环境。

（3）加热煤气不分段、空气分三段供给，降低立火道内燃烧温度，大大减少了热力型NO_x的产生量。

（4）在原有立火道废气循环的基础上，增加辅助循环孔，形成内外两个废气循环，并采用多联火道形式，提高了废气循环量，进一步拉长火焰、降低燃烧温度，在原有节能减排基础上，再次减少热力型 NO_x 的产生量。

（5）相邻立火道所需空气经由一个空气道送入，空气道内设隔墙将空气道一分为二，大大改善了立火道之间空气分配的均匀性及燃烧的稳定性。

（6）采用混合煤气加热时，通过三通旋塞在换向期间，利用空气将蓄热室内残留的混合煤气吹送至立火道内燃烧，避免此部分残余混合煤气在下降废气的推动下，经由烟道、烟囱排入大气，提高了加热煤气的利用率，杜绝残余的混合煤气排放。初步估算每座焦炉（以 50 孔为例估算）可节省混合煤气约 $1950m^3/h$，节约能源 $8190kJ/h$。

由于节能环保型焦炉未对现有焦炉做颠覆性的改变，其护炉铁件、焦炉车辆、废气设施等仍可采用现有焦炉的设备、材料，焦炉的烘炉、调试、操作等方面基本没有改变，且在污染物产生量、焦炉能耗、操作便捷性方面得到较大的改善，虽然其研发尚处于起步阶段，但其节能和环保效益好，便于设计和实施，市场接受度好，故此其在推广应用方面相比于其他新型焦炉而言更具有优势，推广和应用前景较好。

参 考 文 献

[1] 姚昭章，郑明东，等. 炼焦学 [M]. 北京：冶金工业出版社，2005.

[2] 于振东，郑文华. 现代焦化生产技术手册 [M]. 北京：冶金工业出版社，2010.

[3] 潘立慧，魏松波. 炼焦新技术 [M]. 北京：冶金工业出版社，2006.

[4] 中国炼焦行业协会. 中国焦化工业改革开放四十年的发展 [EB/OL], http://huanbao.bjx.com.cn/news/20181220/950827.shtml.

[5] Krishnan S H, Dash P S, Guha M. Application of binder in stamp charge coke making [J]. Isij International, 2004, 44（7）：1150-1156.

[6] Loison R, Foch P, Boyer A. Coke quality and production [M]. London：Butterworths Scientific Ltd, 1989.

[7] Liu X Y, Han X, Cheng H, et al. Coal blend properties and evaluation on the quality of stamp charging coke from weakly coking blends [J]. Metallurgical Research and Technology, 2018, 115（4）：421-429.

[8] 周师庸. 用煤岩学评述捣固焦炉成焦过程和焦炭质量 [J]. 燃料与化工，2008，39（4）：8-13.

[9] 马超，晁伟，李东涛，等. 首秦焦炭碳素溶蚀能力与显微结构的相关性 [J]. 钢铁，2014，49（12）：33-37.

[10] 王维兴. 高炉炼铁对焦炭质量的要求及对捣固焦的评价 [C]. 2011 年捣固炼焦技术、捣固焦炭质量与高炉冶炼关系学术研讨会论文集，2011：1-4.

［11］ 王筱留，祁成林．当前影响低碳低成本炼铁若干问题的辨析［C］.2014 年全国炼铁生产技术会暨炼铁学术年会文集（上），2014：177-188.

［12］ 程乐意，曹银平，许永跃，等．炼焦节能新技术在宝钢的应用［C］.第十届中国钢铁年会暨第六届宝钢学术年会论文集，2015：1-6.

［13］ 贺世泽，李双林．炼焦入炉煤调湿技术在太钢的应用［J］.煤质技术，2012，2：66-68.

［14］ 郭艳玲，胡俊鸽，周文涛．煤调湿技术在我国的应用发展现状［J］.现代化工，2016，36：8-12.

［15］ 高冰，李玉庚，陈鹏，等．煤调湿技术的应用及效果分析［J］.燃料与化工，2016，47（4）：31-33.

［16］ 李惠莹，王浩，金保昇．焦炉荒煤气余热回收技术现状与应用前景分析［J］.冶金能源，2017，36（5）：46-49.

［17］ 徐列，张欣欣，张安强，等．换热式两段焦炉及其炼焦工艺［J］.中国冶金，2013，23（7）：53-55.

［18］ 张安强，张欣欣，徐列，等．换热式两段焦炉热工预测［J］.中国冶金，2013，23（6）：40-42.

5 炼焦过程大气污染物治理

炼焦又称煤高温干馏，属于煤热加工领域，是煤在隔绝空气条件下，加热到950~1050℃，经高温干馏生产焦炭，同时获得煤气、煤焦油的一种煤转化工艺，一般包括备煤（煤料预处理）、炼焦、化产回收、焦油精制、熄焦、筛焦等工序，并辅之以物料流和能量流的变化。在这一工艺过程中，因机械操作、热化学转化而发生粉尘、污染物产生和逸散，污染环境。本章主要介绍了目前国内外炼焦过程大气污染物治理方法、工艺和存在的问题及今后的发展方向。

5.1 炼焦过程大气污染物的产生

炼焦业在生产过程中产生的污染物种类多、毒性大，进入大气的多环芳烃有100多种，其中已被证实的致癌物有22种，对大气污染相当严重。炼焦过程的大气污染物主要来自备煤、炼焦、化产品回收与焦油精制等生产环节，污染源主要有煤装运粉尘、推焦烟尘、装煤黄烟、熄焦烟尘、煤气燃烧烟气、化产回收车间释放的污染物等，而备煤、炼焦工段产生的烟尘、粉尘因其污染点多、面积大而成为污染的重点，也是治理的难点。

炼焦过程排放的大气污染物主要包括颗粒物、无机化合物（CO、NO_x、H_2S、NH_3 和 SO_2）、多环芳烃（其中 BaP 是焦化厂的典型代表）、挥发性有机物（苯、甲苯、二甲苯和非甲烷烃）等。备煤、筛焦存在粉尘扩散和无组织排放问题，炼焦、熄焦存在粉尘扩散、无组织排放和烟气排放问题，化产回收和焦油精制存在有机气体（VOCs）排放问题。焦炭生产区 TSP 和 SO_2 日均最大浓度值可达《环境空气质量标准》（GB 3095—2012）中二级标准的 10 倍和 2.5 倍；焦炉顶无组织 TSP 是《炼焦化学工业污染物排放标准》（GB 16171—2012）中焦炉顶颗粒物浓度限值的 5 倍。焦化厂环境空气 PAHs 污染严重，其中 BaP 的质量浓度介于 0.050~1.054μg/m³，焦炉顶、机侧和焦侧无组织排放的 BaP 的浓度范围为 100~200μg/m³。炼焦与化学产品回收过程大气污染源及有害物数量与浓度见表 5-1 和表 5-2[1]。

表 5-1 炼焦过程大气污染源及有害物浓度

排放源	废气 /m³·t⁻¹焦	有害物质/g·t⁻¹焦								
		粉尘	H_2S	NH_3	HCN	C_6H_5OH	有机烃	SO_2	NO_2	CO
焦炉煤气燃烧	1400							1120	18	
混合煤气燃烧	1750							220	16	

排放源	废气/m³·t⁻¹焦	有害物质/g·t⁻¹焦								
		粉尘	H_2S	NH_3	HCN	C_6H_5OH	有机烃	SO_2	NO_2	CO
上升管	15		0.2	5.2	0.075	0.09	19	25	7.2	3.7
装煤孔	4.7		0.61	1.6	0.24	0.03	6	0.8	2.3	1.3
装煤车料片	165		21.5	57	1	0.99	214	28	79	4.1
推焦	190	750	7.6	51	0.85	0.5	36	22	3.4	
熄焦车	190		7.6	51		0.5	36	32	3.4	
熄焦塔	600~650		20	42	9	85				
焦台	735		0.3	0.5	0.2	0.2				
熄焦车到熄焦塔途中	100	100	0.2				70	16	2.9	37
筛焦焦楼		700								

表 5-2 化学产品回收生产中大气污染情况 （mg/m³）

污染源点	SO_2	H_2S	HCN	酚	苯
氨水澄清槽	0.038~0.184	0.005~0.171	0.139~0.563	0.397~1.031	1.75~5.72
初冷器	0.030~0.196	0.005~0.019	0.009~0.119	0.028~0.141	0.13~1.39
鼓风机室	0.030~0.073	0.008~0.064	0.017~0.141	0.080~0.185	0.52~11957
电捕焦油器	0.065~0.197	0.018~0.539	0.043~1.842	0.085~0.323	0.73~14.50
饱和器	0.054~0.162	0.025~0.095	0.120~0.788	0.118~0.825	2.25~4.12
脱苯塔				0.013~0.053	0.14~0.042
再生塔				0.017~0.068	0.015~1.81

5.1.1 备煤工序

备煤工序产生的大气污染源主要来自原料煤的装卸（翻车机、受煤坑）、破碎、筛分、配煤室与煤塔、输运过程中产生的粉尘以及煤场扬尘等。备煤工序包括各种炼焦用煤的装卸、分选、干燥、破碎、筛分、配料及运输等，由受煤、贮煤、破碎、配煤、粉碎、输送、贮煤塔组成，用以完成来煤的装卸、贮存、倒运及煤的配合、粉碎、输送等任务。

备煤工序在卸煤、碎煤及运输过程中产生大量生产性粉尘，且不易清扫，其中，卸料机将煤卸入卸煤槽、多段皮带走廊及煤块进入破碎机被破碎的过程尤为严重。

卸料机将煤卸入卸煤槽，瞬间卸煤量大，落差大，煤尘产生较为集中，且卸料机外形尺寸大，考虑到检修、运行等诸多因素，无法也不允许将其完全封闭，故产尘量比较大，是焦化厂粉尘污染严重、治理难度较大的重点场所。

破碎是粉尘污染"重灾区"，虽然设有除尘设施，但由于破碎机体积大、缝隙多，仍有大量粉尘逸散。煤粉碎产生的生产性粉尘，有些被除尘器除去或者被集尘罩捕获，而一些没有被捕获的、体积较小的粉尘随着室内风流四处飘散，极易进入室内工作人员的呼吸系统，引发硅肺病等职业病。破碎设备直接产生的生产性粉尘，特别是可吸入性粉尘，直接影响操作人员的身心健康；体积较大的粉尘颗粒由于受到重力及外力作用，沉积在破碎设备或者破碎室壁面，受到破碎设备等机械设备振动作用或风速过大而二次起扬，随风漂移，增加了空气中粉尘的浓度。同时，当破碎设备生产时，又会有大量的生产性粉尘逸散，导致破碎设备周边粉尘浓度极高，虽然在皮带输送煤料和输出煤料处都有抑尘罩来防治粉尘飞扬，破碎房也安装了排气扇将污浊空气排出，但这些除尘设施只能将局部含尘气流排出，大量粉尘仍然悬浮在室内空间。

输煤皮带走廊产尘关键点有尾部落煤管、皮带抖动、皮带头部落煤等，造成大量粉尘的弥散与沉降。目前，该过程基本没有相应的除尘、防尘和抑尘措施。焦化厂输煤系统产生的煤尘作为一种能较长时间漂浮在作业场所空气中的固体微粒，一般含有较多游离 SiO_2，尘粒分散度高，直径小于 $50\mu m$ 的尘粒所占比例较高，这种微小尘粒在空气中悬浮的稳定性高，严重危害人体健康，工人吸入这些微细粉尘颗粒后，就会沉积在他们的支气管壁和肺泡壁上，如果长期吸入，可能会产生肺组织纤维化的疾病，即尘肺病。粉尘沉降在机器表面，加大机器磨损与老化，加速设备腐蚀速度，降低设备散热速率，容易引发安全事故；粉尘弥散造成工作环境可见度下降，员工操作失误与伤亡可能性增大；电气设备绝缘水平下降，影响焦化厂的正常生产，同时造成煤炭资源的浪费。

粉碎机粉尘水分较高，有的达到 6% 以上，说明煤中水分达到 6% 以上时，也能产生一定的粉尘。输煤皮带粉尘水分相对较低，在 3% 以内，且灰分较高，外观有少许黄褐锈铁皮和泥沙，当配煤水分达 8% 及以上时，输煤过程产生的粉尘极少。粉碎机粉尘的粒度整体而言大于输煤皮带粉尘，两者绝大部分粒径都在 $2\mu m$ 以内，但粉碎机有少量大粒度粉尘（ $10\sim30\mu m$ ）。输煤皮带粉尘浓度大于 $30mg/m^3$ 左右，一般备煤车间煤尘的无组织排放量约为 $300\sim500g/t$ 焦，随着封闭或半封闭煤场或煤仓的推广应用及输煤和粉碎系统的封闭，备煤工序的无组织排放会进一步减少。

5.1.2　炼焦工序

炼焦是将煤等含碳物质在隔绝空气的条件下，加热到一定温度，并发生热解、缩聚等系列反应的工艺过程。我国炼焦企业的炼焦是指将配合好的煤在炼焦炉内和隔绝空气的条件下，加热到 950~1050℃，经脱水干燥、热解、缩聚以至形成固体焦炭，并伴随煤气和焦油的工业过程，主要包括装煤、炼焦、出焦三个环节及其机械作业、燃料燃烧废气排放等。

炼焦过程的大气污染源包括加煤、出焦、熄焦、炉门炉框变形关闭不严、炉顶上升管和加煤孔等泄漏，造成煤气、煤尘外逸。

炼焦工序的装煤、出焦过程排放的烟尘数量大、毒性大，其主要污染物有颗粒物、苯可溶物（BSO）、苯并芘（BaP）等，可引起人体呼吸系统、神经系统的多种疾病，还有严重的致畸、致癌作用，尤其与肺癌的发病率有直接关系。

装煤操作环节产生的污染主要来自煤料装入炭化室时，湿煤与炽热的高温炉墙接触、快速升温，产生大量水蒸气、荒煤气并伴有细煤粉和烟尘，且空气中的氧和入炉细煤粒不完全燃烧形成含碳黑烟；同时，装煤会导致炉顶空气瞬时堵塞、炭化室内压力突然上升，使得炭化室内含有悬浮微粒、水蒸气、CH_4、CO、H_2S、HCN、多环芳香烃和碳氢化合物等烟尘瞬时扬起逸散、短时间难由上升管导出，因而气态夹带固态粉尘烟气由装煤孔外逸。

装煤过程产生的污染主要是煤（烟）尘和废气（SO_2、H_2S、CO、二噁英类、HCN、NH_3、苯类、酚类、PAHs、NO_2 等）。煤尘中的芳烃、酚类、硫化物等都是有毒有害物质，同时还含有一些有害的重金属元素。这些煤（烟）尘中含有 40 多种多环芳烃（PAHs），其中，备煤颗粒物中母核 PAHs 较多、含量较高，而装煤颗粒物中烷基 PAHs 较多，且主要含 SO_2、H_2S、BaP、CO、HCN、NH_3、苯类、酚类、萘、蒽、NO_2，以及不同程度的二噁英、呋喃和二噁英类多氯联苯等污染物。

顶装焦炉装煤末期平煤时带出的细煤粉等进入环境大气中，也对周边环境造成污染。

炼焦操作环节产生的污染主要来自炉门、装煤孔盖、上升管逸散的烟尘。当炉门（包括小炉门）、装煤孔盖、上升管密封不严、集气管压力波动超限时而产生冒烟、冒火，甚至导致荒煤气逸散。

出焦操作环节产生的污染主要来自红焦经推焦车、拦焦车从炭化室推出导入熄焦车时，从导焦槽顶部排出的阵发性高温废气，以及红焦在空气中燃烧形成的对流浓烟，主要污染物为焦尘、CO、BaP 及硫化物。

熄焦操作环节产生的污染主要来自湿法熄焦产生的大量含有 CO、SO_2、NH_3、BaP、BSO、H_2S、HCN 和酚等污染物的饱和水蒸气及其夹带的粉尘焦末、干法熄焦的装焦烟尘逸散和循环气体放散夹带的粉尘及含硫化物，以及干法熄焦排焦口及一次除尘灰和二次除尘灰粉末扬尘、焦炭从熄焦车（焦罐）至凉焦台的粉尘扩散。

筛焦操作环节产生的污染主要来自筛焦系统的废气污染物，是在焦炭冷却后进行焦炭不同粒度分离过程中产生的。筛焦过程中通过振动筛的作用能够将粒径不同的焦炭分离出来，但该过程产生的粉尘比较多；产生位置有筛焦楼、焦炭装卸等处。

运焦环节产生的污染主要来自皮带转运焦炭过程中，由于焦炭落差而产生的粉尘。

焦炉烟囱产生的污染主要来自焦炉加热过程中的燃料燃烧所产生的含硫含氮气体。焦炉在生产过程中所需要的燃料主要是煤气，煤气燃烧后产生废气经烟囱排出。燃烧废气中的污染物主要有烟尘、SO_2、NO_x 等。

机械操作环节产生的污染主要来自炉门开关、装煤、推焦与熄焦作业的烟尘。无环保装备的四大车操作，使装煤、推焦、熄焦烟尘处于无控制状态逸散，是焦炉的主要污染源，其中装煤烟尘量为 0.4 ~ 0.6kg/t 煤，推焦烟尘量为 1.38kg/t 煤，熄焦烟尘量为 0.3~0.4kg/t 煤。由于装煤、推焦烟尘微粒表面吸附 BSO 和 BaP 等多环芳香烃污染物质，其危害性大于熄焦烟尘。炉门、炉顶等处不严密而泄漏的烟气属于无组织放散烟气，以荒煤气为主，包括烟尘、CO、H_2S、SO_2、BaP、NH_3 等。因此，炼焦工序的烟尘治理是改善焦炉作业环境、减少污染的重点项目。为了减少扬尘并符合大气污染物的排放标准，必须对含尘气体进行净化处理。

5.1.3 化学产品回收工序

化学产品回收工序的排放废气中含有大分子、难氧化物质（甲基萘、苊、联苯、蒽、菲、芘、苯并芘等），大部分因含有不同杂质存在刺激性、腐蚀性，有的甚至含有大量致癌、致畸、致突变的有害成分、恶臭物质等，组成复杂，会对大气环境造成比较严重的影响。

化学产品回收工序排放的污染物主要来自各生产工段的尾气、进出工艺装置、原料槽、中间槽和产品槽、设备管道的放散气、泄漏气、排空气、异味挥发物及煤气燃烧排放的烟气，含有的污染物主要为 CO、SO_2、H_2S、HCN、NH_3、C_nH_m、焦油、萘、苯酚、苯并芘、苯等。如硫铵结晶干燥废气中的粉尘、NH_3 等；粗苯管式炉废气中的烟尘、NO_x 等；焦油贮槽、机械化氨水澄清槽、循环氨水中间槽、苯贮槽、焦油渣及洗脱苯渣排渣处等逸散气体中的 BaP、NH_3、H_2S、酚类、HCN、非甲烷总烃、苯等；各贮槽、设备的放散管、管式加热炉烟囱等排放的大气污染物及脱硫和硫铵的干燥尾气，可能含有烟尘污染及 SO_2、CO、H_2S、HCN、NH_3、NO_x、BaP、苯、萘、（挥发）酚和非甲烷总烃等污染物。各工段无组织排放的尾气特性见表 5-3[2]。

表 5-3　化产回收各工段无组织排放尾气特性

尾气来源	产生原因	主要污染物	污染物特性
冷鼓工段	中间槽、储槽无组织排放尾气	焦油、萘、酚、苯系物、NH_3、H_2S、苯并芘等	易燃易爆、毒性强、易结晶、易胶黏、腐蚀性强、异味重
脱硫工段	槽罐无组织排放尾气	H_2S、NH_3 等	有毒、腐蚀、异味
蒸氨、硫铵工段	槽罐无组织排放尾气	NH_3 等	有毒、腐蚀、异味
粗苯工段	槽罐无组织排放尾气	苯系物、萘、重苯等	易燃易爆、有毒、易结晶、胶黏、异味重
油库工段	槽罐无组织排放尾气和装卸废气	焦油、萘、酚、苯系物、H_2SO_4、碱、苯并芘等	易燃易爆、有毒、易结晶、胶黏、腐蚀、异味重

　　化学产品回收主要由焦油回收、硫回收、氨回收、粗苯回收 4 个工序组成，包括鼓冷、脱硫脱氰、脱氨（硫铵）、洗苯，以及蒸氨、粗苯等工段和油库区。以氨回收为特征分类，焦化回收工艺可以分为硫铵流程和 A.S 流程，其中硫铵流程是回收焦炉煤气中的氨来生产硫酸铵，而 A.S 流程中氨作为脱硫剂脱除煤气中的硫，并不直接回收煤气中的氨。目前，国内化产回收多采用硫铵流程。化学产品回收过程排放的气体污染物 H_2S、NH_3 及烃类物质，也是 $PM_{2.5}$ 二次粒子的前体物。对硫铵流程和 A.S 流程污染有害产物的排放进行调研和评估表明，每生产 1t 焦炭排放的污染物质量和污染当量见表 5-4 [3]。

表 5-4　化产回收系统气体污染物排放质量和污染当量

污染物	H_2S	NH_3	HCN	C_6H_6OH	苯族烃	总量
排放量/kg	0.095	0.084	0.006	0.005	0.284	0.474
污染当量数	0.327	0.009	1.261	0.014	3.551	5.162

　　由此可知，化学产品回收系统，每生产 1t 焦炭向大气排放的污染物为 0.47kg，污染当量数为 5.16。按我国 4.8 亿吨/年焦炭计算，排放 H_2S 45600t/a，NH_3 40320t/a，HCN 2880t/a，C_mH_n 138720t/a。这些 $PM_{2.5}$ 二次粒子的前体物，主要特点是在大气中的停留时间长，蔓延距离远，对人体健康和空气质量有严重的影响，加剧 $PM_{2.5}$ 的形成。

　　此外，管式炉烟气含有烟尘、SO_2 及 NO_x；污水处理站放散属于恶臭排放。

5.1.4　焦油精制工序

　　焦油精制是指用热法提取煤焦油中的高附加值组分的一种煤焦油深加工。煤焦油是一个组分上万种的复杂混合物，目前已从中分离并认定的单种化合物约 500 余种，约占煤焦油总量的 55%，其中包括苯、二甲苯、萘等 174 种中性组分；酚、甲酚等 63 种酸性组分和 113 种碱性组分。某些组分虽然价值很高，但在煤焦油中的含量很少，占 1%以上的品种仅有萘、菲、莹蒽、芴、蒽、苊、苊、咔唑、2-甲基萘、1-甲基萘、氧芴和甲酚 12 种。煤焦油中的很多组分是塑料、合成橡胶、农药、医药、染料、耐高温材料及国防工业的贵重原料，也有一部分多环烃化合物是石油化工所不能生产和替代的。

目前，我国煤焦油主要用来加工生产轻油、酚油、萘油及改质沥青、针状焦等，再经深加工后制取苯、酚、萘、蒽等多种化工原料和电极材料。国内外煤焦油加工工艺大同小异，都是脱水、分馏。

焦油加工过程中的放散气和沥青烟气成为焦化厂化产异味的"重灾区"，如某焦化厂焦油车间致癌物 3，4-苯并芘在焦油蒸馏平台上的含量经测算为 26700mg/km³ 空气，超过国际公认的中等浓度（50mg/km³ 空气）534 倍。整个工序区域内排放挥发物质种类多、浓度高，对人体健康有着直接的危害，其中污染最大的是萘、酚、沥青烟三种物质，如加工和贮存煤焦油馏分时的不凝气和沥青工艺设备放气孔排放的沥青烟、焦油系统开停工时的焦油循环槽上方白烟夹带的大量含萘烟气、CO_2 系统开工生产时从放散管冒出的含酚烟气、液体沥青装车产生的沥青烟、产品装入贮槽时放散的有害物及焦油和其他油罐贮槽放气孔排放的有害物等都带着强烈的刺激性臭味，影响着周边区域。所以焦油开停工异味、CO_2 分解尾气、液体沥青装车沥青烟等都是焦油车间的主要污染源。

5.2 炼焦过程大气污染物的危害

大气污染就是空气中某些物质的含量超过正常标准，使空气质量不断恶化，并对人的身体健康产生影响。大气污染的种类很多，可分为三大类，即生活污染、生产污染及交通运输污染。炼焦过程大气污染属于生产污染。

（1）大气污染对人体的危害。大气污染可能会引起急性中毒：大气中粉尘不断增多会使人们吸入大量粉尘，从而引起呼吸不畅，严重者会胸闷、咳嗽、嗓子疼；如果空气中 SO_2 的量突然增加也会出现上述状况。

（2）大气污染对植物的影响。大气污染的主要有害气体为 SO_2 和氧化物，这些氧化物对植物有严重的影响，植物周围污染物含量比较多时，植物表面会出现伤斑，严重的甚至会使植物枯萎。

（3）大气污染给天气和气候带来的影响。对于工业燃煤和居民生活燃煤及汽车尾气的排放等，这些排放的气体中含有大量的粉尘，粉尘飘在空中，使空气的能见度变小，影响阳光的照射，地球表面的地球辐射逐渐减小，长时间的太阳辐射量不足，会使人和动植物不能正常发育。大气污染越严重导致降水量也会增多，出现酸雨危害及温室效应。

炼焦过程产生大气污染的有害物质主要有粉尘与烟雾、硫氧化物、氮氧化物、苯可溶物、碳氧化物、碳氢化合物、H_2S、NH_3 等。本节重点介绍粉尘与烟雾、硫氧化物、氮氧化物、苯可溶物等。

5.2.1　粉尘

炼焦过程的粉尘主要是生产过程产生的煤、焦细微颗粒及烟尘，按粒径大小可分为两种：一种是由于自身重量，在地球引力作用下能下沉的降尘；另一种是能在空气中飘浮的飘尘。飘尘的粒径一般在 10Å（1Å = 10~8cm）以下，颗粒越小越容易随呼吸进入人体的肺泡，因此对人体的危害也就越大。粉尘因其源头及其发生量、化学组成、浓度、粒径分布等不同而有明显的差异。

5.2.1.1　粉尘对健康的影响

粉尘分落尘和飘尘两类。落尘颗粒较大，粒径在 $10\mu m$ 以上，能很快降落在地面；飘尘颗粒小，粒径在 $10\mu m$ 以下，比表面积大，并含有大量的有毒、有害物质（如重金属、多环芳烃、二噁英等），能长期悬浮于空气中。粒径在 5 ~ $10\mu m$ 间的粒子能进入呼吸道系统，由于惯性力作用被鼻毛与呼吸道黏液排出，小于 $10\mu m$ 的粒子由于气体扩散的作用被黏附在上呼吸道表面而随痰排出；0.5 ~ $5\mu m$ 的飘尘被吸入人体后会直接进入支气管，到达肺细胞而沉积，损伤肺部组织，引发包括哮喘、支气管炎等呼吸系统疾病，干扰肺部的气体交换，并能进入血液循环送往全身，在身体各部位累积，引起心血管系统疾病，诱发癌症、突变、出生缺陷和过早死亡。

（1）全身作用。长期吸入较高浓度粉尘可引起肺部弥漫性、进行性纤维化为主的全身疾病（尘肺），如吸入 Pb、Cu、Zn、Mn 等毒性粉尘，可在支气管壁上溶解而被吸收，由血液带到全身各部位，引起全身性中毒。Pb 中毒是慢性的，但慢性中毒者如果发烧，或者吃了某些药物和喝了过量的酒，也会引起中毒的急性发作；过量吸入 Cu 的烟尘可能导致溶血性贫血；Zn 在燃烧时产生 ZnO 烟尘，人体吸入后会产生一种类似疟疾的金属烟雾热疾病；长期吸入 Mn 及其氧化物粉尘或烟雾，对中枢神经系统、呼吸系统及消化系统发生不良作用。

（2）局部作用。接触或吸入粉尘，首先对皮肤、角膜、黏膜等产生局部的刺激作用，并产生一系列的病变。如粉尘作用于呼吸系统，早期可引起鼻腔黏膜机能亢进、毛细血管扩张，久之便形成肥大性鼻炎，最后由于黏膜营养供应不足而形成萎缩性鼻炎；还可形成咽炎、喉炎、气管及支气管炎。作用于皮肤、可形成粉刺、毛囊炎、脓皮病，如铅尘浸入皮肤，会出现一些小红点，称为铅疹等。

（3）致癌作用。接触如 Ni、Cr、铬酸盐的粉尘，可引起肺癌；接触放射性矿物粉尘，容易导致肺癌。石棉粉尘除引发尘肺外，还可能引发皮瘤、肺癌，如青石棉最可能引发肺癌，其次是温石棉，最次是铁石棉；吸烟可能引发肺癌，而石棉和吸烟呈现协同作用，吸烟的石棉工人肺癌发生率显著高于不吸烟的工人，更远高于普通人群；石棉接触者是否会患癌与肺内纤维化程度也有关系。

（4）感染作用。有些有机粉尘，如破烂布屑等粉尘常附有病原菌，如丝菌、放射菌属等，随粉尘兹入肺内，可引起肺霉菌病等。

（5）肺部作用。粉尘可引起肺病。长期吸入生产性粉尘而产生的尘肺病，是一种危害性较大的常见职业病。不同性质的粉尘，对肺组织引起病理改变也有差异，粉尘所引起的肺部疾病可分为尘肺、肺尘埃沉着病、有机性粉尘肺部病变三大类。尘肺病又称为肺尘病或黑肺病或尘肺、矽肺、砂肺，是一种肺部纤维化疾病，患者长期处于充满尘埃或垃圾堆积的场所，因吸入大量灰尘，导致末梢支气管下的肺泡积存灰尘，一段时间后肺内发生变化感到不适，形成纤维化灶。肺尘埃沉着病是由于在职业活动中长期吸入生产性粉尘（灰尘），并在肺内潴留而引起的以肺组织弥漫性纤维化（瘢痕）为主的全身性疾病，临床常伴有慢性支气管炎、肺气肿和肺功能障碍；肺尘埃沉着病按其吸入粉尘的种类不同，可分为无机肺尘埃沉着病和有机肺尘埃沉着病，在生产劳动中吸入无机粉尘所致的肺尘埃沉着病，称为无机肺尘埃沉着病，肺尘埃沉着病大部分为无机肺尘埃沉着病；吸入有机粉尘所致的肺尘埃沉着病称为有机肺尘埃沉着病，如石棉肺等。

5.2.1.2 粉尘对工业生产的影响

粉尘对工业生产的影响主要包括以下几个方面：

（1）损坏设备。微细粉尘具有很强的吸附性，能吸附有害的气体、液体、金属元素和较多的 SiO_2，飘落在设备及设备传动部件上，加速机械传动部件的磨损和腐蚀等。

（2）粉尘爆炸。当空气中含尘浓度高达（$40g/m^3$）时，随时有发生粉尘爆炸的危险，粉尘爆炸的压力每平方米可达 150kPa，最初爆炸压力波速约 300m/s，爆炸火焰速度约 10m/s，对人、机、厂房和民宅会产生巨大的安全危害。

（3）材料腐蚀。粉尘因含有腐蚀性成分，会加速人造材料的表面腐蚀，缩短机械设备和精密仪器的使用寿命；粉尘中的颗粒物对金属、油漆表面、石材和混凝土、设备性能及其使用寿命产生磨蚀，严重的会影响建筑物，尤其是对较为年久的古建筑产生侵蚀。

（4）能见度。颗粒物对能见度和气候变化都有着直接或间接的影响；作业场所的能见度降低会增加工伤事故发生的概率。

5.2.2 硫氧化物

大气中的硫氧化物以 SO_2 为主，是焦炉和管式炉加热用煤气燃烧时产生的有害气体。在煤气燃烧时，煤气中的硫同时和氧化合，生成 SO_2 排入大气。SO_2 是一种无色有刺激性臭味的气体,有毒,主要危害人体的呼吸道,当它与飘尘结合时,飘尘的毒性大为增加。吸入 SO_2 的含量多于正常值的 0.2%,会使嗓子变哑、喘息,甚至失去知觉,造成肺部组织障碍。随着浓度的增大,还会损害眼睛、影响视力。另外,职业性慢性中毒会使人丧失食欲,大便不通。SO_2 是大气污染物中危害较大的一种,它很少单独存在于大气中,往往和飘尘结合在一起,在空中的停留时间大致在一周左右,遇到水气则变成硫酸烟雾,对人体、生物的危害更大。

SO_2 与空气中的氧结合会发生氧化反应,生成 SO_3,在潮湿的空气中形成硫酸(H_2SO_4);SO_2 遇到光化学产物臭氧(O_3)、过氧化氢(H_2O_2),以及臭氧和水在阳光作用下形成的羟基自由基($\cdot OH$),也可以生成 H_2SO_4。H_2SO_4 随着雨水降落到地面,就是酸雨;若 H_2SO_4 与水凝结成小液滴,形成微米级的颗粒飘浮在空中,形成硫酸盐气溶胶,对阳光产生散射作用,使能见度降低。作为霾的一部分,硫酸盐气溶胶结构稳定,可以随空气流动,甚至于进入室内,引起呼吸系统疾病。可见 SO_2 不但自身有毒,也是雾霾形成的关键一步。

5.2.2.1 常见硫氧化物

随着各国工业的快速发展,环境污染日益突出,其中硫氧化物(SO_x)是当今世界环境污染的主要有害气体之一。SO_x 代表 SO_2 和 SO_3(其中 SO_3 占比约为 3%~5% 左右),排放到空气中会造成酸雨,对人体健康及生态环境产生巨大影响。SO_3 对环境影响及对人体健康危害程度大于 SO_2。SO_3 是硫酸酐,当 SO_3 进入空气之后,会吸收空气中的水蒸气,生成极少的硫酸酸雾气溶胶:$SO_3+H_2O=H_2SO_4$(酸雾)。这种气溶胶在空气中沉降速度极慢(一般为 0.001m/s),当它与金属氧化物接触时,会激烈反应,对金属构件造成严重腐蚀;当它进入人的呼吸道时,会与呼吸道水分结合,使酸滴增大,并与呼吸道黏膜的分泌液起反应,改变呼吸道黏液的 pH 值,呼吸道黏液正常 pH 值在 7.4~8.2,当黏液 pH 值降至 5.3~7.6 时,会引起哮喘;pH 值下降,会使呼吸道黏液黏度增大,同时会深入下呼吸道、气管,甚至进入肺泡,对呼吸系统造成危害。

5.2.2.2 硫氧化物的危害

硫氧化物的危害如下:

(1)人体健康。硫氧化物会对人体的健康和日常生产生活产生不同程度的危害,轻者会引起不适感,重者可能会造成急性中毒反应或者是致病致癌等严重疾病。常见的大气污染物硫氧化物一般有较强的刺激性,会对人体的呼吸道和皮肤黏膜造成较大的刺激,引起呼吸道感染、支气管炎甚至肺部损伤,长此以往会大大增加人体患肺癌的几率。

(2)动植物生长。硫氧化物对动植物的生长也会带来很大的危害。如由硫氧化物引起的酸雨将会严重危害到动植物,会造成水中的鱼类等动物的死亡,也会对植物的生长造成严重的损伤，同时酸雨会引起植物所在土壤的酸碱度降低，使土壤严重酸化，造成土壤中的微生态结构发生变化，致使土壤肥力严重下降。

（3）生活环境。硫氧化物等与大气中的水结合形成酸雨，酸雨降到地面不仅影响着地面动植物的生长与发育，而且会造成地下水的酸化，引起人们生活用水的污染。当酸雨降到江河湖海中时，会影响江河湖海中的各种生物的生长发育，甚至会变异。

5.2.3　氮氧化物

氮氧化物（nitrogen oxides，NO_x）包括多种化合物，如一氧化氮（NO）、二氧化氮（NO_2）、三氧化二氮（N_2O_3）、四氧化二氮（N_2O_4）和五氧化二氮（N_2O_5）、亚硝酸、硝酸等。除了 NO_2 比较稳定，其他的 NO_x 都不稳定，在某些条件下会反应生成 NO 及 NO_2，但 NO 会转变成 NO_2。NO_x 伤害人体的肺部和呼吸道，导致肺水肿和支气管炎等症；同时，又会形成酸雨、破坏臭氧层，是形成光化学烟雾的主要物质之一。炼焦过程 NO_x 的产生主要来自焦炉和管式炉燃烧系统的燃料含氮量及温度。

（1）人体健康。NO_x 容易和人体血液中的血色素相结合，造成血液缺氧，从而造成中枢神经麻痹症，对人体心脏等重要器官带来一定的损害。NO_x 还会对肺部造成危害，降低身体的抵抗力，从而容易感染感冒之类的呼吸系统疾病。

（2）光化学烟雾。在阳光的照射下，NO_x 容易发生分解反应产生氧原子，与烃类化合物发生化学催化反应，生成毒性比原物质高很多的生成物，污染空气；NO_x 还会和空气中的其他有害物质反应生成光化学烟雾，降低能见度、危害人的眼睛和呼吸道，甚至致癌。

（3）植物生长。NO_x 会对植物的光合作用产生抑制作用，植物叶片气孔吸收溶解 NO_2，将会导致叶脉的坏死，进而对植物的生长和发育造成影响。

（4）臭氧层。NO_x 和 O_3 发生反应，从而使 O_3 变成 O_2，对平流层中的 O_3 带来严重影响，使臭氧层隔离紫外光辐射的作用丧失。

（5）酸雨形成。NO_x 会在空气中生成硝酸和硝酸盐等细颗粒物，当 HNO_x、SO_x 与粉尘发生反应，会产生危害性更大的硝酸或硝酸盐气溶胶，引发酸雨的发生和远距离传输，进而会加快区域性酸雨的恶化。

5.2.4　挥发性有机化合物

挥发性有机化合物（VOCs）是指以气体形式存在或非常容易蒸发的有机化合物。像苯、甲醛、甲苯、二甲苯、乙苯、乙烷及多环芳香烃等都属于挥发性有机化合物。VOCs 中绝大多数都属于烃类。吸入少量的 VOCs 会造成一些相对较轻微的症状，如眼睛、鼻子、喉咙和呼吸道的刺激，头疼、疲劳、头晕、恶心及皮肤上的一些过敏反应。像苯、甲醛及甲苯和二甲苯的衍生物等一些挥发性有机化合物具有一些致癌性质。排入大气的 VOCs 造成的最严重的健康和环境问题与它们所构成的光化学烟雾有关。

VOCs 的种类很多，根据其结构主要分为：芳香类碳氢化合物（苯、甲苯、二甲苯、苯乙烯等），脂肪类碳氢化合物（丁烷、正丁烷、汽油等），卤代烃（四氯化碳、氯仿、氯乙烯、氟利昂等），醇、醛、酮、多元醇类化合物（甲醇、丙醇、异丁醇、甲醛、乙醛、丙酮、环己酮等），醚、酚、环氧类化合物（乙醚、甲酚、苯酚、环氧乙烷、环氧丙烷等），酯、酸类化合物（乙酸乙酯、乙酸丁酯等），胺、腈类化合物（二甲基甲酰胺、丙烯腈等）及其他（甲基溴、氟氯碳化合物等）8 类。

化学产品回收和焦油加工过程的 VOCs 是焦化厂除颗粒物以外的第二大分布广泛和种类繁多的排放物，其危害根据种类的不同也有所差别，主要表现在以下几个方面：

（1）火灾和爆炸。乙烯、丙烯等脂肪烃类 VOCs 属于易燃、易爆类化合物，会给企业生产造成较大火灾和爆炸隐患。近年来由于 VOCs 造成的火灾和爆炸时有发生。

（2）人体健康。VOCs 对人体的影响主要为气味、感官、黏膜刺激和其他系统毒性导致的病态及基因毒性和致癌性。大多数 VOCs 带有恶臭等刺激性气味，当在环境中达到一定浓度时，短时间内可使人感到头痛、恶心、呕吐，严重时会抽搐、昏迷，并可能造成记忆力衰退，伤害人的肝脏、肾脏、大脑和神经系统。部分 VOCs 已被列为致癌物，特别是苯、甲苯及甲醛，会对人体造成很大的伤害。苯类化合物会损害人的中枢神经，造成神经系统障碍，也会危及血液和造血器官，严重时，会有出血症状或感染败血症。卤代烃物质能引起神经衰弱征候群及血小板减少、肝功能下降、肝脾肿大等病变，还可能导致癌症。

（3）光化学污染。VOCs 是 O_3 和 $PM_{2.5}$ 的重要前体物，能造成光化学烟雾、O_3 浓度升高、雾霾天气次数增加等环境问题，间接地影响人体健康。VOCs 在阳光照射下与大气中的氮氧化物、碳氢化物等发生光化学反应，产生高度活性的自由基，生成 O_3、过氧硝基酰、醛类等光化学烟雾，造成二次污染，危害人的身体健康。空气中 O_3 浓度的增加，会破坏人们皮肤中的维生素 E，进入呼吸道后会刺激人体呼吸系统，造成神经系统中毒，严重时还会破坏人体的免疫系统。O_3 会危害农作物的生长，甚至导致农作物的死亡。VOCs 还会在特定条件下和大气中的颗粒物形成二次有机气溶胶（SOA），SOA 中含有多种致癌、致畸和致突变性的有机化合物，如多环芳烃、多氯联苯和其他含氯有机化合物；SOA 还影响大气能见度，是产生大气光化学烟雾、酸沉降的重要因素，并可通过长距离传输影响区域和全球环境。

5.3　炼焦过程粉尘处理技术

炼焦过程的粉尘处理技术主要有机械除尘、布袋除尘、电除尘、湿式除尘、电袋除尘和高频高压电除尘等。

5.3.1　机械除尘技术

　　机械除尘技术是借助于机械除尘器来达到除尘的一种技术。机械除尘器是用机械力（重力、惯性力、离心力等）将尘粒从气流中除去的装置，按除尘力的不同，分为重力除尘器、惯性除尘器和离心力除尘器（旋风除尘器）等，多用于含尘浓度高和颗粒粒度较大的气流。机械除尘器的特点是结构简单，初期投资建设和设备运转费用低，对气流阻碍程度较小，但该方法的除尘效率不高。广泛用于除尘要求不高的场合或用作高效除尘装置的前置预除尘器。

5.3.1.1　重力除尘器

　　重力除尘器借助于粉尘的重力沉降，将粉尘从气体中分离出来的设备。重力除尘器通过在过程中突然降低气流流速和改变流向，使得较大颗粒的灰尘在重力和惯性力作用下，与气流分离，沉降到除尘器锥底部分，属于粗除尘。粉尘靠重力沉降的过程是烟气从水平方向进入重力沉降设备，在重力的作用下，粉尘粒子逐渐沉降下来，而气体沿水平方向继续前进，从而达到除尘的目的。其结构如图5-1所示。

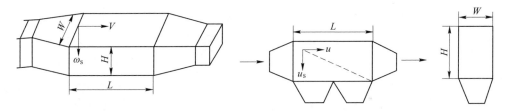

图 5-1　重力沉降室结构

　　重力沉降室是所有空气污染控制装置中最简单和最粗糙的装置。虽然重力除尘器（沉降室）也能除去空气中的颗粒，但这种方法只能将空气中的大颗粒沉降下来，空气中的大部分细小颗粒还是没有去除，因而只是对空气的粗处理。所以，在处理空气污染物时，可使气流先通过沉降室后再使用其他方法来继续处理。

5.3.1.2　惯性除尘器

　　惯性除尘器是利用粉尘在运动中惯性力大于气体惯性力的作用，将粉尘从含尘气体中分离出来的设备。一般都是在含尘气流的前方设置某种形式的障碍物，使气流的方向急剧改变。此时粉尘由于惯性力比气体大得多，尘粒便脱离气流而被分离出来，得到净化的气体在急剧改变方向后排出。这种除尘器结构简单、阻力较小，可以处理高温含尘气体，适宜安装在烟道、管道内，但除尘效率较低，一般用于除去几微米至十几微米的比较粗大的尘粒，可作预除尘。惯性除尘器的阻力在 600~1200Pa 之间，根据构造和工作原理，惯性除尘器分为两种形式，即碰撞式和回流式。

A   碰撞式除尘器结构形式

碰撞式除尘器的结构形式如图 5-2 所示。这种除尘器的特点是用一个或几个挡板阻挡气流的前进，使气流中的尘粒分离出来。该形式除尘器阻力较低，效率不高。

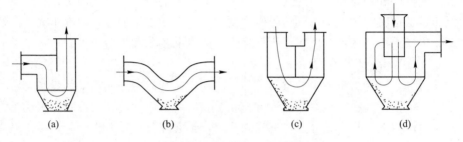

图 5-2   碰撞式除尘器的结构

（a）挡板结构；（b）反转结构；（c）挡板反转结构；（d）冲击反转结构

B   回流式除尘器结构形式

该除尘器的特点是把进气流用挡板分割为小股气流。为使任意一股气流都有同样的较小回转半径及较大回转角，可以采用各种挡板结构，图 5-3 为典型的百叶挡板式结构。

百叶挡板能提高气流急剧转折前的速度，可以有效地提高分离效率；但速度过高，会引起已捕集颗粒的二次飞扬，所以一般都选用 12~15m/s 左右。

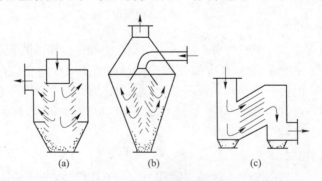

图 5-3   回流式除尘器结构

（a）下行百叶式；（b）上行百叶式；（c）平行百叶式

5.3.1.3   离心除尘器

离心除尘器是将含尘气体从除尘器的下部进入，并经叶片导流器产生向上移动的旋流；与此同时，向上运动的含尘气体的旋流还受到切向布置下斜喷嘴喷出

的二次空气旋流的作用。由于二次空气的旋流
方向与含尘气流的旋流方向相同，因此，二次
空气旋流不仅增大含尘气流的旋流速度，增强
对尘粒的分离能力，而且还起到对分离出的尘
粒向下裹携作用，从而使尘粒能迅速地经尘粒
导流板进入储灰器中。裹携尘粒后的二次空气
流，在除尘器的下部反转向上，混入净化后的
含尘气流中，从除尘扇顶部排出，其结构如图
5-4 所示。

　　离心除尘风机结构简单，只要对通风除尘
系统中原有的离心风机略加改动即可，所需投
资极少，且不占用额外的场地。虽然离心除尘
器相对于重力除尘器来说，处理空气灰尘的能
力有所增强，但该装置对结构有一定的要求。

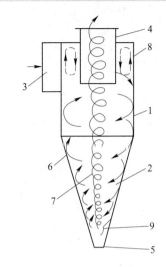

图 5-4　旋风除尘器结构
1—筒体；2—锥体；3—进气管；
4—排气管；5—排灰口；6—外旋流；
7—内旋流；8—二次流；9—回流区

5.3.2　布袋除尘技术

　　布袋除尘技术是借助于袋式除尘器来达到除尘的一种技术。

5.3.2.1　袋式除尘技术工作原理

　　袋式除尘器高的除尘效率是与它的除尘机理分不开的。含尘气体由除尘器
下部进气管道，经导流板进入灰斗时，由于导流板的碰撞和气体速度的降低等
作用，粗粒粉尘将落入灰斗中，其余细小颗粒粉尘随气体进入滤袋室，由于滤
料纤维及织物的惯性、扩散、阻隔、钩挂、静电等作用，粉尘被阻留在滤袋
内，净化后的气体逸出袋外，经排气管排出。滤袋上的积灰用气体逆洗法去
除，清除下来的粉尘下到灰斗，经双层卸灰阀排到输灰装置。滤袋上的积灰也
可以采用喷吹脉冲气流的方法去除，从而达到清灰的目的，清除下来的粉尘由
排灰装置排走。

　　过滤式除尘装置包括袋式除尘器和颗粒层除尘器，前者通常利用有机纤维或
无机纤维织物做成的滤袋作过滤层，而后者多采用不同粒径颗粒的石英砂、河
砂、陶粒、矿渣等组成的颗粒层。

　　袋式除尘器除尘效率高（一般在99%以上），处理风量范围广（从每分钟几
立方米至几万立方米），结构简单，维护操作方便，对粉尘的特性不敏感，造价
低；采用玻璃纤维、聚四氟乙烯、P84 等滤料时，可耐 200℃ 以上高温。但要经
常更换除尘布袋，且烟气含水分较多或者所携粉尘有较强的吸湿性时，往往导致
滤袋黏结、堵塞滤料；在处理灰尘时，随着粉尘在滤料表面的积聚，除尘器的效
率和阻力都相应的增加，当滤料两侧的压力差很大时，会把有些已附着在滤料上
的细小尘粒挤压过去，使除尘器效率下降。另外，除尘器的阻力过高会使除尘系
统的风量显著下降。

5.3.2.2 袋式除尘器的分类

袋式除尘器分为机械振动类、分室反吹类、喷嘴反吹类、振动与反吹并用类、脉冲喷吹类。

（1）机械振动类。用机械装置（含手动、电磁或气动装置）使滤袋产生振动而清灰的布袋除尘器，有适合间隙工作的非分室结构和适合连续工作的分室结构两种构造形式的布袋除尘器。

（2）分室反吹类。采取分室结构，利用阀门逐室切换气流，在反向气流作用下，迫使滤袋变形缩瘪或鼓胀而清灰的布袋除尘器。

（3）喷嘴反吹类。以高压风机或压气机提供反吹气流，通过移动的喷嘴进行反吹，使滤袋变形抖动并穿透滤料而清灰的布袋除尘器（均为非分室结构）。

（4）振动与反吹并用类。机械振动（含电磁振动或气动振动）和反吹两种清灰方式并用的布袋除尘器（均为分室结构）。

（5）脉冲喷吹类。以压缩空气为清灰动力，利用压缩空气在极短的时间内（不超过0.25）高速喷向除尘滤袋，同时诱导数倍于喷射气量的空气形成空气波，使滤袋由袋口至底部产生急剧的膨胀和冲击振动，诱导数倍的二次空气高速射入滤袋，使滤袋急剧鼓胀，依靠冲击振动和反向气流而清灰的布袋除尘器。

目前，被广泛应用的脉冲袋式除尘器，操作和清灰连续，滤袋压力降稳定，处理气量大，内部无运动部件，滤布寿命长，结构简单，如图5-5所示。

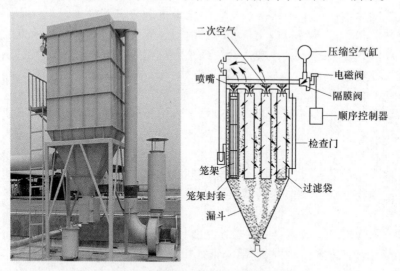

图5-5 脉冲布袋除尘器结构图

5.3.3 电除尘技术

电除尘技术是借助于电除尘器来达到除尘的一种技术。静电除尘是气体除尘方法的一种。含尘气体经过高压静电场时被电分离，尘粒与负离子结合带上负电后，趋向阳极表面放电而沉积。也有通过技术创新，采用负极板集尘的方式。

静电除尘效率高（能够捕集 0.01μm 以上的细粒粉尘），适用气体处理量范围宽，粉尘粒子粒径范围较大；允许操作温度高，可净化温度较高的含尘烟气；结构简单，自动化程度高，气流速度低，压力损失小；能量消耗比其他类型除尘器低；阻力损失小。但设备比较复杂，要求设备调运和安装以及维护管理水平高；对粉尘比电阻有一定要求，且除尘效率受气体温、湿度等的操作条件影响较大。

常见电除尘器的结构如图 5-6 所示。

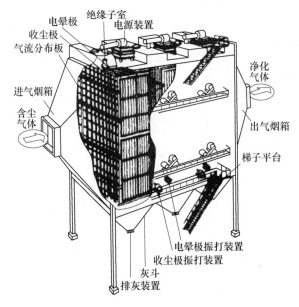

图 5-6 电除尘器结构图

5.3.3.1 电除尘技术工作原理

电除尘器工作原理是利用电力捕集烟气中的粉尘，包括气体的电离、粉尘的荷电、荷电粉尘向电极移动、荷电粉尘的捕集四个相互有关的物理过程。在两个曲率半径相差较大的金属阳极和阴极上，通过高压直流电，维持一个足以使气体电离的电场，气体电离后产生阴离子和阳离子，吸附在通过电场的粉尘上，使粉尘获得电荷。荷电极性不同的粉尘在电场力的作用下，分别向不同极性的电极运动，沉积在电极上，进而达到粉尘和气体分离的目的。

5.3.3.2 静电除尘器的分类

静电除尘器分为以下几类：

（1）宽间距电除尘器。电除尘器在结构不变的情况下使极间距加宽，以提高电除尘器的电场强度，增加电离程度，从而使电晕区扩大，电场的电流变大，有利于粉尘的捕集。

（2）冷电极电除尘器。将电极做成管子形状，向管子里通入一定量的冷却水，使电极表面温度在100℃以下，尘粒比电阻下降，使得电除尘更容易进行。

（3）双区电除尘器。将电场分为前后两个区域，前区放电极是细线，细线和板之间构成不均匀电场，从而产生大量离子，离子使烟气中尘粒荷电，荷电尘粒进入后区后，尘粒吸附在电极上，从而完成除尘过程。

双区电除尘器主要用于空气调节系统的进气净化方面，近年来已开始用于工业废气净化；也可适用于高电阻率粉尘的除尘，可以防止反电晕，并具有体形小、耗钢少、耗电少等特点。

5.3.4 湿式除尘技术

湿式除尘技术是借助于湿式除尘器来达到除尘的一种技术。湿式除尘器俗称除雾器，是使含尘气体与液体（一般为水）密切接触，利用水滴和颗粒的惯性碰撞或者利用水和粉尘的充分混合作用及其他作用捕集颗粒或使颗粒增大或留于固定容器内达到水和粉尘分离的装置。

5.3.4.1 湿式除尘技术工作原理

湿式除尘工作原理是让液滴和相对较小的尘粒相接触/结合产生容易捕集的较大颗粒。在这个过程中，尘粒通过几种方法长成大的颗粒。这些方法包括较大的液滴把尘粒结合起来，尘粒吸收水分从而质量（或密度）增加，或者除尘器中较低温度下可凝结性粒子的形成和增大，其中，液滴把尘粒结合成大的颗粒是目前最具意义的一种捕集方法，应用于大多数湿式除尘器中。

湿式除尘器制造成本相对较低，对于化工、喷漆、喷釉、颜料等行业产生的带有水分、黏性和刺激性气味的灰尘是最理想的除尘方式。因为不仅可除去灰尘，还可利用水除去一部分异味，如果是有害性气体（如少量的 SO_2、盐酸雾等），可在洗涤液中配制吸收剂吸收。由于气体和液体接触过程中同时发生传质和传热的过程，因此这类除尘器既具有除尘作用，又具有烟气降温和吸收有害气体的作用；可用于雾尘集聚之粉尘、气体；结构简单，占地面积小，投资低；运行安全，操作及维修方便。但湿式除尘器排出的泥浆要进行处理，否则会造成二次污染；当净化有侵蚀性气体时，化学侵蚀性转移到水中，因此污水系统要用防腐材料保护；不适用于疏水性烟尘；对于黏性烟尘容易引起管道、叶片等发生堵塞。

5.3.4.2 湿式除尘器的分类

湿式除尘器的种类很多，很难有一个确定的分类。概括地可分为低阻力和高阻力的湿式除尘器。按其结构来分有以下几种：

（1）重力喷雾湿式除尘器，如喷雾洗涤塔。这是最简单的湿式除尘器，像一座空塔，从上部向下喷水，含尘气体逆向而上，为了使气流在塔的截面上均匀分布，有时采取让气流穿过孔板或薄的滤层。当气流速度较高时，塔的顶部应加挡水板。喷雾水滴的大小对除尘效率影响很大。

（2）旋风式湿式除尘器，如旋风水膜式除尘器、卧式旋风水膜除尘器等。将重力喷雾塔加以改进，让含尘气流从塔下部以切线方向进入塔中，从而大大提高除尘效率。旋转气流中的粉尘在离心力的作用下分离出来，分离出的粉尘到达器壁被液流捕捉。

（3）自激式湿式除尘器，如冲激式除尘器、水浴式除尘器。由水流变成水雾需要能量，在湿式除尘器中这种能量是消耗于喷雾嘴的位能或是由气体直接冲击水面的动能。自激式水雾除尘器就是后面一种，它是靠含尘气流自身激起浪花与水雾来达到除尘目的的。

（4）填料式湿式除尘器，如填料塔、湍球塔。

（5）泡沫式湿式除尘器，如泡沫除尘器、旋流式除尘器漏板塔。含尘气体由下部进入筒体，气流急剧向上拐弯，并降低流速，较粗的粉尘在惯性力的作用下被甩出，并与多孔筛板上落下的水滴相遇，带入水中排走，较细的粉尘随气流上升，通过多孔筛板时，将筛板上的水层吹成紊流剧烈、沸腾状态的泡沫层，这样就增加了气体与水滴的接触面积，因而绝大部分粉尘被水洗下来。污水从底部经水封排至沉淀池，净化后的气体经上部挡水板排出。

（6）文丘里湿式除尘器，如文丘里除尘器。除尘原理主要是惯性碰撞。除尘效率高，对 $5\mu m$ 的粉尘的效率是 99.6%，而除尘阻力损失相当大。

（7）机械诱导除尘器，如拨水轮除尘器。

5.3.5　电袋除尘技术

电袋除尘技术是借助于电袋除尘器来达到除尘的一种技术，其结构如图 5-7 所示。

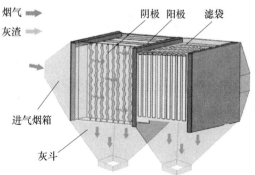

图 5-7　电袋除尘器结构

　　电袋复合式除尘器是综合利用和有机结合电除尘器与袋除尘器的优点，先由电场捕集烟气中大量的大颗粒粉尘，能够收集烟气中 70%~80% 以上的粉尘量，再结合后者袋收集剩余细微粉尘的一种组合式高效除尘器，具有除尘稳定、排放浓度不大于 $50mg/m^3$（标准状态）、性能优异的特点。

　　电袋除尘器结构简单，运行维护方便；能承受烟气中不同特性的粉尘，除尘效率高，可过滤亚微米级的粉尘颗粒；由于烟气中的大部分粉尘在电场中被收集，所以电袋除尘器的总压力比较低，大大降低了设备的运行能耗。但如果滤袋使用不当，设备运行阻力会持续升高，降低滤袋使用寿命。

5.3.5.1　电袋除尘技术工作原理

　　进入电袋除尘器的烟气流程为：进口烟道→进口烟箱→静电除尘区→布袋除尘区→净气室→出口烟道→风机。

　　含尘烟气经进口喇叭内气流分布板的作用，均匀地进入收尘电场，大部分粉尘在电场中荷电，并在电场力作用下向收尘极沉积。当有规律地振打收尘极板时，被收集的粉尘从极板上脱落并落入下部灰斗。含有少量粉尘的烟气少部分通过多孔板进入袋收尘区，大部分烟气折向下部，然后由下而上地进入袋收尘区，当含尘烟气通过滤袋时（外滤式），粉尘被阻留在滤袋表面上，纯净烟气从滤袋内腔进入上部的净气室，再经提升阀进入烟道排出。袋收尘区可划分为若干个独立的收尘室，每个收尘室安装 1 个提升阀，当采用离线清灰时，可有规律地关闭某个室的提升阀，烟气便不能从该室的滤袋通过。每排滤袋上方安装 1 根喷吹管，喷吹管上开若干个小孔，每个孔对准下部的滤袋，喷吹管端与气包相连，气包上安装淹没式脉冲阀。当滤袋表面积灰过厚需要清灰时，脉冲控制仪便启动脉冲阀上的电磁阀，打开脉冲阀上的气流通路，压缩空气便通过脉冲阀、喷吹管喷入滤袋。

　　在进口烟箱中，由不同开孔率的孔板组成进口气流调节装置，保证进入静电除尘区的气流均匀分布。在静电除尘区和布袋除尘区之间设置了气流分布板，该分布板为孔板形式，并且在高度方向上采用不同的开孔率，调节静电除尘区出口气流均布性，保证静电除尘的效率，同时防止气流直接冲刷布袋，提高布袋的使用寿命。

5.3.5.2　不同结构的电袋除尘器的除尘效果

　　电袋除尘器的除尘效果如下：

　　（1）颗粒物的分级捕集效率和平均电荷量都随电压的增大而增大。

　　（2）预荷电结构下布袋除尘前测点处颗粒物电荷量，相对于前电后袋结构下明显减少，而有、无凝并区两种情况下电荷量没有明显区别；在除尘器出口处，三种情况下电荷量相差较小，说明有部分荷电粉尘停留在荷电粉尘上。

　　（3）预荷电结构下，布袋除尘前测点处分级捕集效率相对于前电后袋结构下有所降低，但有、无凝并区两种情况下分级捕集效率相差不多；在除尘器出口处，三种情况下分级捕集效率比较接近，都具有较高的捕集水平，说明在电袋除尘器中，滤袋上的荷电粉尘层对粉尘的捕集起到重要作用。

5.3.6 高频高压电除尘技术

高频高压电除尘技术是借助于高频高压电除尘器来达到除尘的一种技术。

5.3.6.1 工作原理

通过现代的电力电子技术，将电流转变为高频交流电流，然后通过高频变压器升压，再经高频整流器整流滤波，形成直流或窄脉冲等各种电压波形供给电除尘器内部电场。然后同电除尘器一样的步骤对空气进行除尘。

5.3.6.2 工作特点

电除尘技术的工作特点如下：

（1）供给电场内的平均电压比工频高压电源提高 25%~30%，电晕电流可提高 1 倍，大大提高烟尘荷电量，提高了除尘效率。

（2）在电场内发生火花闪络时，相对于工频高压电源具有更高灵敏度的闪络判断、更短的闪络恢复时间及极短的脉冲供电周期；因此火花能量低，电场能量的损耗小，减轻了对电极的冲击，降低了火花闪络引起电极腐蚀的风险。特别是在湿式电除尘器电场中，这种特点既可有效延长电极寿命，又能够提高输出电压的持续性，提高除尘效率。

（3）具有更好的节能降耗效果。普遍具备脉冲供电模式，作为间歇供电方式，在反电晕工况下，不仅能有效提升除尘效率，同时能大幅节省电能。

（4）体积小，重量轻，控制柜和变压器一体化，并直接安装于电除尘器顶部，节省了电缆。不单独使用高压控制柜，减少了控制室的面积，降低了基建的工程量。

（5）高频高压电源基于现代电力电子技术，供电性能优越、控制灵活、结构紧凑，是传统工频高压电源的技术换代产品。

（6）高频高压电源符合湿式电除尘器内部电场特点对于高压供电电源的要求，在燃煤电厂湿式电除尘器工程实施中逐渐得到应用和推广。

（7）高频高压电源与柔性阳极湿式电除尘器配套应用，能达到燃煤电厂烟尘排放的国家标准，可实现烟尘超低排放乃至小于 $3mg/m^3$（标准状态）的近零排放。

5.4 炼焦过程烟尘处理技术

5.4.1 装煤烟尘处理技术

焦炉装煤过程中会出现大量烟尘而污染环境。装煤除尘主要分为无地面站式、干式除尘装煤车和车载式除尘装煤车三大类，包括喷射法、双集气管及跨越管法、双 U 形导烟管法、湿式地面站烟尘净化法、车载式湿（干）法烟尘净化、（非）燃烧法干式地面站烟尘净化、捣固焦炉装煤烟尘净化等工艺技术和这些技术组合的工艺[4]。

5.4.1.1 喷射法

喷射法是在上升管与集气管的连接桥管上喷射蒸汽或高压氨水，使上升管根部形成吸力，把装煤时发生的荒煤气和烟尘顺利地导入集气管内。蒸汽喷射压力为 0.7~0.9MPa，高压氨水喷射压力为 1.8~2.5MPa。高压氨水喷射比蒸汽喷射可减少粗煤气中的水蒸气和冷凝液量，同时也减少了粗煤气带入焦炉煤气初冷器的总热量，喷射法效率一般为 50%~70%。用高压氨水喷射进行无烟装煤是应用较为广泛的装煤除尘方法，如果同时使用严密的装煤密封套筒、上升管水封盖、加强装煤孔沉积炭清扫和密封操作，则可显著改善炉顶操作环境，减少污染。

5.4.1.2 顺序装炉法

顺序装炉法是指装炉时，只允许开启一个装煤孔，只要上升管吸力同产生的烟气量相平衡即无烟尘逸出。例如，系统中 1 号煤斗和 4 号煤斗同时卸煤，然后是 2 号煤斗卸煤，最后是 3 号煤斗卸煤，这种安排装炉的时间增加不多，由于任何时间的吸力一样，因此，不需要下降装煤套筒便可达到消烟的目的。

5.4.1.3 邻室抽吸法

邻室抽吸法是国外早期使用的一种无烟装煤技术，包括固定式机械密封跨接管法、移动式水封切断跨接管法和移动式跨接管法，是在单侧集气管焦炉的炉顶中部或另一侧，用一个跨接管连通装煤炭化室和相邻的炭化室，然后在两炭化室的桥管部位使用高压氨水，分两路将装煤时产生的大量荒煤气和烟尘吸入集气管。该技术具有投资少、设备简单、操作容易、耗能省、炉顶通风和除尘效果好等优点。

（1）固定式机械密封跨接管法。装煤过程中由装煤车开启机械密封盖，连通两相邻炭化室，两边同时喷射高压氨水（3MPa），实现无烟装煤。

（2）水封切断式跨接管法。将装炉发生的荒煤气及烟尘借助 2.8MPa 高压氨水吸入相邻第二孔炭化室，部分燃烧后再进入集气管。原有的中部单吸口改为水封式，作业时跨接管下降进入水封，其内部的液压提盖装置再将装煤炭化室和导气炭化室的水封盖提起，构成顶部密闭通道。

（3）移动式跨接管法。在炉顶装煤靠焦侧一端设置一可沿炉长方向移动的短跨接管。当装煤车在某炭化室顶部停靠时，跨接管可根据需要将该炭化室与两边的任一相邻炭化室接通。装煤作业开始后，装煤车先将各装煤孔盖和相应的跨接孔盖揭开，接着机械装置清扫各孔口沉积炭，然后装煤套筒和跨接管落下，两边打开高压氨水（2.5~3MPa）进行装煤和平煤作业。

5.4.1.4 双集气管法

双集气管法是在焦炉炉顶机焦两侧采用双集气管荒煤气导出系统。在捣固焦炉装煤时，与本炭化室上升管高压氨水喷洒配合，将装煤烟尘抽吸入焦炉的荒煤气集气系统。该法不需设置地面站，也不需在焦炉炉顶设置导烟车或消烟车，使系统大为简化；但由于捣固焦炉敞开机侧炉门装煤，即使设置炉门罩辅助作业，仍不可避免在抽吸装煤烟尘时吸入大量空气，同时，因位于焦炉炉顶机侧的上升管与机侧敞开的炉口十分接近，大量空气会进入荒煤气，煤气含氧量超标的危险性大大增加，煤气净化系统存在安全操作隐患。

5.4.1.5　双 U 形导烟管装煤消烟除尘法

双 U 形导烟管法采用高压氨水与炭化室内导联合治理方案，德国、波兰和印度等国主张使用 U 形管导烟管技术。导烟管布置在焦炉中心线的两侧，机侧 U 形导烟管连通正装煤的第 N 孔炭化室和第 $N+2$ 孔炭化室，焦侧 U 形导烟管连通正装煤的第 N 孔炭化室和第 $N-1$ 孔炭化室，导烟孔盖与座用水密封，通过桥管处高压氨水喷射产生足够的抽吸力，将烟气导入相应炭化室和集气管中。该法 U 形管导烟系统能最大限度减少炭化室机侧炉门的冒烟冒火现象，安全可靠；但易使煤气含氧量过高，造成安全生产隐患。如要取得较好的除尘效果，要求抽烟炭化室上升管根部必须产生较大的吸力，但由于系统泄漏等原因可能会造成压力降低，导致使用效果变差，不能达到现行环保指标要求。此外，高压氨水压力控制较高，会使大量煤粉吸入集气管而使焦油灰分增加、黏度变大，焦油质量下降，蒸氨塔与管道易堵塞，影响化产回收系统设备和管道的正常运行。

5.4.1.6　燃烧吸附法

燃烧吸附法是在消烟车上首先对装煤烟气进行燃烧以减少烟气中焦油烟及可燃成分，然后在进入除尘器前将烟气先导入烟气吸附净化装置，对焦油烟进行强制吸附净化。吸附填料采用活性块状焦炭，并需要对填料进行定期更换。该法不仅能有效去除废气中所含的尘类污染物，对苯、苯并芘等可燃类有机物也有较好的去除效果，净化效率高；但由于消烟车自带的燃烧室体积有限，存在燃烧不完全的状况。装煤烟气燃烧不完全会导致大量焦油黏结在布袋上，造成系统阻力偏大、烟气捕集率降低、除尘器布袋更换频繁、费用增加，加之吸附填料采用活性块状焦炭，更换频繁且劳动强度大，后期吸附效果差。

5.4.1.7　干式地面站烟尘净化法

针对湿式除尘存在的弊病，中冶焦耐在 20 世纪 90 年代开发了干式装煤烟尘净化技术，包括装煤烟尘吸附和滤袋预喷涂技术及特殊形式的防粘阵发性高温烟尘冷却分离阻火器。依据装煤烟尘是否燃烧又分为燃烧法干式地面站烟尘净化技术和非燃烧法干式地面站烟尘净化技术两种。

A　燃烧法干式地面站烟尘净化技术

燃烧法干式地面站烟尘净化技术是指装煤烟尘燃烧后不喷水洗涤而掺入部分冷风，经干管送入地面站，地面站采用干法布袋除尘，除尘器前放置折板式冷却器，防止烟气温度过高及烟气中有火星烧坏布袋。

干式地面站装煤烟尘净化技术由两部分构成：一部分是设于装煤车上的自动点火燃烧装置和掺风冷却装置，以及与装煤孔相适应的球面密封套筒、螺旋机械给料和与焦侧接口翻板自动对接的可伸缩活动套筒；另一部分是设于地面站的烟气吸附预喷涂装置、阵发性高温烟尘冷却分离阻火器和最终净化用的袋式除尘器。烟气在引风机的作用下，克服上述设备及管路的阻力最后通过烟囱将净化后的气体排入大气。

B 非燃烧法干式地面站烟尘净化技术

非燃烧法干式地面站烟尘净化技术是指装煤烟尘由下煤套筒的内外套之间的间隙抽出，同时适量补入空气冷却，经干管送入地面站，入布袋除尘器再排入大气。为防止烟气中的焦油与粉尘堵糊布袋，采用预喷涂措施，有效地延长了布袋的使用寿命。

系统的总体构成与燃烧法基本相同，但由于减少了装煤车上的燃烧装置，使装煤车体积、重量和点火控制等设施大大减少，降低投资。

该技术采用大量掺入冷风的做法，使烟气中可燃烧爆炸性气体的浓度降到爆炸下限以下，同时采用加大流速的方法，破坏气体的可燃环境。烟气在大流速下通过时既可防止粉尘沉积，又可防止焦油挂壁。而且，掺入冷风可以使混合温度降到常温滤袋可以承受的120℃以下，节省了冷却器。

由于采用非燃烧法，减少了因点火燃烧而产生的二次废气和有害物。非燃烧法较燃烧法减少了两个环节，即车上的燃烧室和地面的冷却器，因此可以相对降低系统阻力，降低运行电耗。

5.4.1.8 车载式除尘装煤车法

车载式除尘装煤车在国内多家焦化厂使用。除尘装煤车配有布袋除尘器及相应的风机、电机，采用PLC控制、变频调速、液压传动、螺旋给料、电磁启盖、自动装煤等技术，具有除尘和卸灰的功能。车载式除尘装煤车采用烟气燃烧的湿法、烟气不燃烧的干法除尘方法。

A 车载式湿法洗涤烟尘净化技术

车载式湿法洗涤烟尘净化技术是指装煤时的烟尘燃烧后产生的废气经湿法洗涤，进入装煤车上的精洗装置洗涤、脱水，排入大气的除尘方式，与地面站方式相比，将烟气的地面处理装置搬到了装煤车上，降低了系统风量、阻力和水处理量，运行费用得到显著降低。

B 车载式干法烟尘净化技术

烟气不燃烧的干式除尘装煤车的除尘流程和原理与干式非燃烧法地面站基本相同。但装煤车上设有双层伸缩装煤套筒，内套筒与焦炉装煤口采用球面密封以减少烟尘外逸，外套筒与炉顶保持一定高度，以在捕集烟气的同时吸入大量空气，对进入除尘系统的烟气进行充分稀释，使混合气体的比例不在爆炸范围内，使生产安全、稳定。该技术对装煤烟尘的净化效率与地面站方式接近，可高达99.5%以上；烟尘的捕集率略低于地面站，仅达83%~90%（地面站方式可达到95%以上）。

5.4.1.9　湿式地面站烟尘净化技术

湿式地面站烟尘净化技术是指装煤烟尘通过装煤车的内外双层套筒之间的通道由风机抽入集气罩引入燃烧室燃烧，然后预除尘喷水、洗涤、脱水，再经干管到地面站洗涤、脱水，最后排入大气，包括炉顶和地面站两个部分。炉顶部分设于装煤车上，由点火燃烧和喷淋水洗两个处理单元构成，其中燃烧的目的是为了防止系统内可燃成分太高而引起爆炸，防止荒煤气所含焦油和粘尘凝积而堵塞管道和风机，同时分解并降低 BaP 等有害物的含量；喷淋水洗的作用是降温、降尘，减少后部处理负荷，同时将温度降到70℃以下，防止焦油黏结。

装煤时产生的烟气由装煤套筒处的抽烟尘间隙导入燃烧室，经点火器在燃烧室内点火燃烧，产生的废气经喷淋洗涤、降温和除尘后（温度降至45~70℃，含尘由10g/m³ 降至2~3g/m³），进入离心式水雾分离器脱去水滴，再由车上可伸缩的连接器与设在焦侧炉顶纵向全长的并与炭化室一一对应的接口翻板阀对接，将烟气导入地面站进行处理；烟气进入地面站后，先进入第一段文丘里粗洗涤并脱水后进入二段文丘里精洗，再经旋风脱水器脱水后在两极风机的吸引下排入大气。该工艺捕集率高（95%以上）、净化效率高（99.9%）、排除口浓度低于50mg/m³、工况稳定、系统维修量小，但会产生洗涤水的二次污染、能耗和运行费用高。

5.4.1.10　捣固焦炉装煤除尘工艺技术

捣固焦炉产生的烟尘性质与顶装焦炉相比差别大，捣固焦炉外逸的烟尘多为不完全燃烧而产生的炭黑飞灰，密度小，无明显颗粒，黏度大，微细颗粒之间由焦油连接在一起，不易脱落，且易燃，烟气中水蒸气含量明显高于顶装焦炉，除尘器及管路易结露，烟气量明显高于顶装方式，于是在炉顶部设置移动式消烟除尘车。捣固焦炉的除尘工艺技术主要有以炉顶消烟车为主体的直接处理排放控制方式和导烟车与地面站相结合的控制方式两类。直接处理排放式消烟除尘车由抽吸口、燃烧室、洗涤器、风机、水箱等组成。装炉烟尘由抽吸口吸至燃烧室与进入的空气混合燃烧，再经水洗冷却和气液分离等步骤，直接排放至大气中。

A　炉顶消烟车湿法烟尘净化技术

炉顶消烟车湿法烟尘净化技术是指烟尘净化车在炉顶部，装煤饼时，净化车通过活动套筒与焦炉炭化室顶部消烟孔对接，启动水泵及风机，吸走装炉时产生的烟气；烟气进入具有自动点火的燃烧室与空气进行燃烧，产生的高温烟气被吸入洗涤塔内，经水洗涤净化后由风机抽至烟囱排入大气。炉顶消烟车由燃烧室、洗涤塔、风机、供水槽、排水槽、水泵及车体等部分组成。

B 炉顶导烟车配干式除尘地面站烟尘净化技术

炉顶导烟车配干式除尘地面站烟尘净化技术由移动导烟车和安装于焦侧炉顶的带吸风翻板的烟气转换阀、连接管道与除尘地面站等固定装置两部分组成。干式除尘地面站可分为预喷涂吸附工艺流程和焦炭颗粒层吸附工艺流程两种，关键是要对除尘器的滤袋加以保护，使干法除尘地面站能长期稳定地运行。

5.4.1.11 装煤与推焦消烟除尘二合一地面站法

装煤与推焦消烟除尘二合一地面站法是在焦炉炉顶设置抽烟干管，通过导烟车抽烟干管和拦焦车集尘罩，在不同的操作时段将装煤烟尘与推焦烟尘抽吸到地面站集中处理（地面站一般是采用干式吸附过滤方式对烟尘进行净化）。该法除尘效率高，能有效地净化粉尘和焦油雾，无废水产生，投资及运行费用相对较低；但不能清除气体中的可燃成分和部分有毒气体，推焦时火星进入除尘器会发生烧袋事故。

5.4.2 出焦烟尘处理技术

出焦除尘工艺主要有焦侧大棚烟尘收集技术、热浮力罩烟尘捕集技术、车载式出焦烟尘控制技术、干式地面站出焦烟尘控制技术、装煤出焦二合一除尘技术等[4]。

5.4.2.1 焦侧大棚烟尘收集技术

焦侧大棚烟尘收集技术属于一种较为原始的烟尘控制方式，主要是通过沿焦炉焦侧全长建立大棚，用以收集焦炉炉门和推焦时排出的污染物，经大棚顶部设置的排气主管，用吸气机抽吸大棚中的烟尘，将出焦时的烟气烟尘慢慢排向地面的湿式除尘器，经地面站净化后排入大气，除尘效率约为95%。

5.4.2.2 热浮力罩烟尘捕集技术

热浮力罩烟尘捕集技术是利用推焦排出的烟气温度高、密度小、具有上升浮力的特点实现对出焦烟尘的控制。该系统配有一种可移动的、有静电除尘作用的烟罩，从熄焦车上排出的烟气进入罩内，依靠热浮力上升至顶部的除尘装置，先脱除大颗粒物，然后进入水洗涤室时进一步洗涤除尘，再经罩顶排入大气，焦侧导焦槽顶部排放的烟气则由吸气机抽吸，经吸气管进入另一台水洗涤器除尘，洗涤后的烟气再经离心分离器脱水，由吸气机经排气筒排入大气。该方法设备少，投资和操作费用低，但因自身烟尘净化效率较低、排放浓度达标有难度、喷淋喷嘴堵塞频繁等问题，导致其烟尘净化效果差，除尘效率不够高，一般为80%~93%。

5.4.2.3 车载式出焦烟尘控制技术

车载式出焦烟尘控制技术是利用熄焦车上的洗涤器对烟尘进行洗涤除尘。该方法虽然在一定程度上能够处理推焦环节的烟尘，但因处理不完全而难以达标排放，使得应用该技术的焦化厂在推焦时依旧烟尘弥漫。

5.4.2.4　干式地面站出焦烟尘控制技术

干式地面站出焦烟尘控制技术是将出焦过程中产生的大量阵发性烟尘在焦炭热浮力作用下，通过地面站风机吸入设置在拦焦车上的大型吸气罩，通过接口翻板阀或胶带密封小车将烟尘导入集烟尘干管，然后经冷却器冷却并分离火花，再经袋式除尘器净化后排入大气。该技术目前属于我国最成熟、效率最高、应用最广泛的焦炉出焦除尘技术。

5.4.2.5　装煤出焦二合一除尘技术

在同一座焦炉或同一个串序的炉组中，利用装煤和出焦的不同时操作特点（在正常生产运行操作过程中，某个炭化室只有出焦完毕，才能进行装煤操作，二者的操作时间是分开的），为了节省投资、占地和运行费用等，开发了装煤、出焦二合一除尘技术。二合一除尘系统表现在炉顶装煤车及焦侧拦焦车及吸气罩等方面均无大的变化，装煤和出焦分开设置，但在进入地面站前将两路管道汇合，通过一根总管接入地面站净化处理，使装煤与出焦共用一个地面站（地面站的所有设备均为一套）。

该技术是我国当前较为常见的焦化厂出焦除尘技术，它具备着较高的节能效用，但由于共用一个地面除尘站，操作过程中的重叠很容易影响焦炉厂出焦除尘效果，甚至有可能引发相关安全事故。同时，因装煤除尘的烟气量与出焦除尘的烟气量差别较大，故系统风机必须设计为调速形式，再配合系统中专门设计的风量平衡调整阀，以实现装煤与出焦风量匹配。

5.4.2.6　移动烟罩捕尘+地面净化技术

利用移动烟罩把整个熄焦车盖住，烟罩上部设有冷却装置，以降低烟气温度，冷却后的烟气通过烟罩顶部可移动的小车式连接罩进入水平烟气管道，移动烟斗可走行至任一炭化室捕集推焦烟尘，烟气经水平烟气管道送入地面除尘站，在温式洗涤器或袋式除尘器中净化，尾气经吸气机和排气筒排入大气，整套系统的作业率大于98%，除尘效率大于95%。

5.4.2.7　焦罐车除尘技术

焦罐车除尘系统的移动烟罩设在拦焦车上，烟罩可完全盖在焦罐顶部，推焦时，移动烟罩上的联接管与焦罐车上的洗涤装置连接，洗涤净化降温，然后经吸气机和排气筒排入大气。焦罐车上设水泵和水箱，推焦后焦罐车运行至熄焦塔，将污水排出，该技术能耗较低，除尘效率也略低。

5.4.3　熄焦烟尘处理技术

5.4.3.1　干熄焦烟尘处理技术

A　干熄焦烟气特点

干熄焦在生产过程中会产生大量的粉尘、SO_2 等污染物，为满足炼焦工业污染物排放标准要求，必须对干熄焦装置排放的含尘气体进行除尘、脱硫处理。干熄焦装置产生的含尘气体主要来自3个部分，即装入装置处废气、风机后放散废气和排焦装置处废气（预存室放散属事故性放散，不在常规烟囱处理技术范畴内）。三种气体的主要污染物特征如下：

（1）装入装置废气。装入装置处的废气主要来自装焦过程中吸入的大量空气及预存室排出的少量气体，其排放的污染物全部集中于装焦过程的几分钟内，呈周期性、大气量的排放特征，其污染物排放浓度、除尘风量、废气温度与装入装置密闭性等密切相关，废气温度与污染物排放浓度在装焦过程中呈快速上升及急速下降的状况，通常废气温度最先达到峰值，而后污染物排放浓度才能达到峰值。

（2）风机后放散废气。风机后放散废气主要来自循环风机后放散的多余的循环气体，为连续排放的废气，其废气量与干熄焦规模有关，污染物排放浓度主要取决于焦炭的烧损率。风机后放散废气成分与循环气体成分相同，其 SO_2 排放占整个干熄焦 SO_2 排放总量的90%以上（SO_2 处理技术详见第5.5节）。

（3）排焦装置处废气。排焦装置处废气主要来自排焦溜槽废气及带式输送机导料槽抽吸的废气，为连续排放的废气，其废气量与干熄焦规模有关，主要污染物为焦粉，SO_2 浓度较低，废气温度也较低。

B　干熄焦环境除尘地面站技术

干熄焦装置环境除尘地面站通过除尘风机产生的吸力，将装入装置处废气、风机后放散废气、预存室放散废气和排焦装置处废气送入袋式除尘器净化，其中装入装置处废气、风机后放散废气、预存室放散废气温度较高，且含有少量的易燃易爆气体成分，故将其导入阵发性高温烟尘冷却分离阻火器上部进行降温处理，排焦装置处废气导入阵发性高温烟尘冷却分离阻火器下部与降温处理后的烟气混合，然后将温度低于110℃的烟气送入脉冲袋式除尘器净化。除尘器采用离线脉冲清灰方式，滤料采用防静电材质。由脉冲袋式除尘器净化后的气体已成为较干净的气体，其含尘浓度低于现行建设地区允许排放浓度。净化后的气体经风机及消声器排至大气。脉冲袋式除尘器及阵发性高温烟尘冷却分离阻火器收集的粉尘，由刮板输送机汇集后送入粉尘储仓，经加湿后外运。

由于装焦口周期性装焦，装焦处的烟尘量较大又呈周期性变化，为实现对该处除尘周期的变化控制，对相应除尘罩的除尘管道上设置电动阀门，并与相应工艺设备联锁，除尘风机采用变频电机调速，实现在干熄炉装焦时风机高速运行，对包括高温烟气进行除尘，在装焦间歇阶段风机中速运行，对常温尘气进行除尘，以降低风量和运行能源消耗。

C　干熄焦排焦烟气导入环形气道技术

干熄焦生产过程的烟尘来源主要包括装焦过程、循环风机后放散及排焦过

程（排焦装置包括插板阀、溜槽、振动给料器、旋转密封阀和带式输送机）等
产生的烟气，对于干熄焦排焦的烟尘处理，可将排焦过程烟气导入干熄炉环形风
道内，通过回收排焦处焦炭余热，可增加干熄焦锅炉蒸汽产量和提高干熄焦余热
回收效率，既可满足干熄炉导入空气的需要，又可降低干熄焦环境除尘地面站的
工作负荷，还可减少干熄焦装置废气 SO_2 的排放源。

排焦烟气节能装置工艺流程如图 5-8 所示，排焦溜槽及带式输送机处的空气
与下落的焦炭形成逆向换热，过程中吸收焦炭显热，提升排焦烟气温度，再利用
干熄炉环形风道负压，将排焦烟气从旋转密封阀处抽吸、导入干熄炉环形风道，
实现干熄焦排焦烟尘的源头消减。

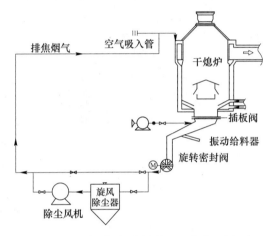

图 5-8 排焦烟气节能装置工艺流程图

此干熄焦排焦烟尘节能处理工艺，现已在部分干熄焦工程项目上完成了设计
和施工，以备将来生产调试和运行维护。排焦烟气节能处理工艺符合国家节能环
保的政策导向，在减少排放源和污染物排放的基础上，因其投资建设成本少，具
有一定的经济效益，随着该工艺的进一步优化，市场应用前景可期。

D 喷淋洗涤

对于来自装焦过程和循环气体放散部分的烟尘，除含尘外，还含有 SO_2、有
机挥发物等，因此，也有采用碱液喷淋洗涤或脱硫与除尘相结合的工艺路线。

E 脱硫除尘一体化

为处理干熄焦放散气中的 SO_2 和粉尘，安徽工业大学开发了氨法/半干法/干
法高效脱硫除尘消白（氨法/半干法）协同工艺技术，可使得干熄焦排放烟气
SO_2 小于 $30mg/m^3$ 和颗粒物小于 $10mg/m^3$，并实现 4~10 月无可视白烟。该工艺
技术特点为脱硫塔的每个部位都具备相应的脱硫、除尘等功能，在较大幅度简化
工艺流程的同时，提高各项指标的品质。

5.4.3.2　熄焦塔除雾器

该技术适用于湿法熄焦。在熄焦塔上部安装除雾器，除雾器多采用木隔板或木隔板做成百叶窗的形式。据国外资料介绍，百叶窗式除尘罩效率高达 90%，熄焦初期 10~15s 时，由于产生的蒸汽与塑料板的摩擦静电效应，将焦粉吸附在塑料板上，后期汽中含水滴多，则塑料板起到拧水作用。

5.4.4　焦炉连续性烟尘处理技术

5.4.4.1　炉顶烟尘控制

炉顶烟尘主要来自装煤孔盖四周逸散，一般采用人工或通过装煤车上的混泥装置，把泥浆浇灌在装煤孔盖周边加以密封，密封用泥浆要黏度低，悬浮性好，收缩性小，烘干后容易脱落。采用球面密封型装煤孔盖，由于球面具有万向密合的优点，盖子即使倾斜，也能贴合好。

5.4.4.2　上升管泄漏烟尘控制

上升管泄漏烟尘大多采用水封或上升管盖，上升管与炉顶连接处用耐火材料制成的泥浆密封，桥管与液封阀连接处一般用石棉绳和耐火材料与精矿粉混合制成的泥浆堵严。

5.4.4.3　炉门烟尘泄漏控制

炉门烟尘来自因炉门密封不严而带来的烟尘逸散。常用密封良好的炉门，20世纪 60 年代采用敲打刀边炉门，80 年代采用空冷式炉门，改善了炉门铁槽与炉门框因受热而引起的不协调变形，同时采用带弹性胶板的不锈钢炉门刀边，用小弹簧施加弹性力来调节刀边的密封性，再加上机械化清扫炉门和炉门框的措施，基本上消灭了炉门冒烟冒火现象。

5.4.4.4　煤焦储运过程的粉尘控制

煤场的自动加湿系统，对控制煤的装卸和堆储作业中的飘尘是行之有效的方法之一。喷洒覆盖剂，当覆盖剂喷洒在料堆表面上时，能和粉煤凝固或具有一定厚度和一定强度及韧性的硬膜，此膜既能防止煤尘飞扬，又能抑制煤氧自燃。

储运过程产生的煤焦粉尘经吸气管、风管进入袋流器净化后经风机、消声器、排气筒排入大气。

5.5　炼焦过程 SO_2 处理技术

焦化厂产生烟气的设备有炼焦炉、管式炉、地面除尘站、锅炉、干熄焦等，其中焦炉烟气是主要的含硫烟气。焦炉烟气中的硫来自燃料中的硫（H_2S 和微量有机硫）和焦炉炭化室漏入燃烧室荒煤气中的硫燃烧生成的 SO_2（焦炉炉体窜漏来自荒煤气中的硫约占烟气硫量的 55%~65%，燃料煤气净化程度越高，这一比例越高）。煤气中硫转化为 SO_2 的主要反应式为：

$$2H_2S + 3O_2 \Longrightarrow 2SO_2 + 2H_2O \tag{5-1}$$

烟气脱硫的方法很多，能够实现工业化的也有十几种。根据不同分类，烟气脱硫的方法也不同，如：按照吸收剂的种类，可分为钙法（石灰/石灰石法）、碱法（钠盐法）；按照硫的处理顺序，可分为燃前脱硫、燃中脱硫和燃后脱硫；按照脱硫产物的干湿形态，可分为湿法、（半）干法。湿法、（半）干法又分为：

（1）湿法。主要有石灰石/石灰法、海水法、氨法、双碱法、镁法、磷铵肥法、FGD、有机酸钠-石膏、石灰-镁、碱式硫酸铝、氧化锌、氧化锰法等。

（2）（半）干法。主要有喷雾干燥法、烟道喷钙法、循环流化床法、荷电法、催化法（干式催化氧化法、孟山都催化氧化法、托普素-阿基坦钠催化氧化法）、其他（粉煤灰干式脱硫法、熔融盐吸收脱硫法、碱性铝酸盐脱硫法、氧化铜脱硫法）。

但适应焦化行业焦炉烟气脱硫的技术不多，已应用的主要有钙（石灰/石灰石）法、海水法、氨法、氧化镁法、双碱法和（半）干法等。

5.5.1 钙法烟气脱硫技术

5.5.1.1 工艺原理

钙法烟气脱硫是利用石灰石或石灰作为碱性脱硫剂，吸收烟气中的含硫酸性气体，属于气-液两相之间相互传质传热并发生化学反应的过程，其化学反应因脱硫剂的不同而略有不同。由于石灰石的市场价格低于石灰，所以钙法脱硫工艺多采用石灰石-石膏法烟气脱硫工艺。石灰石-石膏法工艺原理是利用含固率30%左右的石灰石浆液与含 SO_2 的烟气在吸收塔内传质、吸收、氧化生成 $CaSO_4$。脱硫产物 $CaSO_4$ 浆液或抛弃或经浓缩脱水后，制成石膏出售。石灰-石膏法主要工艺原理与石灰石-石膏法相似，只是增加了石灰消化的过程。

用石灰石作吸收剂时，SO_2 在吸收塔中转化，脱硫过程主反应如下：

吸收 $\qquad\qquad SO_2 + H_2O \Longrightarrow H_2SO_3 \tag{5-2}$

中和 $\qquad CaCO_3 + H_2SO_3 \Longrightarrow CaSO_3 + CO_2 + H_2O \tag{5-3}$

$\qquad CaCO_3 + 2SO_2 + H_2O \Longrightarrow Ca(HSO_3)_2 + CO_2 \tag{5-4}$

$\qquad\qquad\qquad HSO_3 \Longrightarrow 2H^+ + SO_3^{2-} \tag{5-5}$

氧化： $\qquad\qquad CaSO_3 + 1/2O_2 \Longrightarrow CaSO_4 \tag{5-6}$

$\qquad Ca(HSO_3)_2 + O_2 + CaCO_3 + 3H_2O \Longrightarrow 2CaSO_4 + 4H_2O + CO_2 \tag{5-7}$

结晶 $\qquad\qquad CaSO_3 + 1/2H_2O \Longrightarrow CaSO_3 \cdot 1/2H_2O \tag{5-8}$

$\qquad\qquad CaSO_4 + 2H_2O \Longrightarrow CaSO_4 \cdot 2H_2O \tag{5-9}$

在此，含 $CaCO_3$ 的浆液被称为洗涤悬浮液，从吸收塔的上部喷入与烟气中的 SO_2 反应生成 $Ca(HSO_3)_2$，并落入吸收塔浆池中。

当 pH 值为 5~6 时，SO_2 去除率最高。为此，需要从上面方程式中去掉一项反应产物（如消耗氢离子 H^+），促使反应向有利于生成 $2H^+ + SO_3^{2-}$ 的方向发展，以便持续高效地俘获 SO_2。实际操作中，通过鼓入空气使 HSO_3^- 氧化生成 SO_4^{2-}、降低 SO_3^{2-} 浓度；通过加入吸收剂 $CaCO_3$ 消耗氢离子 H^+，维持 pH 值在 5～6 之间，同时使 SO_4^{2-} 与吸收剂反应生成 $CaSO_4$，降低了溶液中 SO_4^{2-} 浓度。

通过鼓入的空气使 $Ca(HSO_3)_2$ 在吸收塔浆池中氧化成石膏。

由于浆液循环使用，浆液中除石灰石外，还含有大量石膏。当石膏达到一定过饱和度时（约130%），抽出一部分浆液送往石膏处理站，制成工业石膏。剩余浆液与新循环浆液混合进入吸收系统。脱硫后的烟气经除雾器除去带出的细小液滴，经换热器加热升温后排入烟囱。脱硫石膏浆经脱水装置脱水后回收。

钙法脱硫工艺技术成熟，应用较多，脱硫效率达 90%～95%，且石灰石资源丰富，价格便宜、易得。但系统结构相对复杂，占地面积大，投资费用较高；液气比高达 $10～15L/m^3$，循环水量大，耗电量较高；由于脱硫原料及产物溶解度小，易造成设备的结垢、堵塞和磨损。

5.5.1.2 工艺流程

石灰（石）-石膏湿法脱硫工艺主要由烟气系统、吸收氧化系统、浆液制备系统、石膏脱水系统等组成。钙法烟气脱硫工艺流程如图 5-9 所示[5]。

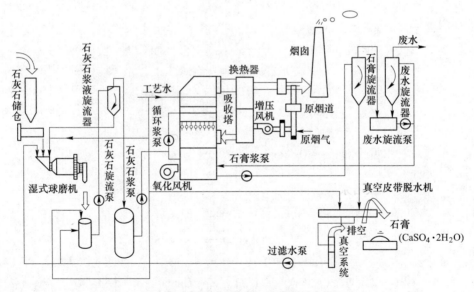

图 5-9 钙法烟气脱硫工艺流程示意图

（1）烟气系统。烟气系统包括烟道、烟气挡板、密封风机和气-气加热器（GGH）等关键设备。烟气经增压风机增压后进入 GGH 降温，然后至吸收塔进行脱硫除雾，排出的净烟气再返回至 GGH，并在 GGH 中利用原烟气对净烟气加热，最终排入烟囱。

（2）吸收氧化系统。SO$_2$ 吸收氧化系统是烟气脱硫系统的核心，主要包括吸收塔、除雾器、循环浆泵和氧化风机等设备。在吸收塔内，烟气中的 SO$_2$ 被吸收浆液洗涤并与浆液中的 CaCO$_3$ 发生反应，生成的 CaSO$_3$ 在吸收塔底部的循环浆池内被氧化风机鼓入的空气强制氧化，最终生成石膏。石膏由石膏浆排出泵排出，送入石膏处理系统脱水。烟气从吸收塔出来后流向除雾器。湿法脱硫吸收塔有很多种结构，目前喷淋塔是石灰（石）-石膏湿法烟气脱硫工艺的主导塔型，喷淋塔主要由喷淋层、喷嘴、氧化空气管、除雾器及搅拌器组成。

（3）浆液制备系统。浆液制备通常分为湿磨制浆与干粉制浆两种方式。浆液制备系统向吸收系统提供合格的石灰石浆液，通常要求浆液粒度小于 45μm（325 目），含固量 30%。

（4）石膏脱水系统。石膏脱水系统包括水力旋流器和真空皮带脱水机等关键设备。从吸收塔中抽出的浆液经水力旋流器一级脱水使石膏固体含量达到约 50%，底流直接送到真空皮带过滤机进一步脱水至含固量 90%。旋流器的溢流被输送到废水处理站进一步分离处理。真空皮带过滤机的溢流则在重力作用下流入滤液箱，最终返回到吸收塔。

烟气进入吸收塔后，与吸收剂浆液接触、进行物理化学反应，最后产生固化 SO$_2$ 的石膏副产品。基本工艺过程：气态 SO$_2$ 与吸收浆液混合、溶解；SO$_2$ 进行反应生成 SO$_3^{2-}$；SO$_3^{2-}$ 氧化生成 SO$_4^{2-}$；SO$_4^{2-}$ 与吸收剂反应生成硫酸盐；硫酸盐从吸收剂中分离。

该技术采用廉价易得的石灰石或石灰作脱硫吸收剂，石灰石经破碎磨细成粉状与水混合搅拌成吸收浆液。在吸收塔内，吸收浆液与烟气接触混合，烟气中的 SO$_2$ 与浆液中的 CaCO$_3$ 及鼓入的氧化空气进行化学反应，最终反应物为石膏。该法技术成熟，脱硫效率高，运行可靠性好，吸收剂资源丰富、价格便宜，脱硫产物是良好的建筑材料而充分利用；但占地面积大，一次性建设投资相对较多。

控制脱硫效率的手段主要有：
（1）控制吸收塔浆液的 pH 值（通过新石灰石浆液的加入）；
（2）增加烟气在吸收塔内部的停留时间（增开循环浆泵）；
（3）控制石膏晶体（主要通过检测浆液密度来实现）。

5.5.2　海水法烟气脱硫技术

5.5.2.1　工艺原理

海水法烟气脱硫是利用海水的天然碱性吸收烟气中 SO$_2$ 的一种脱硫工艺。海水通常呈碱性，pH 值一般大于 7，其主要成分是氯化物、硫酸盐和一部分可溶性碳酸盐，以重碳酸盐（HCO$_3^-$）计，自然碱度约为 1.2~2.5mmol/L，这使海水具有天然的酸碱缓冲能力及吸收 SO$_2$ 的能力。

烟气中 SO_2 与海水接触发生以下主要反应：

$$SO_2(\text{气态}) + H_2O \longrightarrow H_2SO_3 \longrightarrow H^+ + HSO_3^- \tag{5-10}$$

$$HSO_3^- \longrightarrow H^+ + SO_3^{2-} \tag{5-11}$$

$$SO_3^{2-} + 1/2O_2 \longrightarrow SO_4^{2-} \tag{5-12}$$

上述反应为吸收和氧化过程，海水吸收烟气中气态的 SO_2 生成 H_2SO_3，H_2SO_3 不稳定而分解成 H^+ 与 HSO_3^-，HSO_3^- 不稳定将继续分解成 H^+ 与 SO_3^{2-}。SO_3^{2-} 与水中的溶解氧结合可氧化成 SO_4^{2-}。

吸收 SO_2 后的海水中 H^+ 浓度增加，使得海水酸性增强，pH 值一般在 3 左右，呈强酸性，需要新鲜的碱性海水与之中和提高 pH 值，脱硫后海水中的 H^+ 与新鲜海水中的碳酸盐发生反应：

$$HCO_3^- + H^+ \longrightarrow H_2CO_3 \longrightarrow CO_2\uparrow + H_2O \tag{5-13}$$

在进行上述中和反应的同时，要在海水中鼓入大量空气进行曝气，提高脱硫海水的溶解氧，将 SO_3^{2-} 氧化成为 SO_4^{2-}，同时，利用其机械力将中和反应中产生的大量 CO_2 赶出水面。

从上述反应中可以看出，海水脱硫，除海水和空气外不添加任何化学脱硫剂，海水经恢复后主要增加了 SO_4^{2-}，但海水盐分的主要成分是 NaCl 和硫酸盐，天然海水中硫酸盐含量一般为 2700mg/L，脱硫增加的硫酸盐约 70~80mg/L，属于天然海水的正常波动范围。硫酸盐不仅是海水的天然成分，还是海洋生物不可缺少的成分，因此海水脱硫不破坏海水的天然组分，也没有副产品需要处理。

5.5.2.2 工艺流程

海水烟气脱硫基本原理是用海水作为脱硫剂，在吸收塔内对烟气进行逆向喷淋洗涤，烟气中的 SO_2 被海水吸收成为液态 SO_2；液态的 SO_2 在洗涤液中发生水解和氧化作用，洗涤液被引入曝气池，采用提高 pH 值抑制 SO_2。

烟气系统设置增压风机以克服脱硫系统的阻力，并通过烟气换热器（GGH）加热脱硫后的净烟气。原烟气经增压风机升压、烟气换热器冷却后送入吸收塔。吸收塔是海水脱硫系统的重要组成部分，SO_2 的吸收及部分 SO_3^{2-} 的氧化都在吸收塔完成。自下部进入的烟气与从吸收塔上部喷淋下来的海水逆流接触混合，烟气中的 SO_2 与海水发生化学反应，生成 SO_3^{2-} 和 H^+，海水 pH 值下降成为酸性海水；脱硫后的烟气依次经过除雾器除去雾滴、烟气换热器加热升温后由烟囱排放。

海水脱硫与石灰石法脱硫相比，吸收剂温度更低，尤其冬天，北方海水温度较低，致使经海水洗涤后的烟气温度只有 30℃ 左右。为避免腐蚀，增压风机一般设计在原烟囱侧，对 GGH 则要求其换热元件表面涂搪瓷。吸收塔采用多层填料塔或喷淋空塔。多层填料塔：不断改变水流方向、延长海水滞留时间，促进烟气与海水的充分结合；喷淋空塔：将海水通过增压泵引至吸收塔上部的若干层喷嘴，使海水以雾状下行与逆流烟气混合。此外，空塔设计中，有时在吸收塔下段增加氧化空气喷嘴以增加 SO_3^{2-} 的氧化。

吸收 SO_2 后的酸性海水通过玻璃钢管道流到海水恢复系统（简称曝气池）。从凝汽器排出的剩余海水自流到曝气池，与酸性海水中和并进行曝气处理。

海水脱硫工艺简单、系统运行可靠，无须制备脱硫剂，系统可用率高；脱硫效率高，可达90%以上；投资和运行费用低；不产生任何废物；但有一定的地域限制，且只能适用于含硫量小的中低硫煤炼焦的焦炉烟气。

海水脱硫系统主要由烟气系统、SO_2 吸收系统、供排海水系统、海水恢复系统等组成。海水法烟气脱硫工艺流程如图5-10所示[6]。

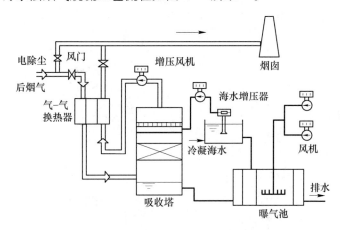

图 5-10 海水法烟气脱硫工艺流程示意图

（1）烟气系统。进入脱硫系统的烟气通过增压风机升压后，需经气气换热器降温，较低的温度有利于对 SO_2 的吸收，同时可以防止塔内体受到热破坏，还可以降低对吸收塔内防腐材料和填料等材质方面的要求。降温后的烟气自下而上流经吸收塔，塔内 SO_2 被吸收后，在塔顶由 GGH 加热升温后由烟囱排入大气。

（2）SO_2 吸收系统。脱硫反应主要是在逆流填料吸收塔内完成的。新鲜海水自吸收塔上部喷入，经除尘处理和 GGH 降温后的烟气自塔底向上与海水进行逆流接触，烟气中的 SO_2 迅速被海水吸收，洗涤烟气后的酸性海水在吸收塔底收集并排出塔外。

（3）海水供应系统。对于沿海焦化厂，脱硫用海水取自凝汽器出口循环冷却水虹吸井，部分冷却海水经升压泵送至吸收塔顶部用于洗涤烟气，吸收塔排水与其余海水混合后进入曝气池。

（4）海水恢复系统。吸收塔排出的酸性海水与来自虹吸井的大量偏碱性海水混合后进入曝气池，同时鼓入压缩空气，使海水中溶解氧逐渐达到饱和，将易分解的亚硫酸盐氧化成稳定的硫酸盐，同时海水中的 CO_3^{2-} 与吸收塔排出的氢加速反应释放出 CO_2，使排水的 pH 值得到恢复，处理后的海水 pH 值、COD 等达到排放标准后排入大海。

5.5.3 氨法烟气脱硫技术

5.5.3.1 工艺原理

氨法烟气脱硫是指用氨水或液氨等作为脱硫剂（碱源），吸收烟气中的含硫酸性气体，烟气中的 SO_2 与氨反应生成 $(NH_4)_2SO_3$，$(NH_4)_2SO_3$ 与空气进行氧化反应生成 $(NH_4)_2SO_4$，吸收液经结晶、脱水、压滤后制得 $(NH_4)_2SO_4$。属于气-液两相之间相互传质传热并发生化学反应的过程，反应原理见式（5-14）~式（5-26）。

$$NH_3 + H_2O \longrightarrow NH_4OH \tag{5-14}$$

$$SO_2 + H_2O \longrightarrow H_2SO_3 \tag{5-15}$$

$$H_2SO_3 \longrightarrow H^+ + HSO_3^- \tag{5-16}$$

$$SO_2 + H_2O + 2NH_3 \longrightarrow (NH_4)_2SO_3 \tag{5-17}$$

$$H_2SO_3 + NH_4OH \longrightarrow NH_4HSO_3 + H_2O \tag{5-18}$$

$$H_2SO_3 + NH_4OH \longrightarrow (NH_4)_2SO_3 + H_2O \tag{5-19}$$

$$SO_2 + 2NH_3 \longrightarrow (NH_4)_2SO_3 \tag{5-20}$$

$$(NH_4)_2SO_3 + SO_2 + H_2O \longrightarrow 2NH_4HSO_3 \tag{5-21}$$

$$NH_4HSO_3 + 2NH_3 \longrightarrow (NH_4)_2SO_3 \tag{5-22}$$

$$(NH_4)_2SO_3 + H_2SO_3 \longrightarrow 2NH_4HSO_3 \tag{5-23}$$

$$NH_4HSO_3 + 1/2O_2 \longrightarrow NH_4HSO_4 \tag{5-24}$$

$$(NH_4)_2SO_3 + 1/2O_2 \longrightarrow (NH_4)_2SO_4 \tag{5-25}$$

$$NH_4HSO_4 + NH_3 \longrightarrow (NH_4)_2SO_4 \tag{5-26}$$

在吸收液循环使用过程中，式（5-20）是吸收 SO_2 最有效的反应。通过补充新鲜氨水，式（5-22）可保持 $(NH_4)_2SO_3$ 溶液的浓度。

氨法烟气脱硫技术因初期投资省、二次污染少、运行可靠、副产品容易利用、脱硫效率较高等优势，受到了人们的关注。但在具体使用过程中还存在冷凝液腐蚀烟囱、产生气溶胶污染环境等问题；同时，与其他脱硫工艺相比，需增加氨逃逸捕捉和氨区系统。

5.5.3.2 工艺流程

氨法烟气脱硫工艺流程如图 5-11 所示[7]。

烟气脱硫主要在氨洗塔中进行，氨洗塔从上而下分别为吸收段、浓缩段和氧化段，烟气经除尘后进入氨洗塔中部的浓缩段，与 NH_4HSO_3 和 $NH_3 \cdot H_2O$ 接触降温并进行反应，生成 NH_4HSO_3 和 $(NH_4)_2SO_3$，同时放出的热量带走大部分水，使混合液浓缩。未反应完全的气体进入吸收段与循环氨水及未反应的 NH_4HSO_3 和 $(NH_4)_2SO_3$ 再次反应，反应后的气体再经过在脱硫塔上部设置的氨

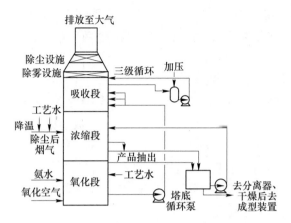

图 5-11　氨法烟气脱硫工艺流程示意图

逃逸捕捉层回流吸收、高效除雾器，最后和水蒸气一起排放至大气。塔中浓缩段流下来的 $(NH_4)_2SO_3$ 溶液被从塔底通入的 O_2 氧化为 $(NH_4)_2SO_4$，用输送泵引出浓缩段溶液进入料槽，经结晶分离、干燥后进入产品包装，作为硫酸铵成品出售。

氨法脱硫的腐蚀性强，主要表现如下：

（1）化学腐蚀。SO_2 遇水形成 H_2SO_3 和 H_2SO_4，会和 Fe 发生化学反应，对 Fe 的腐蚀性较强。由于 SO_2 的不断存在，（遇 Fe 的情况下）腐蚀会连续的发生。

（2）结晶腐蚀。在烟气脱硫过程中，浆液中会有 $(NH_4)_2SO_4$、$(NH_4)_2SO_3$ 和 NH_4HSO_3 生成，会渗入防腐层表面的毛细孔内，当设备停用时，在自然干燥下产生结晶型盐，使防腐材料自身产生内应力而破坏，特别在干湿交替作用下，腐蚀更加严重。

（3）冲刷腐蚀。由于氨法脱硫是饱和结晶，饱和状态下会有 $(NH_4)_2SO_4$ 晶体析出，析出得越多，浓度就越大，浆液脱硫是在不间断的情况下连续循环，那么析出的晶体会对设备造成连续的冲刷腐蚀，浓度越高，冲刷腐蚀越重，长时间运行后会把系统的薄的防腐层冲刷掉，是脱硫系统最严重的一种腐蚀。

5.5.3.3　常见问题及措施

常见问题及措施如下：

（1）氨逃逸。氨法脱硫的最大问题是氨逃逸。氨逃逸是指氨水在较高温度下（通常 60℃ 以上）分解成气体氨和水，气体氨不参与吸收反应，同脱硫烟气一起排出，造成氨逃逸现象。氨逃逸是氨法脱硫的一大难题，也是影响烟气达标排放和经济性的重要因素。逃逸的氨不仅能够和烟气中的 SO_2 反应生成气溶胶，而且造成氨的浪费，增加成本。常用的解决措施有：

1）选择合理的液气比。氨逃逸与液气比关系密切，为抑制氨逃逸，较大的液气比可有效降低液相游离氨含量，同时抑制气溶胶的生成。氨法脱硫通常液气比为 5~10。

2）提高氧化率。脱硫产物 NH_4HSO_3、$(NH_4)_2SO_3$ 是不稳定的化合物，需进一步氧化成稳定的 $(NH_4)_2SO_4$。如果氧化不完全会使 NH_4HSO_3、$(NH_4)_2SO_3$ 分解为 SO_2 和 NH_3，导致氨逃逸量增加，同时 SO_2 排放超标。氧化过程中保证充足的氧量，可有效减少氨逃逸。

3）控制脱硫塔出口温度。脱硫塔烟气温度直接影响氨逃逸率。当温度高于60℃时，氨水会分解为氨气和水蒸气，降低脱硫效率的同时，氨逃逸率升高，因此需控制烟气温度在合适范围。

4）合理控制氨水浓度和加氨方式。氨水浓度过高，会增加氨水的分解量。氨质量分数通常在 10%~20%。另外加入的氨与循环液的混合不均也会造成氨逃逸增加。增加氨水加入点，改善氨水加入系统的混合方式，在氨水加入的塔底部增加分布管，均可有效解决氨逃逸，增加氨利用率。

5）脱硫塔出口加装高效除尘除雾器装置。脱硫后烟气中的雾滴主要成分为脱硫浆液液滴、气相凝结液滴和粉尘颗粒，需通过高效除尘除雾器去除，可有效降低氨逃逸率，同时减少气溶胶形成。

（2）设备腐蚀。氨法脱硫过程中，存在晶体腐蚀、化学腐蚀、电化学腐蚀等多种腐蚀形式，设备腐蚀既影响塔、管、电器使用寿命，又影响烟气达标排放。采取的解决措施有：

1）选择合适的干湿界面材料。根据烟气脱硫腐蚀介质特性，宜选用耐腐蚀材料，如蒙乃尔合金或哈氏合金，其耐腐蚀性和加工性能良好。脱硫原烟道入口干湿界面至少 2m 应采用内衬 2mm C276 哈氏合金钢并采用搭接焊接工艺。同时吸收塔内原烟道的上方需焊接挡液板，挡液板要求衬 C276，可防止喷淋液顺塔壁流入烟道中。

2）净烟道选择防腐材料。氨法脱硫的净烟道宜采用玻璃鳞片树脂材质。施工时要求在衬层中按照与基材表面平行的方向重叠排列，以防止腐蚀性离子、水和氧气等的渗透，降低树脂硬化的收缩率和残留应力；阻止因反复、急剧的温度变化而引起的管道内衬的龟裂和剥落，提高了衬层的机械强度、表面硬度，增强了衬层的附着力和耐磨性。

3）降低脱硫系统氯离子浓度。降低脱硫液氯离子浓度，可有效减少脱硫系统腐蚀，延长设备使用寿命。可以通过结晶的方式控制脱硫塔内氯离子含量，当氯离子超标时，可采用抽取浆液外部干燥等方式来控制脱硫塔内氯离子平衡，降低装置腐蚀风险。

5.5.4　镁法烟气脱硫技术

5.5.4.1　工艺原理

镁法烟气脱硫是指氧化镁浆液在脱硫吸收塔内与含硫烟气逆流接触，通过物理吸附和化学吸附两种方式吸附 SO$_2$。当发生物理吸附时，SO$_2$ 便附着在 MgO 表面；当发生化学吸附时，涉及的化学反应方程式为 $MgO + SO_2 \longrightarrow MgSO_3$，在 O$_2$ 作用下，还可能发生如下反应：

$$MgO + SO_2 + 1/2O_2 \longrightarrow MgSO_4 \tag{5-27}$$

$$MgSO_3 + 1/2O_2 \longrightarrow MgSO_4 \tag{5-28}$$

随着吸附塔里吸附剂流态化的扰动，新鲜的 MgO 表面不断暴露出来，继续与 SO$_2$ 反应。反应后的脱硫剂被收集起来进行循环再生、利用。

湿法脱硫的反应强度取决于脱硫剂碱金属离子的溶解碱性。镁离子的溶解碱性比钙离子高数百倍，因而镁法脱硫剂具有 10 倍的脱硫反应能力。由于反应强度高，液气比较低，镁法吸收塔的高度只有钙法吸收塔高度的 2/3 左右，循环泵流量也大大降低。

反应方程式如下：

$$SO_2 + H_2O \Longrightarrow H_2SO_3 \tag{5-29}$$

$$MgO + H_2O \longrightarrow Mg(OH)_2 \tag{5-30}$$

$$Mg(OH)_2 + H_2SO_3 \longrightarrow MgSO_3 + H_2O \tag{5-31}$$

$$MgO + SO_2 \longrightarrow MgSO_3 \tag{5-32}$$

$$MgSO_3 + H_2SO_3 \longrightarrow Mg(HSO_3)_2 + H_2O \tag{5-33}$$

$$MgSO_3 + O_2 \longrightarrow MgSO_4 \tag{5-34}$$

$$Mg(HSO_3)_2 + O_2 \longrightarrow MgSO_4 \tag{5-35}$$

$$MgO + SO_2 + 1/2O_2 \longrightarrow MgSO_4 \tag{5-36}$$

$$MgSO_3 + 1/2O_2 \longrightarrow MgSO_4 \tag{5-37}$$

上述各反应中，反应式（5-29）是瞬间可逆反应，反应式（5-31）~式（5-37）是瞬间不可逆反应，整个吸收过程的反应速度非常快，烟气在脱硫塔内停留时间约 2~3s 即可达到 98% 以上的脱硫效率。

5.5.4.2　工艺流程

烟气经引风机进入脱硫塔底部，与来自塔顶喷淋的吸收液充分接触，烟气中的 SO$_2$ 酸气迅速溶解进入吸收液，与吸收液中的活性组分 Mg(OH)$_2$ 发生化学反应。脱硫液气比一般在 3~5L/m^3 以下，因而会大大减小循环泵的流量和功率，降低吸收塔的高度，减少工艺水的用量，占地面积小，投资省，运行费用低。氧化镁烟气脱硫工艺的直接副产物是 MgSO$_3$，一般采用板框压滤机进行一级脱水处理，泥饼含水率在 30% 左右，因此排泥量较石灰-石膏法大。

氧化镁脱硫工艺的脱硫效率可达95%~99%，当液气比达到3时，脱硫效率能达到95%以上，其副产物是$MgSO_4 \cdot 7H_2O$，可作为产品销售，实现一定的经济效益，且不存在管道设备堵塞等情况。

镁法烟气脱硫工艺流程如图5-12所示[8]。

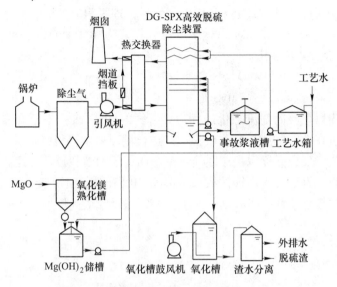

图5-12　镁法烟气脱硫工艺流程示意图

吸收了SO_2的烟气温度约为55~60℃，在后续的烟道内进一步冷凝，导致原烟囱腐蚀。为此，脱硫后的烟气直接从脱硫塔顶部排放，不经过原有的烟囱；或者，脱硫后的烟气与160℃左右的进口烟气换热，使得出口烟气温度达到90~100℃，高于露点温度20~30℃，这样便可由原烟囱排放，杜绝了烟囱腐蚀问题。

目前，镁法脱硫工艺有三种脱硫废液处理方法，即再生法、抛弃法和回收法。再生法的关键是必须对烟气进行预先除尘和除氯，在此过程中，约8%（质量分数）的MgO会流失，造成二次污染，并且在煅烧过程中必须严格控制温度，温度过高会发生MgO烧结，烧结或烧硬的MgO不能用作脱硫剂。抛弃法是指将含$MgSO_4$的溶液直接外排，在浪费了资源的同时，也影响了生态环境。回收法是指将脱硫废液经过氧化、除杂过滤、蒸发浓缩、冷却结晶、离心分离、干燥后回收$MgSO_4 \cdot 7H_2O$晶体。$MgSO_4 \cdot 7H_2O$不仅可以作为肥料在农业中使用，还是重要的工业原料，也可以作为镁法脱硫原料循环利用，具有较高的经济价值。

镁法脱硫技术由于具有系统简单、不易结垢等优势，得到了较为广泛的应用。

5.5.5　双碱法烟气脱硫技术

5.5.5.1　工艺原理

双碱法烟气脱硫种类较多，最常用的是钠钙双碱法。

钠钙双碱法脱硫是利用钠碱作为碱源，吸收烟气中的含硫酸性气体生成盐，用钙基碱对盐进行再生，分为吸收和再生两个工艺过程，该法包含吸收、再生、氧化三个环节，首先用吸收速率快、容量大的钠碱溶液（Na_2CO_3 或 $NaOH$ 溶液）作为第一碱与 SO_2 反应，随后再用 $Ca(OH)_2$ 浆液作为第二碱对钠碱脱硫液进行再生，再生后的脱硫液循环使用。

在整个钠钙双碱法烟气脱硫体系中，主要发生脱硫、再生、氧化三种反应。

（1）脱硫反应：

$$Na_2CO_3 + SO_2 \longrightarrow Na_2SO_3 + CO_2 \tag{5-38}$$

$$2NaOH + SO_2 \longrightarrow Na_2SO_3 + H_2O \tag{5-39}$$

$$Na_2SO_3 + SO_2 + H_2O \longrightarrow NaHSO_3 \tag{5-40}$$

吸收过程用的是溶解性强的钠碱作为脱硫剂，因此脱硫系统不产生沉淀物。

（2）再生反应（使用 $Ca(OH)_2$ 浆液）：

$$CaO + H_2O \longrightarrow Ca(OH)_2 \tag{5-41}$$

$$Ca(OH)_2 + Na_2SO_3 \longrightarrow 2NaOH + CaSO_3 \cdot 1/2H_2O \tag{5-42}$$

$$Ca(OH)_2 + 2NaHSO_3 \longrightarrow Na_2SO_3 + CaSO_3 \cdot 1/2H_2O + 3/2H_2O \tag{5-43}$$

再生得到的 $NaOH$ 可送回吸收系统循环使用。

（3）氧化反应：

$$CaSO_3 + 1/2O_2 \longrightarrow CaSO_4 \tag{5-44}$$

当脱硫塔内脱硫反应达到平衡后，主要发挥作用的脱硫剂为 Na_2SO_3，主要发生反应（5-40），为了维持较高的脱硫效率，需要向系统内补入适量的 Na_2CO_3 或 $NaOH$ 来维持整个体系的 pH 值，将反应后得到的无脱硫活性的 $NaHSO_3$ 送入再生系统，用石灰进行再生［见反应式（5-43）］，使没有脱硫活性的 $NaHSO_3$ 再生成 Na_2SO_3 重新回到脱硫系统内进行脱硫反应。再生反应副产物 $CaSO_3 \cdot 1/2H_2O$ 进入氧化系统，通过压缩空气氧化制成石膏，并送往脱水装置进行脱水处理。

钠钙双碱法脱硫采用钠碱作为脱硫剂，钠碱溶解度大、活性高，因此脱硫效率高；塔内吸收了 SO_2 的脱硫液在塔外用廉价的石灰再生，钠碱循环利用，既解决了石灰石-石膏法易结垢、设备易堵塞磨损的问题，又保证了较高的脱硫效率和较低的运行成本。

5.5.5.2　工艺流程

双碱法烟气脱硫装置包括制浆、吸收脱硫、吸收液再生和氧化分离等四个系统。烟气经风机引入脱硫吸收塔底部，与来自塔顶喷淋的 Na_2CO_3 或 NaOH 碱液逆流接触，在脱硫吸收塔内，具有脱硫活性的 Na_2CO_3 或 NaOH 溶液与烟气中的 SO_2 发生吸收反应，烟气达标排放；反应生成的 Na_2SO_3、$NaHSO_3$ 等溶解度非常大的钠盐进入再生槽，与来自制浆系统的石灰乳浆液 $Ca(OH)_2$ 发生再生反应；反应后得到的 Na_2CO_3 或 NaOH 和 $CaSO_3$ 再生液和难溶乳液进入澄清池和浓缩槽分离浓缩，上层的 Na_2CO_3 或 NaOH 碱液返回脱硫塔继续喷淋使用，而 $CaSO_3$ 经过氧化、脱水后得到副产物石膏。双碱法脱硫工艺流程如图 5-13 所示[9]。

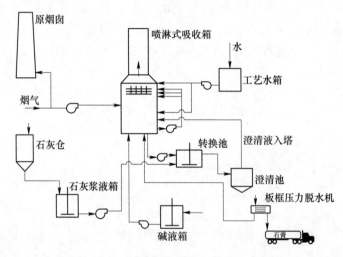

图 5-13　双碱法烟气脱硫工艺流程示意图

双碱法可实现脱硫液中活性组分 SO_3^{2-} 的浓相操作，故而脱硫效率高。运行稳定的双碱法脱硫效率可达 99% 以上，出口 SO_2 浓度在 $5\sim10mg/m^3$（标准状态）。但双碱法容易堵塞管道，一般情况下，双碱法脱硫装置运行 7 天就会出现堵塞现象。解决堵塞的有效手段是提高吸收液中 Na^+ 离子的浓度至 $0.25mol/L$ 以上，在此浓度下可将 Ca^{2+} 离子的浓度降低至 $10^{-4}mol/L$ 以下，从根源上杜绝管道堵塞的可能。

另一种双碱法是采用钠镁工艺，就是将双碱法的 CaO 替换成 MgO，这样也可以从根源上解决堵塞的问题。

5.5.5.3　常见问题及措施

常见问题及措施如下：

（1）整个系统操作难度较大。双碱法脱硫工艺具有流程长、装置多、控制复杂、再生反应条件苛刻等特点，对操作要求相对较高，部分阀门采用手动控制，操作难度较大。

（2）设备普遍存在腐蚀现象。脱硫液基本上是钠盐及钠碱的水溶液，pH 值呈中性或弱碱性，在循环过程中对水泵、管道、设备腐蚀虽然轻，但由于整个系统存在酸类和碱类介质，容易造成设备不同程度的腐蚀。

（3）设备管道结垢堵塞。双碱法工艺使用 $Ca(OH)_2$ 进行再生，反应时间长。虽然吸收液在再生过程中经过多级处理，但仍含有 Ca^{2+}，特别在操作参数无法保证的情况下，会有大量的 Ca^{2+} 进入吸收脱硫系统，造成吸收塔大量结垢、结晶，从而堵塞吸收塔机泵和管线。为此，需要控制再生液的 pH 值，提高碱液的再生效率，通过增加液气比来提高脱硫效率，使整个吸收环境维持在酸性，避免管道及设备堵塞。

（4）石膏产品质量低。在实际操作中，为了增加再生吸收液的 pH 值，会投入过量的生石灰，导致副产物石膏中 $Ca(OH)_2$ 含量偏高，$CaSO_4 \cdot 2H_2O$ 含量（质量分数）低于 85%，低于市场对脱硫石膏的最低质量指标（$CaSO_4 \cdot 2H_2O$ 含量大于 90%），只能作为固废处理，造成二次污染。

（5）再生吸收液中 SO_4^{2-} 过多。实际运行过程中，再生吸收液中 SO_4^{2-} 较多，降低了脱硫效率，不利于再生，一般情况下还需额外补充 NaOH 或 Na_2CO_3。可以向吸收液中加入氧化抑制剂，抑制 SO_4^{2-} 的生成。

5.5.6 半干法烟气脱硫技术

5.5.6.1 工艺原理

半干法烟气脱硫技术以浆液态 NaOH、Na_2CO_3 或石灰乳作为吸收剂，喷入吸收塔内，用专用的高压双流体喷嘴或其他形式的高效雾化喷嘴将脱硫浆液充分雾化（提高吸收接触面积），与从脱硫塔底部引入的烟气充分接触，烟气中的 SO_2 与吸收剂发生化学反应生成副产物，从而达到脱除烟气中 SO_2 的目的。

常见的半干法烟气脱硫技术主要包括旋转喷雾半干法（SDA）和循环流化床法（LJS）。该方法优点是无污水和废酸排出、设备腐蚀小，烟气净化后烟温高、利于烟囱排气扩散；采用钠基作为碱源，反应活性相对较高，有利于脱除焦炉烟气中其他杂质；缺点是脱硫产物为 Na_2SO_3、Na_2SO_4 及其他杂质的混合固体废物，脱硫效率相对湿法较低，反应速度较慢，且在脱硫装置后需增加除尘装置。

（1）旋转喷雾半干法脱硫技术。将 NaOH/Na_2CO_3 粉末加水配成 NaOH/Na_2CO_3 饱和溶液（或将石灰石配制成 $Ca(OH)_2$ 溶液），使用塔顶旋转雾化器将 Na_2CO_3 饱和溶液（$Ca(OH)_2$ 溶液）雾化为细微颗粒，吸收剂一方面与烟气中的 SO_2 进行反应，生成固体产物 Na_2SO_3/Na_2SO_4（或 $CaSO_3$/$CaSO_4$），实现 SO_2 的脱除；另一方面烟气将热量传递给脱硫剂，使之不断干燥，在塔内脱硫反应后形成干粉，一部分在塔内分离，由旋转喷雾脱硫塔锥体出口排出，另一部分随脱硫后烟气进入除尘器收集。化学反应如下（以 Na_2CO_3 为例）：

$$Na_2CO_3 + SO_2 \longrightarrow Na_2SO_3 + CO_2 \tag{5-45}$$

$$2Na_2SO_3 + O_2 \longrightarrow 2Na_2SO_4 \tag{5-46}$$

（2）循环流化床脱硫技术。循环流化床半干法烟气脱硫的核心是循环流化床反应系统，焦炉烟气在由粉料消石灰构成的沸腾床层内进行化学反应，焦炉烟气在一定的流速范围内，与消石灰吸收剂粉料进行强烈搅动，并多次再循环，延长消石灰吸收剂与焦炉烟气的接触时间，从而提高了吸收剂的利用率，脱硫效率可达 95% 以上。烟气与 $Ca(OH)_2$ 充分接触时，SO_2 与 $Ca(OH)_2$ 反应生成 $CaSO_3 \cdot 1/2H_2O$ 和 H_2O，$CaSO_3 \cdot 1/2H_2O$ 再与通入的 O_2 反应，被氧化成石膏。循环流化床脱硫技术不仅能除去烟气中 SO_2，脱硫剂还可以将烟气中微量的 SO_3、HCl 等酸气和重金属污染物反应而除去。主要反应如下：

生石灰与液滴结合产生水合反应 $CaO + H_2O \longrightarrow Ca(OH)_2 \tag{5-47}$

SO_2 被液滴吸收 $SO_2 + H_2O \longrightarrow H_2SO_3 \tag{5-48}$

$Ca(OH)_2$ 与 H_2SO_3 反应

$$Ca(OH)_2 + H_2SO_3 \longrightarrow CaSO_3 \cdot 1/2H_2O + 3/2H_2O \tag{5-49}$$

$$CaSO_3 \cdot 1/2H_2O + 3/2H_2O + 1/2O_2 \longrightarrow CaSO_4 \cdot 2H_2O \tag{5-50}$$

5.5.6.2   工艺流程

循环流化床半干法烟气脱硫工艺原理如图 5-14 所示[10]，由石灰储放罐、循环流化床反应器、除尘设施、风机、压缩空气系统等组成。

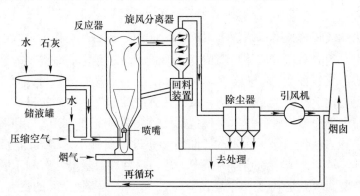

图 5-14   循环流化床半干法烟气脱硫工艺流程示意图

焦炉烟气从下部经底部文丘里管缩口处进行加速后，直接进入循环流化床反应器内，与固体消石灰粉料在循环流化床内经过气固两相气流作用，产生激烈的湍动，使气固两相充分混合，延长气固两相接触反应时间；焦炉烟气中 SO_2 与消石灰反应，生成含有结晶水的 $CaSO_4$ 及 $CaSO_3$。$CaSO_4$ 及 $CaSO_3$ 等小颗粒反应产物由焦炉烟气从循环流化床反应器顶部带出，经袋式除尘器与烟气分离。分离出的固体小颗粒少部分外排，绝大部分被送回流化床反应器内，继续参与脱硫反应。消石灰反应物在上升过程中，不断形成聚团物，同时，由于重力作用，较大颗粒聚团物向下飘落，当下落至循环流化床缩口附近，因聚团物在激烈湍动中又不断解体而重新被气流提升。循环流化床内气固两相流机制，极大地强化了气固间的传质与传热，实现了高效脱硫[11]。在循环流化床文丘里管缩口处上方设喷水雾化装置，降低烟气温度，以促进 SO_2 与 $Ca(OH)_2$ 反应速率，同时控制喷水量，使得烟气温度高于烟气露点 20℃左右，保证排烟温度高于热备温度。

半干法脱硫工艺技术比较成熟，工艺流程较为简单，系统可靠性高，脱硫效率可达到 85% 以上。

因半干法脱硫效率与烟气出口温度息息相关。实践证明，当以消石灰为吸收剂，出口烟气温度高于烟气露点温度超过 25℃时，脱硫效率小于 70%；当烟气温度达到 280℃时，用消石灰很难达到理想的脱硫效率，所以，现有的半干法焦炉烟气脱硫工艺多采用碳酸钠作为吸收剂。其吸收过程如下：

$$Na_2CO_3 + SO_2 \longrightarrow Na_2SO_3 + CO_2 \tag{5-51}$$

$$2Na_2SO_3 + O_2 \longrightarrow 2Na_2SO_4 \tag{5-52}$$

$$Na_2CO_3 + 2HCl \longrightarrow 2NaCl + H_2O + CO_2 \tag{5-53}$$

$$Na_2CO_3 + 2HF \longrightarrow 2NaF + H_2O + CO_2 \tag{5-54}$$

以上反应绝大部分在液相中完成，制约脱硫效率的关键是烟气实际温度与烟气露点温度的差值。差值小，脱硫效率和脱硫剂的利用率呈指数增加，但也不能过小。

5.5.7　干法烟气脱硫技术

5.5.7.1　活性炭（焦）法

A　工艺原理

活性炭（焦）法脱硫是在含有 O_2 和 H_2O 的情况下，利用活性炭（焦）的吸附能力去脱除 SO_2。活性炭脱除 SO_2 的反应过程包括 SO_2、H_2O 和 O_2 从烟气中扩散到活性炭表面，再从活性炭表面经过大孔、中孔扩散到微孔中的表面吸附部位，最后在微孔中的表面吸附部位被吸附、催化氧化及硫酸化。

在上述步骤中，活性炭迅速催化氧化绝大多数被吸附在其表面上的 SO_2，生成 SO_3，SO_3 与被吸附的 H_2O 反应生成 H_2SO_4，在活性炭表面上的 SO_2 大多以化学吸附的形式存在。当烟气中的湿度和活性炭床层的反应温度不变时，活性炭内部微孔中反应生成的 H_2SO_4 的浓度也保持不变，与烟气中 SO_2 和 O_2 的浓度无关。在整个脱硫过程中，活性炭对 SO_2 的吸附速率随着脱硫反应的进行而逐渐降低，同时，当活性炭的种类、性能及烟气的条件相同时，决定反应速率的是活性炭中被吸附的 SO_2 的量。

B　工艺流程

干法活性炭（焦）法脱硫工艺是采用负载催化剂的活性炭（焦）作为吸收

剂，在塔内充分吸附、氧化烟气中的 SO_2，转化为 5%左右的 H_2SO_4，通过进一步蒸发提纯，可生产各种浓度的产品。干法活性炭（焦）法烟气脱硫工艺流程如图 5-15 所示[12]。

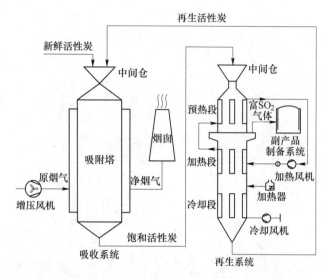

图 5-15   活性炭（焦）法烟气脱硫工艺流程示意图

干法活性炭（焦）脱硫工艺包括吸收、再生和副产品制备三个系统。烟气经增压风机加压后从侧面进入吸收塔，新鲜和再生炭（焦）混合后从上方进入吸收塔，吸收塔内烟气与活性焦错流，烟气中的 SO_2 被活性炭（焦）吸附后，通过烟囱直接排放；吸附饱和的活性炭（焦）在重力作用下向下运动排出吸收塔，进入再生系统再生。

活性炭（焦）采用加热再生，再生塔采用的是三段式换热器，从上到下依次为预热段、加热段和冷却段。来自吸收系统的活性炭（焦）从上方进入再生塔，在重力作用下缓慢向下运动，在预热段加热到约 200℃，然后下行至加热段加热到 400℃以上，吸附在活性焦表面的 SO_2 析出，活性焦再生。经过再生的活性焦下行至冷却段冷却到 20℃以下排出再生塔，然后返回吸收塔重复利用。

再生塔加热段的加热气采用加热之后的空气，加热气经过加热段之后，通至预热段预热活性焦，然后返回到加热器重新加热，以便利用余热。再生塔冷却段采用空冷。加热段活性焦表面析出的富 SO_2 气体以 N_2 为载气吹走，进入 H_2SO_4 或硫黄等副产品制备系统。

干法脱硫效率最高可达 95%以上，脱硫效率较高，对烟气中的氮氧化物、二噁英、重金属等有害物质也具备一定的脱除效率。该方法在处理烟气过程中并没有导致温度急剧下降，因而可以利用原有的烟囱。

5.5.7.2　SDS法

A　工艺原理

干法 SDS 脱硫喷射技术是将高效脱硫剂 NaHCO$_3$ 研磨至 $20\sim25\mu m$ 后，均匀喷射在烟气管道内，脱硫剂在管道内被高温烟气（温度不低于 140℃）加热激活，NaHCO$_3$ 迅速分解为 Na$_2$CO$_3$ 和 H$_2$O，同时脱硫剂粉末在水汽化的作用下，进一步粉化、比表面积迅速增大，与酸性烟气充分接触，发生物理、化学反应，烟气中的 SO$_2$ 等酸性物质被吸收净化。

发生的主要化学反应为：

$$2NaHCO_3 \longrightarrow Na_2CO_3 + CO_2 + H_2O \tag{5-55}$$

$$Na_2CO_3 + SO_2 \longrightarrow Na_2SO_3 + CO_2 \tag{5-56}$$

$$2Na_2SO_3 + O_2 \longrightarrow 2Na_2SO_4 \tag{5-57}$$

B　工艺流程

干法 SDS 脱硫及除尘工艺系统，主要由脱硫剂粉仓、研磨、脱硫剂喷射投料、布袋除尘等系统组成。通过计量给料将脱硫剂送入研磨机，将脱硫剂粗粉研磨成颗粒粒径不大于 $25\mu m$ 的细干粉，并通过风机抽吸将脱硫剂喷入烟气管道内，脱硫剂（$20\sim25\mu m$）在管道内被热激活，比表面积迅速增大，与烟气充分接触，并与烟气中的 SO$_2$ 等酸性物质发生物理、化学反应。吸收 SO$_2$ 等酸性物质并呈干燥状态的含粉料烟气进入袋式除尘器去除未反应的脱硫剂及脱硫产物，并在布袋表面进行进一步的脱硫反应。

经脱硫处理后的烟尘进入袋式除尘器进行气固分离和烟气的再净化，实现脱硫灰收集及出口粉尘浓度满足国家排放标准的要求实现达标排放。经袋式除尘器处理的净烟气经离心风机的抽吸作用，由烟囱排入大气。袋式除尘器收集的脱硫灰定期通过集装袋打包，汽车外运。

干法 SDS 焦炉烟气脱硫工艺流程如图 5-16 所示[13,14]。

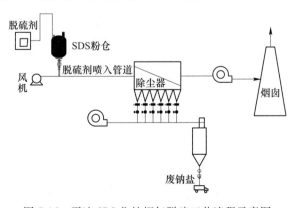

图 5-16　干法 SDS 焦炉烟气脱硫工艺流程示意图

SDS 脱硫工艺技术特点：

（1）流程简单，操作维护方便，一次性投资少，占地面积小。SDS 脱硫剂直接喷入管道，无须在管道上新建设备，没有湿法、半干法所需的脱硫塔，因此一次性投资很少，占地面积很小。SDS 技术不需要大量固体循环灰在塔内循环，也不需要喷入浆液，因此脱硫系统非常简单，不增加系统阻力，操作维护更加方便。

（2）全干系统，无须用水。由于 SDS 脱硫剂喷入管道是干态物质，因此为全干系统、无须用水，无废水产生。

（3）脱硫效率高。SDS 干法脱硫工艺反应效率非常高，由于高效脱硫剂（$20 \sim 25 \mu m$）在管道内被热烟气激活，比表面积迅速增大，与酸性烟气充分接触，发生物理、化学反应，因此脱硫剂过剩系数很小。

（4）灵活性很高，可以随时适合最严格的排放指标。SDS 干法脱硫工艺是在管道直接喷射脱硫剂，可根据烟气中酸性物质的含量随时调节脱硫剂的注入量，完全不受其他因素影响，因此，该技术灵活性很高，可以随时适合最严格的排放指标。

目前 SDS 干法脱硫技术在焦化领域的应用主要包括焦炉烟道气及干熄焦风机后放散烟气的脱硫处理，包括 SDS+DE/DFDA+DE/SDA+DE，即：

（1）干法脱硫（SDS）+布袋除尘（DE）。

（2）双流体喷雾干燥半干法脱硫（DFDA）+布袋除尘（DE）。

（3）旋转喷雾干燥半干法脱硫（SDA）+布袋除尘（DE）。

此三种脱硫工艺流程短，一次设备投资低，可根据需要进行选择。

5.5.8　新型催化法烟气脱硫技术

新型催化法烟气脱硫类似于干法活性炭法。新型催化法烟气脱硫技术是在载体上负载活性催化成分，制备成催化剂，利用烟气中的 H_2O、O_2、SO_2 和热量，生产一定浓度的 H_2SO_4。传统的炭法烟气脱硫技术，通过利用活性炭孔隙的吸附作用，吸附富集烟气中的 SO_2；饱和后通过加热解析出高浓度 SO_2 气体，实现活性炭再生；解析出的高浓度 SO_2 气体经过 H_2SO_4 生产工艺制备 H_2SO_4 或进一步生产液态 SO_2。

5.5.8.1　工艺原理

新型催化干法与传统的炭法烟气脱硫技术不同之处在于，新型催化法技术既具有吸附功能，又具有催化剂的催化功能。烟气中的 SO_2、H_2O、O_2 被吸附在催化剂的孔隙中，在活性组分的催化作用下变为具有活性的分子，同时反应生成 H_2SO_4。催化反应生成的 H_2SO_4 富集在载体孔隙中，当催化剂载体孔隙内的吸附酸达到饱和后进行再生，以释放出催化剂的活性位，催化剂的脱硫能力得到恢复。

脱硫反应机理如下:

$$SO_2(g) \longrightarrow SO_2^* \tag{5-58}$$

$$O_2(g) \longrightarrow O_2^* \tag{5-59}$$

$$H_2O(g) \longrightarrow H_2O^* \tag{5-60}$$

$$SO_2^* + O_2^* \longrightarrow SO_3^* \tag{5-61}$$

$$SO_3^* + H_2O^* \longrightarrow H_2SO_4^* \tag{5-62}$$

(＊代表活性分子。)

5.5.8.2　工艺流程

新型催化法烟气脱硫技术通过在载体上负载活性催化成分制备成催化剂,采用新型低温催化剂,在 80~200℃ 的烟气排放温度条件下,将烟气中的 SO$_2$、H$_2$O、O$_2$ 选择性吸附在催化剂的微孔中,通过活性组分催化作用反应生成 H$_2$SO$_4$,实现烟气中 SO$_2$ 脱除的同时,回收硫资源,无二次污染。催化剂在脱硫过程中消耗少,不需持续添加脱硫剂。河南金马能源股份有限公司的新型催化法焦炉烟气脱硫工艺流程示意图如图 5-17 所示。

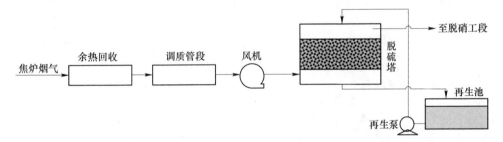

图 5-17　新型催化法焦炉烟气脱硫工艺流程示意图

新型催化法烟气脱硫技术与传统炭法比较,催化法脱硫能耗低、脱硫剂损耗少,且不必再建一套 H$_2$SO$_4$ 生产装置,使工艺流程短,运行更稳定可靠;变废为宝,将烟气中废物 SO$_2$ 转化为稀 H$_2$SO$_4$。不过,此方法催化剂一次投资较大;制备稀 H$_2$SO$_4$,回用硫铵工段涉及水平衡问题;脱硫效果稳定性较差;反应温度控制较为苛刻,脱硫后烟气温度较低,不利于烟囱热备。

5.5.8.3　工艺特点

工艺特点如下:

(1) 高效。脱硫效率大于 95%,特别是在处理低 SO$_2$ 浓度烟气时,能突破吸收法技术气液平衡的限制,脱硫效率不下降,工程实践中甚至出现了 100% 的脱硫效率。

(2) 适应性强,适应范围广。适应烟气成分复杂,SO$_2$ 浓度在 0.001%~3%

波动，焦化烟气温度控制在 130~150℃ 。

（3）工艺简单。工艺流程短，设备少，占地面积小。

（4）操作简单。由于设备少，流程短，日常只有再生时需要间歇式操作，一般装置每班只需 1 人即可，也可由其他生产装置的操作人员兼顾操作，可不必增加操作人员。

（5）环保。运行稳定，安全可靠。由于是干法技术，不会有湿法技术的结垢、堵塞等问题；同时，产品稀 H_2SO_4 可回到硫铵工序生产 $(NH_4)_2SO_4$，无二次污染物排放。

（6）运行成本低。日常运行费用主要是水、电费，加上新型催化法技术的最大优势是催化剂在加速反应的同时，可反复再生循环使用，本身消耗非常少，因此运行成本低。

几种脱硫工艺方案的对比结果见表 5-5。

表 5-5　脱硫工艺方案对比表

项目		脱硫技术工艺路线			
		湿法	干法	半干法	催化法
工艺技术特点	优点	反应速度快、脱硫效率高达 95% 以上	设备腐蚀小、无明显温降、利于烟囱排气扩散等	温降较低、利于烟囱排气排放扩散	将烟气中 SO_2 转化为稀 H_2SO_4
	缺点	运行费高、设备腐蚀及系统磨损大、排烟温度低、大量白烟低空排放	脱硫效率低，反应速度较慢	脱硫效率较低	一次投资较大；反应温度需要较为苛刻，装置后温度较低
方案灵活性		较大	较低	较大	较大
运行可靠性		高	低	较高	较高
运行可控性		可控性灵活	相对湿法可控低	较高	可控性灵活
应用普遍性		常见	少	较多	少

基于上述几种主要脱硫工艺技术的分析比较，为满足低温脱硝适宜温度和低硫要求、达到较高的脱硫效率、确保烟囱始终处于热备状态等因素考虑，干法或半干法脱硫较为适合焦炉烟气脱硫。

5.6　炼焦过程 NO_x 处理技术

燃料在焦炉内燃烧过程中会产生 NO_x，其中 NO 占 90%（排入大气后大部分再氧化成 NO_2）、NO_2 及少量 N_2O（约占 10% 左右）。根据 NO_x 生成机理的不同，可将 NO_x 分成三类，即燃料型、热力型和瞬时型。

燃料型 NO_x 是指燃料中的含氮化合物（如杂环氮化物、氨、氰）在燃烧过程中转化为 NH 或 NH$_2$，NH 或 NH$_2$ 和 O$_2$ 反应生成 NO，主要反应式为：

$$NH_2 + O_2 \longrightarrow NO + H_2O \tag{5-63}$$

$$4NH_3 + 5O_2 \longrightarrow 4NO + 6H_2O \tag{5-64}$$

热力型 NO$_x$ 是指空气中的 N 在高温区氧化而成：

$$N_2 + O_2 \longrightarrow 2NO \tag{5-65}$$

瞬时型 NO$_x$ 是由空气中的 N$_2$ 与燃料中的碳氢离子团反应生成的，属于热力型的一种特殊形式，碳氢化合物燃烧火焰中，空气不足时生成 NO。

热力型 NO 产生的主要反应历程：

$$N_2 + O \Longrightarrow NO + N \tag{5-66}$$

$$N + O_2 \Longrightarrow NO + O \tag{5-67}$$

按化学反应动力学方程和 Zeldvich 的实验结果，NO 的生成速度可表示为：

$$\frac{d[NO]}{dt} = 3 \times 10^4 [N_2][O_2]^{1/2} e^{-542000/RT}$$

由式可知，NO 生成速度与 T、$[N_2]$、$[O_2]$ 有关。

由于燃气在空气中燃烧时，N$_2$ 浓度变化很小，故 $[N_2]$ 对 NO 生成速度影响很小；$[O_2]$ 取决于燃烧过程中燃气与空气的当量比，所以燃烧过程的温度及当量比对 NO 的生成影响大。

当 $t_{燃}$<1500℃时，热力型 NO 生成量极少。

当 $t_{燃}$≥1500℃时，热力型 NO 生成量明显增大，温度每增加 100K，NO 生成速度约增大 5 倍。

不同物质燃烧时形成三种机制的 NO$_x$ 量不同，一些主要能源燃烧时产生的 NO$_x$ 相对值如图 5-18 所示[15]。

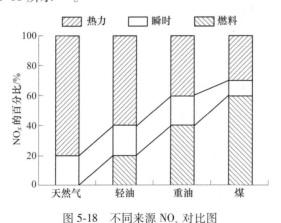

图 5-18　不同来源 NO$_x$ 对比图

焦炉烟气 NO$_x$ 处理技术主要有选择性催化还原法、选择性非催化还原法、混合 SNCR-SCR 工艺、吸附法（分子筛法、活性炭法）、吸收法、微生物法、脱硫脱硝一体化技术等。

5.6.1 选择性催化还原法烟气脱硝技术

5.6.1.1 工艺原理

选择性催化还原脱硝技术，简称 SCR，是在金属氧化物催化剂作用下，以 NH_3 为还原剂，把 NO_x 还原为 N_2 和 H_2O，而不与烟气中的 O_2 反应，所以称为选择性催化还原脱硝。

主要化学方程式如下：

$$4NO + 4NH_3 + O_2 \xrightarrow{\text{催化剂}} 4N_2 + 6H_2O \tag{5-68}$$

$$2NO + 4NH_3 + 2O_2 \xrightarrow{\text{催化剂}} 3N_2 + 6H_2O \tag{5-69}$$

$$4NH_3 + 6NO \xrightarrow{\text{催化剂}} 5N_2 + 6H_2O \tag{5-70}$$

$$8NH_3 + 6NO_2 \xrightarrow{\text{催化剂}} 7N_2 + 12H_2O \tag{5-71}$$

副反应方程式如下：

$$4NH_3 + 3O_2 \xrightarrow{\text{催化剂}} 2N_2 + 6H_2O \tag{5-72}$$

$$4NH_3 + 5O_2 \xrightarrow{\text{催化剂}} 4NO + 6H_2O \tag{5-73}$$

$$2NH_3 + 2O_2 \longrightarrow N_2O + 3H_2O$$

$$2NH_3 \xrightarrow{\text{催化剂}} N_2 + 3H_2 \tag{5-74}$$

此外，烟气中会含有 SO_2，部分 SO_2 被氧化成 SO_3，SO_3 又可与逃逸的氨继续发生以下副反应：

$$2SO_2 + O_2 \xrightarrow{\text{催化剂}} 2SO_3 \tag{5-75}$$

$$NH_3 + SO_3 + H_2O \xrightarrow{\text{催化剂}} NH_4HSO_4 \tag{5-76}$$

$$2NH_3 + SO_3 + H_2O \xrightarrow{\text{催化剂}} (NH_4)_2SO_4 \tag{5-77}$$

$$SO_3 + H_2O \longrightarrow H_2SO_4 \tag{5-78}$$

该工艺脱硝率高，可达 70%~90%；技术较成熟，运行可靠，维护便利。但该法运行成本相对较高。目前就脱硝技术而言，催化剂的选取是该技术的关键，流场均匀分布是催化剂高效脱硝的重要保障。

5.6.1.2 低温脱硝催化剂及其应用

选择性催化还原技术（SCR）一般以氨或尿素为还原剂，将 NO_x 还原为 N_2。在脱硝反应中，脱硝催化剂的选取是整个工艺的核心。较早用于 SCR 反应的催化剂研究是以 Pt、Rh、Pd 等贵金属作为活性组分，以 CO 和 H_2 或碳氢化合物作为还原剂；后来，引入了氧化锰类、钛基钒类等金属氧化物为催化剂，以氨或尿素作为还原剂，目前，工业应用主要集中在 V 基或 Mn 基催化剂。为适应焦炉烟气低温脱硝的需要，国内科研院所相继开发出适合于低温烟气脱硝的低温催化剂，并成功应用于焦炉烟气脱硝，取得了良好的效果。其中比较有代表性的有中科院大连物理化学研究所、合肥晨晰环保工程有限公司、中冶焦耐工程技术有限公司等，分别在江苏沂州焦化有限公司、山东铁雄能源有限公司、宝钢湛江钢铁有限公司焦炉烟气脱硝得到应用。

A SCR 系统组成及反应器布置

在选择性催化还原工艺中，NO$_x$ 与 NH$_3$ 在催化剂的作用下发生催化还原反应。催化剂安放在固定反应器内，烟气经反应器平行流经催化剂表面。催化剂单元通常垂直布置，烟气自上向下流动。SCR 系统一般由钢架部分、氨的储存系统、氨与空气混合系统、氨喷射系统、脱硝反应系统、吹灰系统、烟道系统、检测控制系统等构成。结合不同催化剂的特点，可实现各种不同的工艺组合。三家焦化企业焦炉烟气脱硝催化剂使用效果如下：

（1）江苏沂州焦炉烟气低温脱硝工艺中也没有脱硫及余热回收装置，仅有低温 SCR 脱硝装置。其工艺流程及使用效果：来自焦炉总烟道的烟气进入 SCR 触媒塔，采用焦化厂自产的氨水作为还原剂，可将烟气中的 NO$_x$ 处理至 100mg/m^3（标准状态）以下，脱硝效率高，SCR 反应器内部装填 10m^3 的董青石蜂窝陶瓷催化剂。该装置的特点是设备体积小，约为常规 SCR 反应器的 1/5 左右，适合于用地紧张的场合。

（2）铁雄新沙焦炉烟气低温脱硝工艺中没有脱硫及余热回收装置，仅有低温 SCR 脱硝装置。其工艺流程及使用效果：来自焦炉总烟道的烟气进入 SCR 触媒塔，采用液氨作为还原剂，处理烟气量为 300000m^3/h（标准状态），可将烟气中的 NO$_x$ 从 1000mg/m^3（标准状态）处理至 100mg/m^3（标准状态）以下，脱硝效率达 90% 以上。

（3）宝钢湛江焦炉烟气低温脱硝工艺流程及使用效果：来自焦炉分烟道的烟气首先进入半干法脱硫塔进行脱硫处理，脱硫吸收剂采用 Na$_2$CO$_3$（或石灰）乳液。经过脱硫塔的烟气温度降低至 150~220℃ 左右，且携带一部分脱硫剂粉尘。因此在进入脱硝塔之前，首先对烟气进行除尘处理。该项目的除尘与脱硝设备集成为一体，经除尘后的烟气粉尘浓度低于 30mg/m^3（标准状态），NO$_x$ 浓度低于 100mg/m^3（标准状态），SO$_2$ 浓度低于 30mg/m^3（标准状态）。

B 使用效果

通过对比发现，三家单位的低温 SCR 都能达到良好的脱硝效率，脱硝后的烟气 NO$_x$ 低于 100mg/m^3（标准状态）。江苏沂州焦化有限公司使用的董青石蜂窝陶瓷催化剂的还原反应速率是一般低温催化剂的 5 倍左右，抗硫性能优良，装置的运行数据表明，中科院大连物化所开发的堇青石蜂窝陶瓷催化剂在220℃的低温条件下，采用SCR工艺可以将NO_x处理至$100mg/m^3$（标准状态）以下。铁雄新沙所用还原剂为液氨，对运输和存储安全性要求严格。宝钢湛江需要一台燃气热风炉，以确保满足催化剂的活性窗口温度，但会增加能耗和工艺的复杂性。

5.6.2　选择性非催化还原法烟气脱硝技术

选择性非催化还原法烟气脱硝技术（SNCR）是指在没有催化剂的作用下，在合适的温度范围（850~1100℃）内，利用还原剂（尿素、氨水、液氨等）将NO_x选择性地还原为无毒的N_2和H_2O。

5.6.2.1　SNCR脱硝过程的反应原理

在合适的反应温度范围内，NH_3或尿素还原NO_x的主要反应如下：

NH_3为还原剂

$$4NH_3 + 4NO + O_2 \longrightarrow 4N_2 + 6H_2O \tag{5-79}$$

尿素为还原剂

$$NO + CO(NH_2)_2 + 1/2O_2 \longrightarrow 2N_2 + CO_2 + H_2O \tag{5-80}$$

当反应温度高于1100℃时，NH_3会发生以下氧化反应生成NO：

$$4NH_3 + 5O_2 \longrightarrow 4NO + 6H_2O \tag{5-81}$$

典型的SNCR系统包括还原剂储存设备、还原剂喷射装置及相应的控制系统。SNCR工艺简单，不需要SCR反应器和SCR催化剂床层，只需还原剂的储存设备和喷射系统，所以SNCR脱硝系统占地少、投资省，改造周期短，运行费用低，仅为SCR工艺的15%~30%。

5.6.2.2　SNCR脱硝过程的主要影响因素

影响SNCR脱硝效果的主要因素包括反应温度范围、还原剂和NO_x在合适的温度范围内的停留时间、还原剂和烟气混合的程度、初始NO_x浓度、还原剂与NO_x的摩尔比（NSR）、烟气中含氧量、还原剂的种类、添加剂（气体添加剂、钠盐和一些有机物）等。

（1）反应温度。SNCR脱硝对反应温度十分敏感，合适的反应温度是保证SNCR脱硝效率的关键。SNCR脱硝过程中反应温度与脱硝效率间的关系曲线呈倒V字形。倒V字形是因为氨基（—NH_2）不但可以发生还原反应将NO_x还原成N_2，也可能会与O_2发生氧化反应将—NH_2氧化成NO_x，反应温度对还原反应和氧化反应这两个反应的反应速率的影响是不同的，而最终的NO_x浓度是两者相互之间竞争的结果。当温度太低时，N的还原速率和氧化速率都十分低，反应很不充分，导致脱硝效率低，NH_3的漏失情况也相当严重；随着温度的上升，N的还原反应速率和氧化反应速率都会提高，两个反应中还原反应更占优势，故反应的脱硝效率不断增大；当温度过高时，变成氧化反应占相对优势，还原反应还原的 NO$_x$ 少于氧化反应生成的 NO$_x$，从而造成最终 NO$_x$ 的浓度不降反增。倒 V 字形的温度窗口的最高点是以上趋势的最佳平衡点。

（2）氨氮摩尔比。氨氮摩尔比是指还原剂中 NH$_3$ 与烟气中初始 NO$_x$ 的摩尔比值。1mol 的氨理论上可以得到 1mol 的 NH$_3$ 分子，而 1mol 的尿素理论上可以得到 2mol 的 NH$_3$ 分子。脱硝实验表明，随着摩尔比值的逐渐增大，还原剂的消耗量会增多，脱硝成本会提升，当然 NO$_x$ 的脱除效率会有所提高，但与此同时也会引起尾部氨逃逸量的增大。实际选取合适氨氮摩尔比时，要综合考虑还原剂的消耗量、脱硝效率和 NH$_3$ 的漏失量这 3 个指标。

（3）停留时间。还原剂和烟气必须在合适的温度区域内停留足够的时间，才能使 SNCR 反应充分，保证比较高的脱硝效率。还原剂和烟气在适宜温度窗口内的停留时间越久，NO$_x$ 的脱除效果会越好。实际应用中，停留时间的长短取决于锅炉、烟道的尺寸和烟气流速。

（4）还原剂的种类。SNCR 脱硝工艺中较常用的还原剂有氨水、液氨和尿素等，它们都是常见的化工产品，但液氨的经济性是三者之中最佳的，其次是氨水，最后才是尿素。液氨挥发物 NH$_3$ 是有毒、可爆、可燃的气体，它对储存和运输的安全防护要求很高；氨水有极浓的臭味，挥发性和腐蚀性远比尿素溶液高，但它的储存、运输、使用上要比液氨简单；尿素是不易燃、不易爆、无毒的物质，其挥发性也低，运输、储存及使用较简单安全。

（5）添加剂。添加剂的选择和加入是为了降低 SNCR 反应所需的高温度。添加剂的加入，对 SNCR 反应温度窗口、最佳反应温度、脱硝效率均有一定影响。常用添加剂主要有 H$_2$、CH$_4$ 等碳氢化合物（包括一些有机醇类）、CO、H$_2$O$_2$、钠盐等。

5.6.3　混合 SNCR-SCR 法烟气脱硝技术

混合 SNCR-SCR 法烟气脱硝技术是结合 SCR 技术高效、SNCR 技术投资省的特点而发展起来的一种新型工艺，并非是 SCR 工艺与 SNCR 工艺的简单组合。

混合 SNCR 和 SCR 工艺具有两个反应区，通过布置在锅炉炉墙上的喷射系统，将还原剂喷入第一个反应区——炉膛，在高温下，还原剂与烟气中 NO$_x$ 发生非催化还原反应，实现初步脱氮。然后，未反应完的还原剂进入混合工艺的第二个反应区——反应器，进一步脱氮。混合 SNCR 和 SCR 工艺最主要的改进就是省去了 SCR 设置在烟道里的 AIG（氨喷射）系统，减少了催化剂的用量。

混合 SNCR-SCR 工艺的优点有：

（1）脱硝效率高。与单一的 SNCR 和 SCR 工艺相比，混合 SNCR-SCR 工艺的脱硝效率高。单一的 SNCR 工艺脱硝效率较低，一般在 40% 左右，而混合 SNCR-SCR 工艺可获得比 SCR 工艺更高的脱硝效率（80% 以上）。

（2）催化剂用量小。SCR 工艺中使用了脱硝催化剂，虽然大大降低了反应温度和提高了脱硝效率，但催化剂价格昂贵，且容易导致硫中毒、颗粒物污染等，需定期更换，运行费用高。混合工艺中由于 SNCR 的初步脱硝，降低了对催化剂的依赖。与 SCR 工艺相比，混合工艺的催化剂用量大大减少。

（3）反应塔体积小，空间适应性强。混合 SNCR-SCR 工艺因为催化剂用量少，设备体积小，受场地的限制小，投资省。

（4）脱硝系统阻力小。混合工艺的催化剂用量少，反应器小及其前部烟道短，与传统 SCR 工艺相比，系统压降明显减小，引风机负荷减小，降低运行费用。

（5）省去 SCR 旁路。为了避免烟气温度超出催化剂的适用范围，SCR 工艺一般需要设置旁路系统，以避免烟温过高或过低对催化剂造成的损害。混合 SNCR-SCR 工艺由于对催化剂的依赖性弱，催化剂用量少，因而可以不设置旁路系统。

（6）提高 SNCR 阶段的脱硝效率。单纯的 SNCR 工艺为了满足对氨逃逸量的限制，要求还原剂的喷入点必须严格选择在位于适宜反应的温度区域内。在混合 SNCR-SCR 工艺中，SNCR 阶段的氨泄漏是作为 SCR 反应还原剂来设计的，因此，SCR 阶段可以无须考虑氨逃逸的问题。相对于独立的 SNCR 工艺，混合 SNCR-SCR 工艺氨喷射系统可布置在适宜的反应温度区域稍前的位置，从而延长了还原剂的停留时间，有助于提高 SNCR 阶段的脱硝效率。

5.6.4　吸附法烟气脱硝技术

5.6.4.1　分子筛吸附法脱硝

分子筛吸附法脱硝是因为分子筛具有孔径均匀的孔道，内表面具有较大的空穴，孔道直径与 NO 分子动力学直径相近，容易吸附 NO。分子筛及改性分子筛、过渡金属修饰分子筛对 SO_2、CO_2、NO 等极性分子和不饱和分子有很强的亲和力；过渡金属修饰分子筛的物化特性可以直接影响催化剂的活性、稳定性与择形催化作用。分子筛吸附 NO 研究较多的是 X 型、Y 型、ZSM-5、丝光沸石型分子筛。

（1）O_2 对分子筛脱硝的影响。NO 和 O_2 在 ZSM-5 分子筛（H 或 Na 型）上既有 NO 的吸附，又有 NO 的氧化，并且高 Si 的 H-ZSM-5 分子筛对 NO 的氧化反应有利。

（2）水分对分子筛脱硝的影响。水分对分子筛脱硝有一定的影响，由于分子筛本身是极性分子，所以易吸附水等极性分子。H-ZSM-5 分子筛的硅铝比越高，疏水性能越好，抗水性能好，在水汽条件下 NO 的转化率比干气低。随着相对湿度的增大，促进了 NO 的释放。吸附能计算表明，水分子的吸附能比 NO 和

NO$_2$ 小，说明水分子不能替换分子筛吸附的 NO 或 NO$_2$ 分子。

5.6.4.2 活性炭吸附法脱硝

活性炭吸附去除烟气中 NO$_x$ 是因为活性炭的孔隙结构比其他吸附剂丰富、比表面积比其他吸附剂大，从而表现出优越的吸附容量和吸附性能，且活性炭表面丰富的化学活性可以起到良好的催化作用。活性炭作吸附剂既可以将 NO$_x$ 在烟气中吸附分离出来，又可以在一定条件下作还原剂将 NO$_x$ 还原成 N$_2$。商业化应用的活性炭脱硝工艺包括日本住友、日本 J-POWER（MET-Mitsui-BF）和德国 WKV 等几种主流工艺。

活性炭吸附法脱硝，要求烟气 S 含量低于 30mg/m^3，甚至更低。主要原因是 SO$_2$ 氧化为 SO$_3$，在 H$_2$O 和 NH$_3$ 存在时生成（NH$_4$）$_2$SO$_4$，该盐在 230℃ 以下黏附在催化剂表面，吸附粉尘，堵塞孔道，使催化剂逐渐失活，故成熟的工艺烟气温度一般为 280℃ 以上。

5.6.5 吸收法烟气脱硝技术

吸收法烟气脱硝技术是通过液相对烟气洗涤、吸收脱氮的一种方法。其原理有氧化和还原两种，主要采用氧化吸收法，即利用氧化剂和 NO 发生氧化反应，将难溶于水的 NO 氧化成易溶于水的 NO$_2$，再利用溶液进行吸收；还原法则是添加还原剂将 NO$_x$ 还原为 N$_2$ 直接排放。湿法烟气脱硝技术具体分为碱液吸收法、酸吸收法、络合吸收法、液相吸收还原法和氧化吸收法等。

5.6.5.1 碱液吸收法脱硝

碱液吸收法脱硝是指用金属的氢氧化物（如 Na、K、Mg 等）或弱酸盐等物质形成的碱性溶液（如 NaOH、NaCO$_3$、Na$_2$SO$_3$、Ca（OH）$_2$、NH$_3$OH）作吸收剂对 NO$_x$ 进行化学吸收的一种分离脱硝方法；对于含 NO 较多的 NO$_x$ 废气，净化效率较低。NO$_2$ 或一定比例的 NO/NO$_2$ 混合气可以溶解于碱性溶液中。NO$_x$ 被吸收后，反应产物为可以通过蒸发结晶分离、加以回收利用的硝酸盐和亚硝酸盐。但 NO 在水和碱液中的溶解度都很低，当 NO$_2$/NO 气体摩尔比小于 0.5 时，NO 只能有一部分被吸收，所以这种方法一般适用于 NO$_2$ 含量比较高的尾气，如硝酸厂排放的废气。对于火电厂或其他燃煤锅炉，废气中的 NO$_x$ 大多为 NO（一般 90% 以上），不适宜采用这种方法。

5.6.5.2 酸吸收法脱硝

用酸吸收处理 NO$_x$ 的脱硝方法称为酸吸收法。NO 难溶于水和碱液，但其在 HNO$_3$ 中有较高的溶解度，HNO$_3$ 浓度越高，NO 的溶解度也越高，同时 NO$_2$ 也能较好地溶解于稀硝酸中；1:1 的 NO$_2$/NO 可以很好地溶解在浓 H$_2$SO$_4$ 中，反应生成亚硝酸硫酸（NOHSO$_4$）。酸吸收处理 NO$_x$ 的方法适合于硝酸厂或同时生产 H$_2$SO$_4$ 和 HNO$_3$ 的企业，脱硝率能达到 90% 以上，当吸收剂为 HNO$_3$ 时，产物为

浓度更高的 HNO_3 副产品，可回收利用。H_2SO_4 作为吸收剂时，该法不能吸收含水气体，当有 H_2O 存在时，$NOHSO_4$ 会被水分解，另外，酸吸收法需要加压，气液比小，酸循环量较大，能耗较高，故应用不多。

5.6.5.3 络合吸收法脱硝

利用 NO 和络合剂之间的络合反应脱除 NO_x 的方法称为络合吸收法脱硝。络合反应生成的络合物可通过加热解析回收 NO。由于某些金属离子与其配体构成的络合剂对 NO 具有良好的捕集吸收作用，避免了酸碱吸收法对 NO_2/NO 气体比例大小有要求的弊端，有较广泛的应用。络合吸收脱硝常用的 NO 络合剂多为亚铁螯合剂和钴螯合剂，如 $FeSO_4$、$Fe(II)$-EDTA、$Fe(II)$-EDTA-Na_2SO_3、钴胺和乙二胺合钴（$[Co(en)3]^{2+}$）等。

5.6.5.4 液相吸收还原法脱硝

液相吸收还原法脱硝是利用液相中的还原剂通过还原反应将 NO_x 还原为 N_2 从而实现脱硝的一种方法。液相吸收还原法脱硝常用的还原剂有 $CO(NH_2)_2$、$(NH_4)_2SO_3$、Na_2SO_3、Na_2S 等。当用 $CO(NH_2)_2$ 或 $(NH_4)_2SO_3$ 作为还原剂时，其主要反应见式（5-82）和式（5-83）。

$$NO + NO_2 + CO(NH_2)_2 =\!=\!= 2N_2 + 2H_2O + CO_2 \qquad (5-82)$$

$$NO + NO_2 + 3(NH_4)_2SO_3 =\!=\!= N_2 + 3(NH_4)_2SO_4 \qquad (5-83)$$

同水及酸碱吸收相比，液相吸收还原法的脱硝率可以达到 40% ~ 60%，$(NH_4)_2SO_3$ 作还原剂时的反应产物 $(NH_4)_2SO_4$ 可进一步回收利用。但从反应式可知，NO 和 NO_2 是按 1:1 的摩尔比参与反应的，此方法较适用于 NO_2/NO 比例较高的烟气，一般要求大于 0.5。因此，该法不适用于燃煤锅炉尾气的脱硝处理。

5.6.5.5 氧化吸收法脱硝

氧化吸收法脱硝是利用氧化剂将 NO 氧化为易溶于水的 NO_2 再吸收脱除的一种方法。氧化吸收法脱硝的氧化剂大致可分为气相氧化剂和液相氧化剂两类，气相氧化剂主要有 O_3、Cl_2、ClO_2 等；液相氧化剂主要有 $KMnO_4$、$NaClO_2$、$NaClO$、H_2O_2、$KBrO_3$、K_2CrO_7、$HClO_3$、Na_2CrO_4 等。

（1）$NaClO_2$ 和 $NaClO$ 氧化法脱硝。$NaClO_2$ 具有强氧化性，其溶液可将 NO 氧化为 NO_2 并吸收得到 $NaNO_3$。采用 $NaClO_2$ 脱硝简单易行，NO 脱除率高。此外，$NaClO_2$ 粉末也可作为脱硝氧化剂，而且气相中的 SO_2 可以促进 $NaClO_2$ 对 NO 的脱除效果，因为 SO_2 与 $NaClO_2$ 反应会生成促进 NO 氧化的多种气态氯化物（$OClO$、ClO、Cl 和 Cl_2）。$NaClO$ 也常被用于烟气脱硝反应。但 $NaClO_2$ 和 $NaClO$ 氧化法对设备耐腐蚀性要求较高，氧化剂价格相对较贵，制约了其在工业上的应用。

（2）H_2O_2 氧化法脱硝。H_2O_2 具有氧化性，可以将 NO 氧化成易溶于水的

NO$_2$，转化为 HNO$_2$ 和 HNO$_3$ 被脱除。H$_2$O$_2$ 是一种绿色的氧化剂，无二次污染，价格相对低廉，既可单独用于脱硝，又可以和其他技术互补使用。高温或紫外光存在的环境能增强 H$_2$O$_2$ 对 NO 的氧化效果，将 NO 快速地氧化为易溶于水的 NO$_2$，达到较高的脱硝率。但 H$_2$O$_2$ 具有性质不稳定、受热易分解、装置运行不稳定、氧化剂消耗大等缺点。

（3）O$_3$ 氧化法脱硝。O$_3$ 具有很强的氧化性，是最早被研究的氧化剂之一，与烟气接触 1s，烟气中的 NO 就被氧化为溶解度较高的 NO$_2$、N$_2$O$_3$ 和 N$_2$O$_5$ 等，目前已在工业上得到成功应用。O$_3$ 氧化结合碱液吸收是目前 O$_3$ 应用于脱硝技术的主要途径，该方法可同时脱硫脱硝，具有投资低、工艺简单、脱除率高等优点。美国的 BOC 公司开发了一种名为 LoTOx 的低温氧化技术，其原理是将氧气和 O$_3$ 的混合气通入烟道中，利用 O$_3$ 的强氧化性将 NO 氧化为易溶于水的高价态 NO$_x$，再用碱液洗涤脱除，脱硝率可达 70%~95%。O$_3$ 可以和不同吸收剂及其他技术协调使用，拥有很强的使用灵活性，如 O$_3$ 氧化协同 NaOH 溶液/MgO 浆液吸收的 O$_3$ 氧化结合碱液吸收的同时脱硫脱硝技术。

5.6.6　微生物法烟气脱硝技术

微生物法脱硝是利用反硝化细菌的生命活动去脱除废气中的 NO$_x$。在反硝化过程中，NO$_x$ 通过反硝化细菌的同化反硝化（合成代谢）还原成有机氮化物，成为菌体的一部分，再经过反硝化细菌的异化反硝化（分解代谢），最终转化为 N$_2$，期间反硝化细菌的异化反硝化起主要作用。

微生物法脱硝能有效地脱除废气中的 NO$_x$，且具有工艺设备简单、能耗低、处理费用少、效率高、无二次污染等优点；但需要培养能高效脱除 NO$_x$ 的反硝化细菌。微生物法净化 NO$_x$ 废气一般包括两个过程：NO$_x$ 由气相转移到液相或固相表面的液膜中的传质过程；NO$_x$ 在液相或固相表面被微生物净化的生化反应过程。过程速率的快慢与 NO$_x$ 的种类有关。NO 和 NO$_2$ 溶解于 H$_2$O 的能力差异较大，其净化机理也不同，NO 不与 H$_2$O 发生化学反应，它的生化还原取决于 NO 在 H$_2$O 中的溶解及被反硝化细菌和固相载体的吸附，然后在反硝化细菌中氧化氮还原酶的作用下还原为 N$_2$；NO$_2$ 与 H$_2$O 发生化学反应：$2NO_2+H_2O \rightarrow HNO_3 + HNO_2$，$3HNO_2 \rightarrow HNO_3 + 2NO + H_2O$，溶于水的 NO$_2$ 转化为 NO$_3^-$、NO$_2^-$ 和 NO，然后通过生化反应过程还原为 N$_2$。

5.6.7　脱硫脱硝一体化烟气脱硝技术

治理焦炉烟气中的 SO$_2$ 和 NO$_x$ 已经成为焦化行业的重点环保项目。针对焦炉烟气脱硫脱硝一体化技术主要有（半）干法脱硫+低温 SCR 脱硝 +布袋除尘（＋升温热备）、SICS 法催化氧化（有机催化法）脱硫脱硝、活性炭脱硫脱硝和活性焦脱硫脱硝、氨法脱硫脱硝等工艺技术[16]。

5.6.7.1 碳酸钠半干法脱硫+低温脱硝一体化工艺

A 工艺原理

半干法脱硫工艺采用 Na_2CO_3 溶液为脱硫剂，其化学反应式为：

$$Na_2CO_3 + SO_2 \longrightarrow Na_2SO_3 + CO_2 \tag{5-84}$$

$$2Na_2SO_3 + O_2 \longrightarrow 2Na_2SO_4 \tag{5-85}$$

脱硝采用 NH_3-SCR 法，在催化剂作用下，还原剂 NH_3 选择性地与烟气中 NO_x 反应，生成无污染的 N_2 和 H_2O 随烟气排放。

B 工艺流程

焦炉烟气从半干法脱硫塔（SDA 塔）上部烟气分配器进入塔体，与塔内雾化的脱硫剂充分接触、反应、干燥，脱除 SO_2 及其他酸性介质后，出脱硫塔、进入除尘器；烟气中的干燥颗粒物先被滤袋过滤收集，除尘滤袋过滤的粉尘层进一步脱除烟气中的 SO_2，同时吸附焦油等黏性组分；除尘后的烟气进入脱硝反应器，NO_x 和喷入的氨在催化剂作用下发生催化还原反应，脱除 NO_x；最后经引风机增压回送至焦炉烟囱根部，如图 5-19 所示。

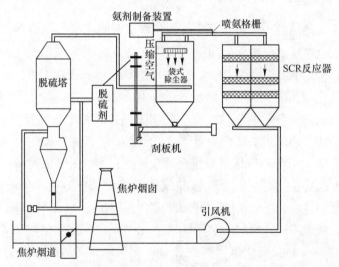

图 5-19　碳酸钠半干法脱硫+低温脱硝一体化工艺流程示意图

该工艺主要由以下系统组成：脱硫系统由脱硫塔及脱硫溶液制备系统组成。Na_2CO_3 溶液通过定量给料装置和溶液泵送到脱硫塔内雾化器中，形成雾化液滴，与 SO_2 发生反应进行脱硫，脱硫效率可达 90%。脱硫剂喷入装置与系统进出口 SO_2 浓度连锁，随焦炉烟气量及 SO_2 浓度的变化自动调整脱硫剂喷入量。核心设备为烟气除尘、脱硝及其热解析一体化装置，包括由下至上集成在一个塔体内的除尘净化段、解析喷氨混合段和脱硝反应段。

氨系统为烟气脱硝提供还原剂，可使用液氨或氨水蒸发为 NH$_3$ 使用。热解析系统为脱硝装置内的催化剂提供 380~400℃ 高温解析气体，分解黏附在催化剂表面的 NH$_4$HSO$_4$，净化催化剂表面。

C　工艺特点

工艺特点如下：

（1）半干法脱硫设置在脱硝前，将烟气中的 SO$_2$ 含量脱除至 30mg/m^3 以下，以保证后续的高效脱硝。

（2）烟气脱硫、除尘、脱硝、催化剂热解析再生一体化，投资省、占地少。

（3）脱硝前先除尘，以减少粉尘对催化剂的磨损、延长催化剂使用寿命。

（4）通过除尘滤袋过滤层和混合均流结构体的均压作用，使烟气速度场、温度场分布更加均匀，可提高脱硝效率。

（5）氨气通过网格状分布的喷氨口喷入装置内，高温热解析气体通过孔板送风口送入烟气中，使 NH$_3$ 与烟气、高温热解析气体与烟气接触更充分，混合更均匀。

（6）在不影响正常运行的条件下，可在线利用高温烟气分解催化剂表面黏性物质，提高催化效率和催化剂使用寿命。

（7）省略传统工艺中的催化剂清灰系统。

（8）烟气通过滤袋在过滤过程中，与滤袋外表面滤下的未反应脱硫剂充分接触，进一步提高烟气的脱硫效率。

（9）半干法脱硫温降小（低于 30℃），除尘脱硝一体化缩短流程，减小整体温降，回送烟气温度高于 150℃，满足烟囱热备要求。

（10）烟气在高于露点温度的干工况下运行，结露腐蚀风险小。

D　投资与操作成本

投资成本约为 35~45 元/t 焦，操作成本约为 12.6 元/t 焦。

5.6.7.2　SICS 法催化氧化（有机催化法）脱硫脱硝一体化工艺

A　工艺原理

利用有机催化剂 L 中的分子片段与 H$_2$SO$_3$ 结合形成稳定的共价化合物，有效地抑制不稳定的 H$_2$SO$_3$ 的逆向分解，并促进它们被持续氧化成 H$_2$SO$_4$，催化剂随即与之分离。生成的 H$_2$SO$_4$ 在塔底与加入的碱性物质如氨水等快速生成高品质的（NH$_4$）$_2$SO$_4$ 化肥，其反应原理和过程与工业（NH$_4$）$_2$SO$_4$ 化肥的生产相似。该过程反应式如下：

$$SO_2 + H_2O \longrightarrow H_2SO_3 \tag{5-86}$$

$$H_2SO_3 + L \longrightarrow L \cdot H_2SO_3 \tag{5-87}$$

$$L \cdot H_2SO_3 + O_2 \longrightarrow L + H_2SO_4 \tag{5-88}$$

$$H_2SO_4 + NH_3 \longrightarrow (NH_4)_2SO_4 \qquad\qquad (5\text{-}89)$$

脱硝与脱硫原理相类似，当加入强氧化剂（O_3 或 H_2O_2）时，NO 转化为亚硝酸（HNO_2）。有机催化剂促进它们被持续氧化成硝酸，随即与之分离。加入碱性中和剂（氨水）后可制成 NH_4NO_3 化肥。

B　工艺流程

焦炉烟气先经过 O_3 氧化，烟气温度小于 150℃，然后进入脱硫塔，烟气中的 SO_2 和 NO_x 溶解在水里分别生成 H_2SO_3 和 HNO_2。有机催化剂捕捉以上两种不稳定物质后形成稳定的络合物 $L \cdot H_2SO_3$ 和 $L \cdot HNO_2$，并促使它们被持续氧化成 H_2SO_4 和 HNO_3，催化剂随即与之分离。生成的 H_2SO_4 和 HNO_2 很容易被碱性溶液吸收，这样就在一个吸收塔内同时完成了脱硫和脱硝。

该工艺流程如图 5-20 所示，由以下系统组成：

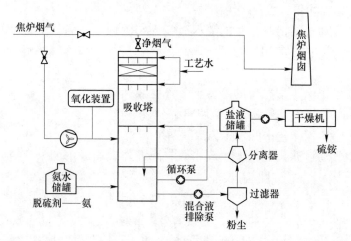

图 5-20　SICS 法催化氧化（有机催化法）脱硫脱硝工艺流程示意图

（1）烟气系统。由焦炉引出焦炉烟气，经过化肥液体及喷水降温，由 200℃ 降低到 150℃ 以下，以适应臭氧反应温度低于 150℃ 的要求。

（2）吸收系统。烟气自下而上进入吸收塔，循环浆液自上而下喷淋，烟气和循环浆液直接接触，完成捕捉过程，处理后的洁净气体经过除雾器除雾后，排至烟囱。

（3）脱硝氧化系统。提供能氧化 NO 的氧化剂——O_3。O_3 经过烟道内混合器后与烟气中的 NO 充分混合，将其氧化成易溶解的 NO_x，进入吸收塔后被吸收得以去除。

（4）盐液分离及副产回收系统。吸收塔里浆液化肥浓度达到 30% 左右时，开启浆液排出泵，将其送入过滤器，分离出其中的灰尘。然后浆液进入分离器，将有机催化剂和盐液分开。催化剂返回吸收系统循环利用，盐液则进入化肥回收系统。

（5）氨水储存供给系统。将氨送入吸收塔进行脱硫脱硝。

（6）催化剂供给系统。捕捉浆液中不稳定的 H_2SO_3 和 HNO_2 后形成稳定的络合物，在氧化空气下将其持续氧化成 H_2SO_4 和 H_2。

C　工艺特点

工艺特点如下：

（1）脱硫效率大于 99%，脱硝效率大于 85%；氨回收利用率大于 99%。

（2）在同一系统中可同时实现脱硫、脱硝、脱重金属 Hg、二次除尘等多种烟气减排效果。

（3）对烟气硫分适应强，可用于 150~10000mg/m³（标准状态）甚至更高的硫分，因此，可使用高硫煤降低成本。

（4）整个过程无废水和废渣排放，不产生二次污染。同时净烟气中 NH_3 含量小于 8mg/m³（标准状态）[完全满足环保部 NH_3<10mg/m³（标准状态）的要求]。

（5）催化剂使用寿命可长达 15 年。

（6）运行成本低。

（7）通过增加催化剂，提高 $(NH_3)_2SO_3$ 的氧化效率，运行 pH 值低于氨法脱硫，能有效抑制氨的逃逸（不大于 1%）。

（8）可实现焦炉烟气低温脱硝，减少对设备的腐蚀。

（9）对烟气条件的波动性有较强的适应能力。

（10）副产品硫铵质量达标，且稳定。

D　投资与操作成本

对于 110 万吨/年焦炭产能而言，SICS 装置的运行指标、投资及操作成本见表 5-6。

表 5-6　SICS 装置运行消耗指标、投资及成本（年产焦炭 110 万吨）

名　称	数　量
$NH_3 \cdot H_2O$	227kg/h
O_3	67.2m³/h
O_2	490m³/h（臭氧发生器）
工艺水	17m³/h
催化剂	初装量 50t（年消耗量 5%）
电耗	450kW+臭氧发生器 560kW
循环水	150t/h（循环使用，基本不消耗）
副产：化肥溶液	640kg/h（质量分数为 8.2%（NH₄）₂SO₄ 和 31.8%NH₄NO₃）
废弃物：灰饼	64kg/d
投资费用	2400 万元

名　称	数　量
吨焦投资成本	21.8 元
吨焦脱硫脱硝操作成本	7~8 元

5.6.7.3　活性炭/焦脱硫脱硝一体化工艺

A　工艺原理

根据活性焦的吸附特性和催化特性,烟气中 SO_2、O_2 及水蒸气分别吸附在活性焦表面,经过表面反应生成 H_2SO_4 吸附在活性焦微孔中,从而达到烟气脱硫的效果。

$$2SO_2 + O_2 + 2H_2O \longrightarrow 2H_2SO_4 \qquad (5-90)$$

活性焦脱硝主要利用活性焦的催化性能进行选择性催化还原(SCR)反应,在还原剂(NH_3)的作用下将 NO 还原为 N_2。

活性焦再生是将吸附 SO_2 饱和的活性焦加热到 400~500℃,蓄积在活性焦中的 H_2SO_4 或硫酸盐分解脱附,产生的主要分解物是 SO_2、N_2、CO_2、H_2O,其物理形态为高浓度的 SO_2 气体。再生反应能够恢复活性焦的活性,而且其吸附和催化能力不但不会降低,还会得到提高。

B　工艺流程

焦炉烟气在烟道总翻板阀前被引风机抽取进入余热锅炉,烟气温度从180℃降低至140℃,然后进入活性炭脱硫脱硝塔,在塔内先脱硫、后脱硝,烟气从塔顶出来经引风机送回烟囱排放,如图5-21所示。从塔底部出来的饱和活性炭进入解析塔,SO_2 等气体出来后送化工专业处理,再生后的活性炭重新送入反应塔循环使用。

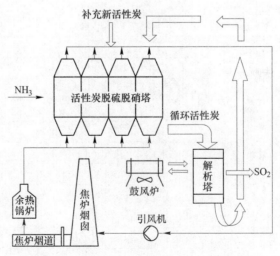

图 5-21　活性焦法脱硫脱硝工艺流程示意图

C　工艺特点

工艺特点如下：

（1）SO$_2$ 脱除效率可达 98% 以上，NO$_x$ 脱除效率可达 80% 以上，同时粉尘含量小于 15mg/m^3。

（2）实现脱除 SO$_2$、NO$_x$ 和粉尘一体化，脱硫脱硝共用一套装置。

（3）烟气脱硫反应在 120～180℃ 进行，脱硫后烟气排放温度 120℃ 以上，不需增加烟气再热系统。

（4）运行费用低，维护方便，系统能耗低（每万立方米焦炉烟道气耗能约 2.51kgce，相当于吨焦脱硫脱硝耗能为 0.587kgce）。

（5）工况适应性强，基本不消耗水，适用于水资源缺乏地区；能适应负荷和煤种的变化，活性焦来源广泛。

（6）无废水、废渣、废气等二次污染产生；资源回收、副产品便于综合利用。

D　投资与操作成本

两套活性炭焦炉烟道气净化装置（处理烟气量 2×40m^3/h、年焦炭产能 2×150 万吨）的工程投资费用为 1.05 亿元，吨焦投资成本约 35 元；吨焦脱硫脱硝操作成本约 13 元。

以上 3 种焦炉烟气脱硫脱硝工艺技术的吨焦投资和操作成本对比见表 5-7。

表 5-7　各种焦炭烟气脱硫脱硝工艺的吨焦投资和操作成本比较

名称	低温 SCR	SICS	活性炭/焦
催化剂	低温催化剂	进口催化剂	活性炭
助剂	Na$_2$CO$_3$、NH$_3$	O$_3$	活性炭/焦、NH$_3$
副产品		硫铵硝铵	SO$_2$ 去化工厂
吨焦操作成本	12.60 元	7.0～8.0 元	13.00 元
吨焦投资成本	35～45 元	21.80 元	35.00 元

5.6.7.4　氨法脱硫脱硝一体化工艺

氨法脱硫脱硝是在氨法脱硫的基础上发展而来的，用氨法脱硫后的脱硫液再吸收 NO$_x$，从而达到脱硝的目的。氨法脱硫后的脱硫液的主要成分有 (NH$_4$)$_2$SO$_3$ 和 NH$_4$HSO$_3$，通过 (NH$_4$)$_2$SO$_3$ 和 NO$_x$ 的反应来达到脱硝的目的。由于 NO$_x$ 中的 NO 难溶于水，因此加大了 NO$_x$ 脱除的难度。文献报道以氨水为吸收剂进行同时脱硫脱硝时，可以达到 100% 的脱硫率和 72% 的脱硝率。

5.6.7.5　高能电子活化氧化法脱硫脱硝一体化工艺

高能电子活化氧化法包括电子束法和脉冲电晕法，其原理是利用高能电子撞击烟气中的气体分子，产生高氧化性的自由基，从而分别把 SO$_2$ 和 NO 氧化成 SO$_3$ 和 NO$_2$，产物遇水分别生成 H$_2$SO$_4$ 和 HNO$_3$，生成的酸与 NH$_3$ 反应生成氨肥。

该法脱硫脱硝率高，脱硫率可达95%以上，脱硝率可达85%以上；无废水产生，不会造成二次污染；但该法能耗大，设备成本高，占地面积较大，除此之外，还会产生辐射。

5.6.7.6　湿式络合吸收法脱硫脱硝一体化工艺

湿式络合吸收法是在吸收液中加入能络合吸收 NO 的金属氧化物的络合剂，如亚铁螯合物 $Fe^{II}EDTA$ 等络合吸收剂，能大幅度地增加 NO 的溶解度。在液相中再和 SO_2 进一步反应，达到同时脱硫脱硝的效果。该法操作简单，运行成本低；脱硫脱硝率较高。但烟气中的 O_2 容易氧化络合剂，使其失去络合能力，虽然 O_2 可以使络合剂再生，但速度太慢。

5.6.8　焦炉低氮燃烧技术

通过降低火道标准温度以达到从燃烧源头控制 NO_x 生成的一种燃烧技术，主要通过改变燃烧条件，抑制热力型 NO 的生成，或者是破坏已经生成的氧化物，进一步减少 NO_x 排放量的方法，如分段燃烧法、低氧燃烧法、浓淡偏差燃烧和烟气再循环等方法。其基本思想是适当降低燃烧区域的氧浓度，降低局部高温区的燃烧温度。低 NO_x 燃烧技术因其操作简单、经济高效的优点被广泛应用。

焦炉低氮燃烧技术是通过降低火道标准温度以达到从燃烧源头控制 NO_x 生成的一种燃烧技术，主要是控制热力型 NO 的生成。焦饼成熟温度一般在 $950 \sim 1050℃$，为了保证焦炉炭化室上部焦炭成熟，在焦炉设计时，需要考虑焦炉高向加热均匀性。

解决焦炉高向加热的主要技术措施有火焰模拟分析技术、高低灯头、废气循环、分段加热、不同炉墙厚度。

5.6.8.1　火焰模拟分析技术

为了优化焦炉燃烧室内煤气燃烧和均匀传热，在焦炉燃烧室设计时采用三维立体设计，并用火焰分析模型来模拟和优化加热系统燃烧状况及高向火焰分布（见图5-22），通过合理的设计，保证炉体高向加热均匀性，进而减少 NO_x 的产生量。

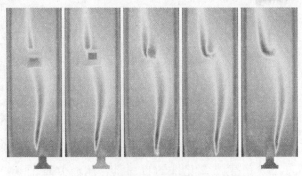

图 5-22　焦炉燃烧室燃烧火焰模拟图

5.6.8.2 薄炉墙技术

炭化室采用薄炉墙技术，传热效率高（能耗降低约 3%~5%），火道温度低（见表 5-8），大大降低 NO_x 的生成（200mg/m³ 左右）。

表 5-8 不同炉型炉墙厚度对应的标准火道温度

企业焦炉	炉墙厚度/mm	机侧标准火道温度/℃	焦侧标准火道温度/℃
兖矿 7.63m 焦炉	95	1310	1345
武钢 7.63m 焦炉	95	1290	1340
宝钢 7m 焦炉	95	1265	1315
鞍钢 7m 焦炉	95	1270	1320
山钢 7.3m 焦炉	90	1236	1285

5.6.8.3 分段加热技术

焦炉燃烧室分段供给空气进行分段燃烧，既拉长了立火道火焰，又不至于使各燃烧点温度过高，有利于炉体高向加热均匀性，减少 NO_x 的产生。分段加热示意图如图 5-23 所示。

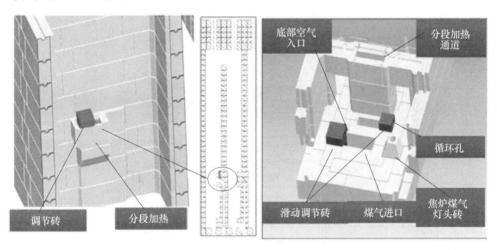

图 5-23 分段加热模型示意图

空气分段送入，可以优化燃烧室内高向温度分布，分段的数量和位置取决于焦炉高度。借助于三维火焰流场模拟，可以比较准确地确定循环孔的高度和孔径大小。

5.6.8.4 烟气外循环技术

废气循环可以改善焦炉高向加热均匀性，但当循环孔设计不合理或动能不足时，会导致废气循环量不够，达不到预期效果，为此，可以通过外循环加大废气循环量，对煤气、助燃空气贫化，缓慢煤气扩散燃烧速度、延长煤气有效停留时间，达到拉长火焰，改善焦炉高向加热均匀性，降低火焰中心温度，减少 NO_x 的生成，进而实现烟气低氮目标（5.5m 捣固焦炉，火道温度 1295℃，NO_x 在 400～550mg/m³）。外循环量可以借助流场模拟加以计算，如图 5-24～图5-26 所示。

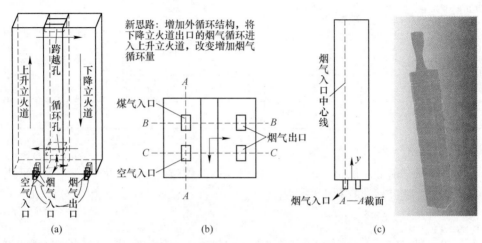

图 5-24　立火道模型

（a）立火道结构图（bfg）；（b）立火道底面俯视图；（c）立分析用面和线

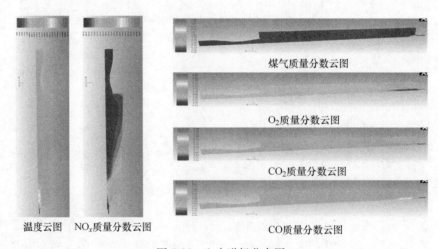

图 5-25　立火道场分布图

依据对称性原则建立立火道模型，采用 Fluent 对温度和浓度场进行分析，分析结果如图 5-26 所示。由图可知，温度场、煤气、O_2、CO 和 CO_2 基本分布均匀，但是 NO$_x$ 在出口处呈现浓度最大，因此 NO$_x$ 控制成为当前研究热点之一。

立火道温度和燃烧气体（燃气、空气）流速对燃烧过程和火焰温度分布至关重要，因此，剖析温度和速率随立火道位置的关系对加热效果和工程设计具有重要意义，其分析结果如图 5-25 所示。由于空气、贫煤气分别从小烟道进入蓄热室与格子砖进行热交换、预热后，经斜道至燃烧室底部（焦炉煤气直接从砖煤气谄进入燃烧室底部），煤气与空气在燃烧室底部进行扩散燃烧，需要一定时间，并在灯头出口大约 26%（6m 焦炉的燃烧室高度）高度处达到最高温度，然后高温烟气沿燃烧室高向边扩散边传热给炭化室炉墙，烟气温度平缓下降；烟气经跨越孔至相邻火道下降，部分经内循环孔进行废气循环，大多数经斜道口、斜道，到蓄热室与蓄热室格子砖换热后，由小烟道、废气盘、分烟道排出。

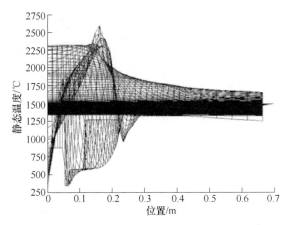

图 5-26 温度与立火道位置关系图

鉴于燃烧、传热、传质的耦合过程机理分析，依据温度场分布、燃气浓度场分布等，确定烟气外循环量和压力，图 5-27 为烟气外循环示意图[17]，该技术目前在内蒙古太西煤集团金昌鑫华焦化、河北东海特钢等焦化厂得到实际应用，烟气 NO$_x$ 降低幅度不小于 50%，NO$_x$ 含量不大于 450mg/m^3（标准状态）。

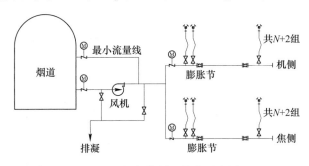

图 5-27 烟气外循环管线示意图

5.6.8.5　炉内脱硝技术

在焦炉蓄热室 850~1050℃温度区间通入含氨气体，NH_3 与蓄热室下降气流中的 NO_x 发生化学反应，生成 N_2 和 H_2O，焦炉烟气 NO_x 的脱除率能达到 45%~60%。其化学反应见式（5-91）和式（5-92），反应原理图如图 5-28 所示。

$$4NH_3 + 4NO + O_2 \longrightarrow 4N_2 + 6H_2O \tag{5-91}$$

$$8NH_3 + 6NO_2 \longrightarrow 7N_2 + 12H_2O \tag{5-92}$$

炉内脱硝不用催化剂，一次投资和运行成本仅为炉外脱硝的 20%，山东钢铁集团日照有限公司焦化厂 7.2m 焦炉采用炉内脱硝技术，NO_x 可控制在 $100mg/m^3$ 左右。

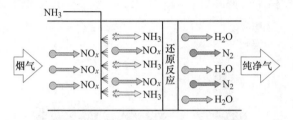

图 5-28　炉内脱硝反应原理示意图

5.7　其他污染物治理技术

焦化厂生产过程产生的尾气种类繁多、性质各异，根据其各自的特点，处理方法也多种多样。目前常用的方法主要有化学吸收法、物理吸附法、冷凝回收法、燃烧法、催化分解法、氮封法及通过压力平衡系统引入煤气负压管网回收等。

5.7.1　VOCs 的治理技术

焦化厂的 VOCs 主要集中于回收区域的鼓风冷凝、硫铵、粗苯、终冷洗苯、粗苯蒸馏、油库等工段。其中粗苯、鼓风冷凝、洗涤、油库都设有储槽。之前的工艺是每个槽体放散气直接连通大气来保证槽体内的压力平衡，同时兼顾槽体物料进出。对于密闭储槽的放散气有多种治理方法，但考虑性价比、操作方便、投资小、零排放，一般都采用氮气密封然后全负压返回煤气系统的处理工艺，这样空气不容易进入负压区，可以更好地控制煤气的含氧量。而密闭槽罐又分为液位平稳及液位波动大的槽罐，液位平稳的储罐如：冷凝鼓风装置脱硫装置、硫铵装置（满流槽除外）、终冷及粗苯装置所有密闭储罐均为连续生产用储罐，并且储罐液位平稳，可以分片设置放散气压力平衡氮封系统。液位波动大的储罐，如油库装置中的储罐，需要设置单罐单封的压力平衡氮封系统。氮气密封是将制氮装置的氮气送至化产冷鼓、洗脱苯各储槽，对储槽安全密封，防止尾气因风机抽吸过多造成逸散，减少焦油、粗苯等产品挥发、降低损失，确保槽压均衡。负压回收系统：实现资源循环利用和操作现场零排放，改善操作环境，减轻放散气体中冷凝水腐蚀设备。氧含量在线监测：尾气进入鼓风机前设置在线氧含量分析仪，保证氧含量在合格范围，超标报警及时连锁关闭尾气总管调节阀，安全可靠。资源回收利用：挥发性气体中苯、氨、萘、焦油、烯烃、氢气、甲烷等资源做到有效合理回收利用。对于非密闭储罐，如冷凝鼓风系统、硫铵装置漏空气的槽罐和脱硫装置中再生塔排出的尾气一并送到焦炉作为助燃空气进行燃烧。

5.7.2 多环芳烃的治理技术

对多环芳烃的治理主要有新型袋式除尘器、微生物降解、化学等方法。

（1）新型袋式除尘器。选用新型袋式除尘器，使除尘器入口的烟气温度低于低温段合成区的温度，并在进入袋式除尘器的烟道上设置活性炭吸附装置，进一步吸附多环芳烃。

（2）微生物降解法。用微生物降解法降解低分子量的多环芳烃（如白腐菌等菌类），但它们的降解常常不彻底，为此，可用含有较高有机质含量的沉积物（如沼泽沉积物）来吸附多环芳烃。

（3）化学法。加入表面活性剂、共代谢物及硝酸根等含氧酸根（在厌氧条件下）来加快多环芳烃的降解速度，从而实现对多环芳烃的净化处理。

5.7.3 重金属的治理技术

重金属的治理主要有流化床燃烧技术和除尘技术等。

（1）流化床燃烧技术。流化床燃烧温度低，使得煤中所含的重金属不能完全转化为气态形式，因而可以减少重金属的排放。利用流化床燃烧技术，重金属中易挥发的 Hg、Se 等元素随着废气排放，而不易挥发的其他重金属则残留在燃料废渣中，经过后期的处理，其中所含的重金属远低于国家污水排放标准，不会对环境造成污染。

（2）除尘技术。重金属元素的挥发主要以微型颗粒的形式，因而使用除尘技术能有效降低废气中的重金属颗粒，目前除尘技术对燃煤锅炉废气的清除率能达到 99.9%，有效减少重金属对自然环境的污染。工业燃煤除尘技术采用的是大功率除尘器，对重金属 Pb、Cd、Cr、As 的捕捉率较高，并且高效的除尘器能脱除亚微米颗粒，但是对于废气中较小（$0.1\sim1.5\,\mu m$）的颗粒收尘率较低。

（3）飞灰吸附法。飞灰是煤不完全燃烧后生成的附加产物，飞灰中未完全燃烧的碳化合物以疏松多孔及不规则形状存在，容易将煤中所含的重金属吸附在其中，鉴于此，工业上可以利用飞灰吸附剂来达到降低重金属含量的目的。

（4）活性炭吸附法。活性炭吸附面远大于飞灰，因而吸附功能远比飞灰高，是目前燃煤废气重金属处理较多使用的一种固体吸附剂。利用活性炭吸附废气中的重金属目前通常使用两种方法：一是在废气排放管上连接活性炭吸附床；二是利用喷雾剂将活性炭喷入废气中。

（5）矿物吸附剂法。利用矿物吸附性能对烟气中的重金属进行吸附处理的一种技术。常用的矿物吸附剂主要有高岭土、铝土矿、云母、硅石等。在工业废气处理中，添加 CaO 对重金属 Pb、Ni 有吸附作用，而添加 $CaSO_4$ 对 Cd、Pb、Co、Cu 都有较好的吸附作用，矿物吸附剂在工业上对重金属吸附能力的大小为石灰石>水>高岭土>铝氧化物，且重金属被吸附量为 Pb>Cu>Cr>Cd，另外，加入 NaCl 和 Na_2SO_4 可以提高吸附剂对重金属的吸收能力。

5.7.4 CO_2 的治理技术

5.7.4.1   溶剂吸收法

碳分离工艺中溶剂吸收法是最古老、成熟的脱碳方法，分为物理吸收法和化学吸收法。溶剂吸收法适用于气体中 CO_2 含量较低的情况，浓缩后 CO_2 浓度可达到 99.99%。

A   物理吸收法

物理吸收法[18]是指利用物理溶解的方法，通过交替改变操作温度和操作压力来实现吸收剂对 CO_2 的吸收和解吸，从而达到分离处理 CO_2 的目的。该方法的前提是 CO_2 在溶剂中的溶解服从亨利定律，并且 CO_2 与溶剂之间不发生化学反应。物理吸收法常用的吸收剂有碳酸丙烯酯（PC）、甲醇、乙醇、N-甲基吡咯烷酮（NMP）、聚乙二醇二甲醚（DMPE）及噻吩烷等高沸点有机溶剂。目前，工业上常用的物理吸收法有水洗法、PC 法、Rectisol 法、Purisol 法及 NHD 法等。

物理吸收法的优点是吸收效果好，能耗低，分离回收率高，容易实现溶剂的再生，适合具有较高分压的 CO_2 烟气；缺点是选择性较低，处理成本较高，CO_2 分离回收率低，在脱 CO_2 前需将硫化物去除。物理吸收法分离回收 CO_2 工艺流程如图 5-29 所示。

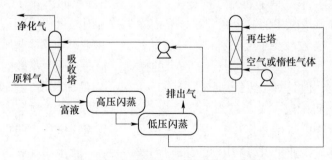

图 5-29   物理吸收法工艺流程示意图

B 化学吸收法

化学吸收法[18]是指原料气与化学溶剂（多采用碱性溶液）在吸收塔内发生化学反应，CO_2 进入溶剂形成一种联结性较弱的中间化合物，再经过加热该中间化合物使 CO_2 解析，吸收与脱吸交替进行，从而实现 CO_2 的分离回收。目前，工业上常用的化学吸收法有醇胺法和热碳酸钾法。以乙醇胺类作吸收剂的方法有MEA 法（一乙醇胺）、DEA 法（二乙醇胺）及 MDEA（N-甲基二乙醇胺）法等；热碳酸钾法包括苯非尔德法、坤碱法、卡苏尔法等。化学吸收法是传统的脱除 CO_2 的方法，脱除后产品气纯度高且处理量大。

化学吸收法的优点为：技术工艺成熟，应用广泛；吸收速度快，回收 CO_2 纯度高，可达 99% 左右，吸收压力对吸收能力影响不大。缺点为：该法只适合于从低浓度 CO_2 废气中回收 CO_2，且流程复杂，再生热耗大，操作成本高；溶剂与其他气体（如 O_2、SO_2 或 CO_x、NO_x）发生不可逆的化学反应生成难以分解的产物，从而影响吸收剂的吸收效率；设备占地面积大，投资多；吸收剂多为碱性溶液，对吸收塔、再生塔及相应管线造成腐蚀。化学吸收法分离回收 CO_2 工艺流程如图5-30 所示。

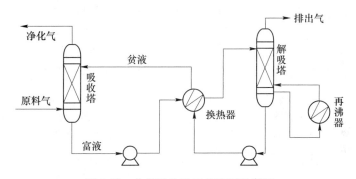

图 5-30 化学吸收法工艺流程示意图

C 物理-化学吸收法

物理-化学吸收法是采用物理和化学相结合的 CO_2 处理方法，如 N-甲基二乙醇胺加少量活化剂组成的脱碳溶剂（简称 MDEA），其脱碳机理就属物理-化学吸收法，该法兼具物理及化学吸收法的特点，溶液再生通过减压闪蒸和加热汽提共同完成。该法处理量大，溶液稳定，操作简单，净化率高，但脱碳溶剂的再生需加热，消耗蒸汽。

5.7.4.2 吸附法

吸附法是利用固态吸附剂（活性炭、天然沸石、分子筛、活性 Al_2O_3 和硅胶等）对混合气中的 CO_2 进行有选择性的可逆吸附来分离回收 CO_2 的技术。吸附分离 CO_2 的方法可分为化学吸附法和物理吸附法两种。

A   化学吸附法

化学吸附法是将含有 CO_2 的混合气通过吸附塔，利用与吸附剂接触的方式达到去除 CO_2 的目的。因为没有溶液参与，所以化学吸附法也称为干法，以固体材料吸附或化学反应来分离与回收混合气中的 CO_2 组分。其主要优点是工艺流程较为简单，对 CO_2 的去除效率高，对 CO_2 的选择吸附性较好；缺点是设备费用较高，适用于中小规模的 CO_2 吸收。常见的吸附剂有介孔分子筛、沸石及活性炭等，其中以介孔分子筛吸附最具有代表性。

B   物理吸附法

物理吸附法又分为变压吸附（PSA）、变温吸附（TSA）、变温变压吸附法（PTSA）和真空吸附（VSA）四种方式。其中 TSA 法的再生时间比 PSA 法长。因此，PSA 法在工业生产中被普遍采用。吸附剂在高温（或高压）时吸附 CO_2，降温（或降压）后将 CO_2 解析出来，通过周期性的温度（或压力）变化，从而使 CO_2 分离出来。其整个处理流程属于干法工艺，无腐蚀，整个过程由吸附、漂洗、降压、抽真空和加压五步组成，其运行系统压力在 6.66kPa～1.26MPa 之间变化。

变压吸附法的基本原理是利用吸附剂对吸附质在不同分压下有不同的吸附容量、吸附速度和吸附力，并且在一定压力下对被分离的气体混合物各组分有选择吸附的特性，加压除去原料气中的杂质组分，减压脱附这些杂质而使吸附剂再生。

变压吸附分离提纯 CO_2 的优点是能耗低、吸附剂使用周期长、工艺流程简单、自动化程度高、环境效益好、无污染产生，CO_2 分离效率可达 99% 以上；缺点是吸附剂容量有限，需大量吸附剂等。现阶段，国内的西南化工研究院技术力量雄厚，在变压吸附研究、开发、设计、安装方面处于领先地位。

近年来，活性炭也逐步加入变压吸附分离提纯 CO_2 的工业化应用领域。活性炭类的吸附剂包括常规活性炭、活性炭分子筛和活性炭纤维等。

5.7.4.3   联合生产产品脱碳法

A   联醇法

甲醇是重要的化工基础原料，也是重要的燃料，CO_2 加氢制甲醇技术路线越来越受到重视。焦化废气中通常会含有大量的 CO_2，利用 CO_2 合成甲醇的反应，主要是指 CO_2 与 H_2 的反应，其化学反应方程式为：$CO_2(g) + 3H_2(g) = CH_3OH(g) + H_2O(g)$，属于将无机物转化为有机物的反应，具有重要的研究价值和良好的经济效益及社会效益。

B   联碱法

联碱法是指用氨盐水在碳化塔中与 CO_2 作用生成 $NaHCO_3$ 结晶成为重碱，重碱经加热分解反应生成 CO_2。Na_2CO_3 为纯碱产品，CO_2 则予以回收供碳化反应用，分离后的 NH_4Cl 溶液经蒸发结晶得到 NH_4Cl 产品。

C　联碳法

联碳法是指把 NH_4HCO_3 的生产与合成氨原料气净化（脱除 CO_2）过程结合起来，又称为联碳法生产 NH_4HCO_3 工艺，从而简化了流程，降低了能耗，减少了投资。焦化厂以浓氨水为原料，与 CO_2 反应，生成 NH_4HCO_3 结晶，经离心过滤后得到 NH_4HCO_3 产品。其原理是先用水吸收氨，生成约20%的浓氨水，将 CO_2 通入该氨水中，生成 $(NH_4)_2CO_3$ 溶液，再进一步吸收 CO_2，得到 NH_4HCO_3 晶体。

参 考 文 献

[1] 高晋生．煤的热解、炼焦和煤焦油加工（现代煤化工技术丛书）［M］．北京：化学工业出版社，2010.

[2] 周朋燕．焦化厂 VOCs 治理措施分析［J］．化工设计，2019，29（3）：48-51.

[3] 郑波，于义林，王晴东．焦化过程 $PM_{2.5}$ 的排放与控制［J］．工业安全与环保，2015，41（1）：29-32.

[4] 王亮．炼焦烟尘污染控制技术之优选［Z］．第二期焦化技术培训教材．山东，2008.

[5] 周菊华，孙海峰．火电厂燃煤机组脱硫脱硝技术［M］．北京：中国电力出版社，2010.

[6] 周丽．烟气脱硫工艺进展综述［J］．石油化工安全环保技术，2012，28（4）：55-59.

[7] 李玉杰．氨法脱硫过程中的常见问题探讨［J］．硫酸工业，2019（1）：50-53.

[8] wjbf．氧化镁湿法脱硫工艺法及脱硫循环泵如何选型［EB/OL］．http：//www. bengfacn. com/telongzixun/2019-06-15/1493. html，2019-06-15.

[9] 贾建勇，黄永建．双碱法技术在 $280m^2$ 烧结机烟气脱硫中的应用［J］．河北冶金，2017（8）：27-29.

[10] 罗峰．对循环流化床半干法烟气脱硫超净排放技术的几点分析［J］．装备维修技术，2020（1）：176.

[11] 冯世昌．焦炉烟气循环流化床半干法脱硫技术应用及优缺点分析［J］．化工管理，2019（2）：187-188.

[12] 熊学云，范振兴，罗华勇，等．活性焦干法烟气脱硫技术［C］．中国环境科学学会学术年会论文集，乌鲁木齐，2011：31345-31348.

[13] 张庆文，常治铁，刘莉，等．SDS 干法脱硫及 SCR 中低温脱硝技术在焦炉烟气处理中的应用［J］．化工装备技术，2019，40（40）：14-18.

[14] 樊响，邓志鹏．SDS 脱硫技术在干熄焦烟气脱硫上的应用［J］．冶金设备，2020（4）：74-76.

[15] 汪琦，方云进．烟气脱硝技术研究进展和应用展望［J］．化学世界，2012，53（8）：

501-507.

［16］化工部落．四种焦炉烟气脱硫脱硝技术详解［EB/OL］．https：//mp. weixin. qq. com/s/ SlzDhy8RjwDNjZ7fIRtR8A ，2017-08-28.

［17］郑曦星．协同低氮燃烧的焦炉烟气脱硝技术研究［D］．马鞍山：安徽工业大学，2018.

［18］夏明珠，严莲荷，雷武，等．二氧化碳的分离回收技术与综合利用［J］．现代化工， 1999，19（5）：46-48.

6　焦化废水处理技术

　　焦化废水是煤制焦炭、煤气净化及焦化产品回收过程中产生的废水。焦化废水排放量大，水质成分复杂，属有毒有害、难降解的高浓度有机废水，除了氨、氰、硫氰根等无机污染物外，还含有酚、油类、萘、吡啶、喹啉、蒽等杂环及多环芳香族化合物（PAHs）。酚类化合物对一切生物都有毒害作用，可以使细胞失去活力，使蛋白质凝固，引起组织损伤、坏死，直至全身中毒；多环芳烃不但难以生物降解，通常还是致癌物质。因此，焦化废水的大量排放，不但对环境造成严重污染，同时也直接威胁到人类的健康，已成为现阶段环境保护领域亟待解决的一个难题。

　　焦化行业是重污染行业，每年伴随焦炭生产而产生大量的废气、废水和废渣，构成了严重的环境污染问题。就废水方面而言，焦化废水主要来自煤制焦炭、煤气净化及化工产品精制等过程，生产 1t 焦炭要产生 $0.4 \sim 0.9 m^3$ 废水，平均按 $0.65 m^3/t$ 计，近五年全国焦炭产量约 4.5 亿吨/年，则每年产生焦化废水约 3 亿吨。

　　焦化废水是一类成分复杂且毒性大、污染物浓度高且难降解、水量大且水质波动大的典型难处理工业废水，对水体环境危害极大。尽管当前大力推行焦化行业清洁生产和循环经济，但复杂的处理工艺和高昂的处理成本，使得焦化废水的处理处置成为当今焦化行业和环境保护领域共同研究和解决的难题。节水减排，实现废水回用乃至"零排放"，既是我国环保整体目标，更是焦化工业在其防治污染、保护环境与可持续发展过程中不可推卸的责任和任务。

6.1　炼焦节水减排技术

6.1.1　炼焦过程中的节水减排技术

　　炼焦煤在焦炉中经过高温干馏后，其中的表面水和结合水变成水蒸气随荒煤气进入煤气净化系统后再冷凝形成的废水是焦化废水的主要组成部分。因此，备煤技术是焦化工业节水减排、节能降耗源头控制最重要的环节，其中装炉煤调湿技术是一种能够有效控制炼焦煤水分的方法。

　　宝钢焦化厂采用煤调湿技术，装炉煤水分从 10% 降为 7%，荒煤气中含水量将下降 10% 左右，荒煤气中水分含量的降低，相应地减少剩余氨水蒸氨所用的能耗[1]。太钢焦化厂采用煤调湿技术后，剩余氨水量减少 $8 \sim 10t/h$，节约蒸氨用蒸汽 1.5t/h，炼焦过程的酚氰污水外排量减少 3.5%，环保效果显著[2]。济钢焦化厂采用煤调湿技术后，配合煤水分降低约 2%，减少产生 1/3 的剩余氨水量，减轻废水处理装置的生产负荷[3]。

　　采用干熄焦工艺，在回收焦炭显热的同时，可大量减少熄焦水，消除含有焦粉水气和有害气体对周围环境的污染。通常采用传统的湿熄焦方法，熄灭 1t 红焦需要约 2t 水，熄焦过程中变成蒸汽散逸到大气中约 0.4~0.6t。采用干熄焦技术后，熄焦工序可不用水。

6.1.2　煤气净化及化学产品精制过程中的节水减排技术

炼焦过程中产生的荒煤气中包含多种杂质，回收其中的化学产品，不仅能够创造效益，还能净化煤气、显著降低焦化废水中有毒有害物质的浓度。化学产品回收本身就是焦化行业节能减排、可持续发展的有效手段，前端化学产品回收工艺直接决定后端排污情况，所以优化化学产品回收工艺也是节水减排的途径。

目前我国化学产品回收品种相对较少，与先进国家相比差距较大，先进国家目前从煤气净化中可以提取的化学产品多达 100 多种，而我国目前仅可回收 50 种左右。因此，我国焦化行业在煤气净化、化学产品回收及精制等方面仍存在着很大的发展空间，这无疑会成为今后焦化行业清洁生产技术的发展方向。

图 6-1 所示为某焦化厂煤气净化及化产回收工艺示意图[4]。煤气净化节能、

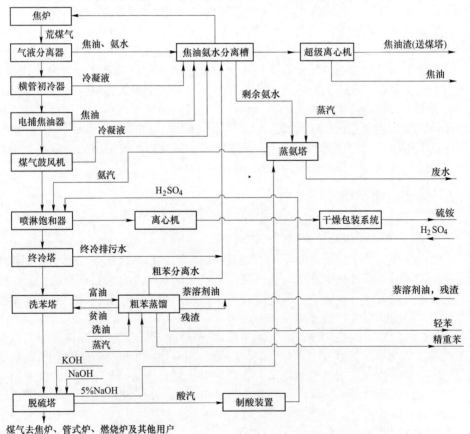

图 6-1　焦化厂煤气净化及化产回收工艺示意图

节水技术包括 AS 全负压流程、脱酸蒸氨工艺、间接法鼓泡式饱和器内生产硫铵的工艺、脱苯塔采用高效新型填料、采用节能型传动设备、选用节水工艺流程、选用高效换热设备等。

6.2 焦化废水处理

6.2.1 焦化废水的来源及特性

焦化废水来源主要是炼焦煤中的水分，是煤在高温干馏过程中随煤气逸出、冷凝形成的。焦化废水的产生节点如图 6-2 所示。

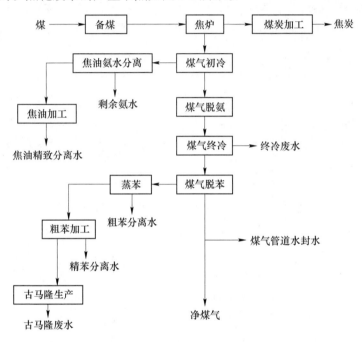

图 6-2 焦化废水产生节点

焦化废水的来源如下：

（1）在炼焦洗煤、高温裂解干馏过程中产生的剩余氨水，占总排放量的一半以上，也是焦化废水量最大的一部分。废水中污染物种类多种多样，水质特点比较庞杂，含有的有毒污染物的浓度也很高，也是废水中氨氮的主要来源，不但含有氰和硫氰根之类的无机物，还含有较多难处理的有机物，如吡啶、油类、蒽、酚、喹啉等其他芳烃类化合物[5]；当前，剩余氨水处理仍是焦化废水处理的困难之一。

（2）来自煤气净化、提纯过程的废水，属于高浓度的油离分离水，包括煤热解生成的粗煤的气体冰冷后凝结的离散部分的水、加工煤过程制得的冰冷部分的水、分离提炼苯类制作（分粗质苯和精质苯）过程挥发出来的蒸汽冷却的水、提炼煤焦油降温后凝结下来的水、厂区生产区和配置保洁用水和生活区日常洗刷排水等。

（3）从煤提炼焦油、精细冶炼等不同工艺生产排出的废水，含有酚化物和氰等有毒物质及其他的组分等，污染物的数目不高，组分含量也相对偏小。

（4）生产车间产生的污水和化工产品分离水，这部分污水中有机物的种类特别丰富，不但含有环状的芳烃，还有很多碱类和酸类的物质，该类污水较为复杂，COD 保持在很高的水平[6]。

焦化废水水质随原煤性质、碳化温度、炼焦工艺选择的不同而存在很大差异。其排放量大，水质成分复杂，除了氟化物、氨、氰化物、硫氰化物、硫化物等无机污染物外，还有易生物降解的酚类和难生物降解的油类、吡啶等杂环化合物和联苯、萘等多环芳香化合物（PAHs）[7~9]，其中包含多种持久性有机污染物（POPs）[10]，一些难以生物降解的杂环化合物和多环芳香化合物通常具有"三致"作用，对人类和环境的危害极大。

黄源凯等[11]通过文献调研，统计分析了国内外 74 家焦化企业的焦化废水水质，总结了我国典型焦化废水水质、水量特征。其中 COD 浓度和 TN 浓度分别为946~7200mg/L、233~1499.53mg/L，其余指标浓度相差数倍至 10 倍，分布也很不均匀。总之，焦化废水是一种高含氮有机废水、成分复杂、生物降解性差、色度高、毒性危害大的难降解有机工业废水[12]。

各焦化厂的废水数量及性质，随采用的生产工艺和化学产品精制加工的深度不同而异，但其所含主要污染物相似。焦化废水的水质见表 6-1~表 6-4。

表 6-1　焦化厂污水的水质

项　目	pH 值	挥发酚 /mg·L^{-1}	氰化物 /mg·L^{-1}	油 /mg·L^{-1}	挥发氨 /mg·L^{-1}	COD /mg·L^{-1}
蒸氨塔后（未脱酚）	8~9	500~1500	5~10	50~100	100~250	3000~5000
蒸氨塔后（已脱酚）	8	300~500	5~15	2500~3500	100~250	1500~4500
粗苯分离水	7~8	300~500	100~350	150~300	50~300	1500~2500
终冷排污水	6~8	100~300	200~400	200~300	50~100	1000~1500
精苯分离水	5~6	50~200	50~100	100	50~250	2000~3000
焦油加工分离水	7~11	5000~8000	100~200	200~500	1500~2500	15000~20000
硫酸钠污水	4~7	7000~20000	5~15	1000~2000	50	30000~50000
煤气水封槽排水		50~200	10~20	10	60	1000~2000
酚盐蒸吹分离水		2000~3000	微量	4000~8000	3500	30000~80000
沥青池排水		100~200	5	50~100		100~150

项　目	pH 值	挥发酚 /mg·L⁻¹	氰化物 /mg·L⁻¹	油 /mg·L⁻¹	挥发氨 /mg·L⁻¹	COD /mg·L⁻¹
泵房地坪排水		1500~2500	10	500		1000~2000
化验室排水		100~300	10	400		1000~2000
洗罐站排水		100~150	10	200~300		500~1000
古马隆洗涤污水	3~10	100~600		1000~5000		2000~13000
古马隆蒸馏分离水	6~8	1000~1500		1000~5000		3000~10000

表 6-2　焦化污水中苯并（α）芘含量　　　　　　　　（μg/L）

污水名称	含量	污水名称	含量
蒸氨废水（经溶剂脱酚后）	72.0~243.8	粗苯分离水	0.43~4.60
洗氨水	61.4~95.8	终冷外排水	1.74~9.10

表 6-3　焦化厂混合氨水中酚类的组成　　　　　　　　（mg/L）

成　分		含量	成　分		含量
挥发酚	苯酚	760	难挥发与不挥发酚	邻苯二酚	40
	邻甲酚	150		3-甲基邻苯二酚	50
	间甲酚	210		4-甲基邻苯二酚	40
	对甲酚	130		间苯二酚及其同系物	230
	二甲酚	100			

表 6-4　酚类物质对鱼的最低致死浓度　　　　　　　　（mg/L）

酚类名称	致死浓度	酚类名称	致死浓度
苯　酚	6~7	邻苯二酚	5~15
对甲酚	4~5	间苯二酚	35
二甲酚	5~10	对苯二酚	0.2

6.2.2　焦化污水的危害及排放限值

　　焦化废水的污染问题已引起各国政府的高度重视。美国环保署把苯酚列入优先治理的污染物。我国在完成"中国环境优先监测研究"的基础上，提出了"中国环境优先污染物黑名单"，其中酚及其衍生物也被列为优先监测和优先治理的主要污染物。焦化废水的危害主要体现在以下几个方面：

　　（1）对人体的毒害作用。焦化污水中含有的酚类化合物是原生质毒物，可通过皮肤、黏膜的接触吸入和经口服而侵入人体内部。它与细胞原浆中蛋白质接触时，可发生化学反应，形成不溶性蛋白质，而使细胞失去活力。酚还能向深部渗透，引起深部组织损伤或坏死。低级酚会引起皮肤过敏，长期饮用含酚污水会引起头晕、贫血及各种神经系统病症。

在多环芳烃中，有的被证实具有致癌、致突变和致畸特性，已经引起人们的关注。

（2）对水体和水生物的危害。焦化污水主要含有有机物，大多数有机物具有生物可降解性，因此能消耗水中溶解氧。当氧浓度低于某一限值，水生动物的生存就会受到影响。例如，鱼类要求氧的限值是4mg/L，如果低于此值，会导致鱼群大量死亡。当氧消耗殆尽时，将造成水质腐败，使水质严重恶化。

水中含酚0.1~0.2mg/L时鱼肉有酚味，浓度高时引起鱼类大量死亡，甚至绝迹。酚类物质对鱼的最低致死浓度见表6-4。酚的毒性还可以大大抑制水体其他生物（如细菌、海藻、软体动物等）的自然生长速度，有时甚至会停止生长。酚类对水生物的极限有害浓度见表6-5。污水中的其他物质如油、悬浮物、氰化物等对水体与鱼类也都有危害，含氮化合物能导致水体富营养化。

表 6-5　酚类化合物对水生物的极限有害浓度　　　　　　（mg/L）

酚类化合物	极限有害浓度		
	大肠杆菌	栅列藻	大型水蚤
苯酚	>1000	40	12
间甲酚	600	40	28
邻甲酚	60	40	16
间二甲酚	>100	40	16
邻二甲酚	500	40	26
对二甲酚	>100	40	16
对苯二酚	50	4	0.6
邻苯二酚	90	6	4
间苯二酚	>1000	60	0.8
间苯三酚	>1000	200	0.6
对甲酚	>1000	6	12

（3）对农业的危害。用未经处理的焦化污水直接灌溉农田，将使农作物减产和枯死，特别是在播种期和幼苗发育期，幼苗因抵抗力弱，含酚的水使其霉烂。用未达到排放标准的污水灌溉，收获的粮食和果菜有异味。污水中的油类物质堵塞土壤孔隙，含盐量高使土壤盐碱化。

根据《炼焦化学工业污染物排放标准》（GB 16171—2012），规定焦化废水处理后，化学需氧量的直接和间接排放限值分别为80mg/L和150mg/L以下（见

表6-6），化学需氧量的直接和间接特别排放限值分别为 40mg/L 和 80mg/L 以下（见表6-7）。

表6-6　水污染排放浓度限值及单位产品基准排水量

序号	污染项目	限　值		污染物排放监控位置
		直接排放	间接排放	
1	pH 值	6~9	6~9	独立焦化企业废水总排放口或钢铁联合企业焦化分厂废水排放口
2	悬浮物/mg·L^{-1}	50	70	
3	化学需氧量（COD$_{Cr}$）/mg·L^{-1}	80	150	
4	氨氮/mg·L^{-1}	10	25	
5	五日生化需氧量（BOD$_5$）/mg·L^{-1}	20	30	
6	总氮/mg·L^{-1}	20	50	
7	总磷/mg·L^{-1}	1.0	3.0	
8	石油类/mg·L^{-1}	2.5	2.5	
9	挥发酚/mg·L^{-1}	0.30	0.30	
10	硫化物/mg·L^{-1}	0.50	0.50	
11	苯/mg·L^{-1}	0.10	0.10	
12	氰化物/mg·L^{-1}	0.20	0.20	
13	多环芳烃（PAH$_s$）/mg·L^{-1}	0.05	0.05	车间或生产设施废水排放口
14	苯并（α）芘/μg·L^{-1}	0.03	0.03	
	单位产品基准排水量/m^3·t^{-1}	0.40		排水计量位置与污染物排放监控位置相同

表6-7　水污染特别排放限值

序号	污染项目	限　值		污染物排放监控位置
		直接排放	间接排放	
1	pH 值	6~9	6~9	独立焦化企业废水总排放口或钢铁联合企业焦化分厂废水排放口
2	悬浮物/mg·L^{-1}	25	50	
3	化学需氧量（COD$_{Cr}$）/mg·L^{-1}	40	80	
4	氨氮/mg·L^{-1}	5.0	10	
5	五日生化需氧量（BOD$_5$）/mg·L^{-1}	10	20	
6	总氮/mg·L^{-1}	10	25	
7	总磷/mg·L^{-1}	0.5	1.0	
8	石油类/mg·L^{-1}	1.0	1.0	
9	挥发酚/mg·L^{-1}	0.10	0.10	

续表 6-7

序号	污染项目	限　值		污染物排放监控位置
		直接排放	间接排放	
10	硫化物/mg·L⁻¹	0.20	0.20	独立焦化企业废水总排
11	苯/mg·L⁻¹	0.10	0.10	放口或钢铁联合企业焦化
12	氰化物/mg·L⁻¹	0.20	0.20	分厂废水排放口
13	多环芳烃（PAHₛ）/mg·L⁻¹	0.05	0.05	车间或生产设施废水排
14	苯并（α）芘/μg·L⁻¹	0.03	0.03	放口
单位产品基准排水量/m³·t⁻¹		0.30		排水计量位置与污染物排放监控位置相同

6.3　焦化废水的预处理

焦化废水中除含有氨、氰化物、硫氰化物、氟化物等无机污染物外，还含有酚类、吡啶、喹啉、多环芳烃等有机污染物[13,14]，其成分复杂，污染物浓度高，毒性大且难降解。目前焦化废水处理的整体工艺为：预处理+生化处理+深度处理。焦化废水中所含的高浓度氨氮物质、微量高毒性的 CN^-、SCN^- 及生物难降解的焦油类等不溶性有机物，均对微生物有抑制作用。因此，在生化处理前应尽量降低其浓度以提高废水的可生化性，目前焦化废水预处理方法有稀释法、蒸氨法、混凝沉淀法、吸附法、厌氧酸化水解法、气浮法等[15,16]。

6.3.1　稀释法

对焦化废水进行稀释，一般是为了对难生物降解或者毒性物质进行稀释，使其浓度在生物处理工艺可接受的范围内，避免对微生物造成较大的冲击，影响工艺处理的进程和效果。焦化废水一般经过自来水、生活污水等稀释后，可生化性大大提高。葛文准等[17]研究了用自来水对炼焦废水进行不同浓度的稀释，考察其可生化性的变化，结果表明：进水 COD 浓度控制在 1000mg/L 以下时焦化废水的可生化性较好，进水浓度大于 1000mg/L 时可生化性明显降低。

6.3.2　蒸氨法

剩余氨水是焦化废水的重要组成部分，其水量占废水总量的一半以上。剩余氨水中氨氮的浓度可达 3000～10000mg/L，而当废水中氨氮浓度超过 300mg/L 时，后续生化处理系统中的活性污泥的生长就会受到抑制作用，进而导致污泥浓度降低，出水水质恶化。

根据废水中 NH_4^+-N 和 NH_3 之间的动态平衡，在碱性条件下，将气体通入废水中，使气液两相充分接触，由于废水中氨和气体介质中的氨存在分压差，产生传质推动力，水中溶解的游离氨即会穿过气液界面，向气相转移，从而达到脱除水中 NH_4^+-N 并回收部分 NH_3 的目的。常用的气体载体有水蒸气和空气，以水蒸气作为载体时被称为汽提，即蒸氨，以空气为载体时被称为吹脱。

在众多脱除氨氮技术中，蒸氨工艺应用最为广泛。一般来说，焦化废水中氨氮的预处理主要是通过蒸氨去除的，某焦化厂蒸氨前废水中氨氮浓度约为 4000mg/L，蒸氨后氨氮可降至 200mg/L 以下。另外，蒸氨回收的氨蒸气可回用于硫铵工段的喷淋饱和器。

此法是利用废水中所含的氨氮等挥发性物质的实际浓度与平衡浓度之间存在的差异，在碱性条件下用空气吹脱或用蒸汽汽提，使废水中的氨氮等挥发性物质不断地由液相转移到气相中，从而达到从废水中去除氨氮的目的。

该工艺简单、效率高、投资省；但当环境温度低于 0℃ 时，氨吹脱塔无法运行，且吹脱塔填料上易结垢。此法不能处理硝态氮，由于空气吹脱需在碱性条件下进行，需要消耗一定的碱并将产生排水的 pH 值二次污染问题和增加废水中溶解性固体含量。

6.3.3 混凝沉淀法

工业废水中存在的大固体颗粒污染物可以通过重力作业自行沉降，但污水中的绝大部分胶体颗粒和微细污染物需要借助外力作用进行强化沉淀才能去除，一般情况下可以投加絮凝剂，如铝盐、铁盐、聚铝、聚铁及助凝剂聚丙烯酰胺等[18]。混凝沉淀法成本较低，工艺过程简单，但需要随时根据工艺运行状况和水质变化情况来调整药剂投加用量和配比等。多年来混凝沉淀研究主要集中在絮凝剂的选择和研发方面，对于某一类特定行业的工业废水，已在工程上获得大量的投药经验。根据不同的水质及处理的程度，水质 pH 值的调整、混凝剂的选择和用量能够得到及时监控[19]。而对于混凝剂本身而言，目前比较热门的为复合型无机高分子絮凝剂，且主要以铝盐和铁盐为主。新型无机高分子絮凝剂的性能通常高于传统无机絮凝剂约 30%，价格低廉且适用性广。但采用化学混凝的方法，一方面混凝剂的价格受到约束，另一方面，化学药剂的投加会带入新的盐分，而使得出水盐分居高不下，出水指标仍然有待商榷。

6.3.4 吸附法

目前工业上常用的吸附剂有活性炭、吸附树脂、腐殖酸、改性纤维素吸附剂等[20~23]，吸附剂作为吸附法过程最重要组成部分决定着废水中一种或几种污染物被吸附的程度。吸附法主要是依靠分子间的范德华力、化学键或离子交换的作用应用于受污水体，大致分为物理吸附、化学吸附和离子交换吸附等[24]。目前应用最为广泛的吸附剂为活性炭，已在很多工程上得以大量应用，在脱色、除臭、除重金属和溶解性有机物等方面效果十分显著[25]。张志等[26]采用颗粒活性炭对高浓度焦化废水原水进行处理，结果表明颗粒活性炭可用于高浓度焦化废水原水的吸附以降低生物有机负荷。对活性炭吸附采用低流速活性炭固定床时，可去除约 40%的 COD，于是提出可以根据活性炭的吸附特征进行靶向预吸附水中的难降解污染物，达到优化水质指标的目的。

6.3.5 厌氧酸化水解

焦化行业的特殊生产流程使得产品在制造过程中会不可避免地产生大量阴离子表面活性剂及油类物质，而这些物质亲脂疏水，极易形成非常稳定的乳化液。根据阴离子表面活性剂的特性，向废水中添加酸性物质使 pH 值降低能与其发生中和作用，原有的稳定乳化液会因此失稳，平衡被打破。另外，阴离子型表面活性剂主要是一些羧酸盐、酯类等，废水的酸性条件可使这些乳化剂的结构转变为脂肪酸类，而脂肪酸类物质的乳化性能和水溶性较差，能与废水分离开，达到破乳预处理的目的[24]。水解酸化法对废水 pH 值要求较高，如需快速中和废水中稳定的乳化剂成分，通常要满足 pH 值低于 3 的要求，转变其结构形态。同时还能在一定程度上降低色度，但这就意味着必须要考虑容器器皿的防腐问题及投加酸性物质的成本。而大多数焦化废水初始 pH 值为 9~10 左右，偏碱性[27]，因此单独的水解酸化法不宜采用，目前通常可与混凝、Fenton 和 SBR 等联合使用。

6.3.6 气浮法

气浮法主要是通过曝气将油类和一些易挥发污染物，如 S^{2-}、挥发酚等，通过气体的气流作用带出，同时达到回收油类物质的目的，为生物系统提前进行预曝气，在此阶段通常能去除约 10%的 COD。其主要作用机理是利用微小气泡形成的水-气-固三相体系用以黏附水中的颗粒物或油类物质，在浮力的作用下上浮，以排出浮渣的方式对污染物进行去除[28]。该方法对悬浮物去除率较高，但泡沫浮渣的问题较为严重，通常将其与微电解、微生物法等联合使用[29]。吴国维[30]用蒸氨、隔油、气浮预处理焦化废水，将 COD 预先降低约 20%，调整好水质营养结构后再与生活废水（1~1.2）∶1 的比例混合均匀，依次进入好氧池、厌氧池、好氧池，整个工艺段流程过后可使出水 COD、氨氮和色度达标排放。

6.4 焦化废水生化处理技术

20 世纪 90 年代末至 21 世纪以来，随着经济的发展和人民环保意识的提高，迫于日益严格的环保要求和监察力度，焦化废水三级处理逐渐得到应用，特别是国家颁布《炼焦化学工业污染物排放标准》（GB 16171—2012）后，以高级氧化、膜处理为代表的深度处理技术被应用于焦化废水工程实际，个别先进焦化企业甚至实现焦化废水的深度回用，接近焦化废水零排放目标。

总体来说，焦化废水处理技术主要有物化法、生化法和化学法。本节详细介绍焦化废水生物脱氮技术。

6.4.1 活性污泥法

6.4.1.1 活性污泥法原理和工艺

图 6-3 示出了活性污泥法工艺流程。流程中的主体构筑物是曝气池，废水经过适当预处理后，进入曝气池与池内活性污泥混合成混合液，并在池内充分曝气。一方面使活性污泥处于悬浮状态，废水与活性污泥充分接触；另一方面，通过曝气，向活性污泥供氧，保持好氧条件，保证微生物的正常生长与繁殖。废水中有机物在曝气池内被活性污泥吸附、吸收和氧化分解后，混合液进入二次沉淀池（以下简称二沉池），进行固液分离，净化的废水排出。大部分二沉池的沉淀污泥回流入曝气池保持足够数量的活性污泥。通常，参与分解废水中有机物的微生物的增殖速度，都慢于微生物在曝气池内的平均停留时间。因此，如果不将浓缩的活性污泥回流到曝气池，则具有净化功能的微生物将会逐渐减少。污泥回流后，净增殖的细胞物质将作为剩余污泥排入污泥处理系统。

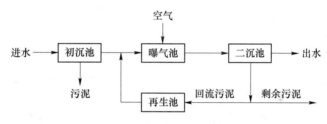

图 6-3　活性污泥法工艺流程

活性污泥具有以下几个主要特性，使它具有净化废水的作用。

（1）活性污泥具有很强的吸附能力。据研究，生活污水在 $10 \sim 30 \mathrm{min}$ 内可因活性污泥的吸附作用而除去多达 $85\% \sim 90\%$ 的 BOD_5。另据研究，废水中的铁、铜、铅、镍、锌等金属离子，有大约 $30\% \sim 90\%$ 能被活性污泥通过吸附去除。

（2）活性污泥具有很强的分解、氧化有机物的能力。被活性污泥吸附的大分子有机物质，在微生物细胞分泌的胞外酶的作用下，变成小分子的可溶性有机物，然后透过细胞膜进入微生物细胞，这些被吸附的营养物质，再由胞内酶的作用，经过一系列生化途径，氧化为无机物并放出能量，这就是微生物的异化作用。与此同时，微生物利用氧化过程中产生的一些中间产物和呼吸作用释放的能量来合成细胞物质，这就是微生物的同化作用。在此过程中微生物不断生长繁殖，有机物就不断地被氧化分解。

（3）活性污泥具有良好的沉降性能。由于活性污泥具有絮状体结构，使得处理水比较容易与污泥分离，最终达到废水净化的目的。

6.4.1.2　影响微生物的因素

对微生物影响较大的环境因素有温度、酸碱度、营养物质、毒物浓度和溶解氧。

A　温度

温度对污染控制工程系统中的细菌有着较大的影响。对任何一种微生物都有一个最适生长温度，在一定的温度范围内，随着温度的上升，微生物生长加速。此外还有最低生长温度和最高生长温度。

在由最适生长温度向最高生长温度过渡的温度范围，细菌的代谢速率升高，可使胶体基质作为呼吸基质而消耗，使污泥结构松散或解絮，吸附能力降低，并使出水漂泥、出水 SS 升高，结果出水 BOD_5 反而变差。温度升高还会使水体饱和溶解氧值降低，在供氧跟不上时会使溶解氧不足、污泥腐化而影响处理效果，故对水温高的工业废水应予以降温。在日常管理时应注意防止水温的突变。

B　酸碱度

pH 值能够影响微生物细胞质膜上的荷电性质，从而使微生物细胞吸收营养物质的功能发生变化；生物体内的生化反应都在酶的参与下进行，酶反应需要合适的 pH 值范围才能发挥最大的转化作用；氢离子浓度太高还会导致蛋白质和核酸发生水解。因此，废水的酸碱度对废水处理装置中细菌的代谢活力有很大的影响。

废水生化处理实践经验表明，废水酸碱度以 pH 值保持在 6.0~9.0 之间较为适宜。活性污泥中的细菌经驯化后对酸碱度的适应范围可进一步提高。

在生化处理中，若焦化废水的 pH 值过高或过低时，需预先用酸、碱加以调整。在调 pH 值时可选用邻厂生产的废酸、废碱液以降低运行费用，但应注意防止带入难以生物降解或重金属类污染物质。在日常管理时应注意防止 pH 值的突变。

C　营养物质

污水处理中所谓的营养是指能为污泥中微生物所氧化、分解、利用的那些物质，主要是废水中的各类有机污染物质。由于微生物种类多、食性广、代谢类型多样，因此可通过筛选、驯化等手段来寻找适合于所排放的废水中的各种有机污染物质的微生物，达到净化废水的目的。有些工业废水中含有的营养成分也不一定完全适合或满足微生物的需要，在这种情况下，就要靠外加营养和合理调配来解决。

污染环境中的污染物质依其浓度的不同，对污染控制工程中细菌的影响可能出现如下关系：充当营养物质；成为抑菌剂；成为杀菌剂。例如含酚废水中的酚，在低浓度时可以作为活性污泥中某些细菌的营养物质。但当酚浓度上升到

0.3%时，细菌就会受到抑制，但没有死亡。因此，0.3%的酚，对细菌来说是抑菌剂，而1%的酚则是杀菌剂。一般来说，500mg/L以下浓度的酚可作为一些解酚细菌的营养物质。细菌所需的营养物质如下：

（1）碳源。碳是构成污泥微生物体的重要元素，是细胞的骨架，细菌体内各种元素所占的比例的通式为$C_5H_7NO_2$。碳可占污泥干重的50%。含碳有机物还是细菌重要的能源。常以BOD_5来表示废水中可被微生物利用的碳源数量。

二级生化处理主要目的是去除含碳有机污染物，废水BOD_5一般高于100mg/L，故不会缺碳。但在采用缺氧-好氧系统（A/O系统）反硝化脱氮时，有些C/N比低的废水会缺少反硝化细菌在脱氮时所需的碳源，这时应投加甲醇或其他含碳量高的有机废水，以提高氮的去除率。

（2）氮源。氮也是构成微生物的重要元素，菌体蛋白质、核酸等分子中都含有氮元素，氮可占菌体干重的10%。细菌一般较易利用氨态氮，高分子的蛋白质和有机腈中的氮需要经过多次降解后才能被细菌利用。在处理酚的污染时，必须添加一定的氮（通常是尿素等氮肥），否则会因微生物生长不良，从而极大地影响污染物处理效果，并大大地延长净化所需的时间。

（3）无机盐类。细菌体内的蛋白质和酶中还含有少量硫、磷。磷还是核酸的重要组分，磷可占菌体干重的1%~2%。硫还是污泥中自养性硫细菌的能源。此外，细菌还需要钾、锰、镁、钙、铁等元素作为营养。

D　毒物浓度

某些工业废水中的重金属离子就是污泥微生物的毒物。因重金属离子能与蛋白质结合，使蛋白质沉淀和变性，使酶失活，从而使微生物中毒。此外，废水中的某些化学物质浓度超过一定限度时，对细菌也有较强的毒害作用。例如酚，它对细胞质膜有损伤作用，进一步可以使细菌体内的蛋白质变性或沉淀，并抑制某些酶的活性。氰对细菌的毒害机制是它强烈地抑制细菌体内细胞色素类呼吸酶。

细菌经驯化后，会大大提高对某些有毒化学物质的忍受能力。例如，一般细菌对酚和氰的耐受浓度分别为50mg/L和1~2mg/L，经驯化后能分别提高到300~500mg/L和20~30mg/L。

E　溶解氧

不同的细菌对氧有不同的反应。根据细菌与氧的关系，可以把细菌分为好氧性细菌、厌氧性细菌和兼性厌氧性细菌。

好氧微生物需要的是溶解氧。氧在水中的溶解度与水温、大气压有关。冬季水温低，污水好氧微生物处理中溶解氧能保证供应。夏季水温高，氧不易溶于水，加上微生物呼吸强度增加，常造成供氧不足。因此，常因夏季缺氧，促使适合低溶解氧生长的丝状微细菌的优势生长，从而造成活性污泥丝状膨胀，这种情况在污水厂多有出现。

厌氧性细菌的生长不需要分子氧，在有氧的情况下会产生电子结构特殊的单一态氧超氧化物游离基和过氧化物等有害化合物，由于厌氧菌缺少过氧化氢酶、过氧化物酶和超氧化物歧化酶，无法消除这些毒物的作用，所以它们暴露在空气中，生长反而受到抑制，甚至会死亡。厌氧处理系统中的产甲烷细菌是这类细菌的典型代表。它们在厌氧条件下，可将废水中的有机物分解，并转化成为分子量较小的有机物——甲烷。

兼性厌氧性细菌是在有氧、无氧条件下都能生长的细菌。它们在有氧时以氧为电子受体进行呼吸作用，无氧时则以代谢中间产物为受氢体进行发酵作用。生物脱氮的 A/O 系统中大量存在的反硝化菌即是这类细菌的典型代表。它们在好氧条件下，能同其他好氧细菌一样，利用分子氧进行有氧呼吸，同时将有机物氧化分解成无机物。当在缺氧的条件下（溶解氧小于 0.2mg/L，NO_3^--N 大于 0.2mg/L），它们就利用有机物及 NO_3^- 中的氧氧化，NO_3^- 本身被还原成分子氮，达到同时去碳与脱氮的目的。

6.4.1.3 活性污泥法的改进措施

为提高 COD 及 NH_4^+-N 去除率，人们在活性污泥法的基础上研究开发了强化好氧生物处理法（强化活性污泥法）、投加混凝剂等方法。

A 应用生物强化技术

生物强化技术就是为了提高废水处理系统的处理能力，而向该系统中投加从自然界中筛选的优势菌种或通过基因组合技术产生的高效菌种，以去除某一种或某一类有害物质的方法。投入的菌种与底质之间的作用主要包括直接作用和共代谢作用。由于它能在不扩充现有的水处理设施基础上，提高其水处理的范围和能力，因此近年来在现代废水治理中的应用日益受到重视。

针对焦化废水而言，主要通过投加添加剂法、高效菌种、粉末活性炭工艺等强化技术来提高现有生物设施的处理效率。

（1）添加剂法。主要是通过投加生物铁和生长素，提高污泥浓度来强化生化效果。

1）生物铁法。即在曝气池中投加铁盐，以提高曝气池活性污泥浓度为主，充分发挥生物氧化和生物絮凝作用的强化生物处理方法。

其作用原理为：铁是微生物生长的必要元素，它是生物氧化酶系中细胞色素的重要组成部分；铁盐是一种很好的混凝剂，水解后形成的氢氧化铁对悬浮物和胶体物质有很强的吸附聚凝作用，可以有效地提高曝气池中的污泥浓度，同时使污泥易于沉淀，改善混合液的分离效果。在生物和铁的共同作用下，使吸附、凝聚、氧化及沉淀分离作用得到强化。

该法大大提高了污泥浓度，由传统方法 2~4g/L 提高到 9~10g/L；降解酚氰化物的能力也大大加强，当氰化物的浓度高达 40mg/L 条件下仍可取得良好的处理效果；对 COD_{Cr} 的降解效果也较传统方法好些。该法处理费用较低，与传统法相比只是增加了一些处理药剂费。

2）投加生长素强化化学法。细菌内存在着各种各样的酶，在细菌分解污染物的过程中，主要是借助于酶的作用。若酶系统不健全，则生物降解不彻底。投加生长素的目的不是对细胞起营养供碳作用或提供能源作用，而是健全细菌的酶系统，从而使生物降解有效进行。该项生化处理技术的关键是细菌的繁殖与生长。

（2）投加高效菌种。对于那些自然界中固有的化合物，一般都能够找到相应的降解菌种，但对于人类工业生产中合成的一些外生化合物，它们的结构不易被自然界中固有微生物的降解酶系识别，需要用目标降解物来驯化、诱导产生相应降解酶系。筛选得到高效菌种一般需要 1 个月甚至几个月的时间。在投加方式中，直接投加简便易行，但菌体易于流失或被其他微生物吞噬。采用固定化技术，如用高聚物将其包埋或是固定在载体上，能增强菌体的竞争性及抗毒物毒性能力，有力地避免原生动物的捕食。不同的反应器，投加生物增强剂效果不尽相同。

（3）粉末活性炭（PACT）工艺。在曝气池中投加活性炭粉末，可使有机物不仅被微生物氧化，还能被活性炭所吸附。使得污染物与微生物接触时间远大于水力停留时间，活性炭表面的污泥泥龄延长，从而使难降解毒性有机物去除率提高。

B 投加混凝剂

20 世纪后期，随着现代科学技术的快速发展，混凝科学技术也得到了迅速发展。混凝剂使用从传统金属盐凝聚剂发展到高分子絮凝剂时代，并趋于向多功能絮凝剂与生物絮凝剂方面发展。

C 吸附法

吸附法处理废水就是利用多孔性吸附剂吸附废水中的一种或几种溶质，使废水得到净化，常用吸附剂有活性炭、磺化煤、矿渣、硅藻土等。这种方法处理成本高，吸附剂再生困难，不利于处理高浓度的废水，因而实际运行时大多采用混凝法。一般将其用在生化出水较为适宜。

6.4.2 传统生物脱氮技术

在焦化行业废水处理主要采用普通活性污泥法、AB 法和延时曝气法等，这些方法对含碳污染物（酚、氰污染物）具有大幅度去除的功能，而对于焦化废水所含的高浓度含氮污染物去除率很低，不能满足国家规定的污染物排放标准。因此，需要对焦化废水中的含氮污染物进行强化处理。

一般情况下，污水中的氮以有机氮、氨氮、亚硝酸盐和硝酸盐四种形式存在。在焦化废水中，氮主要以氨氮、有机氮、氰化物和硫氰化物的形式存在，氨氮占总氮的 60%~70%，氰化物、硫氰化物及绝大部分有机氮也能在微生物的作用下转化为氨氮[31]。因此，焦化废水中氮的去除都是由氨氮经一系列微生物作用，发生生化反应转化为氮气等气体形式，从水中散逸出去而被去除[32]。

焦化废水传统的生物脱氮工艺，即全程硝化-反硝化生物脱氮技术是在 20 世纪 70 年代于加拿大开始实验室的实验研究的。80 年代，英国 BSC 公司将该技术投入生产应用。我国的焦化废水生物脱氮技术研究始于 20 世纪 80 年代末~90 年代初，90 年代中期取得了传统生物脱氮技术即全程硝化-反硝化生物脱氮技术的研究成功，开发了焦化废水生物脱氮的 A/O、A²/O 等工艺。传统的生物脱氮工艺对氮的去除主要是靠微生物细胞的同化作用将氨转化为硝态氮形式，再经过微生物的异化反硝化作用，将硝态氮转化成氮气从水中逸出[33]。生物脱氮过程如图 6-4 所示。

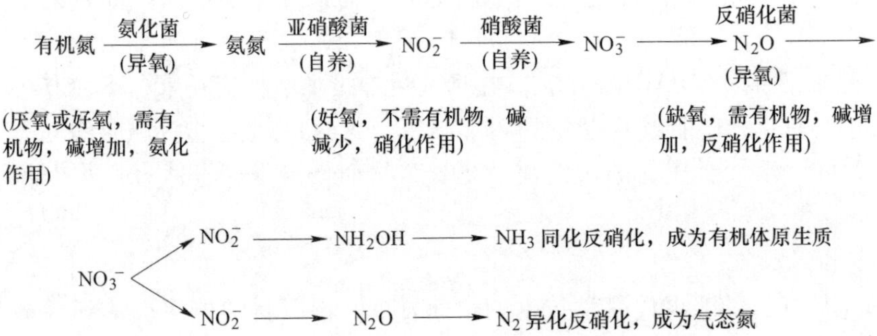

图 6-4 生物脱氮过程

6.4.2.1 传统生物脱氮机理

A 硝化作用

硝化作用是指 NH_4^+ 氧化成 NO_2^-，然后再氧化成 NO_3^- 的过程。硝化作用由两类细菌参与，亚硝化菌将 NH_4^+ 氧化成 NO_2^-；硝化杆菌将 NO_2^- 氧化为 NO_3^-。它们都能利用氧化过程释放的能量，使 CO_2 合成为细胞有机物质，因而是一类化能自养细菌，在运行管理时应创造适合于自养硝化细菌生长繁殖的条件。硝化作用的程度往往是生物脱氮的关键[34,35]。

$$NH_4^+ + \frac{3}{2}O_2 \xrightarrow{\text{亚硝化单胞菌}} NO_2^- + 2H^+ + H_2O + (242.7 \sim 351.5)kJ$$

$$NO_2^- + \frac{1}{2}O_2 \xrightarrow{\text{硝化杆菌}} NO_3^- + (64.4 \sim 86.2)kJ$$

$$NH_4^+ + 2O_2 \longrightarrow NO_3^- + 2H^+ + H_2O + (307.1 \sim 438.9)kJ$$

从上述反应式中不难看出，硝化作用过程要耗去大量的氧，1 分子 NH_4^+-N 完全氧化成 NO_3^- 需耗去 2 分子氧，即 4.57mg O_2/mg NH_4^+-N。此外，硝化反应的结果还生成强酸（HNO_3），会使环境的酸性增强。

在水处理工程上，为了要达到硝化的目的，一般可采用低负荷运行，延长曝气时间。

B 反硝化作用

反硝化作用是指硝酸盐和亚硝酸盐被还原为气态 N 和 N_2O 的过程。参与这一过程的细菌称为反硝化菌。大多数反硝化细菌是异养的兼性厌氧细菌，它能利用各种各样的有机基质作为反硝化过程中的电子供体（碳源），其包括碳水化合物、有机酸类、醇类及像烷烃类、苯酸盐类和其他的苯衍生物这些化合物[36,37]。在反硝化过程中有机物的氧化可表示为：

$$5C(有机碳) + 2H_2O + 4NO_3^- \longrightarrow 2N_2 + 4OH^- + 5CO_2$$

这些有机化合物在废水处理中显得特别重要，它们往往是废水的主要组分，因此反硝化不仅被认为是一种"非污染形式"的脱氮手段（因 NO_3^- 转化成对人无害的 N_2），而且也是一种氧化分解废水中有机物的方法。

在硝化作用过程中耗去的氧能被回收并重复用到反硝化过程中，使有机基质氧化。因此，在废水处理中如何合理地利用反硝化技术来达到去碳、脱氮，并最大可能地减少动力消耗便成为研究重点。硝化-反硝化过程中氮元素的变化如图 6-5 所示。

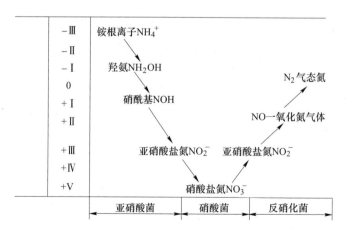

图 6-5 硝化-反硝化过程中氮元素的变化

6.4.2.2 影响反硝化的因素

环境因素会影响反硝化细菌的活性，其中最主要的是碳源及其浓度、硝酸盐浓度、氧的浓度、温度、pH 值和毒物。

A　碳源及其浓度

如前所述，能为反硝化菌所利用的碳源是多种多样的，但从废水生化处理生物脱氮的角度来看可分成以下三类：

（1）外加碳源。当废水碳氮比过低，例如 BOD_5：TN（总氮）$<$（$3\sim5$）：1 时，需另外投加碳素。现大多采用甲醇，因其氧化分解后产物为 CO_2 及 H_2O，不留下任何难以分解的中间产物，且能获得较大的反硝化速率，一般是利用原水中有机物为碳源时的4倍，还原1kg硝酸盐需投加2.4kg甲醇。

（2）废水本身的含碳有机物。当废水中 BOD_5：TN$>$（$3\sim5$）：1 时，可不投加外源性碳源而达到同时脱氮的目的。该方法最为经济，因而被大多数生物脱氮系统所采用。

（3）内碳源。内碳源主要为活性污泥内微生物死亡、自溶后释放出来的有机碳。其利用细菌生长曲线的静止期和衰老期，要求污泥停留时间长（污泥龄长）、负荷低，因而处理的构筑物相应增大，西欧国家 BOD 污泥负荷一般采用 $0.05\sim0.10gBOD_5/(gMLVSS\cdot d)$（10℃）。其反硝化速率仅为上一种方法的1/10左右。优点是在废水碳氮比较低时无须投加外源碳也能达到脱氮的目的。

B　硝酸盐浓度

在悬浮污泥系统中，硝酸盐浓度对反硝化活性影响极小，悬浮污泥系统的反硝化速率对硝酸盐浓度呈零级反应，硝酸盐浓度只要超过0.1mg/L就对反应速率无影响。

C　氧的浓度

异化硝酸盐还原受氧的抑制，而同化硝酸盐还原不受氧存在的影响。故在反硝化脱氮系统中导入一个不充氧的缺氧段，使硝酸盐通过异化反硝化还原途径转化成 N_2。

虽然氧对反硝化脱氮有抑制作用，但氧的存在对能进行反硝化作用的反硝化菌却是有利的。这类菌为兼性厌氧菌，菌体内的某些酶系统组分只有在有氧时才能合成，因而在工艺上使这些反硝化菌（即污泥）交替处于好氧、缺氧的环境下。

在悬浮污泥反硝化系统中，缺氧段溶解氧应控制在0.5mg/L以下，否则会影响反硝化的进行。在膜法反硝化系统中，细菌周围的微环境的氧分压与大环境的氧分压是不同的，即使滤池内有一定的溶解氧，生物膜内层仍呈缺氧状态，因此，当缺氧段溶氧控制在$1\sim2mg/L$以下时并不影响反硝化的进行。

D　温度

温度对反硝化速率的影响似乎比对普通废水生物处理的影响更大。反硝化最合适的温度为$20\sim35$℃，低于15℃反硝化速率明显降低，在5℃以下时反硝化虽也能进行，但其速率极低。

温度对反硝化速率的影响是因为低温使反硝化细菌的繁殖速率降低，因此冬季反硝化系统运行时应相应延长泥龄。此外，温度的降低也会使菌体代谢速率降低，从而降低了反硝化的速率。为了保证在低温下有良好的反硝化效果，可适当降低负荷，增加废水停留时间。

E pH 值

反硝化作用适宜的 pH 值为 7.0~8.5，原水 pH 值偏离最适 pH 值时应予以调节。此外，pH 值还影响反硝化最终的产物，pH 值超过 7.3 时终产物为 N_2，低于 7.3 时终产物为 N_2O。

与硝化作用相反，反硝化会使碱度增加。废水在硝化-反硝化过程中 pH 值的变化彼此相抵消，结果使系统内 pH 值保持不变。有人曾以该过程中碱度的变化作为一个参数来判断硝化及反硝化进行的程度。

F 毒物

毒物对反硝化有毒害影响，又同反硝化密切相关的因子是氨、亚硝酸盐、pH 值和氧。pH 值和氧的影响前面已提及；盐度高于 0.63% 也会影响反硝化作用；镍浓度大于 0.5mg/L 会抑制反硝化作用；钙和氨的浓度过高也会抑制反硝化作用。

6.4.2.3 生物脱氮工艺

A A/O 生物脱氮法（内循环、外循环）

A/O（Anoxic/Oxic）工艺开创于 20 世纪 80 年代，它将缺氧反硝化反应池置于该工艺之首，所以又称为前置反硝化生物脱氮工艺[38]。A/O 工艺有内循环和外循环两种形式，如图 6-6 所示。

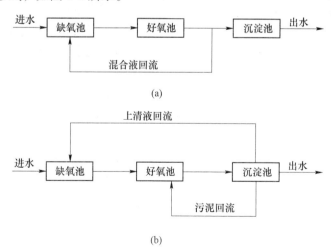

(a)

(b)

图 6-6 A/O 生物脱氮工艺流程

（a）A/O（外循环）工艺；（b）A/O（内循环）工艺

A/O 工艺的特点是原废水先经缺氧池，再进好氧池，并将经好氧池硝化后的混合液回流到缺氧池（外循环）；或将经好氧池硝化后的污水回流到缺氧池，而将二沉池沉淀的硝化污泥回流到好氧硝化池（内循环）。

在 A/O 生物脱氮系统中，缺氧池和好氧池可以是两个独立的构筑物，也可以合建在同一个构筑物内，用隔板将两池隔开。在 O 段好氧池中，由于硝化作用，NH_4^+-N 的浓度快速下降，而 NO_3^--N 的浓度不断上升，COD 和 BOD 也不断下降。在 A 段缺氧池中，NH_4^+-N 浓度有所下降，主要由于反硝化菌的微生物细胞合成；由于反硝化过程中利用了原污水的有机物为碳源，故 COD 和 BOD 均有所下降；在反硝化菌的作用下，NO_3^--N 的含量明显下降，氮得以脱除。

在 A/O 脱氮工艺中，混合液回流比的控制是较为重要的，若控制过低，则将导致缺氧池中 BOD/NO_3^--N 过高，从而使反硝化菌无足够的 NO_3^- 作电子受体而影响反硝化速率；若控制过高，则将导致 BOD/ NO_3^--N 过低，从而使反硝化菌无足够的碳源作为电子供体而抑制反硝化菌的脱氮作用。

B　O/A（好氧-缺氧）工艺

O/A 工艺正好和 A/O 工艺（缺氧-好氧法）相反，其特点为好氧段前置，缺氧段后置，二次沉淀池容积比较小，污水通过好氧段后，再进入缺氧段进行反硝化[39]，如图 6-7 所示。该工艺的缺点在于好氧段出水中有机物较低，反硝化所需的碳源要额外添加，由于额外增加碳源，其运行成本较高[40]。

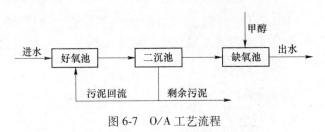

图 6-7　O/A 工艺流程

C　A^2/O 生物脱氮法

A^2/O（Anaerobic-Anoxic-Oxic）工艺是在 20 世纪 70 年代由美国的一些专家在厌氧-好氧法（A/O）脱氮工艺的基础上开发的污水处理工艺，旨在能同步去除污水中的氮和磷，尤其针对愈加严重的富营养化污染的水体，其工艺流程如图 6-8 所示。

该工艺的优点是厌氧、缺氧、好氧三种不同的环境条件和不同种类微生物菌群的有机配合，同时具有去除有机物、脱氮除磷的功能；在厌氧-缺氧-好氧交替运行下，丝状菌不会大量繁殖，SVI 一般小于 100，不会发生污泥膨胀；污泥中磷含量比较高，一般为 2.5%（质量分数）以上；厌氧-缺氧池只需轻缓搅拌，使之混合，而以不增加溶解氧为限；沉淀池要防止出现厌氧、缺氧状态，以避免

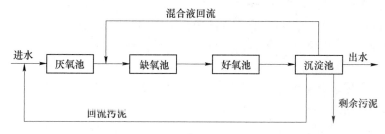

图 6-8　A^2/O 工艺流程

聚磷菌释放磷而降低出水水质，以及反硝化产生 N$_2$ 而干扰沉淀。

a　工艺原理

A^2/O 工艺是在 A/O 法流程前加一个厌氧段，废水中难以降解的芳香族有机物在厌氧段开环变为链状化合物，链长化合物开链为链短化合物。由于焦化废水中含有大量的喹啉、吡啶和异喹啉等难降解的化合物，增加厌氧段能提高废水的处理效果。A^2/O 法处理焦化废水，首先在好氧条件下，通过好氧硝化菌的作用，将废水中的氨氮氧化为亚硝酸盐或硝酸盐；然后在缺氧条件下，利用反硝化菌（脱氮菌）将亚硝酸盐和硝酸盐还原为 N$_2$ 而从废水中逸出。因而，废水的生物脱氮包括硝化和反硝化两个阶段。硝化包括两个基本反应：由亚硝酸菌参与的将氨氮转化为亚硝酸盐的反应；由硝酸菌参与的将亚硝酸盐转化为硝酸盐的反应。硝化菌的适宜 pH 值为 8.0~8.4，最佳温度为 35℃。反硝化是在缺氧条件下，由于兼性脱氮菌的作用，将硝化过程中产生的硝酸盐或亚硝酸盐还原成 N$_2$ 的过程。反硝化菌的适宜 pH 值为 6.5~8.0，最佳温度为 30℃。

b　A^2/O 工艺的特点

A^2/O 工艺的特点如下：

（1）厌氧、缺氧、好氧三种不同的环境条件和不同种类微生物菌群的有机配合，同时具有去除有机物、脱氮除磷的功能。

（2）在同时脱氮除磷去除有机物的工艺中，该工艺流程较为简单，总的水力停留时间少于其他工艺。

（3）在厌氧-缺氧-好氧交替运行下，丝状菌不会大量繁殖，SVI 一般小于100，不会发生污泥膨胀现象。

（4）在具有脱氮除磷功能的处理工艺中，污泥中含磷量高，一般为2.5%（质量分数）以上。

6.4.3　HSB 高效生物菌种处理焦化废水技术

6.4.3.1　HSB 技术简介

HSB（High Solution Bacteria）是高分解力菌群的英文缩写，是由 100 余种菌种组成的高效微生物菌群，其中有 47 种，专门应用于污水处理。近年来，随着处理领域的扩大，属种数目仍有增加。根据不同的污水水质，对微生物筛选及驯化，针对性地选择多种微生物组成菌群并将其种植在污水处理槽中，通过微生物生生不息、周而复始的新陈代谢过程，分解不同污染物形成一相互依赖的生物链和分解链，突破了常规细菌只能将某些污染物分解到某一中间阶段就不能进行下去的限制，其最终产物为 CO_2、H_2O、N_2 等，达到污水处理无害化的目的。

生物链的构成解决了单一菌种的退化问题，从工程应用的角度来讲就是解决了菌种的补加问题；高分解力的菌种使某些 BOD/COD<0.3 的难生化废水的生物处理成为可能。同时，HSB 菌群本身无毒性、无腐蚀性、无二次污染。

该技术完全突破了以往仅仅从改善微生物生存环境的角度去研究的局限性，着眼于分解污染物的微生物种群、数量匹配及相互间相生相克等协同作用的闭环链式系统的研究开发，是一种纯生物降解技术。该技术应用于焦化废水脱氮的重点在于通过细菌种属、种群、数量及生物链作用来强化系统的生化功能，形成高效菌群在优化的工艺条件下的纯生物处理降解技术；应用微生物生化性能及动力学的固有差异，实现硝化菌、亚硝化菌、反硝化菌的动态平衡和选择，即由庞大的、多元组合的脱氮菌种构成的微生物群体，实现脱氮生化过程。

6.4.3.2　HSB 菌种的反应机理

微生物从本质上讲是一种活的酵素生产工厂，在分解废水的有机污染物过程中会针对不同的有机物产生（分泌）不同的酵素。有时一种酵素可以分解不同的有机物，而一种有机物也能让不同的酵素分解，所以往往一种有机污染物的分解需要几十种以上的微生物参与才能完成。例如，Pseudomonas Putina 即可分解 200 种不同的有机物。

焦化废水中主要污染有机物的分子结构如图 6-9 所示。

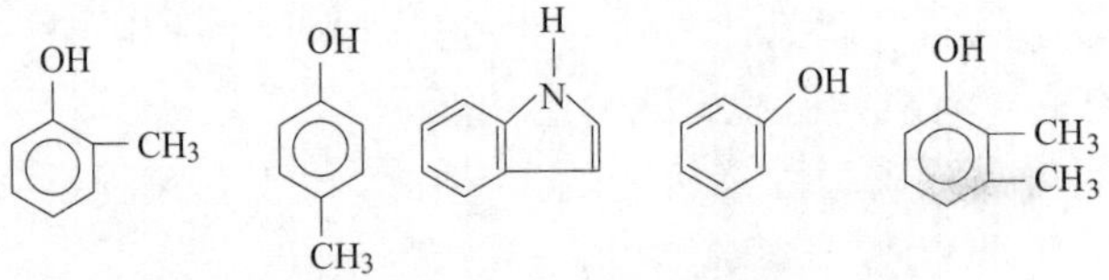

图 6-9　焦化废水中主要污染有机物的分子结构

打破苯环是焦化废水处理的关键反应，其中好氧、厌氧反应的反应式如图 6-10 所示。而当化合物分子中部分构成物为 N 时，在厌氧反应中会产生相当量的 NH_3，因此废水厌氧反应产物为氨基酸、NH_3、CH_4、CO_2、H_2、CH_3CH_2OH、低分子有机酸等，好氧段产物为氨基酸、NO_2^-、NO_3^-、N_2、CO_2、H_2O 等。

6.4.3.3　工艺流程

采用 HSB 微生物菌种技术和缺氧-好氧组合工艺处理焦化废水（见图 6-11），

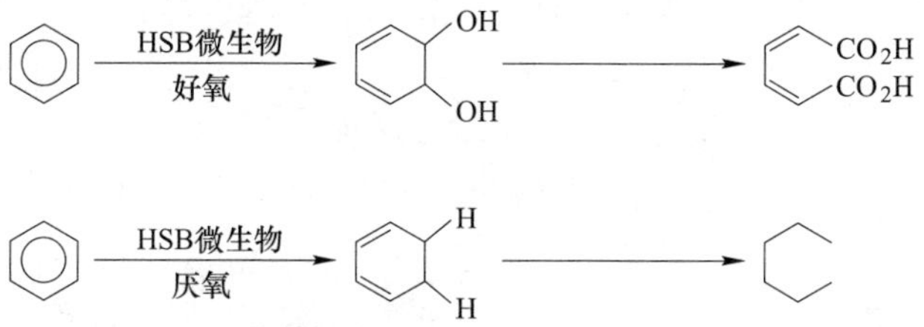

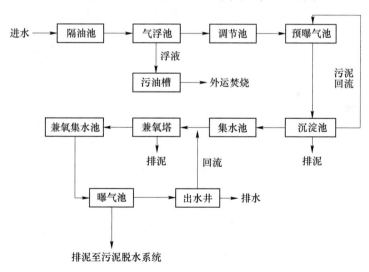

图 6-10　好氧、厌氧反应的反应式

具有很好的效果。废水经隔油、气浮预处理后，进入预曝气池，然后进入一段沉淀池进行泥水分离，出水流至集水池，污泥回流至预曝气池。集水池内的废水再由泵不断打入兼氧塔。废水在兼氧塔的理论水力停留时间为 24h，塔内设有水下搅拌器，使废水与兼氧菌充分接触，以达到较好的处理效果。兼氧塔上部经澄清分离的出水流至兼氧集水池内贮存，由泵批量送至曝气池内。池内有曝气和水力搅拌器，采取好氧工艺 SBR 法，每批量废水的处理时间为 21h，其中包括 1h 进水、14h 曝气、2h 搅拌、2h 沉淀分离及 2h 排水和待机时间。曝气池中部排水至出水井内，并用泵将部分出水回流至兼氧塔内内循环，起到降低兼氧塔进水氨浓度的作用（降低至氨氮对微生物抑制浓度以下），其余溢流排放。

图 6-11　HSB 和缺氧-好氧组合工艺

　　该技术突破了常规细菌只能将某些污染物分解到中间阶段的局限，使高分子有机污染物最终分解为 CO_2、H_2O、N_2 等，达到废水处理无害化的目的。同时，由于生物链的构成还解决了单一菌种的退化问题和菌种的补加问题。其主要特性如下：

（1）菌群本身无毒性，无致病性，不会造成二次污染。

（2）去除 COD、BOD 速度快，能力强。

（3）去除 NH_3-N 及难降解有机物的能力独特。

（4）运转负荷比一般活性污泥法高出 10~20 倍，耐冲击负荷能力强。

（5）污泥沉降性能佳，密度高，稳定性好，污泥产量少。

（6）生物制剂一次投加，无须补充，运行成本低，故障率低。

（7）对 pH 值适应性强，6~9 范围都能保持良好的处理效率。

6.4.4　其他生物脱氮技术

6.4.4.1　短程硝化反硝化

短程硝化反硝化生物脱氮的基本原理就是将硝化过程控制在亚硝酸盐阶段，阻止 NO_2^- 的进一步氧化，直接以 NO_2^- 为电子受体进行反硝化，而整个生物脱氮过程为 $NH_4^+ \rightarrow NO_2^- \rightarrow N_2$。其标志是亚硝酸高效而稳定地积累，影响亚硝酸盐积累的主要因素有游离氨（FA）浓度、DO、温度、pH 值、污泥龄及盐度等[41]。J. P. Voets 等[42]进行经 NO_2^- 途径处理高浓度氨氮废水的研究，发现了硝化过程中 NO_2^- 积累的现象，并首次提出了短程硝化反硝化生物脱氮的概念。S. Sutherson 等[43]经小试验研究证实了经 NO_2^- 途径进行生物脱氮的可行性，同时 O. Turk 等[44]对推流式前置反硝化活性污泥脱氮系统也进行了经 NO_2^- 途径生物脱氮的研究。耿艳楼等[45]研究了焦化废水的短程硝化反硝化，并获得了较高的氮去除率。

短程硝化反硝化与全程硝化反硝化相比有以下优点[46]：

（1）硝化阶段可节省耗氧量 25%，降低耗能；

（2）反硝化阶段所需碳源降低 40%，反硝化率提高，在 C/N 一定的情况下可以提高 TN 的去除率，这对处理高浓度氨氮废水具有特别重要的意义；

（3）水力停留时间较短，反应器的容积减少；

（4）减少了投碱量，降低了焦化废水的处理成本；

（5）缩短反应历程，增加了脱氮效率。

高效脱氨单反应器（SHARON）工艺是由荷兰 Delft 技术大学开发的新工艺[47]，它利用在高温（30~35℃）下亚硝酸菌的生长速率明显高于硝酸菌这一特性[48]，控制系统的水力停留时间介于硝酸菌和亚硝酸菌最小停留时间之间，从而使硝酸菌被淘汰，保证了反应器中亚硝酸菌占优势，使氨氧化控制在亚硝化阶段，之后再通过反硝化脱氮。SHARON 工艺适合于处理具有一定温度的高浓度（大于 500mg/L）氨氮污水。在 SHARON 工艺中，温度和 pH 值（最佳 pH 值为 6.8~7.2）被严格控制，以保证氨氮的亚硝酸化，同时通过间歇曝气实现好氧条件下氨氮亚硝酸化和缺氧条件下亚硝酸盐的反硝化。

6.4.4.2　同时硝化反硝化

在一定条件下，硝化与反硝化反应发生在同一处理条件及同一处理空间内，称为同时或同步硝化与反硝化（SND）。SND 的影响因素主要有碳源、溶解氧、絮凝体特性等。近十余年来，在不少污水处理工艺的实际运行中发现了 SND 现象。例如，间歇曝气反应器、SBR 反应器、Orbal 氧化沟、单沟氧化渠等反应器中均发现了好氧状态下高达 30% 的总氮损失，这些氮的去除是在氧、亚硝酸盐和硝酸盐同时存在的条件下发生的。

在 SND 工艺中，硝化与反硝化反应在同一个反应器中同时完成，所以，与传统生物脱氮工艺相比，SND 工艺具有明显的优越性，主要表现在：

（1）反应器体积小，降低基建费用；

（2）反应时间短，具有很好的脱氮效果；

（3）无须添加碱度，减少运营成本；

（4）减少曝气量，降低能耗。

H. Yoo 等[49]研究了间歇式曝气反应器中的 SND 现象，并确定了关键的控制参数。邹联沛等[50]对膜生物反应器（MBR）系统中的 SND 现象进行了研究，结果表明，当 DO 质量浓度为 1mg/L 左右、C/N 为 30 左右、进水 pH 值为 7.2 时，COD、NH_4^+、TN 去除率分别为 96%、95%、92%，并且发现在一定范围内升高或降低 DO 浓度后，TN 去除率都会下降。吕锡武等[51]研究了溶解氧及活性污泥浓度对同步硝化反硝化的影响，发现在一定的 DO 浓度范围内，随着反应器内 DO 浓度的降低，TN 去除率呈上升趋势，即好氧反硝化效率随 DO 浓度的降低而升高，在一定的混合液悬浮固体（MLSS）浓度范围内，出水 TN 越低，反硝化现象越明显。

目前，在荷兰、丹麦、意大利、德国等已有污水厂在利用 SND 工艺运行，国内对同步硝化反硝化的研究尚处于实验室阶段。

6.4.4.3　SHARON-ANAMMOX 工艺（短程硝化厌氧氨氧化工艺）

SHARON-ANAMMOX 是一种全新的脱氮工艺，由荷兰 Delft 技术大学发明。其原理是首先在 SHARON 反应器中，利用硝化菌在较高温度下生长速率明显低于亚硝化菌生长速率的特点，通过控制温度和停留时间，将硝化控制在 NO_2^- 阶段，然后在 ANAMMOX 反应器中，剩余的氨氮与所生成的 NO_2^- 以等物质的量比在 ANAMMOX 菌作用下生成 N_2[52]。与传统的硝化反硝化过程相比，SHARON-ANAMMOX 过程可使运行费用减少 90%，CO_2 排放量减少 88%，不产生 N_2O 有害气体，无须有机物，不产生剩余污泥，节省占地，具有显著的可持续性与经济效益[53]。U. Van Dongen 等[54]研究了 SHARON-ANAMMOX 工艺处理污泥硝化出水的可行性。SHARON 和 ANAMMOX 分别采用连续流搅拌反应器（CSTR）和 SBR 反应器。世界上第一个 ANAMMOX 反应器建设在荷兰的鹿特丹市，它和原有

SHARON 反应器相结合形成 SHARON-ANAMMOX 工艺，由于不需向反应器中投加甲醇进行反硝化，降低了运行成本，预计不足 7 年就能收回投资[55]。

中国开展短程硝化厌氧氨氧化工艺的研究起步较晚，最早出现的报道是 2001 年 10 月清华大学左剑恶和蒙爱红发表的《一种新型生物脱氮工艺——SHARON-ANAMMOX 组合工艺》一文，文章对短程硝化厌氧氨氧化生物脱氮技术进行了综述研究，介绍了工艺的原理与特征，展望了该技术在中国的应用前景。2004 年，辽宁科技大学环境技术研发中心采用生物膜法和悬浮污泥法对鞍钢化工总厂炼焦和化学产品回收过程产生的废水进行实验室短程硝化厌氧氨氧化脱氮处理的研究，并设计出单点进水部分亚硝化厌氧氨氧化工艺和两点进水的亚硝化厌氧氨氧化工艺。2006 年，单明军等人采用单点进水部分亚硝化厌氧氨氧化工艺对丹东万通焦化有限公司的焦化废水处理站进行了改造，并取得了工业实验的成功，脱氮率可达 80% 以上，运行成本比改造前的 A/O 工艺节省约 30%~40%。

6.4.4.4   生物膜法

生物膜（别称界膜）主要包括界膜反应器法（MBR）和曝气生物滤池（BAF）。MBR 的作用机理与传统活性污泥法相同，其处理效率可提高 50% 以上，降解时间短，COD_{Cr} 的降解率也比传统活性污泥法约提高 30%。MBR 的优点是工艺简单、高效、投资小、焦化废水的处理量大，降解过程不会造成二次污染，该方法可以实现无害化，但处理过程中生物膜极容易被废水中的污染物破坏；BAF 主要是在介质上添加一层生物膜，在处理过程中，降解菌把污染物作为营养基质，通过不断的代谢生成新的生物膜，降低水中有机物的浓度，达到降解的目的[56]。BAF 工艺的系统稳定，出水可循环使用，极大地降低了运行成本。

6.4.4.5   生物流化床法

生物流化床法是由两种方法结合而成，其中包含传统活性污泥法和界膜法。由于流化床中的载体主要表现为流化态，可以把气相（空气）、液相（焦化废水）、固相（界膜）三相融合，它们不断地接触、摩擦、碰撞，固相表面的生物膜不断代谢液相中的物质，达到降解目的。这种方法的特点是负荷容积较大、处理废水容量多、传质速率高、应用范围较广等[57]。

6.5   焦化废水深度处理系统

为实现焦化生产过程废水的"零排放"，需要对焦化废水进行深度处理。本节以首钢京唐西山焦化的焦化废水深度处理系统为例，介绍目前焦化企业常用的废水深度处理技术。

6.5.1   工艺简介

焦化废水深度处理回用系统采用初级电催化氧化+电催化氧化+电絮凝+电气

浮+陶瓷膜超滤+反渗透工艺。工艺分为预处理单元与深度处理单元。图 6-12 示出了焦化废水深度处理工艺流程。

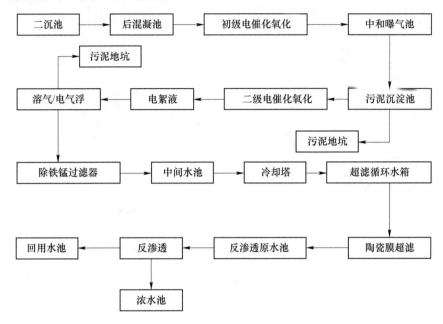

图 6-12 焦化废水深度处理工艺流程图

（1）预处理单元，包括初级电催化氧化、电催化氧化、电絮凝与电气浮。混凝沉淀池出水进入初级电催化氧化工序，通过初级电催化氧化初步降低系统进水负荷，以解决废水在前工艺处理的出水不稳定问题；出水进入电催化氧化装置内进行反应，将废水中难以生物降解的有机物及有毒、有害物质分解成 CO_2 和 H_2O；电催化氧化出水进入电絮凝和电气浮，通过电絮凝和电气浮技术有效转化和去除水中的溶解性胶体和悬浮态污染物，COD_{Cr} 去除率可达 50% 以上，NH_4^+-N 的去除率在 40% 以上。

（2）深度处理单元，包括陶瓷膜超滤与反渗透，陶瓷膜超滤可以进一步降低水中的悬浮物、浊度、胶体含量，降低水中部分 COD_{Cr}，满足反渗透的进水要求。反渗透主要是将溶剂和溶剂中离子范围的溶质分开，过滤精度大于 $0.0001\mu m$，只允许 H_2O、溶剂通过，可脱除水中绝大部分的盐分及大分子有机物。

深度处理工艺特点如下：

（1）该工艺是对原水中有机污染物进行降解和分解，而非简单的分离与富集。

（2）不需要使用新鲜水或其他水源对原水进行稀释，节约新鲜水资源，降低和控制深度处理系统规模及投资。

（3）不增加浓水排放量，以减小浓水处理规模与难度。

（4）有较强的抗负荷冲击能力，通过对工艺参数的调整，可适应目前工况下焦化废水的水质波动。

（5）深度处理系统稳定产水率不低于70%。

（6）超滤系统采用国际最先进的陶瓷膜技术，相比有机超滤膜，陶瓷膜使用寿命长、处理精度高、耐高温、耐腐蚀、耐氧化、耐化学老化；老化及废弃陶瓷膜元件相比有机膜元件，不存在二次处理费用及环境污染问题。

（7）预处理系统不投加或极少量投加化学药剂，降低二次污染；预处理系统设备本身基本无消耗。

6.5.2　装置功能

6.5.2.1　电催化氧化

由于废水中酚、氰、COD、氨氮的浓度不稳定，变化值较大，为降低废水中酚、氰、COD、氨氮的浓度，降低后续系统负荷，在后混凝出水后增加初级电催化反应罐，以解决废水在前工艺处理的出水不稳定问题。废水通过 DSA 电极，在空气和反应罐内催化剂的多重作用下，可去除废水中大部分的固态微粒、油污、COD、氨氮和酚氰。同时，还将废水中的气泡及泡沫完全去除，为后续处理工艺带来极大的方便。初级电催化氧化进出水指标见表6-8。

表6-8　初级电催化氧化进出水指标

序号	控制项目	进水	出水
1	pH 值	3~4	4~5
2	化学需氧量（COD_{Cr}）/mg·L^{-1}	400~500	80~120
4	氨氮（以 N 计）/mg·L^{-1}	≤30	≤15
5	挥发酚/mg·L^{-1}	≤1.2	≤0.5
6	氰化物/mg·L^{-1}	≤3	≤0.5
7	石油类/mg·L^{-1}	≤10	≤1

电化学水处理过程包括两个方面：

（1）使污染物在电极上发生直接电催化反应而转化的直接电化学过程；

（2）利用电极表面产生的强氧化性活性物种使污染物发生氧化还原转变的间接电化学过程。

这两个过程均伴有放出 H_2 与 O_2 的副反应，电流效率的高低与析氧、析氢的程度密切相关，但通过电极材料的选择和电位控制可以减少电流的析氧损失，提高电流效率。间接电化学过程可利用电化学反应产生的氧化还原剂 M 使污染物转化为无害物质，M 可以是催化剂，也可以是在电化学作用下产生的短寿命中间物，后者是更常见的方法。这类中间物通常包括溶剂化电子、HO·、HO$_2$·、O$_2$ 等自由基，它们可以分解污染物质，并且此过程是不可逆的。O$_2$ 在阴极可发生还原，转化为 H$_2$O$_2$，进而生成 HO·，用以氧化有机物，可用于处理含苯酚、苯的衍生物及 CN$^-$ 等的有机废水。

电催化氧化机理研究现状按有机物电化学氧化的最终产物，采用电化学氧化法处理有机废水主要有以下两个方面：

（1）电化学转化法。通过电化学方法把不可生物降解的有机物质转化为可以进行生物降解的物质，然后再进行生物处理将其彻底降解为 CO$_2$，其通式为：

$$不可生降物质 \xrightarrow{电化学转化} 可生降物质 \xrightarrow{生物降解} 二氧化碳+水$$

应用于该方法的理想电极材料对芳香族物质（芳香族化合物为难生降物质）的开环表现出高反应活性。

（2）电化学燃烧法。通过电化学方法把有机物质彻底氧化成为 CO$_2$ 和 H$_2$O。应用于该方法的电极材料应具有很高的电催化活性，否则，不能使有机质彻底氧化为 CO$_2$ 和 H$_2$O。本质上电催化活性与电极表面结构相关的观点认为在阳极表面可能存在两种状态的活性氧：一种是物理吸附的活性氧，即吸附的羟基自由基；另一种是化学吸附的活性氧，即进入氧化物晶格中的氧原子。当存在目标有机物时，物理吸附活性氧在电化学燃烧过程中起主要作用，而化学吸附活性氧则主要参与电化学转化过程，即对基质进行有选择性的氧化。反应后进出口水指标见表6-9。

表 6-9 进出口水指标

序号	控制项目	进水	出水
1	pH 值	7~9	6~8
2	化学需氧量（COD$_{Cr}$）/mg·L^{-1}	80~120	10~30
3	氨氮（以 N 计）/mg·L^{-1}	15	3
4	挥发酚/mg·L^{-1}	0.5	0.1
5	氰化物/mg·L^{-1}	0.5	0.1
6	石油类/mg·L^{-1}	5	1

张文艺等[58]用电化学法处理焦化废水，实验表明，当废水的 pH 值在 3.0~3.3，处理 55~60min 时，处理效果较好，COD$_{Cr}$ 去除率可以达到 70%。这种方法的优点是处理能力强、工艺流程容易实现、操作简单。湖南大学的李飞飞等[59]对生化处理后的焦化废水进行深度处理，在原水的 pH 值为 3、反应时间为 4h、铁屑和颗粒活性炭的投加量分别为 10g/L、回流比为 200%时，出水无色无味，COD 由 274~322mg/L 降至 58~90mg/L，COD 去除率约为 75%，达到《钢铁工业

污染物排放标准》一级标准。安徽工业大学的张文艺[60]采用微电解工艺作为预处理措施去除部分污染物并提高废水的可生化性,再利用 SBR 活性污泥法进行深度处理实验。结果表明,微电解法不仅能去除焦化废水中的 COD、酚、氰、硫化物等有机污染物,COD、酚、氰、硫化物去除率分别为 70%、76.8%、65.9%、70.3%,而且还能提高废水的可生化性,BOD/COD 由处理前的 0.28 提高到处理后的 0.54。可生化性提高了 48.2%。卢永等[61]采用双金属微电解体系处理焦化废水,研究发现 Fe-Cu 微电解可使出水的 B/C 值达 0.54,其与改性沸石联用,对 COD 和酚类去除率分别达 43.99% 和 47.96%,同时可完全去除废水中 21 种主要有机污染物。应用微电解预处理及 SBR 深度处理焦化废水,可使出水达到国家一级排放标准。

6.5.2.2　电絮凝、电气浮

电絮凝用于絮凝电氧化出水中的悬浮物,进一步降低废水中的 COD;电气浮其理论基础是应用电子学、流体力学、电化学等相关技术所结合而成的一种组合的水处理新技术。该法主要机制是利用电场的诱导,使粒子产生偶极化,在不外加空气情况下,利用电解所产生的微小气泡(5~30μm)与絮体充分结合后上浮去除。电极表面释放出大量微小气泡加速了颗粒的碰撞过程,密度小时就会上浮而分离,密度大时则下沉而分离去除,有助于迅速去除废水中的溶解态和悬浮态胶体化合物。

电气浮工艺前增加溶气气浮,先通过溶气气浮去除废水中的大部分絮凝物,出水流入电气浮可大大改善电气浮的运行条件,可以通过周期性导极去除附着在电极上的少量聚铁或聚铝等絮凝剂,延长电极的运行周期。废水通过 DSA 电极,可以去除固态微粒、油污、COD、氨氮。电气浮原理是通过电解水产生大量的致密气泡,微小气泡携带废水中的胶体微粒、油污共同上浮,达到分离净化的目的。在阳极上同时还发生电氧化反应,可去除废水中部分的 COD、NH_4^+-N、酚、氰,减少对后续工艺的负荷。可以去除大量气泡和浮渣,回流量为 20%。浮渣通过刮渣机刮至贮渣池,通过泵提升至污泥浓缩池。气浮池进出水指标见表 6-10。

表 6-10　气浮池进出水指标

序号	控制项目	进水	出水
1	pH 值	6~9	
2	悬浮物 (SS)/mg·L^{-1}	200	50
3	化学需氧量 (COD$_{Cr}$)/mg·L^{-1}	30	25
4	氨氮 (以 N 计)/mg·L^{-1}	3	1
5	挥发酚/mg·L^{-1}	0.1	0.1
6	氰化物/mg·L^{-1}	0.1	0.1

电气浮处理工艺是焦化废水深度处理的关键环节,其特点是:

（1）出水稳定，变化值小，有机物及氨氮去除效率高；

（2）适应性强、调整灵活，通过控制电压、电流大小来适应焦化废水传统工艺出水值波动较大的特点；

（3）可有效去除微溶于水的喹啉、吲哚、吡啶等多环、杂环芳香族有机化合物。

6.5.2.3 膜处理系统

膜分离技术是以外界能量或化学位差等推动力，利用膜材料的选择透过性对废水进行分离、分级、提纯和富集的方法。根据膜的功能进行分类，常应用的膜分离技术有反渗透、纳滤、超滤和微滤；根据材料的不同，可分为无机膜和有机膜。无机膜主要是陶瓷膜和金属膜，其操作简单、运行稳定，但运行能耗较高；有机膜由高分子材料做成，常用的材料有醋酸纤维素、芳香族聚酰胺、聚醚砜、聚氟聚合物等，因其孔径范围广，制作成本相对较低，组件形式多样，故应用较为广泛。

膜分离技术是焦化废水深度处理的有效方法，预处理+超滤膜（UF）+纳滤膜（NF）工艺/反渗透（RO）工艺。

A 超滤系统

超滤是一种以筛分为分离原理，以压力为推动力的膜分离过程，可有效去除水中的悬浮固体、胶体、微生物和大分子有机物等。

超滤的主要作用：悬浮固体、胶体、大分子有机物几乎全部被截留；小分子可以被部分截留；水、盐、可溶性物质几乎可以全部通过。

超滤的应用范围非常广泛。超滤可以作为反渗透的预处理技术，提供安全、可靠的反渗透进水，一般情况下能持续的保持反渗透进水的 $SDI \leqslant 3$。其结果是缩小反渗透的系统规模，延长反渗透膜的使用寿命，降低反渗透的操作成本。

为进一步降低水中的 COD 含量、悬浮物、浊度、胶体，满足反渗透系统的进水要求，可选用陶瓷膜超滤作为反渗透的预处理工艺。

陶瓷膜具有强化学稳定性和抗氧化能力，耐温、耐酸碱，pH 值适用范围 1~14，机械强度高，清洗再生容易，过滤精度高的物理和化学性能。其进出水指标见表 6-11。

表 6-11 超滤系统进出水指标

序号	项目	进水	出水
1	流量/$m^3 \cdot h^{-1}$	100	100
2	温度/℃	30~35	≤35
3	COD_{Cr}/$mg \cdot L^{-1}$	≤30	≤25
4	石油类/$mg \cdot L^{-1}$	≤1	≤0.5

序号	项目	进水	出水
5	pH 值	6~8	6~8
6	SS/mg · L^{-1}	≤50	≤10
7	色度	≤50 倍	≤20 倍
8	NH$_4^+$-N/mg · L^{-1}	≤1	≤1
9	浊度（NTU）	≤5	0.5

超滤工艺可以截留电气浮单元出水中的悬浮物、胶体，降低浊度、有机物等，且保持长期稳定，为反渗透系统安全运行创造了良好的条件。由于焦化废水中的杂环芳香性有机物、苯酚、氰、氨氮均被大幅度消减与降解，超滤可以长期稳定、高效地运行，运行周期一般为 5~7d，清洗时间约为 1h。由于超滤系统出水进一步降低了水中的有机物含量，反渗透系统浓水有机物含量也相对较低，满足国家环保排放指标。

B　纳滤

纳滤膜（Nanofiltration Membranes）是 20 世纪 80 年代末问世的一种新型分离膜，其截留分子量介于反渗透膜和超滤膜之间，约为 200~2000，由此推测纳滤膜可能拥有 1nm 左右的微孔结构，故称之为纳滤。纳滤膜大多是复合膜，其表面分离层由带电解质构成，因而对无机盐具有一定的截留率。国外已经商品化的纳滤膜大多是通过界面缩聚及缩合法在微孔基膜上复合一层具有纳米级孔径的超薄分离层。

纳滤膜能截留纳米级（0.001μm）的物质。纳滤膜的操作区间介于超滤和反渗透之间，其截留有机物的分子量约为 200~800，截留溶解盐类的能力为 20%~98%，对可溶性单价离子的去除率低于高价离子，纳滤一般用于去除地表水中的有机物和色素、地下水中的硬度及镭，且部分去除溶解盐，在食品和医药生产中有用物质的提取、浓缩。纳滤膜的运行压力一般 0.35~3MPa（3.5~30bar）。

纳滤过程的关键是纳滤膜。对膜材料的要求是：具有良好的成膜性、热稳定性、化学稳定性，机械强度高，耐酸碱及微生物侵蚀，耐氯和其他氧化性物质，有高水通量及高盐截留率，抗胶体及悬浮物污染，价格便宜且采用的纳滤膜多为芳香族及聚酸氢类复合纳滤膜。复合膜为非对称膜，由两部分结构组成：一部分为起支撑作用的多孔膜，其机理为筛分作用；另一部分为起分离作用的一层较薄的致密膜，其分离机理可用溶解扩散理论进行解释。对于复合膜，可以对起分离作用的表皮层和支撑层分别进行材料和结构的优化，可获得性能优良的复合膜。膜组件的形式有中空纤维、卷式、板框式和管式等。其中，中空纤维和卷式膜组件的填充密度高，造价低，组件内流体力学条件好；但是这两种膜组件的制造技术要求高，密封困难，使用中抗污染能力差，对料液预处理要求高。而板框式和管式膜组件虽然清洗方便、耐污染，但膜的填充密度低、造价高。因此，在纳滤系统中多使用中空纤维式或卷式膜组件。

在我国，对纳滤过程的理论研究比较早，但对纳滤膜的开发尚处于初步阶段。在美国、日本等国家，纳滤膜的开发已经达到了商品化的程度，如美国Filmtec公司的 NF 系列纳滤膜、日本日东电工的 NTR-7400 系列纳滤膜及东丽公司的 UTC 系列纳滤膜等都是在水处理领域中应用比较广泛的商品化复合纳滤膜。

对于一般的反渗透膜，脱盐率是膜分离性能的重要指标，但对于纳滤膜，仅用脱盐率还不能说明其分离性能。有时，纳滤膜对分子量较大的物质的截留率反而低于分子量较小的物质。纳滤膜的过滤机理十分复杂。由于纳滤膜技术为新兴技术，因此对纳滤的机理研究还处于探索阶段，有关文献还很少。但鉴于纳滤是反渗透的一个分支，因此很多现象可以用反渗透的机理模型进行解释。关于反渗透膜的透过理论有朗斯代尔、默顿等的溶解扩散理论，里德、布雷顿等的氢键理论，舍伍德的扩散细孔流动理论，洛布和索里拉金提出的选择吸附细孔流动理论和格卢考夫的细孔理论等。

纳滤膜的过滤性能还与膜的荷电性、膜制造的工艺过程等有关。不同的纳滤膜对溶质有不同的选择透过性，如一般的纳滤膜对二价离子的截留率要比一价离子高，在多组分混合体系中，对一价离子的截留率还可能有所降低。纳滤膜的实际分离性能还与纳滤过程的操作压力、溶液浓度、温度等条件有关，如透过通量随操作压力的升高而增大，截留率随溶液浓度的增大而降低等。

C 反渗透

反渗透过程是渗透过程的逆过程，利用选择性半透膜的压力分离过程。半透膜是只允许溶剂通过而不允许溶质通过的膜。当两种不同浓度的溶液分别位于半透膜的两侧，低浓度侧的溶剂（水）将向高浓度侧渗透，高浓度侧溶液上升，达到一定高度时，渗透平衡，这种现象称为渗透作用。当渗透平衡时，溶液两侧的静压差称为渗透压。如果在高浓度侧施加大于静压差的压力，将会发生渗透过程的反过程，即高浓度侧的溶剂向低浓度侧溶液渗透，这一过程称为反渗透。

反渗透技术是当今世界上领先发展的高新科技之一，具有先进、高效和节能特性。反渗透过程是渗透过程的逆过程，采用半透膜的压力分离过程。反渗透主要是将溶剂和溶剂中离子范围的溶质分开，过滤精度大于 $0.0001\mu m$，只允许水、溶剂通过，可脱除水中绝大部分的盐分及大分子有机物。

由于反渗透技术具有常规分离方法所没有的许多突出优点，近年来广泛应用于市政、化工、电力、食品、医药、环保等领域，在制备高品质饮用水、脱盐水、海水/苦咸水淡化、污染性地表水净化及水回用方面都得到了日益广泛的应用，目前已有大型的反渗透水处理设备用于海水/苦咸水淡化、水质净化及工业废水回用处理。与其他脱盐技术相比，反渗透膜分离过程主要特点为：反渗透装置脱盐率大于97%，可脱除水中绝大部分的盐分及大分子有机物；介质不发生相变，能耗低；由于只用压力作为反渗透分离的推动力，因此操作简单，便于自控和维修；反渗透分离过程是在常温下进行，因此特别适用于对热敏感的物质；脱盐不消耗酸碱，除浓水外不生成其他污染物质，符合环保要求；工艺设计保证制水系统的可靠、连续运行；反渗透装置采用自动操作方式。在系统泵的出口和反渗透膜组的入口，为了防止"水锤"对反渗透膜造成伤害，设置了膜保护系统的高低压开关；同时配备了电动慢开门，以保护反渗透膜的正常运行。深度处理回用系统进出水指标见表6-12。

表6-12   深度处理回用系统进出水指标

序号	原水		产水	
	项目	数据	项目	数据
1	水量/$m^3 \cdot h^{-1}$	100	水量	回用率≥70%
2	pH 值	6~9	pH 值	6.5~9
3	COD_{Cr}/mg·L^{-1}	≤400	COD_{Cr}/mg·L^{-1}	≤20
4	NH_4^+-N/mg·L^{-1}	≤30	NH_4^+-N/mg·L^{-1}	≤0.5
5	总氰/mg·L^{-1}	≤5	总氰/mg·L^{-1}	≤0.05
6	挥发酚/mg·L^{-1}	≤0.5	挥发酚/mg·L^{-1}	≤0.01
7	油类/mg·L^{-1}	≤10	油类/mg·L^{-1}	≤1
8	悬浮物/mg·L^{-1}	—	悬浮物/mg·L^{-1}	≤2
9	浊度（NTU）	—	浊度（NTU）	≤3
10	水温/℃	—	水温/℃	≤33
11	总硬度（以$CaCO_3$计）/mg·L^{-1}	—	总硬度（以$CaCO_3$计）/mg·L^{-1}	≤125
12	暂时硬度（以$CaCO_3$计）/mg·L^{-1}	—	暂时硬度（以$CaCO_3$计）/mg·L^{-1}	≤50
13	总碱度（以$CaCO_3$计）/mg·L^{-1}	—	总碱度（以$CaCO_3$计）/mg·L^{-1}	≤50
14	总盐量/mg·L^{-1}	—	总盐量/mg·L^{-1}	≤250
15	总溶解性固体/mg·L^{-1}	—	总溶解性固体/mg·L^{-1}	≤300
16	总铁/mg·L^{-1}	—	总铁/mg·L^{-1}	≤0.3
17	总磷/mg·L^{-1}	—	总磷/mg·L^{-1}	≤0.3
18	Ca^{2+}/mg·L^{-1}	—	Ca^{2+}/mg·L^{-1}	≤33
19	Cl^-/mg·L^{-1}	—	Cl^-/mg·L^{-1}	≤100
20	SO_4^{2-}/mg·L^{-1}	—	SO_4^{2-}/mg·L^{-1}	≤100
21	电导率/μS·cm^{-1}	—	电导率/μS·cm^{-1}	≤405

唐山中润煤业化工有限公司焦化污水深度处理项目采用预处理+超滤膜（UF）+纳滤膜（NF）工艺，出水作为循环水补充水。该工艺比反渗透膜产水率

高，但出水中 Cl⁻ 超标，对设备腐蚀较大。新疆八一钢厂焦化公司污水深度处理项目及山西亚鑫煤焦化有限公司污水深度处理项目均采用预处理+超滤膜（UF）+反渗透膜（RO）工艺，出水回用至循环水补水。该工艺超滤膜出水污泥密度指数（*SDI* 值）相对较高，反渗透产水率下降较快。山东邹平铁雄焦化公司污水深度处理项目采用预处理+膜生物反应器（MBR）+反渗透膜（RO）工艺，出水回用至锅炉补水。该工艺中因膜生物反应器设置在 MBR 池中，池中污泥浓度很高，导致膜生物反应器易堵塞，清洗工作较繁重，出水污泥密度指数（*SDI* 值）也相对较高，反渗透产水率下降较快。唐山达丰焦化废水深度处理项目及内蒙古庆华集团庆华煤化公司三期焦化废水深度处理项目采用预处理+超滤膜（UF）+纳滤膜（NF）+反渗透膜（RO）工艺，出水回用至循环水补水。该工艺比预处理+超滤膜+反渗透膜工艺增加了纳滤系统，保护反渗透膜，延长反渗透膜的使用寿命，出水水质稳定，但前期投资成本及运行费用相应增加。本钢焦化公司污水深度处理系统采用预处理+膜生物反应器（MBR）+纳滤膜（NF）+反渗透膜（RO）工艺，出水回用至循环水补水。该工艺与唐山达丰焦化废水深度处理项目工艺基本一致，仅将超滤膜变为膜生物反应器。昆明焦化制气有限公司废水深度处理项目及河北省迁安市九江煤炭储运有限公司焦化废水深度处理项目均采用电磁波催化氧化预处理+超滤膜（UF）+纳滤膜（NF）+反渗透膜（RO）工艺，出水回用至循环水补水及锅炉补给水。该工艺利用电磁波催化氧化技术使 COD 等污染物大大降低，减少后续膜处理的负担，延长膜的使用寿命，出水稳定，并提高了产水率，但前期投资成本及运行成本较高。山东潍焦集团有限公司废水深度处理项目采用高效澄清软化+超滤膜（UF）+ DEC 过滤器+反渗透膜（RO）工艺，出水作为循环水补水。该工艺比超滤膜（UF）+反渗透膜（RO）工艺增加了高效澄清及 DEC 过滤器，生化出水经高效澄清池投加石灰、纯碱、混凝剂、絮凝剂等软化澄清后，去除水中大部分硬度、碱度、悬浮物、胶体、浊度，降低后续膜处理负担，并利用 DEC 过滤器去除水中大部分的难降解的有机物、色度，提高产水率，但前期投资成本及运行成本较高[62]。

6.5.2.4 焦化废水深度处理的技术难题

焦化废水深度处理的技术难题主要有：

（1）必须适应焦化废水传统处理工艺出水的波动性，并具有灵活的调整措施。

（2）在不增加新水稀释焦化水高浓度污染物质的情况下，有效地消减与降解有机污染物质。

（3）膜法处理工艺是目前污水/中水深度处理回用不可或缺的先进技术，但不能不加区分进行物理截留牺牲膜的性能、规模、寿命和牺牲系统的规模、安全、稳定来进行应用。

6.6　焦化废水处理工艺集成及工程应用

对国内钢铁行业的焦化废水治理状况进行调查和统计，了解焦化废水实际处理技术和处理现状。

6.6.1　AOAO+电催化氧化+超滤反渗透

唐山首钢京唐西山焦化目前建设规模为年产焦炭 420 万吨，拥有 4×70 孔碳化室高 7.63m 特大型复热式焦炉，2×260t/h 处理能力的干熄焦装置，2×25MW 的双抽凝汽式汽轮发电机组及与之相配套的硫铵、洗脱苯、真空碳酸钾脱硫等煤气净化、化学产品回收系统。

目前京唐西山焦化污水处理系统的设计规模为 200m³/h，实际运行规模为 120~150m³/h。焦化废水原水水质指标见表 6-13。

表 6-13　京唐西山焦化污水原水水质

COD/mg·L⁻¹	氨氮/mg·L⁻¹	石油类/mg·L⁻¹	挥发酚/mg·L⁻¹	氰化物/mg·L⁻¹	pH 值
4000	80	13	600	15	9

焦化污水处理工艺由生化（AOAO）+深度处理（电催化氧化+超滤反渗透）。生化处理工艺流程如图 6-13 所示。

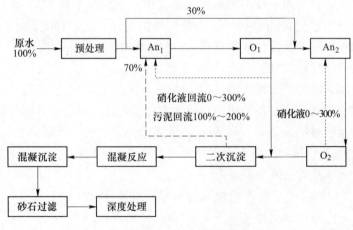

图 6-13　生化处理工艺流程

经生化处理后大大降低了废水中所含的挥发酚、氰化物、COD、氨氮、悬浮物等污染物的浓度，水质指标见表 6-14。

表 6-14　生化出水水质

COD/mg·L⁻¹	氨氮/mg·L⁻¹	石油类/mg·L⁻¹	挥发酚/mg·L⁻¹	氰化物/mg·L⁻¹	pH 值
80	12	<2.5	0.2	≤0.2	7

将生化后的出水进行深度处理，京唐西山焦化公司采用"电催化氧化+电絮凝+电气浮+超滤+反渗透"的生化废水深度处理工艺，工艺过程为一级电催化氧化（不加药）+曝气+沉淀池+锰砂过滤器+二级电催化氧化+电絮凝+电气浮+UF+RO。

生化出水进入一级电催化氧化工序，有效转化和去除水中的有毒有害物质及难降解物质，COD 去除率可达 50% 以上，NH_3-N 去除率达 40% 以上。一级电催化氧化产水经简单曝气、沉淀、过滤后进入二级电催化氧化，进一步降解 COD、氨氮及其他有毒有害物质。产水进入电絮凝及电气浮装置，大大降低水中悬浮物含量，使出水更加清澈并为超滤工艺创造良好条件。

出水进入深度处理单元的超滤系统，进一步降低水中的 COD 含量，截留水中的悬浮物，降低水的浊度，满足反渗透的进水要求。反渗透主要是将溶剂和溶剂中离子范围的溶质分开，过滤精度大于 $0.0001\mu m$，只允许水、溶剂通过，可脱除水中绝大部分的盐分及大分子有机物。

深度处理后的出水回用于生产工艺（烧结、炼钢等），产生的浓盐水用于闷渣。

6.6.2 MBBR 移动床生物膜+A/O+芬顿/活性炭+超滤/反渗透

唐山钢铁集团有限公司焦化厂目前拥有 2×65 孔 JNX3-70-1 型宽碳化室焦炉一组，190t/h 干熄焦系统一套，煤气净化装置一套，并配备有相对应的配煤筛焦系统及辅助生产系统，具备年产焦炭 150 万吨、煤焦油 5.4 万吨、粗苯 1.8 万吨，外供焦炉煤气 3.1 亿立方米，发电 1.53 亿千瓦时的生产能力[63]。

唐钢焦化废水处理装置的设计处理能力为 80m³/h，处理工艺如图 6-14 所示。

图 6-14 唐钢焦化废水处理工艺流程图

焦化废水处理系统出水水质见表 6-15。

表 6-15 焦化废水处理系统出水水质指标　　　　　　　　　（mg/L）

COD	NH₃-N	总氰	挥发酚	油类	悬浮物
60	0.31	0.033	0.03	0.1	0.3

由表 6-15 可见，废水处理系统的出水指标达到了《炼焦化学工业污染物排放标准》（GB 16171—2012）中特别排放限制值的要求。

6.6.3 A²O²+微电解催化+生物强化+混凝沉淀+超滤/反渗透

近年来，中国平煤神马集团平顶山京宝焦化有限公司根据国家节能减排的要求，加大环保资金投入，建设废水深度处理一期、二期工程，一期工程采用 A²O² 处理工艺，虽然酚氰等有毒物质及氨氮的去除基本可以达到国家排放标准，但出水 COD 往往不能达到国家排放标准，因此采用 A²O² 的处理工艺已经不能满足要求。干熄焦投产前处理后的水全部用于湿熄焦，占湿熄焦水量的 60% 左右。随着干熄焦余热利用项目的投产，处理后的废水去向成了值得思索的问题，经再三研究，决定投资建设废水处理二期工程，该工程系一期工程的后续处理工程，采用催化微电解→生物强化→混凝沉淀→预处理+UF+RO 的新型工艺，将废水提质改造，使处理后的水能够用于循环水系统，一方面为这部分水找到了新的出路，另一方面节约了循环水新水补水量。焦化废水经过深度处理之后再次利用，促进了焦化行业科学技术进步和绿色生产的发展与阶梯利用[64]。

废水处理站主要是处理蒸氨处理后的蒸氨废水，以及其他工业废水和生活污水。A²O² 工艺过程包括水质预处理、生化处理和后混凝沉淀过滤处理、空气药剂系统、废物处理和处置 4 个部分。

（1）水质预处理。预处理的主要目的是去除蒸氨废水中的重油和为生化处理提供合适的水质条件。预处理工艺包括重力除重油隔油均和池、事故池、调节池（储存事故废水）、收集其他废水和生活污水的 3 号集水井、废油收集槽等几项内容。

（2）生化处理和后混凝沉淀过滤处理。生化处理：生化处理采用 A²/O² 内循环生物脱氮工艺，主要目的是通过生物的生物化学活动来降解焦化工艺废水中的有毒有害物质，降低废水中的氨氮、COD 等含量。后混凝沉淀过滤处理主要包括机械搅拌混凝反应器和深度混凝沉淀池等。混凝沉淀池作用是通过物理化学方法将出水中的悬浮物和 COD 进一步降低。

（3）空气药剂系统。为了满足生化处理的要求，需向好氧池中鼓入空气，为微生物提供氧和对混合液进行搅拌。为了满足生化碳、氮、磷的比例要求，需要向生化系统投加药剂；为了满足后处理沉淀要求，需要投加必要的絮凝混凝药剂。

（4）废物的处理和处置。废物的处理和处置是指将废水处理过程中产生的轻油、重油、剩余污泥和浮油及絮凝污泥的收集、处理和最终处置。

深度处理：二沉池出水进入深度处理原水池，原水经提升泵加压提升后进入微催化罐，出水进入深度氧化池，深度氧化池出水经机械搅拌池和混凝沉淀池出水自流入（或出水自流进入深度处理 2 号原水池，经泵送至活性炭过滤器，出水进入）超滤水池，经过潜污泵提升后经过板式换热器升温（当水温在 20℃ 左右时无须升温，直接通过板式换热器的旁通）后经过自清洗过滤器除去水中部分大颗粒悬浮物、胶体等，降低原水的浊度，其产水进入袋式过滤器、保安过滤器后进一步除去水中的小颗粒悬浮物。保安过滤器出水进入超滤系统降低水体的浊度、悬浮物后，出水进入反渗透水池，超滤系统的浓水和反洗水进入深度处理 1 号原水池，超滤系统的产水经泵提升后经过一级反渗透保安过滤器过滤，出水经反渗透高压泵提升后进入反渗透系统，一级反渗透系统的产水进入清水池，一级反渗透的浓水进入反渗透浓水箱，浓水箱出水经增压泵、保安过滤器、二级高压泵增压后进入二级反渗透系统，二级反渗透系统的清水进入清水池，浓水进入浓水池，浓水送至低品质用水系统，清水送往动力用作循环水补充水。

京宝焦化废水出水水质见表 6-16。

表 6-16　京宝焦化废水出水水质　（mg/L）

项目	酚	氰	油	苯	COD	BOD	氨氮	硫化物
进水	≤500	≤15	≤10	6~9	≤1500	≤450	≤200	≤20
出水	≤0	≤0.03	≤0.05	7.5	≤60	≤20	≤15	≤1

6.6.4　蒸氨+A/OA/O+氰化物处理+氟化物处理+沉淀+过滤+人工湿地

宝钢湛江钢铁公司焦化工程建有 4 座 65 孔 7m 焦炉，于 2015 年 7 月正式投产。焦化废水处理站采用 A/OA/O 工艺，最大处理能力为 260m³/h。生产过程产生的剩余氨水、脱苯分离水、脱硫废液等废水在蒸氨装置中除去大部分 COD 和氨等污染物，再送至废水处理站，经过预处理、生化、物化、人工湿地等系统处理后，最后送至烧结混合机、高炉水渣、炼钢渣使用[65]。

其主要工艺流程如图 6-15 所示。

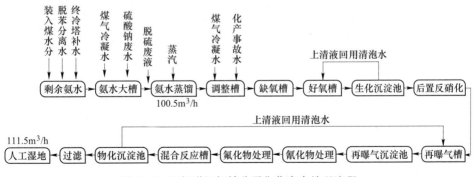

图 6-15　宝钢湛江钢铁公司焦化废水处理流程

经该工艺处理后，企业排放的焦化废水各项指标基本达到《炼焦化学工业污染物排放标准》（GB 16171—2012）的要求，满足了焦化废水用户对水质的要求，焦化废水全部得到回用。

6.6.5 AAO(OAO)+高级氧化+脱盐+超滤+反渗透

迁安中化煤化工有限责任公司焦炭生产能力330万吨/年，分为220万吨/年和110万吨/年两套生产系统[66]。

两套生产系统分别配套一段和二段焦化废水处理系统，一段废水处理系统采用AOO工艺，处理能力为150m³/h，处理流程如图6-16所示；二段废水处理系统采用OAO工艺，处理能力为100m³/h，处理流程如图6-17所示。

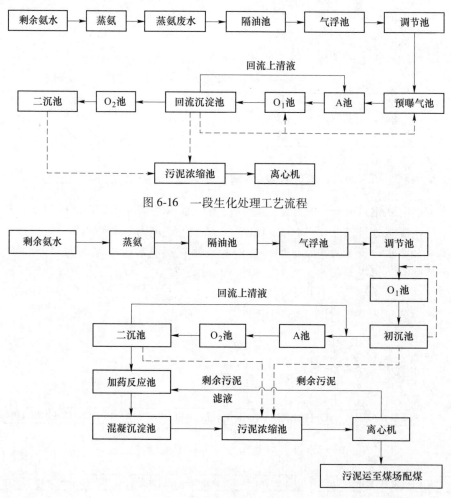

图 6-16 一段生化处理工艺流程

图 6-17 二段生化处理工艺流程

生化后的废水经深度处理后的出水水质要达到《工业循环冷却水处理设计规范》（GB 50050—2007）的再生水指标，回用于循环冷却水系统和生化系统。深度处理工艺流程如图6-18所示。

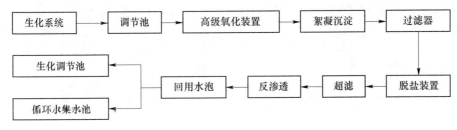

图 6-18 深度处理工艺流程

6.6.6 A²O+Fenton

济钢焦化厂始建于 1975 年，现焦炭年生产能力超过 250 万吨，日均产生焦化废水超过 2000m³，废水主要来自蒸氨废水和高炉、转炉、焦炉煤气水封水。2010 年公司根据环保要求拆除旧的污水处理站，新建 1 套工艺完备的废水处理设施，以满足生产废水的处理需求，于 2012 年设施建设完毕。

焦化废水处理工艺流程如图 6-19 所示。

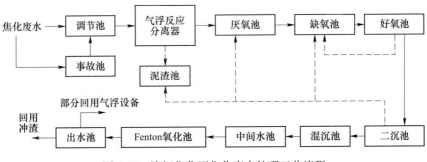

图 6-19 济钢焦化厂焦化废水处理工艺流程

采用 A²O-Fenton 工艺处理焦化废水进行达标排放是可行的，该工艺运行稳定，具有一定的抗冲击能力，系统 COD_{Cr} 的去除率达到 95%，氨氮的去除率达到 97% 以上，出水水质达到 GB 16171—2012 中的间接排放指标要求，可回用于冲渣[67]。

6.6.7 预处理+生化（SSND+DBMP）+Fenton+超滤/反渗透

沧州中铁-河北丰凯节能科技有限公司焦化废水深度处理与回用项目，设计规模：总水量 360m³/h，其中蒸氨废水 96m³/h、低浓度焦化废水 64m³/h、LNG生产排水 40m³/h 和循环排污水 160m³/h。要求：产水直接回用于工业水系统，因为业主将对以各种水源制取的工业水进行统一调配，产水水质要求达到以新水为水源制取工业水的标准；回收率不低于 90%[68]。

沧州中铁焦化废水深度处理与回用项目工艺流程如图 6-20 所示。

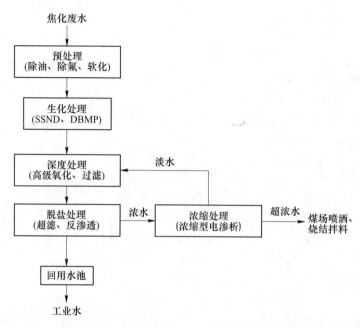

图 6-20   沧州中铁焦化废水深度处理与回用项目工艺流程

（1）预处理。4 股废水在进入生化系统前，先分别进行预处理，低浓度焦化废水和 LNG 生产排水采用气浮除油，循环排污水采用化学软化，蒸氨废水采用结晶除氟。其中，蒸氨废水的氟离子含量高，在深度处理的脱盐系统中易形成氟化钙沉淀，难以化学清洗，在以往的工艺设计中经常被忽视。项目采用结晶除氟反应器，加入除氟剂，剧烈搅拌，废水中的氟离子形成晶体沉淀得以去除，有效降低了后续脱盐系统无机盐结垢的风险。

（2）生化处理。采用 SSND（间歇式同步硝化反硝化工艺）和 DBMP（反硝化协同生物倍增工艺）两种工艺前后串联，作为两级生化处理系统。间歇式运行、变频控制曝气量，适应焦化废水水质波动大的特点，抗冲击能力强。仅凭生化处理，可使 COD 降低到 150mg/L 以下。

（3）深度处理。采用 Fenton 氧化原理的均相催化氧化工艺和锰砂、多介质两级过滤，使出水 COD 不高于 50mg/L，浊度不高于 1NTU。

（4）脱盐处理。经过前期的各级处理，脱盐工艺可长期稳定运行，产水直接回用于工业水系统，浓水进入浓缩处理系统。

（5）浓缩处理。采用浓缩型电渗析对反渗透浓水进行再浓缩，提高净水回收率，最大限度地减少浓水产生量，超浓水用于煤场喷洒和烧结拌料。

6.6.8 气浮+隔油+A^{2}O+臭氧氧化技术/Fenton

A、B 两座焦化废水处理厂均位于我国东北地区，处理水量分别为 40m^3/h 和 2000m^3/h，除焦化废水以外还接纳了少量厂区内部的生活污水。两座焦化废水处理厂运行初期均采用气浮+隔油+A^{2}O 的废水处理工艺，虽然有研究表明 A^{2}O 工艺是处理焦化废水较好的生物工艺，但随着焦化产业调整，焦化废水排放量增加及日趋严格的污水排放标准，原有的废水处理工艺已经无法满足现有的污水排放标准。因此，A、B 两厂在原有的气浮+隔油+A^{2}O 废水处理工艺的基础上，分别采用臭氧氧化技术和 Fenton 技术作为后处理工艺。A、B 两厂废水处理工艺的具体流程如图 6-21 所示。

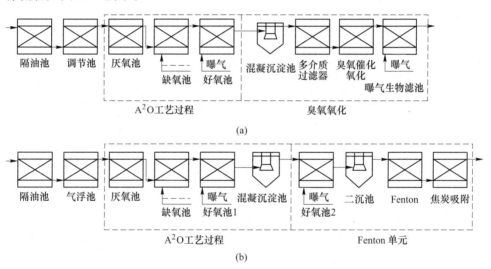

图 6-21 焦化废水处理厂 A 和 B 的废水处理工艺流程图
（a）A 厂；（b）B 厂

A 厂 A^{2}O 阶段总水力停留时间约为 78h，厌氧池、缺氧池和好氧池的水力停留时间依次为 11h、20h 和 47h。原水 COD 和 NH$_4^+$-N 分别为 1470mg/L 和 145mg/L，经过原 A^{2}O 工艺段处理后，COD 和 NH$_4^+$-N 分别减小至 78.1mg/L 和 19.7mg/L，去除率分别达到 94.7%和 86.4%，但出水水质未能达到我国污水排放标准。臭氧氧化技术作为随后的后处理工艺段可以有效地进一步削减废水中的 COD 和 NH$_4^+$-N，最终出水 COD 和 NH$_4^+$-N 分别为 25.6mg/L 和 4.93mg/L，总去除率分别最终达到 98.3%和 96.6%，且最终出水 COD 和 NH$_4^+$-N 均达到我国污水排放标准一级 A 标准。

B 厂 A^{2}O 阶段总水力停留时间约为 47h，厌氧池、缺氧池和好氧池的水力停留时间依次为 7h、10h 和 30h。原水 COD 和 NH$_4^+$-N 分别为 1720mg/L 和 80.6mg/L，经过原 A^{2}O 工艺段处理后，COD 和 NH$_4^+$-N 分别减小至 102mg/L 和 11.8mg/L，去除率分别达到 94.1% 和 85.4%，出水水质同样未能达到我国污水排放标准。Fenton 技术作为后处理工艺段可以有效地进一步削减废水的 COD 和 NH$_4^+$-N，最终出水 COD 和 NH$_4^+$-N 分别为 22.5mg/L 和 5.40mg/L，总去除率最终分别达到 98.7% 和 93.8%，且最终出水 COD 和 NH$_4^+$-N 均达到我国污水排放标准一级 A 标准。A 和 B 两厂原水及各单元出水水质见表 6-17。

表 6-17 A 和 B 两厂原水及各单元出水水质

水厂	水样	指标		
		COD/mg·L^{-1}	NH$_4^+$-N/mg·L^{-1}	pH 值
	标准[1]	50.0	8	6~9
A 厂	RIa	1470	145	8.76
	ArEa	328	84.6	7.90
	AnEa	245	63.1	7.92
	A^{2}OEa	78.1	19.7	7.41
	CEa	54.6	15.2	7.32
	O$_3$Ea	25.6	4.93	7.01
B 厂	RIb	1720	80.6	9.27
	ArEb	1810	129	9.25
	AnEb	206	25.9	7.64
	A^{2}OEb	102	11.8	8.34
	SEb	81.5	9.28	7.86
	FEb	22.5	5.40	7.22

① 我国《城镇污水处理厂污染物排放标准》一级 A 排放标准（GB 18918—2002）。

6.6.9 "机械澄清池+多介质过滤器+超滤+反渗透" 循环排污水回用技术

冷却循环水在工业生产中占到总用水量的 80% 以上，当循环水中的有害物质达到一定浓度，即浓缩倍数达到 3~7 倍时，则需要排污。循环冷却排污水具有碱度高、硬度高、含盐量高、浊度高、悬浮物高等特点，处理起来有一定难度。一般焦化厂会将其二次利用，用作酚氰废水的稀释水；另一种方法是单独处理，对循环冷却排污水进行适当除浊、除盐处理，作为循环水补给水，甚至锅炉补给水进行回用，这对实现废水 "零排放"、提高水资源利用率、减轻环境污染具有重要意义。唐山某焦化厂采用 "机械澄清池+多介质过滤器+超滤+反渗透" 的工艺对化产回收系统和干熄焦系统的循环排污水进行处理，工艺流程如图 6-22 所示。

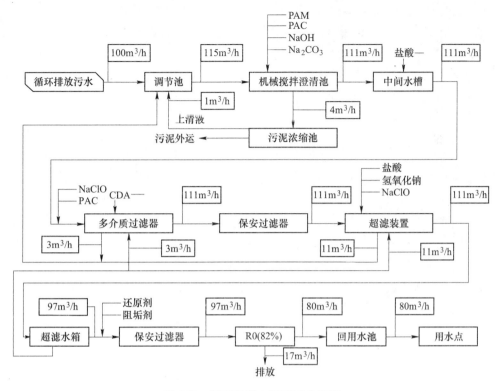

图 6-22　循环排污水回用工艺流程

　　机械搅拌澄清池采用机械方式使水提升和搅拌，促进泥渣循环，并使水中固体杂质与已形成的泥渣接触絮凝而分离沉淀。废水在池中的净化是由凝聚剂对废水中微粒的凝聚、料浆中的悬浮泥渣对微絮料的接触絮凝及泥渣的沉降分离等过程来完成的。当水中微粒与混凝剂作用生成的微絮粒一旦在运动中与相对巨大的泥渣颗粒接触碰撞，就被吸附于泥渣颗粒上而被迅速除去。在机械澄清池中加入 Na_2CO_3 和 NaOH，可以有效地去除污水中的硬度和碱度。

　　多介质过滤器利用石英砂作为过滤介质去除原水中的悬浮物，属于普通快滤设备。该滤料具有强度高、寿命长、处理流量大、出水水质稳定可靠的显著优点，石英砂的功能主要是去除水中悬浮物、胶体、泥沙、铁锈。采用水泵加压，使原水通过过滤介质，去除水中的悬浮物，从而达到过滤的目的。

　　超滤是一种能将溶液进行净化和分离的膜分离技术。超滤膜系统是以超滤膜为过滤介质，膜两侧的压力差为驱动力的溶液分离装置。超滤膜只允许溶液中的溶剂（如水分子）、无机盐及小分子有机物透过，而将溶液中的悬浮物、胶体、蛋白质和微生物等大分子物质截留，从而达到净化和分离的目的。该系统中超滤采用全量过滤方式，当超滤系统运行时间较长时，膜表面截留的悬浮物、胶体、蛋白质和微生物等即会堵塞在膜表面，这时就需要使用超滤的产水对其进行反向冲洗，每1~15d还需根据水质情况对其加药反洗（主要药剂为盐酸、氢氧化钠、次氯酸钠）。

反渗透是该水处理系统中最主要的脱盐装置，利用反渗透膜的选择透过特性除去水中绝大部分可溶性盐分、有机物及微生物等。预处理出水进入反渗透处理系统，在高压泵提供的满足反渗透运行的压力作用下，大部分水分子和微量其他离子透过反渗透膜，经收集后成为产品水，通过产水管道进入后续设备；水中的大部分盐分和胶体、有机物等不能透过反渗透膜，残留在少量浓水中，由浓水管排出。为了防止水中钙镁离子被浓缩沉淀结垢，反渗透进水中需要添加膜用阻垢剂。

超滤装置在其长期使用运行过程中，水中极少数的杂质因日积月累而使膜的分离性能逐渐受到影响，因此，超滤装置在使用运行过程中需要定期、不定期地对膜组件进行化学清洗，以恢复膜的通量和截留率。随着系统运行时间的增加，进入反渗透膜组的微量难溶盐、微生物、有机和无机杂质颗粒会污堵反渗透膜表面，发生反渗透膜组的产水量下降、脱盐率下降等情况。为此，需要利用反渗透清洗系统，在必要时对反渗透装置进行化学清洗。反渗透系统及超滤系统共用一套清洗装置。产水水质见表6-18。

表6-18　产水水质

序号	项目	进水检测数值	出水指标数值	实际检测
1	pH 值	8.08	6.5~9	7.81
2	浊度（NTU）	>200	≤3	0.2
3	电导率/$\mu S \cdot cm^{-1}$	2640	405	197
4	Ca^{2+}/mg·L^{-1}	325.4	33	30.8
6	总铁/mg·L^{-1}	25.1	≤0.3	0.26
7	Cl^-/mg·L^{-1}	594.6	33	30.3
8	总硬度/mg·L^{-1}	708.8	≤125	56.3
9	总碱度（以 $CaCO_3$ 计）/mg·L^{-1}	180.1	≤50	45.2

每吨水药剂费1.586元，电费1.705元，压缩空气0.01元，人工费0.613元，吨水处理成本3.914元，远低于补充新水价格，年可节约新水耗用70.08万吨，按照新水价格6.8元/t计算，年可节约新水耗用成本202.25万元。

6.7　焦化废水处理产生剩余污泥的处理

焦化废水处理过程中必然有剩余污泥产生，有的是从废水中直接分离出来的，例如沉淀池排出的污泥及各种沉渣；也有的是在废水处理过程中形成的，例如生物处理后的二次沉淀池中沉淀下来的生物膜及活性污泥等。一般在废水处理过程中，污泥的数量很可观，按体积计为总处理水量的 0.3%~0.6%（含水率为99%）。

污泥处理的目的在于：

（1）降低含水率，使其变流态为固态，便于输送和处置，同时减少污泥数量；

（2）稳定有机物，使其不易腐化，避免对环境和生态造成二次污染；

（3）回收污泥中有用的成分，化害为利、变废为宝。

目前，焦化厂对剩余污泥的处理的主要方式是焦炉处置法，也就是将焦化污泥与炼焦煤料配煤炼焦的焦炉处置法。将生化处理排出的剩余污泥和混凝处理的沉淀污泥进行浓缩，使污泥含水由 99%~99.5%降至约 98.5%。再经污泥脱水机脱水，则成为含水 80%左右的泥饼。泥饼中含有大量污染物，其中苯并（α）芘约达 87mg/kg。为避免污泥的次生污染，将泥饼送至备煤添加装置，掺入煤中炼焦。某焦化厂污泥处理流程如图 6-23 所示。

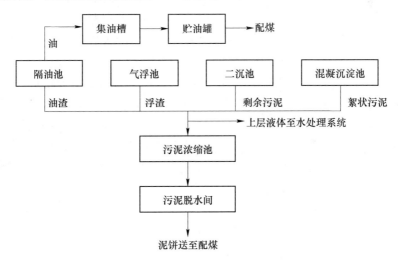

图 6-23　某焦化厂污泥处理流程

王国强等[69]在 5kg 小焦炉上进行剩余污泥、细焦粉及焦油渣分别替代同量配比的肥煤、焦煤及肥煤的炼焦试验，其结果指出：在保证焦炭冷热态质量的条件下，剩余污泥、焦粉及焦油渣分别替代同量肥煤、瘦煤及肥煤的最佳配比均为 2.0%；在配合煤配比保持不变的前提下，将 1.0%剩余污泥、1.0%细焦粉和 2.0%焦油渣掺入或混入配合煤入炉煤炼焦，所得到的焦炭冷热态质量最佳。赛音巴特尔等[70]关于配比均为 2.5%的剩余污泥、焦油渣及酸焦油作为黏结剂制备型煤配煤炼焦的实验室研究（小焦炉试验）的结果指出，采用配比均为 2.5%的剩余污泥、焦油渣及酸焦油作黏结剂制备型煤，制备出的型煤抗压强度最高；而工业性试验结果则是，含配比为 1% 的焦化危险废物的型煤与其他煤料按一定配比混合组成入炉煤（配合煤）炼焦，入炉煤（配合煤）的 G 值、Y 值及含硫量变化不大，属于波动范围，添加焦化危险废物（剩余污泥、焦油渣及酸焦油）的焦炭质量与不添加焦化危险废物的焦炭相比较，其各项指标（如 M_{40}、M_{10}、CRI 及 CSR 等）变化不大。迁安中化就是采用制备型煤配煤炼焦的方式处理剩余污泥[71]，其做法为：焦油渣与剩余活性污泥按配比 1：6 进行混合作为黏结剂或添加剂，再将这种危险废物添加剂与瘦煤按配比 1：6 混合制备型煤，然后将所得型煤与其他煤种按一定的配比混合组成入炉煤炼焦。这一工艺已于 2013 年 1 月在焦炉上投入生产，使得该企业的焦化固体危险废物达到无害化处理。

首钢京唐（西山）焦化对来自酚氰区废水的剩余污泥及凝聚沉淀槽排放出的絮凝污泥的处理方式为：将脱水后的污泥饼（每天 22t，含水率约为 80%）送至煤场，并掺入炼焦煤中，然后进行配煤炼焦处理[72]。太钢焦化[73]、本钢焦化[74]等均是将焦化污泥脱水至含水率 80% 左右的泥饼运至煤场，掺入煤场煤料之中，然后配煤炼焦。宣钢则是将不脱水的剩余污泥及混凝污泥混合物（含水约 95%）使用罐车直接运至煤场，喷洒到煤料上，然后配煤炼焦。这种做法是污泥混合物可作煤场覆盖剂，达到减少煤场扬尘又处理了剩余污泥的目的[75,76]。刘峰材等[77]对鞍钢化工总厂剩余污泥回煤场掺入煤料配煤炼焦的优缺点进行了分析并指出，剩余污泥运至煤场瘦煤堆位，采用门型吊将瘦煤与污泥简单混合抓匀，再经配煤及粉碎等工序，最后进入焦炉处置。这一方法优点是简便易于操作并处置了剩余污泥危险废物；但是，这种粗放式的简单混合，焦化污泥与煤难以混匀，配合煤含水较高，这种配合煤入炉炼焦会对焦炭质量产生较大的负面影响。当各自配入 0.5%、1.5%、3.0% 污泥时，与没有配入污泥的焦炭相比，其 M_{40} 各自下降 2.8%、1.0% 及 2.6%，CRI 各自上升 4.4%、10.8% 及 12.7%，而 CSR 各自下降 6.8%、28.9%、31.0%，即焦炭冷热态指标下降幅度过大；污泥水分含量高，使得配合煤或入炉煤水分剧增或波动范围过大，导致入炉煤水分不稳定，可能导致损害焦炉，如硅砖开裂；污泥水分含量高，也导致配加污泥炼焦时的能耗急剧增加。另外，环保风险增大，大型顶装焦炉的焦侧除尘系统一般采用袋式除尘器，设推焦除尘地面站，这种除尘方式在焦炭成熟较好、除尘器阻力较小、漏风较小、运行良好的情况下是可以满足生产需要的。但是，由于污泥灰分较大，遇集中回配污泥这一炉号推焦时，会产生较大黑灰，经过多次标定，超出除尘器的捕集能力和范围，因此产生部分炉号无原因的推焦冒灰较大现象。2015 年 1 月 1 日新环保法实施后，对各类有组织、无组织大气污染物排放做了严格规定，这类较大的视觉污染使得焦化企业的环保风险增大。

焦化企业如坚持污泥回配煤这一处置方式，则必须确保降低污泥水分、均匀连续回配和执行严格有效的危险废物管控措施，最大限度降低回配污泥对炼焦工序产生的影响。

由于焦化废水剩余污泥中含铁较高，其理化组分与铁矿粉较为相似，可以考虑将污泥进入炼铁混匀料场等工序进行处置。据了解，目前宝钢等企业已采取类似方法。

目前国家大力扶植环保技术、危废处理等行业，多个危险废物、污泥外置专门单位和技术中心已经形成，未来焦化废水剩余污泥可以转入这些单位进行专门处置和综合利用。

6.8　焦化废水处理的思考与建议

我国焦化废水处理自 20 世纪 50 年代起是一个从无到有、逐步提高、逐步完善的发展过程。50~60 年代处于低水平阶段，仅有几个大型焦化厂对酚氰废水进行简易的机械处理，如鞍钢化工总厂、包钢焦化厂等，仅设有平流沉淀池或圆形带刮泥机的沉淀池去除浮油和重油，处理后将部分酚氰废水送去作熄焦补充水。进入 70 年代后，运用了国内外的生化技术，在首钢焦化厂首先兴建了生物脱酚装置，同时一批大、中、小型焦化厂都相继设立了生物脱酚装置，当时的重点是脱除废水中的酚，处理方式和流程也比较简单。

1978 年改革开放到 80 年代又为一个阶段，当时，由于国家对环保工作的重视，使焦化废水处理水平向前推进了一大步。以宝钢一期、二期焦化废水处理技术的引进为起点，各科研院所加大了研究开发焦化废水处理的力度，开展了两段生化和投加生长素的试验研究，以及后混凝处理和污泥脱水的研究。

20 世纪 80 年代末和 90 年代初，针对国家对焦化废水排放标准的更严格要求，开展了焦化废水的脱氮和进一步降低 COD 的试验研究，并将研究成果应用于工程实际，在原生物脱酚处理工艺的基础上，将其改造成为 A/O 或 A^2/O 生物脱氮工艺。

面对日趋严格的环保要求，目前焦化废水"零排放"成为焦化行业研究的方向。

根据《焦化行业准入条件（2014 年修订）》第八条技术进步：鼓励焦化企业采用装炉煤水分控制、配煤专家系统，干法、低水分、稳定熄焦，焦炉烟道气、荒煤气余热回收利用，单孔炭化室压力单调，负压蒸馏，热管换热，焦化废水深度处理回用，焦炉煤气高效净化，焦炉煤气脱硫废液提盐及其深加工，焦炉煤气制天然气、合成氨、氢气、联产甲醇合成氨等工艺。

根据《产业结构调整指导目录 2011 年本》（2013 年修正），鼓励类：煤调湿、风选调湿、捣固炼焦、配型煤炼焦、干法熄焦、导热油换热、焦化废水深度处理回用、煤焦油精深加工、苯加氢精制、煤沥青制针状焦、焦油加氢处理、焦炉煤气高附加值利用等先进技术的研发与应用；限制类：顶装焦炉炭化室高度小于 6.0m、捣固焦炉炭化室高度小于 5.5m，100 万吨/年以下焦化项目，热回收焦炉的项目，单炉 7.5 万吨/年以下、每组 30 万吨/年以下、总年产 60 万吨以下的半焦（兰炭）项目；淘汰类：单炉产能 7.5 万吨/年以下的半焦（兰炭）生产装置（2012 年）、未达到焦化行业准入条件要求的热回收焦炉（2012 年）。

由以上两方面来看，对于焦化行业的熄焦方式，干法和低水分熄焦都是属于鼓励类，同时鼓励焦化废水深度处理回用。

焦化废水中难降解有机物含量高，成分复杂，现有的单一处理工艺较为成熟，但出水均无法满足《炼焦化学工业污染物排放标准》（GB 16171—2012）的限值要求，而多种工艺的联合处理则可以形成互补，在焦化废水处理过程中达到比较好的效果。因此，开发高效复合处理新工艺将是焦化废水处理的研究方向之一和解决焦化废水处理现存问题的现实选择。

生化系统仍有很大的发展潜力，良好的生化处理效果是深度处理运行稳定和膜滤液减排、降低浓缩液处理难度的根本保证。因此，先进的生化处理技术必将受到越来越多的重视。

高效节能的去除有机物、脱除氨氮的生物技术是焦化废水处理的必然要求，其中高效专属菌株的培养、驯化和利用，脱氮原理与途径的创新是生物脱氮、去除有机物技术的突破口。

高级氧化法具有反应时间短、反应过程可控、水质普适性强、氧化降解彻底等优点，一直是学者的重点研究内容，但目前该技术高成本、高能耗的问题限制了其大规模的应用，开发具有实际应用可行性的高级氧化技术将是废水处理研究的热点之一。炼焦配煤可以消耗剩余污泥、混凝、芬顿等技术产生的固废。这些固废对焦炭质量无明显影响，所以芬顿技术非常适合于焦化废水的处理；又因为采用干法熄焦，各大焦化厂每天都会生产大量的电能，由于发电量巨大，很多焦化厂会有大量余电，用电成本较低，一些先进的电化学技术，如电催化氧化、电芬顿、电制备臭氧氧化、电絮凝等技术极具发展潜力。

膜处理技术具有无相变、无化学反应、选择性好、适应性强、能耗低等优点，在焦化废水处理中有着广泛的应用前景，新型功能膜材料开发制备技术、优化分离效果和水通量提高、使用寿命延长等将是未来膜研究工作的主要方向。但膜技术伴生的浓盐水处理是世界性的难题，浓盐水处理相关新技术的开发必然成为目前及未来很长一段时期的热点。随着国家监管力度的加大、炼钢闷渣等过程水质要求的提高和湿法熄焦的完全取缔，各大焦化厂浓缩液的处理问题亟待解决，日后需要建立完善的浓缩液处理工艺实现减排，同时根据各自的实际情况和特点寻找出相对适合、有效的浓缩液处理办法。

参 考 文 献

[1] 程乐意，曹银平，许永跃，等. 炼焦节能新技术在宝钢的应用 [C]. 第十届中国钢铁年会暨第六届宝钢学术年会论文集. 上海，2015：1-6.

[2] 贺世泽，李双林. 炼焦入炉煤调湿技术在太钢的应用 [J]. 煤质技术，2012（2）：66-68.

[3] 郭地坽，胡俊鸽，周文涛. 煤调湿技术在我国的应用发展现状 [J]. 现代化工，2016，36：8-12.

[4] 任培兵，姜凤华，容磊. 焦炉煤气净化供水系统的改进与节水措施 [J]. 化工进展，2009，28（S2）：17-20.

[5] 杨云龙，白晓平. 焦化废水的处理技术与进展 [J]. 工业用水与废水，2001，32（3）：8-10.

[6] 魏国瑞，李国良. 宝钢焦化废水处理新工艺探索 [J]. 燃料与化工，2001（1）：34-36.

[7] 韦朝海，朱家亮，吴超飞，等. 焦化行业废水水质变化影响因素及污染控制 [J]. 化工进展，2011（1）：225-232.

[8] 韦朝海. 煤化工中焦化废水的污染、控制原理与技术应用 [J]. 环境化学，2012（10）：1465-1472.

[9] Yu X, Wei C, Wu H, et al. Improvement of biodegradability for coking wastewater by selective adsorption of hydrophobic organic pollutants [J]. Separation and Purification Technology, 2015, 151：23-30.

[10] Zhang W, Wei C, Feng C, et al. Coking wastewater treatment plant as a source of polycyclic aromatic hydrocarbons（PAHs）to the atmosphere and health-risk assessment for workers [J]. Science of the Total Environment, 2012, 432：396-403.

[11] 黄源凯，韦朝海，吴超飞，等. 焦化废水污染指标的相关性分析 [J]. 环境化学，2015（9）：1661-1670.

[12] 任源，韦朝海，吴超飞，等. 焦化废水水质组成及其环境学与生物学特性分析 [J]. 环境科学学报，2007（7）：1094-1100.

[13] 单明军，吕艳丽，丛蕾. 焦化废水处理技术 [M]. 北京：化学工业出版社，2010.

[14] 郑艳芬，王仲旭. 焦化废水治理工程实例 [J]. 水处理技术，2012，38（11）：123-125.

[15] 廖鹏. 多孔竹炭对废水中氮杂环化合物的吸附机理研究 [D]. 武汉：华中科技大学，2013.

[16] 刘其，于长水，全占军. 鄂尔多斯焦化废水综合治理方案研究 [J]. 环境科学，2007，19（1）：49-52.

[17] 葛文准，陈玮，郭虹民，等. 炼焦废水的处理研究 [J]. 上海环境科学，1989，8（8）：14-16.

[18] 武晓毅. 焦化废水预处理技术的应用与展望 [J]. 科技情报开发与经济，2005（13）：139-141.

[19] Zeng D, Hu D, Cheng J. Preparation and study of a composite flocculant for papermaking wastewater treatment [J]. Journal of Environmental Protection, 2011, 2（10）：1370.

[20] Pan B C, Meng F W, Chen X Q, et al. Application of an effective method in predictingbreak-

through curves of fixed-bed adsorption onto resin adsorbent [J]. Journal of Hazardous Materials, 2005, 124 (1-3): 74-80.

[21] Roostaei N, Tezel F H. Removal of phenol from aqueous solutions by adsorption [J]. Journal of Environmental Management, 2004, 70 (2): 157-164.

[22] Abburi K. Adsorption of phenol and p-chlorophenol from their single and bisolute aqueous solutions on Amberlite XAD-16 resin [J]. Journal of Hazardous Materials, 2003, 105 (1-3): 143-156.

[23] Carmona M, De Lucas A, Valverde J L, et al. Combined adsorption and ion exchange equilibrium of phenol on Amberlite IRA-420 [J]. Chemical Engineering Journal, 2006, 117 (2): 155-160.

[24] 刘雷. 煤制油过程中废水的预处理技术及其特点研究 [J]. 山东工业技术, 2013 (12): 89-90.

[25] 刘明. 焦化废水预处理与深度处理氧化方法的选择 [D]. 广州：华南理工大学, 2017.

[26] 张志. 活性炭处理高浓度焦化废水的吸附分离与热能转化研究 [D]. 广州：华南理工大学, 2012.

[27] 陈向前. 煤制油废水预处理的研究 [D]. 咸阳：西北农林科技大学, 2011.

[28] Rattanapan C, Sawain A, Suksaroj T, et al. Enhanced efficiency of dissolved air flotation for biodiesel wastewater treatment by acidification and coagulation processes [J]. Desalination, 2011, 280 (1-3): 370-377.

[29] 王伟, 韩洪军, 张静, 等. 煤制气废水处理技术研究进展 [J]. 化工进展, 2013 (3): 681-686.

[30] 吴国维. 焦化废水优化处理组合工艺 [J]. 化工设计通讯, 2016 (7): 157.

[31] 陈坚. 环境生物技术 [M]. 北京：中国轻工业出版社, 1999.

[32] 袁永梅. A^2/O 工艺处理焦化废水 [J]. 期刊科技咨询导报, 2007, 22: 63-65.

[33] Van Loosdrecht Mc M, Jeten MSM. Microbiological conver sionsin nitrogen removal [J]. Wat. Sci. Technol, 1998, 38: 1-7.

[34] HagoPian D S, Riley J G. A closer look at the bacteriology of nitrification [J]. Aquaculutral Engineering, 1998, 18: 223-224.

[35] Burrell P C, Keller J, Blackall L L. Microbiology of a nitrite-oxidizing bioreacto [J]. APPI. Environ Microbial, 1998, 64 (5): 1878-1883.

[36] Feleke Z, Sakakibara Y. A bio-electrochemical reactor coupled with adsorber for the removal of nitrate and inhibitory pesticide [J]. Water Research, 2006, 36 (12): 3092-3102.

[37] Killingstad M W, Widdowson M A, Smith R L. Modeling enhanced in situ denitrification in groundwater [J]. Environmental Engineering, 2008, 128 (6): 491-504.

[38] Rjin J V, Tal Y, Schreier H J. Denitrification in recirculating systems: Theory and application [J]. Aquaculture Engineering, 2006, 34 (30): 364-376.

[39] Miguel M, Anna K V, Krist V. A novel control strategy for single-stage autotrophic nitrogen removal in SBR [J]. Chemical Engineering Journal, 2015, 260 (1): 64-73.

[40] 张利杰, 侯金明, 李彬, 等. A^2/O-MBR 工艺处理焦化废水运行实践与改进 [J]. 山东化

工，2015，44（23）：139-141.

[41] Zhu Y G, Shaw G. Soil contamination with radionuclides and potential remediation［J］. Chemosphere, 2000, 41（1-2）：121-128.

[42] Voets J P, Vanstanen H, Verstraete W. Removal of nitrogen from highly nitrogenous wastewater［J］. Water Pollution Control Federation, 1975, 47：394-398.

[43] Sutherson S, Ganczarczyk J J. Inhibition of nitrite oxidation during nitrification：Some observations［J］. Wat. Poll. Res. J. Can. , 1986, 21（2）：257-266.

[44] Turk O, Mavinic D S. Preliminary assessment of a shortcut in nitrogen removal from wastewater［J］. Can. J. Civ. Eng. , 1986, 13（6）：600-605.

[45] 耿艳楼，钱易，顾夏声. 简捷硝化-反硝化过程处理焦化废水的研究［J］. 环境科学, 1993（3）：2-6, 41-90.

[46] 袁林江，彭党聪，王志盈. 短程硝化-反硝化生物脱氮［J］. 中国给水排水, 2000, 16（2）：29-31.

[47] Mulder J W, Van Kempen R. N-removal by SHARON［C］. IAWQ Coference, 1997：30-31.

[48] Hellinga C, Schellen A A. Mulder J W, et al. The SHARON process：An innovative method for nitrogen removal from ammonium-rich waste water［J］. Water Science and Technology, 1998, 37（9）：135-142.

[49] Yoo H, Ahn K, Lee H, et al. Nitrogen removal from synthetic waste water by simultaneous nitrification and denitrification（SND）via nitrite n an intermittently-aerated reactor［J］. Water Research, 1999, 33（1）：145-154.

[50] 邹联沛，张立秋，王宝贞，等. MBR 中 DO 对同步硝化反硝化的影响［J］. 中国给水排水, 2001, 17（6）：10-14.

[51] 吕锡武，李丛娜，稻森悠平. 溶解氧及活性污泥浓度对同步硝化反硝化的影响［J］. 城市环境与城市生态, 2001, 14（1）：33-35.

[52] 徐海江，张仁志，韩恩山，等. 厌氧氨氧化的研究进展［J］. 能源环境保护, 2005, 19（2）：15.

[53] 朱静平，胡勇有. 厌氧氨氧化工艺研究进展［J］. 水处理技术, 2006, 32（8）：1-4.

[54] Van Dongen U, Jetten MSM, Van Loosdrecht MCM. The SHARON ANAMMOX process for treatment of ammonium rich wastewater［J］. Water Science and Technology, 2001, 44（1）：153-160.

[55] Schmidt I, Sliekers O, Schmid M, et al. New concepts of microbial treatment processes for the nitrogen removal in wastewater［J］. FEMS Microbiology Reviews, 2003, 27（4）：481-492.

[56] 徐亚明，蒋彬. 曝气生物滤池的原理及工艺［J］. 工业水处理, 2002, 22（6）：1-5.

[57] 李枝玲，丁玉. 生物流化床用于废水处理的研究［J］. 工业水处理, 2008, 28（1）：18-21.

[58] 张文艺，王健. 微电解法预处理焦化废水试验［J］. 煤炭科学技术, 2003, 31（9）：11-14.

[59] 李飞飞，李小明，曾光明. 铁炭微电解深度处理焦化废水的研究［J］. 工业用水与废水, 2010, 41（1）：46-49.

［60］张文艺. 微电解 SBR 活性污泥法处理焦化废水［J］. 过程工程学报, 2003, 3（5）: 471-476.

［61］卢永, 张寻, 王娟, 等. 双金属微电解预处理焦化废水［J］. 化学与生物工程, 2014, 31（5）: 63-66.

［62］刘玉忠, 苗宇峰. 焦化废水深度处理回用技术进展及探讨［J］. 广东化工, 2014, 273（41）: 145-147.

［63］陈鹏. 唐钢焦化厂环保技术应用与实践［J］. 甘肃冶金, 2018, 40（1）: 90-93.

［64］李少锋, 高建伟, 王帅毫. 焦化废水深度处理应用实践［J］. 山东工业技术, 2018, 265（11）: 31, 73.

［65］李良华, 吴江伟, 方自玉. 焦化废水零排放的实践［J］. 燃料与化工, 2018, 49（6）: 53-55.

［66］李宁. 焦化废水零排放的工程应用［J］. 燃料与化工, 2018, 49（5）: 56-57, 60.

［67］鲁元宝, 梁荣华, 杜娟, 等. A^2O-Fenton 工艺处理焦化废水回用工程实例［J］. 工业用水与废水, 2015（3）: 51-54

［68］尹胜奎, 曹文彬, 耿天甲, 等. 焦化废水深度处理回用技术的创新与实践［J］. 工业水处理, 2017（9）: 110-114.

［69］王国强, 王光辉, 陈飞飞, 等. 焦化固体废弃物对焦炭质量的影响研究［J］. 燃料与化工, 2007, 38（3）: 18-21.

［70］赛音巴特尔, 赵鹏, 马刚平, 等. 焦炉协同处置焦化有机危废物研究与应用［C］. 中国环境科学学会学术年会论文集. 北京: 中国环境科学学会, 2014: 5686-5690.

［71］梁向飞. 焦化固体废弃物在配煤炼焦中的试验与应用［J］. 煤化工, 2015, 43（4）: 19-21.

［72］管红亮, 谷友新, 郑自发, 等. 卧式螺旋离心机在焦化废水污泥浓缩处理中的应用［J］. 燃料与化工, 2014, 45（6）: 19-21.

［73］焦玉杰. 太钢焦化厂"三废"治理实践［J］. 煤化工, 2015, 43（1）: 46-48, 60.

［74］宋长仁, 刘辉. 本钢焦化废水深度处理及回用工程介绍［J］. 给水排水, 2012, 32（8）: 64-66.

［75］尤文茹. 焦化厂污染物防治综合技术［J］. 河北冶金, 2015（1）: 79-80.

［76］谢全安, 王杰平, 冯兴磊, 等. 焦化生产废弃物处理利用技术进展［J］. 化工进展, 2011, 30（增刊）: 424-427.

［77］刘峰材, 谭啸, 龙朝阳, 等. 焦化废水剩余污泥的特性及处置研究［C］. 第十届中国钢铁年会暨第六届宝钢学术年会论文集. 北京: 冶金工业出版社, 2015: 1-6.

索　引

A

A/O 生物脱氮法　261
A^2/O 生物脱氮法　262
氨法烟气脱硫技术　202

B

半干法烟气脱硫技术　209
布袋除尘技术　181

C

CO$_2$的治理技术　238
成层结焦　8，90，108，134
出焦烟尘处理技术　192
传统生物脱氮技术　257

D

大容积焦炉　8
氮氧化物　12，149，177，212
捣固焦炭的质量　9，137，138
捣固炼焦　9，16，133，138，139
捣固炼焦的环境治理　139
捣固炼焦技术原理和发展现状　133
捣固炼焦配煤　134，139
电袋除尘技术　185
电除尘技术　182，187
电催化氧化　268，270，278
电气浮　269，272，279
电絮凝　269，272，279
短程硝化反硝化　266
多环芳烃的治理技术　237

F

粉尘　13，147，167，174，178，196

G

钙法烟气脱硫技术　197
干法熄焦的节能环保效果　145
干法熄焦环境保护与除尘　146
干法熄焦技术的发展现状　144
干法烟气脱硫技术　211
干熄焦　9，144，193
干熄焦的工艺原理　144
干熄焦的焦炭质量　146
高炉炼铁工业与焦炭生产　1
高频高压电除尘技术　187
工程应用　278
工艺集成　278
关联性试验新方法　81，110

H

HSB 微生物菌种技术　264
海水法烟气脱硫技术　199
换热式两段焦炉　19，158，161
挥发性有机化合物　177
混合 SNCR-SCR 法烟气脱硝技术　221
混凝沉淀法　251
活性污泥法　253，256，268

J

机械除尘技术　179
焦化废水处理　11，243，245，278，288
焦化废水的来源　245
焦化工业节能减排面临的新挑战　12
焦化行业污染物"零排放"　16
焦化生产过程节能技术进步　10
焦化污水的危害　247

焦炉连续性烟尘处理技术 196

焦炉烟气脱硫脱硝 12，225，231

焦炭的 *CRI* 和 *CSR* 指标 4，57，59，87，118

焦炭的结构性质 4

焦炭反应性与高炉还原 47

焦炭反应性与高炉下部热交换 54

焦炭反应性与间接还原 47

焦炭反应性与直接还原 50

焦炭光学组织 5，27，31

焦炭光学组织各向异性指数 27

焦炭光学组织的性质 28

焦炭溶损反应 23，45，64，71

焦炭溶损劣化机理 64

焦炭溶损劣化模型 65，69

焦炭溶损劣化特征 69

焦炭溶损劣化行为与 *CSR* 63

焦炭溶损率与焦炭 *CRI* 指标 60

焦炭碳片层堆垛的性质 41

焦炭碳片层堆垛结晶指数 40

焦炭碳片层结构 37

焦炭微晶结构 32，35

焦炭微晶结构及性质 35

焦炭显微结构协同作用 29

焦炭显微气孔结构 26

焦炭显微气孔结构测定与表征 25

焦炭显微气孔的性质 26

焦炭在高炉中的状态 44

焦炭质量 3，13，15，22，44，95，143

焦炭综合热性质 70

焦炭综合热性质的提出 70

焦炭综合热性质试验方法 71

胶质层的结构组成 121

胶质层的性质 121

胶质层内化学结构演变特征 123

胶质层内物理形貌演变特征 122

胶质层特征的综合分析 126

胶质层特征与煤质指标关系 127

胶质层现象 108

节能环保新型焦炉 164

节能减排新型焦炉 17

节水减排 243，244

精细结构 5，22

L

炼焦过程 SO_2 处理技术 196

炼焦过程 NO_x 处理技术 216

炼焦过程大气污染物的产生 167

炼焦过程大气污染物的危害 173

炼焦过程的烟尘治理 11

炼焦过程粉尘处理技术 178

炼焦过程烟尘处理技术 187

炼焦配煤 98，103

零排放 16

硫氧化物 175

M

煤的结焦性评价 90

煤的炼焦性质评价 89

煤的黏结性评价 90

煤的塑性成焦机理 91，93

煤的塑性评价 89

煤分类指标配煤 8，100

煤固化温度性质与煤分类 104

煤化度对煤炭化关联性的影响 112

煤调湿 10，15

煤调湿技术 139，243

煤性质的新认识 96

煤岩学配煤 102

煤质的化学性质评价 81

煤质的镜质组反射率评价 85

煤质的显微组分评价 83

镁法烟气脱硫技术 205

膜分离技术 273，287

O

O/A 工艺 262

P

排放限值 16，247

配合煤的炭化关联性　118
配煤技术面临的问题和发展趋势　128
配煤原理　7，99

Q

气浮法　252

R

热回收焦炉　18，148，292
容惰能力　97

S

SHARON-ANAMMOX 工艺　267
上升管余热利用技术　147
深度处理系统　268
生物流化床法　268
生物膜法　268
剩余污泥　16，253，288
湿式除尘技术　184
试验焦炉与炼焦配煤规范　103
双碱法烟气脱硫技术　207

T

同时硝化反硝化　267
脱硫脱硝一体化烟气脱硝技术　225

V

VOCs 的治理技术　236

W

微生物法烟气脱硝技术　225
污染物防治和治理的技术进步　11

X

XRD 法研究焦炭微晶结构　32
吸附法　23，189，236，237，239，251，257
吸附法烟气脱硝技术　222
吸收法烟气脱硝技术　223
熄焦烟尘处理技术　193
稀释法　250
新型催化法烟气脱硫技术　214
性质异常煤　96，101，129
选择性催化还原法烟气脱硝技术　218
选择性非催化还原法烟气脱硝技术　220

Y

厌氧酸化水解　252
荧光性质　97，102

Z

蒸氨法　250
重金属的治理技术　237
装煤烟尘处理技术　187